Klimawandel im Kopf

Irene Neverla · Monika Taddicken
Ines Lörcher · Imke Hoppe
(Hrsg.)

Klimawandel im Kopf

Studien zur Wirkung, Aneignung und
Online-Kommunikation

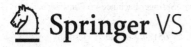

Springer VS

Hrsg.
Irene Neverla
Universität Hamburg
Hamburg, Deutschland

Ines Lörcher
Universität Hamburg
Hamburg, Deutschland

Monika Taddicken
Technische Universität Braunschweig
Braunschweig, Niedersachsen
Deutschland

Imke Hoppe
Universität Hamburg
Hamburg, Deutschland

Ergänzendes Material zu diesem Buch finden Sie auf http://extras.springer.com.

ISBN 978-3-658-22144-7   ISBN 978-3-658-22145-4   (eBook)
https://doi.org/10.1007/978-3-658-22145-4

Die Deutsche Nationalbibliothek verzeichnet diese Publikation in der Deutschen Nationalbibliografie; detaillierte bibliografische Daten sind im Internet über http://dnb.d-nb.de abrufbar.

Springer VS
© Springer Fachmedien Wiesbaden GmbH, ein Teil von Springer Nature 2019

Titelbild: ©UHH/CEN/F.Brisc/DKRZ
Verantwortlich im Verlag: Barbara Emig-Roller

Springer VS ist ein Imprint der eingetragenen Gesellschaft Springer Fachmedien Wiesbaden GmbH und ist ein Teil von Springer Nature

Die Anschrift der Gesellschaft ist: Abraham-Lincoln-Str. 46, 65189 Wiesbaden, Germany

Klimawissenschaften aus transdisziplinärer Perspektive. Anmerkungen eines Klimaforschers zum öffentlichen Diskurs über den Klimawandel

Die Herrschaft der Naturwissenschaften

Wenn von Klimawissenschaften die Rede ist, dann bezieht sich dies meist nur auf die „harten" Wissenschaften, also Physik und ihre kleinen Schwestern wie Meteorologie oder Ozeanografie, bisweilen auch auf Glaziologie, Ökologie, Bodenkunde, Geografie und ähnliche Fächer. Inhaltlich ist die Klimaforschung heutzutage fast vollständig auf die Frage des Klimawandels als Folge der veränderten und sich verändernden Zusammensetzung der Erdatmosphäre reduziert. Im Vordergrund steht die Frage, ob es denn tatsächlich einen Wandel gibt (Manifestation), ob dieser Wandel im Rahmen des Normalen liegt oder einer besonderen Erklärung bedarf (Detektion), und schließlich nach erfolgter Detektion die Frage nach plausiblen Erklärungen oder auch der besten Erklärung (Attribution) (von Storch und Bray 2017). Dem schließt sich dann die Frage nach der Wirkung dieser Änderungen auf etwa Wetterrisiken, landwirtschaftliche Erträge, Wasservorräte und Artenvielfalt an.

All diese Forschungen beruhen auf der Annahme der Quantifizierbarkeit und Berechenbarkeit des Klimas. Diese Klimaforschung ist eine Art Fortsetzung der Physik und fasziniert durch Exaktheit, Nachprüfbarkeit und Emotionslosigkeit. Aus den Emissionen folgen die Konzentrationsänderungen, folgen die Veränderung der Wetterstatistik (das ist das Klima), folgen die Wirkungen für Landwirtschaft und Wasservorräte etc. Für Forscher folgt daraus noch mehr, nämlich Gewissheit darüber, wie die Gesellschaft auf diese Änderungen zu reagieren habe. Im Sinne des Klimadeterminismus (Stehr und von Storch, 2000) – einer keineswegs neuen, aber mal mehr, mal weniger deutlichen Tradition – wird nicht nur die Veränderung der Temperatur „prognostiziert", sondern auch die Verbreitung von Krankheiten, Armut und anderen sozialen Umständen. Das Klima wird zum alldeterminierenden Faktor, und die Klimaforschung, genauer: medial sichtbare Klimaforscher, zu den Hütern der Wahrheit und Propheten der Zukunft. Politik im Sinne von Aushandeln von Lösungen, vom Abwägen verschiedener Interessen und Deutungen ist nicht mehr erforderlich, weil es „eine Wahrheit" gibt, aus der sich eine einzige alternativlose Lösung ergibt. Es ist eine Herrschaft der Klugen und der Wissenden (Stehr 2012).

Eine alternative Klimawissenschaft

Klima können wir verstehen als die Statistik des Wetters, und unsere Naturwissenschaften haben dieses Thema in den vergangenen Jahrzehnten gründlich und solide erforscht. Nicht alle Fragen sind weitgehend geklärt, aber die zentralen Fragen der Manifestation, der Detektion und der Attribution für den Fall der Temperatur und einige andere Größen sind – mit geringen Restzweifeln – positiv beantwortet. Andere Aspekte, etwa die Rolle von Wolken und Strahlung (Stevens und Bony 2013), oder die der kleinräumigen ozeanischen Variabilität im Klimageschehen sind durchaus noch nicht ausreichend ausgeleuchtet. Die entscheidende Frage aber, ob sich die Erdatmosphäre bei weiterer Zuführung von Treibhausgasen deutlich erwärmt oder nicht, ist positiv beantwortet. Klar ist auch, dass mittels Steuerung der Freisetzung dieser Substanzen die Veränderung des Erdklimas begrenzt werden kann.

Es gibt aber einen anderen Klimabegriff, der sich nicht in Differenzialgleichungen fassen lässt, dessen Komplexität nicht mit dem Einsatz von Satelliten und Superrechnern entschlüsselt werden kann. Dieser Klimabegriff hat mit den gesellschaftlichen, öffentlichen Narrativen zu tun. Sie sind nicht unabhängig von dem naturwissenschaftlichen Konstrukt, das ich oben angesprochen habe, aber sie sind vor allem anderen Einflüssen ausgesetzt, die kaum etwas mit dem wissenschaftlichen Konstrukt zu tun haben. Hier sind insbesondere die konkurrierenden Wissensansprüche zu nennen, die vor langer Zeit gesellschaftlich akzeptierte Wahrheiten darstellten (da ist etwa der Klimadeterminismus zu nennen) und sich wohl besser mit eigenen Überzeugungen oder auch Wunschdenken in Einklang bringen lassen, oder die Vorstellung, dass die Natur menschengleich strafend auf ihre Peiniger „zurückschlägt" (von Storch 2009). Klima wird hier zum Vehikel, um Interessen, Sichtweisen und schlussendlich Macht durchzusetzen. Als Beispiel mögen hier Skeptische in den USA dienen, die in der Warnung vor der Klimakatastrophe vor allem den Versuch der Bevormundung sehen.

Ich vermute, dass es in der Geschichte immer wieder solche Konzepte gab, die in gesellschaftlichen Konflikten Werte und Positionen verdeutlichten. Ich betone aber, dass es sich im Falle des Klimas um eine reale Herausforderung handelt, über die gesellschaftlich entschieden werden muss, und nicht um ein aufgebauschtes Problem, wie man es aus Religionsstreitigkeiten kennt.

Dieses Thema „Klima" ist ein gesellschaftliches Thema der privaten, vor allem aber der öffentlichen Diskussion, dessen Dynamik sich in der Gesellschaft entfaltet. Damit ist es ein legitimer Gegenstand der Sozial- und Kulturwissenschaften (wobei ich mir eine genaue Definition erspare). Es geht um Fragen der Wissenssoziologie, um die Dynamik der sozialen Konstruktion des Klimawandels und seiner Folgen, um Machtabsicherung durch Wissen, aber auch um die Wechselwirkung von sozialen Konstrukten und dem naturwissenschaftlich hergestellten Konstrukt, um einige zu nennen.

Gerade letzterer Punkt ist interessant: Dass das naturwissenschaftliche Wissen in soziale Konstrukte und öffentliche Narrative einsickert, ist plausibel und recht offensichtlich. Der andere Weg, nämlich dass soziale Konstrukte subkutan Eingang finden in den Prozess der Naturwissenschaften, wird weniger oft thematisiert oder sogar geleugnet, obschon doch plausibel.

Mit anderen Worten: Wir brauchen eine sozial- und kulturwissenschaftliche Klimaforschung (vgl. Stehr und von Storch 1998), die sich befasst mit Wissensdynamiken, der kulturellen und politischen Konditionierung von Klimaforschern und Nutzern des Klimawissens, mit der Instrumentalisierung des Klimawissens für bestimmte gesellschaftliche Ziele, mit der Bedeutung des naturwissenschaftlichen Klimawissens zum Erringen und zur Erhaltung von zunächst Deutungsmacht und schließlich politischer Macht. Die Liste interessanter Themen, die auch von Bedeutung für die soziale Dynamik sind, lässt sich fortsetzen.

Ich wünsche mir, dass die Sozialwissenschaften zu ihrer traditionellen Distanz zurückfinden, und die naturwissenschaftliche Klimawissenschaft und den gesellschaftlichen Umgang mit den Folgen dieses Wissens zukünftig kritisch begleiten. Heutzutage wird – in meinen Augen richtigerweise – jede Autorität kritisch hinterfragt, inwieweit ihre Vertreter von Weltanschauung, ökonomischen Interessen oder politischer Macht sind. Diese kritische Distanz findet sich merkwürdigerweise kaum in Bezug auf die Klimaforschung, weder in der Öffentlichkeit noch in den Sozial- und Kulturwissenschaften.

Kommunikationswissenschaft

Die Kommunikationswissenschaft hat sich schon früh des Klimathemas angenommen. Dabei gelang es recht unproblematisch, das Thema nicht als Fortsetzung oder Umsetzung des klassisch naturwissenschaftlichen Wissenskörpers zu studieren. Hier war von Anfang an klar, dass es sich dabei nicht um Klima im

Sinne von „Statistik des Wetters" handelt, sondern um das Sprechen bzw. Schreiben über die „Statistik des Wetters". Klar war auch, dass dieses Schreiben kulturell konditioniert ist: In Bangladesch nimmt man Klima anders wahr als im Rheinland – in Bangladesch sind saisonale Überschwemmungen Teil einer erwarteten Regelmäßigkeit, und im Rheinland eine böse Überraschung (Schmuck 1996). Heute gibt es, auch in diesem Band, viele Studien zur Darstellung von Klimathemen in verschiedenen Medien, in verschiedenen Kulturen (z. B. de Guttry et al. 2016), und deren Veränderungen über die Jahre (z. B. Schäfer 2015). Eine Besonderheit des Themas „Klima in den Medien" scheint die zeitliche Dauer der Aufmerksamkeit für das Thema zu sein; wohl gibt es zyklenartige Zu- und Abnahmen an Aufmerksamkeit, aber seit 1990 und früher ist „das Klima" ständig gegenwärtig, jedenfalls in Nordamerika und wohl auch in Teilen Europas (Ratter et al. 2008).

Wenn ich kommunikationswissenschaftliche Klimaforschung schätze, dann aus den folgenden Gründen:

a) Die Fragen und Ergebnisse sind interessant (vermutlich der gewichtigste Grund).
b) Mir als naturwissenschaftlichem Klimaforscher hilft es, die soziale und kulturelle Umwelt, in die unsere Ergebnisse einfließen, besser zu verstehen.
c) Es hilft mir auch, die Fallgruben der interessengeleiteten Instrumentalisierung der naturwissenschaftlichen Klimaforschung besser zu erkennen.

Eine Lektion für „uns" naturwissenschaftliche Klimaforscher könnte sein, dass unsere Vorstellung bei der Gestaltung von Klimapolitik am Steuer zu sitzen, leeres Wunschdenken ist. Zum einen ist das Steuer, das wir vor uns wähnen, nicht wirklich mit der Lenkung verbunden; zum anderen sitzen auf der Rückbank noch andere Akteure, die laufend in das Steuer greifen. Dass unsere Kommunikation nicht im Sinne von „Wissen spricht zu Macht" wirksam wird, hat etwas damit zu tun, dass die, zu denen wir sprechen, nicht hören wollen, was wir sagen. Medien begreifen sich nicht als bloße Sekretäre von Wahrheiten verkündenden Naturwissenschaftlern. NutzerInnen der klassischen Medien und die User in den sozialen Netzwerkplattformen verpassen dem Klimawandelthema oftmals ihren Zugang, der auch mal quer und andersartig oder gar gegensätzlich zu dem stehen kann, was die Wissenschaft für richtig hält.

Abschließend möchte ich meinen Kolleginnen aus der Kommunikationswissenschaft gratulieren, dass es ihnen gelungen ist, einen genuin sozialwissenschaftlichen Beitrag zur Klimaforschung zu liefern, nämlich die Vermittlung und Transformation von naturwissenschaftlichem Wissen in die gesellschaftliche Realität und die Rezeption dieses Wissens durch ,Normalmenschen'. Was mich auf Dauer noch interessieren würde, wäre, inwieweit mediale Berichterstattung die Naturwissenschaften beeinflusst bzw. sogar leitend auf sie wirkt.

Hans von Storch

Literatur

de Guttry, C., Döring, M. & Ratter, B. (2016). Challenging the current climate change – migration nexus: exploring migrants' perceptions of climate change in the hosting country. *Die Erde* 147 (2), 109–118.

Ratter, B. M. W., Philipp, K. H. I. & von Storch, H. (2012). Between hype and decline – recent trends in public perception of climate change. *Environmental Science & Policy* 18, 3–8.

Schäfer, M. S. (2015). Climate Change and the Media. In J. D. Wright (Hrsg.), *International Encyclopedia of the Social & Behavioral Sciences* (2. Aufl., Vol 3, S. 853–859). Oxford: Elsevier.

Schmuck, H. (1996). Leben mit der Flut. Lokale Wahrnehmungen und Strategien zur Bewältigung der Flut in Bangladesh. *Sociologicus* 46, 130–159.

Stehr, N. (2012). An inconvenient democracy: knowledge and climate change. *Society* 50 (1), 55–60.

Stehr, N. & von Storch, H. (1998). Soziale Naturwissenschaft oder die Zukunft der Wissenschaftskulturen. *Vorgänge* 142, 8–12.

Stehr, N. & von Storch, H. (2000). Von der Macht des Klimas. Ist der Klimadeterminismus nur noch Ideengeschichte oder relevanter Faktor gegenwärtiger Klimapolitik? *Gaia* 9,187–195.

Stevens, B. & Bony, S. (2013). What are climate models missing? *Science* 340, 1053–1054.

von Storch, H. (2009). Klimaforschung und Politikberatung – zwischen Bringeschuld und Postnormalität. *Leviathan* 37 (2), 305–317.

von Storch, H. & Bray, D. (2017). Models, manifestation and attribution of climate change. Meterology, Hydrodology and Water Management. 5 (1), 47–52.

Vorwort der Herausgeberinnen

Das vorliegende Buch behandelt die Frage des Klimawandels aus dem Blick der Bevölkerung – also weder aus der Perspektive der Klimaexperten und -expertinnen in Wissenschaft noch der Fachleute in Politik und Journalismus, die sich von Berufs wegen mit dem Klimawandel befassen. Hier geht es vielmehr um Einstellungen, Wissen, Bewusstsein und Verhaltensabsichten von Mediennutzerinnen und -nutzern, der User (wie man im Bereich der Online-Kommunikation sagen würde) zum Klimawandel, die diesbezüglich – aus dem Blickwinkel der Klimaforschung betrachtet – als Laien zu bezeichnen sind.

Dem Buch und allen seinen einzelnen Beiträgen liegt eine Serie von kommunikationswissenschaftlichen empirischen Untersuchungen zugrunde, die im Zeitraum von 2009 bis 2015 in Deutschland durchgeführt wurden. Sie alle sind Teilprojekte des Forschungsprojekts, „KlimaRez", ein Akronym für „Klimawandel aus Sicht der (Medien-) Rezipienten". Die drei Untersuchungsphasen dieses Projekts wurden im Rahmen des DFG-geförderten Schwerpunktprogramms (SPP) 1409 durchgeführt, das im Forschungsfeld Wissenschaftskommunikation verankert ist („Wissenschaft und Öffentlichkeit: Das Verständnis fragiler und konfligierender wissenschaftlicher Evidenz"). Aus dem KlimaRez-Projekt sind bereits einige Publikationen in wissenschaftlichen Zeitschriften und Sammelbänden hervorgegangen. Der vorliegende Band versammelt nun Beiträge aus allen Klima-Rez-Teilprojekten mit dem Ziel, einen gebündelten Gesamtüberblick zu bieten.

Während der über siebenjährigen Laufzeit hat sich KlimaRez in mehrfacher Hinsicht gewandelt. Der Titel des ursprünglichen Projektantrags aus dem Jahr 2007 lautete „Klimawandel aus der Sicht der Medienrezipienten. Zur Wahrnehmung und Deutung eines Wissenschaftsthemas im Prozess öffentlicher Kommunikation" und war im Wesentlichen auf die Nutzung der klassischen journalistischen Massenmedien bezogen. Nach und nach verlagerte sich jedoch der inhaltliche Fokus und umfasste schließlich auch die Online-Kommunikation

inklusive sozialer Medien. Der Blick richtete sich auch – wenngleich eher neben-
her – auf das nicht-tagesaktuelle, fiktionale Medium Film und die nicht-mediatisierte Kommunikation. Mit dieser Gegenstandserweiterung verbunden war auch
die Ausweitung des methodischen Instrumentariums, das am Ende die Bandbreite
von standardisierten Erhebungsmethoden auf repräsentativer Basis über Gruppendiskussionen bis hin zu qualitativen Intensivinterviews, von traditionellen
Präsenzmethoden bis hin zu Online-Erhebungen umfasste. Theoretisch gestar-
tet ist das Projekt bei Gedanken des dynamisch-transaktionalen Ansatzes und
der Idee, Rezeptions- und Wirkungsforschung sowohl individuell als auch sozial
zu begreifen. Durch den medialen Wandel und die inhaltliche Fokussierung von
Online-Kommunikation wurden diese Ansätze ergänzt durch Aspekte der Nutzungsforschung und der Frage, wie traditionelle Konzepte der Kommunikationsforschung, beispielsweise Öffentlichkeit, nicht nur auf das spezifische Thema,
sondern auch auf die geänderten Medienumgebungen anzupassen sind.

Diese Spannbreite der konzeptionellen Bearbeitung und Analyse entsprechen-
der Forschungsfragen sowie der methodischen Zugänge und Instrumente findet
sich auch in der Bandbreite der Buchbeiträge – und wird auch gespiegelt in einer
gewissen Bandbreite an wissenschaftlicher Vielfalt. Der erste Teil des Buches
(I. Klimawandel in der Kommunikation) bietet einen Gesamtüberblick über
das Forschungsprojekt und die darin entwickelten theoretischen Modelle und
empirischen Befunde. Der zweite Teil (II. Klimawandel im Kopf) geht auf die
Dynamiken von klimabezogenen Mediennutzungen, Medienaneignungen und
Medienerfahrungen ein. Der dritte Teil (III. Klimawandel online) ist der klimabezogenen Online-Kommunikation gewidmet. Wie die Titel einiger Beiträge
signalisieren, finden sich Bezüge zu „Klassikern" der Medienrezeptions- und
Medienwirkungsforschung, wie das Konzept der Meinungsführerschaft und das
Agenda-Setting, und doch werden diese Konzepte im Lichte der neuen medialen
Entwicklungen wie Digitalisierung einerseits und im Lichte des speziellen The-
menbezugs Klimawandel andererseits neu betrachtet und differenziert.

Auch der institutionelle Kontext des KlimaRez-Forschungsprojekts erweiterte
sich: Das Projekt war von Anfang an Teil des Schwerpunktprogramms der Deutschen Forschungsgemeinschaft „Wissenschaft und Öffentlichkeit: Das Verständnis fragiler und konfligierender wissenschaftlicher Evidenz" (DFG-SPP 1409),
das im Zeitraum 2009–2015 gefördert wurde. Doch schon bald nach dem Start
konnte das Forschungsprojekt, ohnehin angelagert an der Universität Hamburg,
zusätzlich ins ebenfalls von der DFG geförderte Exzellenzcluster zur Klimaforschung an der Universität Hamburg eingebunden werden, das unter der Bezeich-
nung CliSAP von 2007–2017 lief. CliSAP steht für „Integrated Climate System
Analysis and Prediction", hatte sich jedoch – anders als sein Name vielleicht sagt –
als besonderes Kennzeichen die Zusammenarbeit von naturwissenschaftlicher

Klimaforschung und sozialwissenschaftlicher Klimaforschung zum Ziel gesetzt. Diese doppelte institutionelle Einbindung des KlimaRez-Forschungsprojekts wurde möglich über die Tätigkeit von Irene Neverla, die sowohl Projektleiterin in den ersten beiden DFG-Förderphasen war, wie auch Principal Investigator im Exzellenzcluster CliSAP, und dort die Media Research Group aufbaute.

Die über siebenjährige Arbeit am KlimaRez-Forschungsprojekt wurde getragen von einem mehrköpfigen Team, und nur durch die vielfältigen Kompetenzen aller Teammitglieder konnte auch die Vielfalt der konzeptionellen Perspektiven und methodischen Wege beschritten werden. Irene Neverla hatte gemeinsam mit Corinna Lüthje die Erstkonzeption entwickelt und den Erstantrag geschrieben. Den folgenden Forschungsantrag konzipierten Irene Neverla und Monika Taddicken zusammen, am dritten Antrag arbeitete zusätzlich Ines Lörcher mit. Die Projektleitung oblag in den ersten beiden Projektphasen Irene Neverla. In der dritten Projektphase kam Monika Taddicken als Projektleiterin hinzu, zunächst noch in Hamburg, dann an der TU Braunschweig. Projektmitarbeiterinnen waren zuerst Monika Taddicken, dann ab 2012 Ines Lörcher und im Jahr 2014 Imke Hoppe, und schließlich ergänzte ab 2015 Bastian Kießling das Team. In der Auswertungsphase ab 2015 wirkten auch Mitarbeiterinnen der TU Braunschweig mit, namentlich Susann Kohout, Anne Reif, Nina Wicke und Laura Wolff. Zu danken haben wir als Herausgeberinnen auch den studentischen Mitarbeiterinnen und Mitarbeitern an der Universität Hamburg und an der TU Braunschweig, die uns bei vielen operativen Arbeiten unterstützt haben: Stephanie Bätjer, Tjado Barsuhn, Lea Borgmann, Nina Catterfeld, Fenja De-Silva Schmidt, Jana Eisberg, Anna-Lena Fischer, Hannah Fröhlich, Daniel Götjen, Carolin Grüning, Moritz Kohl, Kira Klinger, Christiane Mester, Sabrina Pohlmann, Vanessa Rehermann, Jenni Risch, Johanna Sebauer, Johanna Skibowski, Katja Sterz, Luisa Tauschmann, Rike Uhlenkamp, Felix Wilker, Drew Wilson und Aneta Woznica. Gesondert danken möchten wir Judith Pape, die uns überaus kompetent und zuverlässig bei der redaktionellen Bearbeitung aller Beiträge unterstützt hat.

Dieses Projekt ist insgesamt und in all seinen empirischen Teiluntersuchungen klar kommunikationswissenschaftlich fundiert. Es war jedoch durch seinen doppelten institutionellen Kontext jeweils eingebunden in interdisziplinäre Zusammenhänge und bezog daraus in vielfältiger Weise Anregungen. Interdisziplinär angelegt war das DFG-Schwerpunktprogramm mit Projekten aus Psychologie, Pädagogik und Kommunikationswissenschaft sowie der Linguistik. Hier möchten wir vor allem Rainer Bromme, dem Sprecher des DFG-Schwerpunktprogramms danken, für seine ebenso entspannte wie anregende Koordination der unterschiedlichen Projekte, sowie Dorothe Kienhues für ihre Unterstützung als geschäftsführende Koordinatorin. Gleichermaßen danken möchten wir Mitgliedern des

CliSAP-Exzellenzclusters an der Universität Hamburg, allen voran Hans von Storch, der ganz wesentlich die Mitwirkung sozialwissenschaftlicher Fächer und insbesondere der Kommunikationsforschung im CliSAP-Cluster initiiert hatte und über die Jahre hinweg mit Ideen, Anregungen und Einwendungen begleitete. Auch Martin Claußen und Anita Engels als Sprecher'in des Clusters haben unsere Arbeit nachhaltig unterstützt, gemeinsam mit den Mitgliedern des CliSAP-Office, allen voran Anke Allner und Rita Möller. Die interdisziplinäre Zusammenarbeit hat nicht täglich ihren Niederschlag gefunden, aber doch auf Dauer viele Anregungen gebracht, wie durch Beate Ratter aus dem Fach Geografie und dem Feld der geografischen Küstenforschung. Mit ihr gemeinsam konnte auch die Koordination der CliSAP-Research Area „Climate Change Perception and Communication" effektiv und fruchtbar erfolgen. Last not least seien die Mitglieder der Media Research Group innerhalb von CliSAP dankend erwähnt, mit denen das KlimaRez-Team den Bürotrakt teilte, etliche Gespräche über den Flur und beim Mittagessen führte, und auch einige Kolloquien gemeinsam organisierte: Corinna Lüthje sowie Stefanie Trümper und Shameem Mahmud, weiter Mike Schäfer, Ana Ivanova, Inga Schlichting und Andreas Schmidt, ferner Simone Rödder und Angela Oehls.

Klimawandel ist ein breit angelegtes Thema der öffentlichen Diskussion, weltumspannend und dauerhaft debattiert. Wir hoffen, mit dem hier vorgelegten Band einen exemplarischen Beitrag leisten zu können, wie solche globalen Themen – von der Wissenschaft generiert und in das politische Feld eingebracht – in der breiten Öffentlichkeit und in kleineren Teilöffentlichkeiten bekannt, verarbeitet und gestaltet werden, welche Anschlüsse zu Alltagsthemen sie finden und in welcher Form welche (alten) Medien und (neuen) Kanäle die Kommunikation prägen. Was einmal begann als eine Form von Wetter-Statistik (Klima) und als wissenschaftliche Hypothese (Klimawandel) weiterentwickelt wurde, kommt am Ende im Blick mancher Menschen genauso an – oder auch nicht und ziemlich anders. Oft bietet das Stichwort Klimawandel einen guten Einstieg in Alltagsgespräche, und damit in das, was die Kommunikationstheorie „Selbstverständigung der Gesellschaft" nennt. Wir hoffen, mit unseren Untersuchungen am Beispiel des Klimawandels zumindest einige brauchbare und tragfähige Erkenntnisse über die Bedingungen dieser unterschiedlichen Verläufe und Dynamiken öffentlicher und privater Kommunikation liefern zu können.

Braunschweig und Hamburg   Irene Neverla
im März 2018   Monika Taddicken
                                                                   Ines Lörcher
                                                                   Imke Hoppe

Inhaltsverzeichnis

Herausgeber- und Autorenverzeichnis

Über die Herausgeberinnen

Dr. Imke Hoppe ist PostDoc im Fachgebiet Journalistik und Kommunikationswissenschaft, insb. digitalisierte Kommunikation und Nachhaltigkeit an der Universität Hamburg und hat von 2014 bis 2016 im DFG-Projekts „Klimawandel aus Sicht der Medienrezipienten" im SPP 1409 „Wissenschaft und Öffentlichkeit" gearbeitet.

Dr. Ines Lörcher ist wissenschaftliche Mitarbeiterin im Fachgebiet Kommunikationswissenschaft, insb. Klima- und Wissenschaftskommunikation an der Universität Hamburg und hat von 2012 bis 2017 im DFG-Projekt „Klimawandel aus Sicht der Medienrezipienten" im SPP 1409 „Wissenschaft und Öffentlichkeit" gearbeitet.

Dr. Irene Neverla ist emeritierte Professorin für Journalistik und Kommunikationswissenschaft, 2007–2017 PI im Exzellenzcluster CLISAP für Klimaforschung an der Universität Hamburg. 2009–2015 Leiterin des DFG-Projekts „Klimawandel aus Sicht der Medienrezipienten" im SPP 1409 „Wissenschaft und Öffentlichkeit", ab 2013 gemeinsam mit Monika Taddicken.

Dr. Monika Taddicken ist Professorin für Kommunikations- und Medienwissenschaften an der Technischen Universität Braunschweig und hat ab 2009 im DFG-Projekt „Klimawandel aus Sicht der Medienrezipienten" im SPP 1409 „Wissenschaft und Öffentlichkeit" gearbeitet und dieses ab 2013 mit geleitet.

Autorenverzeichnis

Daniel Götjen, M.A., studierte Medientechnik und Kommunikation an der TU Braunschweig und arbeitet als wissenschaftlicher Mitarbeiter im BMBF-Projekt teach4TU.

Bastian Kießling, M.A., ist wissenschaftlicher Mitarbeiter an der Hochschule für Angewandte Wissenschaften Hamburg.

Fenja De Silva-Schmidt, M.A., ist wissenschaftliche Mitarbeiterin am Lehrstuhl für Klima- und Wissenschaftskommunikation im Institut für Journalistik und Kommunikationswissenschaft der Universität Hamburg.

Hans von Storch, Hamburg, ist pensionierter Leiter des Instituts für Küstenforschung des Helmholtz Zentrums Geesthacht.

Dr. Stefanie Trümper ist wissenschaftliche Projektmitarbeiterin beim Deutschen Klimakonsortium in Berlin. Ihre Forschung und Lehre ist in der Medien- und Kommunikationswissenschaft angesiedelt.

Nina Wicke, M. A., ist wissenschaftliche Mitarbeiterin der Abteilung Kommunikations- und Medienwissenschaften am Institut für Sozialwissenschaften der Technischen Universität Braunschweig.

Laura Wolff, M. A., ist wissenschaftliche Mitarbeiterin der Abteilung Kommunikations- und Medienwissenschaften am Institut für Sozialwissenschaften der Technischen Universität Braunschweig.

Teil I
Klimawandel in der Kommunikation

,Breitbandkommunikation' zum Thema Klimawandel. Ein multifaktorielles Modell und zentrale Projektergebnisse zur Medienwirkung eines Meta-Themas

1

Irene Neverla, Monika Taddicken, Ines Lörcher und Imke Hoppe

Zusammenfassung

Dieser Beitrag gibt einen Überblick über das gesamte Forschungsprojekt KlimaRez, seine theoretische Ausrichtung, die methodischen Umsetzungen und Befunde, die in weiteren Beiträgen im Einzelnen dargestellt werden. Im Zeitraum von 2009–2015 wurde mit verschiedenen empirischen Methoden untersucht, wie Menschen in Deutschland klimarelevantes Wissen, Einstellungen und Verhaltensbereitschaften entwickeln und welche Rolle dabei die Medien spielen: Wie und welche journalistischen Medienangebote sie dafür nutzen; wie sie retrospektiv für ihren Lebensverlauf die eigene Wissensaneignung und Einstellungen zum Klimawandel sehen; wie die Klimakommunikation

I. Neverla (✉) · I. Lörcher · I. Hoppe
Journalistik und Kommunikationswissenschaft, Universität Hamburg,
Hamburg, Deutschland
E-Mail: irene.neverla@uni-hamburg.de

I. Lörcher
E-Mail: ines.loercher@uni-hamburg.de

I. Hoppe
E-Mail: Imke.Hoppe@uni-hamburg.de

M. Taddicken
Kommunikations- und Medienwissenschaften, Technische Universität Braunschweig,
Braunschweig, Deutschland
E-Mail: m.taddicken@tu-braunschweig.de

© Springer Fachmedien Wiesbaden GmbH, ein Teil von Springer Nature 2019
I. Neverla et al. (Hrsg.), *Klimawandel im Kopf,*
https://doi.org/10.1007/978-3-658-22145-4_1

3

in den Onlinemedien – wiederum sowohl journalistischer Art, aber auch in Expertenblogs und sozialen Netzwerkseiten – verläuft. Angewandt wurde ein breites Methodenspektrum, von der Onlinebefragung über medienbiografische Einzelinterviews bis zur Inhaltsanalyse von Online-Kommunikation. Die theoretische Ausrichtung des Projekts erfolgte entlang des ‚Modells der multifaktoriellen Medienwirkung‘, das im Lauf des Projekts modifiziert und erweitert wurde, sowie vertieft mittels eines Modells zur Medienerfahrung. Die Befunde zeigen das komplexe, rhizomatische Wechselspiel zwischen Medienkanälen und -angeboten, Mediennutzung, -aneignung und -erfahrung und letztlich Wissen, Einstellungen und Verhaltensbereitschaften mit Bezug zum Klimawandel.

1.1   Einleitung: Worum geht es?

Wie kommt der Klimawandel in die Köpfe der Menschen? Wie wird er darin ‚bewegt‘? Was sind die Folgen dieser Prozesse? Standardantworten auf solche Fragen lauten: ‚Es kommt immer darauf an‘ oder ‚Das lässt sich nicht so einfach sagen‘. Diese Aussagen klingen trivial und haben doch ihre Richtigkeit, die in der rhizomartigen Komplexität von Medienwirkung begründet liegt. Mit diesem Buch soll ein Beitrag geleistet werden zu den Fragen, worauf es im Hinblick auf Medienwirkungen ankommt, was und wie es zu differenzieren gilt und wo doch Regelhaftigkeiten auftreten, zumindest beim speziellen Thema Klimawandel. Der vorliegende Beitrag soll die im Buch nachfolgenden spezifizierten Beiträge zusammenfassen und so den Gesamtertrag einer mehr als siebenjährigen Forschungsarbeit des Hamburger Forschungsteams bündeln.

Die Überschrift ‚Breitbandkommunikation‘ mag zunächst irritieren. Dieser Begriff, der ursprünglich der Medientechnik entstammt, ist hier im übertragenen Sinn gemeint für eine Form von Kommunikation, die in hoher Dichte und auf zahlreichen medialen Kanälen erfolgt und dabei in mehrfachen Schleifen verläuft und miteinander verschränkt ist. Diese Form der Kommunikation nennen wir „rhizomartig" in Anspielung auf ein eng verflochtenes Wurzelwerk, bei dem sich Anfang oder Ende nicht finden lassen (Deleuze und Guattari 1977). Die hohe Komplexität dieser Kommunikation und die damit verbundenen vielfältigen inhaltlichen Deutungsvarianten stehen in enger Verbindung mit der Spezifik des Themas Klimawandel, das den Mittelpunkt unserer Forschungsarbeiten und dieses Buches bildet. Klimawandel ist qua Definition ein langfristiges und hoch komplexes Phänomen, das ursprünglich als Hypothese im Wissenschaftssystem generiert wurde und für das sich in der Weiterführung außerhalb der Wissenschaft – im Alltag und in Verbindung mit vielen gesellschaftlichen Feldern wie Politik, Wirtschaft, Technik, Reisen oder Kultur – ein breites Spektrum an Anschlusspunkten und Deutungsmustern entwickelt hat. Die medialen Kanäle, die hier im Zuge der wissenschaftlichen Analyse von Klimawandelkommunikation untersucht werden, decken das breite Spektrum mediatisierter Kommunikation ab, das heute in der modernen Mediengesellschaft zur Verfügung steht. Analysiert wurden im Projekt sowohl die klassischen Medien im Print-, Radio- und Fernsehsektor (ob gedruckt oder gesendet oder online vermittelt), bei denen der Journalismus die zentrale Institution und Profession bildet, als auch die digitalen und interaktiven Medien in Form von Blogs, sozialen Netzwerkseiten oder Kurznachrichtendiensten, in denen Journalismus zwar auch eine bedeutende Rolle spielt, aber vor allem neue Formen der Vermischung von privater und öffentlicher Kommunikation zur Geltung kommen. Über diese mediatisierten Formen der Kommunikation hinaus haben wir einen weiteren Schwerpunkt darauf gesetzt, zu verstehen, inwieweit nicht-mediatisierte Formen der Kommunikation (face to face) und andere Akteure als ,die Medien' für die Klimawandelkommunikation von Belang sind, vor allem Akteure aus der Wissenschaft. Kurz gesagt: Im vorliegenden Band geht es darum, die gesellschaftliche Kommunikation zu einem Meta-Thema zu untersuchen. Mit Meta-Thema ist gemeint, dass das Thema global bekannt ist und diskutiert wird, es bereits auf eine sehr lange Themenkarriere in den Medien blicken kann, dass es eine hohe gesellschaftliche Relevanz und Komplexität hat und zugleich vielfältige Anschlussmöglichkeiten und Deutungsoptionen bietet. Im vorliegenden Fall des Klimawandels handelt es sich um die Spezifik eines Meta-Themas, das vom Wissenschaftssystem generiert wurde.

Will man das vorliegende Buch in einen größeren medien- und fachhistorischen Zusammenhang bringen, so lässt sich das 1982 erschienene Schwerpunktheft der Zeitschrift *Publizistik* zur Medienwirkungsforschung heranziehen. Damals stand Deutschland an der Schwelle zur Privatisierung der Rundfunklandschaft; die erste Welle der Computerisierung hatte schon begonnen; das Internet war in den Jahren davor eben erst von einer militärischen zu einer akademischen Plattform mutiert, es befand sich noch in einer ,wilden' Entwicklungsphase und war noch weit entfernt von der Nutzung durch breite Bevölkerungsgruppen und auch von Kommerzialisierung; von den sozialen Medien noch gar keine Spur. Aber einige Autoren und Autorinnen, die von den Herausgebern der *Publizistik* für das Schwerpunktheft ausgewählt worden waren, kamen zu Ergebnissen, die sich bis heute als tragfähig erweisen:

Das alte Reiz-Reaktions-Modell aus den Anfängen der Kommunikationsforschung mit der Vorstellung eines linearen Transfers hatte schon längst aus-
gedient und war über Bord geworfen worden. Aber auch die Gegenbewegungen
der Medienwirkungsforschung, etwa in Form des Uses-and-Gratifications-
Approach, die ‚den aktiven Rezipienten' verabsolutierten, hatten bereits an Fas-
zination verloren und erschienen in dieser Eindeutigkeit überholt. Sowohl der
technisch (Computerisierung) wie auch politisch (Deregulierung) indizierte
Wandel der Medienlandschaft als auch das Mediennutzungsverhalten der Menschen waren an einer Schwelle angekommen, ohne dass klar war, wohin die
Reise eigentlich führen würde. Man könnte sagen, die Medienwirkungsforschung
stand an einem Kreuzweg. Den Autoren und Autorinnen des Sammelbandes der
Publizistik gelang es jedoch, die damals vorliegende Forschung konzeptionell
so konsequent zu bündeln und damit die scheinbar konträren Forschungsfelder
Medienwirkung und Mediennutzung so überzeugend in Relation zueinander zu
setzen, dass etliche ihrer theoretischen Modellierungen noch heute Gültigkeit
haben. Was hinter ihren Überlegungen stand, war der Kerngedanke – so lässt
sich dies aus heutiger Sicht zusammenfassen – dass die Komplexität von Gesellschaft in der Komplexität der Kommunikation widergespiegelt wird und damit die
mediatisierte Kommunikation für alle gesellschaftlichen Bereiche von höchster
Relevanz ist. Als Konsequenz daraus gewinnt auch der wissenschaftliche Gegenstandsbereich mediatisierter Kommunikation an Bedeutung, womit gleichermaßen die Relevanz der Kommunikationsforschung als zentrales Fach innerhalb der
Sozialwissenschaften deutlicher wird. Die weitere hoch dynamische Entwicklung
der Mediengesellschaft bestätigte diese Sichtweise – sei es in den 1980er Jahren
durch die Computerisierung und in den 1990er und 2000er Jahren durch die
Digitalisierung. Damals wie heute stand und steht die Kommunikationswissenschaft anhaltend vor der gleichermaßen reizvollen wie enormen Herausforderung,
diese ständig wachsende Komplexität der Kommunikation in ihren theoretischen
Konzepten und ihren methodischen Designs und Instrumenten abzubilden.

So sind einige Aussagen im Sonderheft der Publizistik von 1982 geradezu als
programmatische Wegweisung für die Kommunikationswissenschaft zu lesen.
Etwa Winfried Schulz' Satz „Kommunikation *ist* Wirkung" (Schulz 1982, S. 51).
Kohärent mit diesem quasi holistischen Blick (den Schulz so nicht bezeichnet
hat) und als Schlussfolgerung einer ausführlichen Synopse der damals vorliegenden Wirkungsforschung forderte Klaus Merten (1982, S. 33), es müsse
„eine Theorie der Wirkung […] an eine Theorie der Kommunikation anschließen
bzw. ein Bestandteil derselben sein." Barbara Mettler-Meibom (1982) verwies
bereits auf das Aufkommen der damals „Neuen Medien" und die Notwendigkeit, sich nicht nur auf die herkömmlichen Massenmedien zu beziehen. Und last,

but not least legten Werner Früh und Klaus Schönbach (1982) das Konzept des dynamisch-transaktionalen Ansatzes vor. In dieses damals neue „Paradigma der Medienwirkungen" (Früh und Schönbach 1982) ging eine bis dato ungewöhnlich hohe Zahl von Variablen und Komplexität der Prozesse ein, darunter wechselnde Aufmerksamkeiten und Aktivitäten der Nutzer und Nutzerinnen – und dies auf einer dezidiert langfristigen Zeitschiene. Diesem Ansatz ist es als einem der wenigen gelungen, die Komplexität von Nutzung, Rezeption, Aneignung und Wirkung einigermaßen abzubilden, mit dem Nachteil, dass im Rahmen des Modells und in Anbetracht seiner Komplexität und Universalität die Umsetzung und Operationalisierung spezifischer Fragestellungen schwierig ist. Denn je komplexer ein Modell und je höher die Zahl der eingetragenen Variablen, umso unübersichtlicher die Relationen zwischen den Variablen und umso schwieriger deren Operationalisierung. Die Bestandsaufnahme von 1982 erbrachte jedenfalls eine Fülle von theoretischen Überlegungen und methodischen Schlussfolgerungen, die heute eine aktualisierte Gültigkeit haben, da wir nicht nur wie schon in den 1980ern an der Schwelle zu tief greifenden medialen Umbrüchen stehen, sondern anhaltend mittendrin sind. In den Jahrzehnten seither wurde nicht zuletzt aufgrund der medialen Umbrüche die Massivität der gesamtgesellschaftlichen Wandlungsprozesse spürbar. Die Weltgesellschaft und unsere Kommunikationsformen wurden durch Globalisierung und mehrere Digitalisierungsschübe tief umgepflügt, und dieser Prozess ist keineswegs zum Stillstand gekommen.

Das vorliegende Projekt KlimaRez bietet die Gelegenheit, die 1982 angelegte Denkspur gewissermaßen weiterzuführen, der Komplexität von Kommunikation und ihrer Wirkung einigermaßen gerecht zu werden, indem die Vielfalt der mediatisierten Kommunikation konzeptionell und möglichst auch methodisch abgebildet wird. Die Besonderheit und potenzielle Stärke des Projekts besteht darin,

- dass es aus einer Folge theoriegeleiteter empirischer Studien besteht, die auf den Umgang mit einem bestimmten gesellschaftlich relevanten Thema fokussiert sind (dem Klimawandel),
- dass hier über einen längeren Zeitraum Daten erhoben wurden, nämlich zwischen 2009 und 2015
- und dass dabei im Laufe des Projektvorgangs die Forschungsfragen Zug um Zug mit den vorliegenden Befunden spezifiziert werden konnten und entsprechend unterschiedliche empirische Methoden angewandt wurden.

Dieser lange Untersuchungszeitraum mit kontinuierlich fortgeführten Teilstudien wurde durch Projektmittel im Rahmen des interdisziplinären

DFG-Schwerpunktprogramms „Wissenschaft und Öffentlichkeit" (SPP 1409) ermöglicht. Hinzu kam die Anbindung des Projekts an das ebenfalls DFG-geförderte Exzellenzcluster für Klimaforschung an der Universität Hamburg „CliSAP" („Integrated Climate System Analysis and Prediction"), an dem hauptsächlich naturwissenschaftliche Disziplinen, aber auch Sozialwissenschaften beteiligt waren. Diese beiden Forschungszusammenhänge ermöglichten eine intensive interdisziplinäre Einbindung und Auseinandersetzung.

1.2 Theoretische Modellierung: Multifaktorielles Modell der Medienwirkungen

Wie also entfaltet sich die ‚Breitbandkommunikation' zum Thema Klimakommunikation in den Köpfen der Menschen? Das folgende multifaktorielle Modell der Medienwirkungen, das im Rahmen des Projekts entwickelt wurde, ist in den Abb. 1.1 und 1.2 dargestellt. Es wurde in ersten Entwürfen von Taddicken und Neverla (2011) vorgestellt und diente als konzeptionelle Basis für die Teilprojekte. Von Lörcher (in diesem Band, Kap. 4) wurde es weiterentwickelt

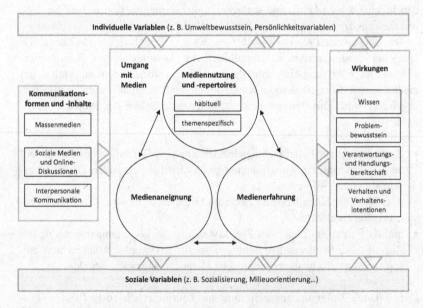

Abb. 1.1 Multifaktorielles Modell der Medienwirkungen. (Quelle: Eigene Darstellung)

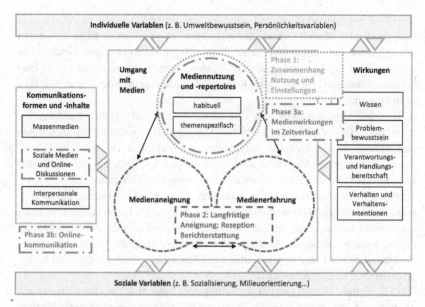

Abb. 1.2 Multifaktorielles Untersuchungsmodell der Medienwirkungen sowie Schwerpunkte auf Teilaspekte im Forschungsprojekt KlimaRez. (Quelle: Eigene Darstellung)

und vertieft mit einem Schwerpunkt auf die Komponente der Medienerfahrung. Das multifaktorielle Modell der Medienwirkungen enthält vergleichsweise viele Variablen und Konstrukte – und ist dennoch im Vergleich zur Realität unterkomplex gestaltet, weil allzu viele Details das Verständnis erschweren würden. In dem Bestreben, eine Balance zwischen Komplexität einerseits und Lesbarkeit sowie empirische Operationalisierbarkeit und Prüfbarkeit andererseits herzustellen, haben wir uns teilweise innerhalb einer spezifischen Dimension auf stellvertretende Variablen beschränkt. Im Folgenden stellen wir unsere Überlegungen zu den differenzierten und komplexen Zusammenhängen dar, die im Forschungsprojekt und seinen Teilprojekten untersucht wurden.

Als Grundmodell dient der dynamisch-transaktionale Ansatz (DTA) von Werner Früh und Klaus Schönbach (Früh und Schönbach 1982, 1984; Früh 1991, 2001), der sowohl die Rolle der Medieninhalte als auch die der Rezipierenden einbezieht. Der Umgang mit Medien vollzieht sich demnach prozesshaft und im Zeitverlauf, also ‚dynamisch'. Das Individuum setzt sich mit Medienangeboten auseinander („inter-transaktional") – und zwar in einem intrapersonalen Prozess („intra-transaktional"). Der DTA berücksichtigt dabei, dass die Mediennutzung als Handlung individuellen und sozialen Rahmenbedingungen unterliegt. Das multifaktorielle Modell der Medienwirkungen integriert diese Grundannahmen des DTA und enthält darüber hinaus Ergänzungen durch (weitere) Ansätze aus der Sozialpsychologie und Kommunikationswissenschaft, insbesondere das Elaboration-Likelihood-Modell, das Konzept der Medienrepertoires und das Einstellungskonzept.

Die drei Grundkomponenten (im Sinne jeweils von Faktorenbündeln) des multifaktoriellen Modells der Medienwirkungen sind a) Kommunikationsformen und -inhalte, b) der Umgang mit Medien, c) Wirkungen. Sie sind beeinflusst von d) individuellen Variablen sowie von e) sozialen Variablen. Diese Grundkomponenten und ihre Faktoren werden im Folgenden näher erläutert.

Wie bereits oben beschrieben, adressiert unser Modell zunächst die Grundkomponente der *Kommunikationsformen und -inhalte*. Im Fokus standen zunächst massenmediale Angebote, im Projektverlauf verlagerte sich der Schwerpunkt auf Online-Inhalte wie Soziale Medien und Online-Diskussionen. Die interpersonale Kommunikation ist hiervon – bei aller Vermischung innerhalb der digitalen Welt – grundsätzlich zu differenzieren.

Eine weitere Grundkomponente in unserem Modell bildet der *Umgang mit Medien* und die dazugehörigen Faktorenbündel *Mediennutzung* und *Medienrepertoire*, *Medienaneignung* und *Medienerfahrung*. Unter *Mediennutzung* wird hier Medienkontakt verstanden, bei dem Nutzer ein Mindestmaß an Aufmerksamkeit aufbringen (Hasebrink 2003; Meyen 2004). Rezipierende sind gemäß DTA insofern passiv, als ihre Nutzung vom Angebot abhängt und sie Medien häufig habitualisiert nutzen. Allerdings sind sie auch aktiv, indem sie selbst selektieren, mehr oder weniger aufmerksam rezipieren und intensiv verarbeiten und Informationen in bestehendes Wissen integrieren. Mediennutzung wird hier daher differenziert in die habituelle Nutzung, d. h. die allgemeine unspezifische Nutzung von Medieninhalten, sowie die gezielte themenspezifische bzw. instrumentelle Nutzung, die ein gewisses Maß an Informationsbedürfnis und Involvement (Petty und Cacioppo 1986) voraussetzt. Die Mediennutzung bzw. das Medienrepertoire (Hasebrink und Popp 2006; Hasebrink und Domeyer 2010) kann sich im Laufe des Lebens je nach Lebensphase und historischen Ereignissen wandeln. *Medienrepertoires* sind individuelle Muster der Mediennutzung sowohl auf der Ebene der Medien, der Mediengenres und -formate, wie auch der Inhalte. Wenn man sich Medienrepertoires auf einer Zeitschiene vorstellt, das heißt im Verlauf des biografischen und historischen Wandels, so wird erklärbar, dass sich bezogen auf ein bestimmtes Thema ein Erfahrungsschatz von Wissen und Problembewusstsein akkumuliert, der sich mit Bezug auf ein Thema immer neu konturiert, sodass die Deutungsmuster einem permanenten Wandel unterliegen.

Ein zweiter Faktor in der Grundkomponente Umgang mit Medien ist die *Medienaneignung* und der damit verbundene Deutungsprozess (Wegener 2008; Winter 1995). Unter Medienaneignung wird hier verstanden, dass der Medieninhalt von Rezipienten und Rezipientinnen individuell verarbeitet wird, sowohl intra- wie auch interpersonal. Diese Medienaneignung kann unterschiedlich intensiv und in unterschiedliche Richtungen verlaufen. Informationen können unverändert übernommen und adaptiert werden, unmotiviert vergessen, durch Zusammenfassungen und Generalisierungen modifiziert oder durch Relation zu anderem Wissen bzw. Vorwissen ergänzt werden (Früh und Schönbach 1984) (Intra-Transaktion). Medienaneignung findet in der Regel in Bezug nicht nur zu einem einzigen Medium oder themenspezifischen Inhalt, sondern zu einem *Medienrepertoire* statt (Hasebrink und Popp 2006; Hasebrink und Domeyer 2010).

Ein dritter Faktor in der Grundkomponente des Umgangs mit Medien sind *Medienerfahrungen*. Sie entstehen als langfristige Folge von sämtlichen Erlebnissen (im Sinn von Interaktionen) mit Medien im Gesamtverlauf der Mediennutzung und Medienaneignung (für ein ausführliches Begriffsverständnis von Erfahrung siehe Lörcher in diesem Band, Kap. 4). Eine Medienerfahrung bildet sich durch die subjektive Auseinandersetzung mit einem Medienstimulus heraus, die auch nach der eigentlichen Interaktion bzw. kommunikativen Phase weitergeht. Die Medienaneignung ist potenziell nie abgeschlossen, sodass die sich ergebenden Medienerfahrungen dynamisch sind und durch spätere (Medien-) Erfahrungen immer wieder neu angeregt und aktualisiert werden können. Medienerfahrungen sind folglich als fortlaufender Prozess der Akkumulation von Wissen, Einstellungen und Verhaltensbereitschaften zu sehen.

Die dritte wesentliche Grundkomponente im Modell der Medienwirkungen sind neben den Kommunikationsformen, dem Umgang mit Medien bzw. Kommunikationsangeboten die verschiedenen *Wirkungen* daraus. Dabei ist der kommunikationswissenschaftliche Wirkungsbegriff äußerst komplex und vielschichtig, der sich darüber hinaus im Laufe der Zeit deutlich gewandelt hat (vgl. dazu z. B. Bonfadelli und Friemel 2015, die dies übersichtlich in aller Kürze gelungen verdeutlichen). Unsere bisherigen Ausführungen berühren dabei wesentliche, aber nur ausschnitthafte Diskussionsbeiträge zum Forschungsgegenstand „Medienwirkungen" (Bonfadelli und Friemel 2015; Kepplinger 1982; Merten 1982, 1991; McQuail 2010; Schenk 2007). Der Begriff ist dabei im eigentlichen Sinne uneindeutig, Klassifikationen verschiedener Arten und Dimensionen von Medienwirkungen sind keineswegs überschneidungsfrei (Maletzke 1972). Eine gängige Möglichkeit, dieser Problematik operativ zu begegnen, ist die Beschränkung auf nur eine Wirkungsart (Schenk 2007, S. 34).

Auch wir haben für unsere Untersuchungen und unser Modell diese thematische
Zuspitzung gewählt und uns auf die *Einstellungen* der Mediennutzer und -nutze-
rinnen konzentriert, in diesem Fall zum Klimawandel. Dabei wäre es aber durchaus denkbar, weitere Wirkungsarten und -dimensionen zu integrieren. Einstellung
lässt sich nach dem Begriffsverständnis von Rosenberg (1960) in eine kognitive
(Faktenwissen), eine affektive (Problembewusstsein) und eine konative (Verant-
wortungs- und Verhaltensbereitschaft) Dimension differenzieren. Im Gegensatz
zum auf Kognitionen fokussierten DTA werden in unserem multifaktoriellen
Modell der Medienwirkungen also auch emotionale und verhaltensbezogene
Komponenten als mögliche Medienwirkungen berücksichtigt. Danach sind Einstellungen „Prädispositionen, in einer bestimmten Art und Weise auf spezifische
Objekt-Gruppen" (Rosenberg und Hovland 1960, S. 1) zu reagieren.

Als eine zusätzliche Wirkungsart berücksichtigen wir zudem zusätzlich
das tatsächliche individuelle klimarelevante *Verhalten* im Alltag sowie Ver-
haltensintentionen. Dies ist vor allem bedingt durch die hohe soziale Relevanz
des klimabezogenen Verhaltens der Bevölkerung. Uns ist jedoch vollkommen
bewusst, dass das Handeln abgesehen von der Einstellung zum Klimawandel
noch von anderen individuellen und sozialen Einflüssen sowie dem situativen
Kontext (bspw. Zeitdruck, finanzielle Engpässe) abhängt. Bedeutsame Theorien,
insbesondere der Sozialpsychologie, wären hier zu berücksichtigen, um hier
Zusammenhänge konkreter theoretisch zu modellieren. Da dies nicht im Fokus
unseres Projektes stand, haben wir an dieser Stelle darauf verzichtet.

Unser Modell befasst sich somit nicht ausschließlich mit „Wirkungen" in
einem behavioristischen Sinn als Wirkung von Kommunikationsstimuli, sondern
auch mit Wirkungen als einem permanent fortlaufenden Prozess kommunikativen Handelns, das grundsätzlich „Wirkung" im Sinne von Folgen unterstellt.
Winfried Schulz (1982) formuliert dies so: „Kommunikation *ist* Wirkung". Seines
Erachtens nach kann man nur von Kommunikation sprechen, wenn ein Minimum
an Verständigung bzw. Bedeutungsvermittlung hergestellt ist; daher impliziere der
Begriff der Kommunikation Wirkung per definitionem (Schulz 1982, S. 51). Jede
Kommunikation und damit jede Wirkung erfolgt in einem kumulativen Prozess,
wie es das DTA-Modell beschreibt.

Mediennutzung und Aneignung und daraus resultierende Medienerfahrungen – all
diese Faktoren verweisen auf den zirkulären und permanenten Charakter von Kommunikation schlechthin. Einbezogen sind sämtliche Formen von Kommunikationsangeboten, neben „one-to-many"-Medienangeboten informativer wie unterhaltender Art
auch mediale Kommunikationen auf sozialen Medien. Es können hier aber auch – auf
den ersten Blick non-mediale – Kommunikationen in Form von Alltagsgesprächen

einfließen in der Weise, dass sie Anschlusskommunikation zu Medienangeboten darstellen.

Schließlich sind noch die zwei weiteren Grundkomponenten im Modell zu erläutern. Gemäß der molaren Perspektive des DTA wird auch in unserem Modell der Medienwirkungen angenommen, dass der dargestellte Mediennutzungs- und Medienwirkungskreislauf geprägt wird von individuellen Einflüssen (bspw. Werte wie das Umweltbewusstsein oder soziodemografische Merkmale) und von sozialen Einflüssen (z. B. gruppenspezifische Wahrnehmung der Öffentlichkeitsmeinung). Weiterhin zeichnet sich das Modell in Anlehnung an den DTA durch seine dynamische und fortlaufende Perspektive aus. Das bedeutet, dass Wirkungen immer zugleich Voraussetzungen sind, nur zu unterschiedlichen Zeitpunkten im Mediennutzungsverlauf – es gibt also keine klare Trennung zwischen Ursache und Wirkung. Ein hohes Umweltbewusstsein durch eine kommunikative Erfahrung kann später die Erwartungshaltung an einen zukünftigen Medienkonsum beeinflussen, welcher wiederum die individuelle Nutzung und Aneignung und schließlich Einstellung und klimabezogenes Handeln prägen kann. Dies kann das Informationsbedürfnis und damit die zukünftige Mediennutzung verändern. Dieser zirkuläre Prozess spielt sich fortlaufend ab, also auch während der Nutzung und Aneignung.

Vor diesem theoretischen Hintergrund wollen wir nochmals genauer abgrenzen, wie sich im Modell die drei wesentlichen Faktorenbündel – Mediennutzung, Medienaneignung und Medienerfahrung – in der Grundkomponente voneinander unterscheiden. *Mediennutzung* (verstanden als Medienkontakt) ist die Voraussetzung für Medienaneignung und Medienerfahrung: Nur wenn Medien überhaupt angeschaut, gelesen oder gehört werden, können sie auch angeeignet werden und ihre ‚Wirkung' entfalten. Im Zuge der *Medienaneignung* wird der Medientext individuell erlebt und interpretiert sowie in einem aktiven Deutungsprozess Teil der individuellen Lebenswelt von Menschen. *Medienerfahrungen* bauen auf diesen Erlebens-, Interpretations-, und Deutungsprozessen auf. Im Gegensatz zu Medienwirkungen, die auch ‚objektiv messbar' sind, werden mit dem Begriff der Medienerfahrungen subjektive Wirkungen in den Fokus gerückt. Eine Medienerfahrung beschreibt also beispielsweise die Erfahrung, dass man sich über Medien Wissen angeeignet hat, Medien bestimmte Gefühle ausgelöst haben, man anhand von Medien eigene Einstellungen bestätigt bzw. infrage gestellt hat oder Medien dabei geholfen haben, praktisches Können zu erlangen. Dabei ist es theoretisch sogar möglich, dass etwas als besonders prägende Erfahrung wahrgenommen wird, obwohl ‚objektiv' andere Medienkontakte Wissen oder Problembewusstsein stärker beeinflusst haben. Es sind also nicht alle Medienwirkungen gleichzeitig Medienerfahrungen.

Zudem fokussiert der Erfahrungsbegriff die Dynamik, das heißt die Veränderlichkeit der subjektiven Wirkung im Zeitverlauf, vor allem auch aufgrund anderer Erfahrungen. Während in der Medienwirkungsforschung traditionell angenommen wird, dass sich die Wirkung eines Medienangebots nicht grundsätzlich in ihrer Richtung ändert, sich aber in ihrer Intensität langfristig verändert, öffnet der Begriff der Medienerfahrung die Perspektive, indem Veränderungen im Zeitverlauf bezüglich der Einschätzung von Bedeutung und Inhalt sowie deren Präsenz mitgedacht werden. Erfahrungen können ins Unterbewusstsein abrutschen oder (etwa durch eine andere Erfahrung) reaktualisiert, das heißt wieder erinnert werden. Medienerfahrungen und damit verbundenes Wissen, Einstellungen und Verhaltensbereitschaften werden in einem dynamischen und kumulativen Prozess fortwährend neu geschichtet und interpretiert. Medienerfahrungen sind also langfristige Medienwirkungen auf individueller Ebene, sie können allerdings durch Aggregationen über das Individuum hinaus auch zu kollektiven Erfahrungen werden (vgl. Lörcher in diesem Band, Kap. 4).

Die Bedeutung der Grundkomponenten und ihrer Faktoren im multifaktoriellen Modell der Medienwirkungen hat sich im Projektverlauf verändert (vgl. Abb. 1.2): In Phase 1 lag der Fokus (eher einem klassischen Medienwirkungsmodell folgend) auf dem Zusammenhang zwischen (traditioneller) Mediennutzung und Einstellungen. Diese Perspektive wurde in Phase 3 fortgeführt, jedoch erweitert im Hinblick auf den zeitlichen Verlauf und ergänzt durch einen speziellen Fokus auf Online-Kommunikation. Dagegen lag der Schwerpunkt in Phase 2 auf der langfristigen Aneignung von Medieninhalten und wurde in Phase 3 mit der Entwicklung des Medienerfahrungsbegriffs vertieft.

1.3   Zu den Teilstudien

Die hier entwickelte theoretische Modellierung der Zusammenhänge von Medienwirkungen wurde für die verschiedenen Forschungsfragen innerhalb des Projekts fruchtbar gemacht. *Die übergeordnete Fragestellung für alle Teilstudien war, welche Rolle medial vermittelte Kommunikation für die Auseinandersetzung der Bevölkerung mit dem Klimawandel spielt.* In unseren Untersuchungen meinten und operationalisierten wir mit „Bevölkerung" Menschen, die in Deutschland leben. Dabei wurde die alltägliche und die spezifische Nutzung und Aneignung von Medienangeboten und die daraus resultierenden Medienwirkungen und -erfahrungen auf Wahrnehmungs- und Einstellungsmuster sowie die aktive Kommunikation von Rezipienten und Rezipientinnen in Online-Diskursen analysiert. Ein Überblick über die verschiedenen Teilstudien im Rahmen des Gesamtprojekts

„KlimaRez" mit ihren Forschungszielen und Methoden findet sich in Abb. 1.3 (siehe auch Abb. 1.2 zur Einbindung der Fragestellungen im multifaktoriellen Modell der Medienwirkungen).

In der *ersten Projektphase* wurde schwerpunktmäßig die alltägliche Mediennutzung zum Klimawandel sowie ihr Zusammenhang mit Wissen, Einstellung und Verhalten zum Klimawandel ergründet (Methode Online-Befragung; siehe Kap. 2 und 5) sowie die Bewertung der Medienberichterstattung vonseiten der Rezipienten (Methode Gruppendiskussion; siehe Kap. 6).

In der *zweiten Phase* wurde schwerpunktmäßig die langfristige Aneignung des Themas über – mediatisierte und nicht-mediatisierte – Erfahrungen zum Klimawandel fokussiert, d. h. die generelle Nutzung und langfristige Verarbeitung verschiedener medialer und non-medialer Kommunikationen, die sich in Erfahrungen verdichten. Dabei wurde insbesondere die Bedeutung spezifischer Schlüsselerfahrungen untersucht, ergänzend zum Schwerpunkt aus Phase I, in der Umfang und Häufigkeit der Mediennutzung im Zentrum standen (Methode Qualitative Interviews, Kap. 4).

In der *dritten Phase* wurden Inhalte und Form der aktiven Kommunikation in einer Online-Laienöffentlichkeit untersucht und mit der journalistischen und wissenschaftlichen Expertenöffentlichkeit online verglichen (Methode Online-Inhaltsanalyse; Kap. 7, 8, 9 und 10). Zudem wurden dynamische Medienwirkungen auf Klimawandelwissen und -einstellungen sowie die Rolle von

Phase I	Phase II	Phase III
2009-2011	2011-2013	2013-2015
Zusammenhang zwischen **Mediennutzung** sowie Wissen und Einstellung zum Klimawandel	**Medienaneignungen** zur komplexen Wissensdomäne Klimawandel – über die Zeit hinweg	Klimakommunikation in **Online-Öffentlichkeitsarenen**
Empirische Methoden:	**Empirische Methoden:**	**Empirische Methoden:**
Repräsentative Onlinebefragung	Qualitative Interviews	Online-Inhaltsanalyse
Gruppendiskussionen	Online-Panel-Befragung mit 3 Wellen (Beginn)	Online-Panel-Befragung mit 3 Wellen (Ende)

Abb. 1.3 Überblick: Themen und Methoden im Projektverlauf. (Quelle: Eigene Darstellung)

Meinungsführern analysiert (Methode Panel-Befragung; Kap. 2 und 5). Somit hat das Forschungsprojekt die Frage, welche Rolle medial vermittelte Kommunikation für die Auseinandersetzung der Menschen mit dem Klimawandel spielt, mittels unterschiedlicher methodischer Perspektiven und Ansätze untersucht. Mithilfe eines breiten Methodenportfolios wurde auf unterschiedliche Dimensionen und Facetten der Fragestellung fokussiert. Wir betrachten dies als wesentliche Stärke des Forschungsprojekts, da unseres Erachtens die Verwendung unterschiedlicher Denk- und Vorgehensweisen notwendig ist, um komplexe Zusammenhänge ergründen zu können. Gleichzeitig stellt uns diese Vorgehensweise vor die herausfordernde Aufgabe, ein breites Spektrum an Erkenntnissen und Daten in Zusammenhänge zu bringen, zu bündeln und letztlich daraus ein ‚großes Bild' zu erstellen.

1.4   Kurze Synopse: Befunde zu fünf Ergebniskomplexen

Im Folgenden fassen wir die Befunde der Teilstudien des Projekts schwerpunktmäßig in fünf Ergebniskomplexen zusammen – wobei sich die vertieften Darstellungen in den Einzelkapiteln des Buches finden. Es sind dies die Schwerpunkte 1) Medienwirkungen im Verhältnis zu Wirkungen anderer Erfahrungsbereiche; 2) Prozess der Medienaneignung und damit verbunden individuell unterschiedliche Bedeutungen von Medienerfahrungen; 3) Bedeutung der interpersonalen Kommunikation und die Rolle der Meinungsführer; 4) Einschätzungen der Medienberichterstattung durch Mediennutzende; 5) die aktive Kommunikation der Onlinenutzerinnen und -nutzer.

Der erste Ergebniskomplex (1) betrifft die *journalistischen Medien und ihre Nutzung* durch Rezipientinnen und Rezipienten im Verhältnis zur Bedeutung anderer medialer und non-medialer Erfahrungen. Dabei muss man sich vor Augen führen, dass die Berichterstattung über den Klimawandel in deutschen Medien bereits seit den 1980er Jahren mit einer gewissen Konstanz erfolgt (Schmidt et al. 2013; Tereick 2011). Im Zuge dessen ist es auch regelmäßig zu Anstiegen im Umfang der Berichterstattung zum Klimawandel gekommen, und zwar rund um politische Ereignisse wie die COP-Weltklimakonferenzen und in etwas geringerem Maße rund um politisch-wissenschaftliche Ereignisse wie die Veröffentlichung der IPCC-Reports. Die klassische journalistische Medienberichterstattung hat also in den vergangenen Jahrzehnten das Klimawandelthema auf die öffentliche Agenda gebracht, und die Voraussetzungen für hohe Aufmerksamkeit im öffentlichen Raum geschaffen.

Vor diesem Hintergrund überrascht besonders der Befund aus den repräsentativen Befragungen, dass – jedenfalls im hier untersuchten Zeitraum – nur geringe Zusammenhänge zwischen Häufigkeit und Umfang der Mediennutzung einerseits und dem Wissen über Klimawandel sowie Verhaltensbereitschaften andererseits erkennbar sind und keine Zusammenhänge zwischen Mediennutzung und Problembewusstsein (siehe Kap. 2; Taddicken und Neverla 2011). Dies ist angesichts der sehr hohen Präsenz dieses Themas in den Medien eine wichtige Erkenntnis. Damit bestätigen unsere Befunde eine konstitutive Erkenntnis der Medienwirkungsforschung überhaupt, dass nämlich die Häufigkeit der Mediennutzung keineswegs in einem linearen Zusammenhang mit Wissen, Problembewusstsein oder gar einem bestimmten Verhalten steht. Bedeutet dieses Ergebnis, dass journalistische Bemühungen, über das Thema zu berichten, aussichtslos sind und wirkungslos verhallen? Dass dies keinesfalls so ist, zeigen insbesondere unsere Ergebnisse aus Phase II zur Medienaneignung, wie weiter unten näher erläutert wird. Interessant ist dabei auch, dass Zusammenhänge zwischen Mediennutzung und Wissen, Problembewusstsein und Verantwortungsbereitschaft erkennbar werden, wenn die Bewertung der massenmedialen Inhalte durch die Mediennutzer und -nutzerinnen berücksichtigt wird (Taddicken 2013). Die Bewertung von Mediendarstellungen des Klimawandels sowie – damit verbunden – die Erwartungen, Nutzer und Nutzerinnen an die massenmediale Berichterstattung haben, ist also von hoher Relevanz im Wirkungsprozess (vgl. den folgenden Ergebniskomplex 4 und Kap. 6, Befunde aus den Gruppendiskussionen).

Die Frage, welche Folgen Mediennutzung (in diversen Formen) auf Wissen und Einstellungen hat, kann aus der Perspektive der Mediennutzungs-, rezeptions- und -wirkungsforschung betrachtet werden, sie ist aber auch vor dem Hintergrund der Debatten im Kontext von Wissenschaftskommunikation zu beleuchten. Hier fanden sich in den vergangenen Jahrzehnten paradigmatisch zwei Sichtweisen: Während das „PUS-Modell" (Public Understanding of Science) auf das Verstehen von wissenschaftlichen Befunden seitens der Laien fokussiert, und diesen Vorgang eher linear und einseitig als Transferprozess versteht, betont das „PEST-Modell" (Public Engagement with Science and Technology) den Prozess der aktiven Aneignung und auch Deutung des wissenschaftlichen Wissens durch Laien. Im Zuge dieser Diskussion wurde auch immer wieder auf das Wissensdefizitmodell abgestellt, nämlich auf die Annahme, dass eine Steigerung des Wissens bei Laien zu positiveren Einstellungen gegenüber Wissenschaft und Wissenschaftsthemen führt. Auch hier wurden in der Vergangenheit keine oder nur kleine Zusammenhänge gefunden (Taddicken 2013; Taddicken und Neverla 2011; Arlt et al. 2011; Lee et al. 2005). Die grundsätzliche Annahme wird daher häufig infrage gestellt oder gar abgelehnt (z. B. Olausson 2011; Sturgis und

Allum 2004), zumindest teilweise wird jedoch auch diskutiert, ob nicht auch oder sogar vielmehr andere Ursachen für die fehlenden statistischen Zusammenhänge bestehen. In unserem Projekt haben wir uns (unter anderem) der Frage gewidmet, wie Einstellungen zum und Wissen über den Klimawandel zu dimensionieren und zu messen sind (vgl. zu Wissen Taddicken, Reif, Hoppe 2018a, Taddicken, Reif, Hoppe 2018b). Die Ergebnisse unserer Panelbefragung belegen in allen drei durchgeführten Wellen bedeutsame Einflüsse unterschiedlicher Wissensarten auf verschiedene Einstellungsdimensionen (siehe Kap. 2). Insofern folgen wir nicht der klaren Ablehnung des Wissensdefizitmodells, sondern plädieren auch hier für eine stärkere Differenzierung von Zusammenhängen, insbesondere unterschieden nach Wissensarten und Einstellungsdimensionen.

Der zweite Ergebniskomplex (2) betrifft den *Prozess der individuellen Aneignung* des Themas Klimawandel im Umgang mit Medienangeboten und/ oder im Zuge interpersonaler Kommunikation (siehe Kap. 3, 4, 6, 7 und 8). Die Ergebnisse hierzu resultieren insbesondere aus Phase 2 des Projektes (qualitative Interviews), aber auch aus Phase 3 (Online-Inhaltsanalyse). Hier zeigt sich zunächst, dass die journalistische Berichterstattung durchaus eine wichtige Trigger-Funktion übernimmt, indem sie einerseits dafür sorgt, dass der Klimawandel im Bewusstsein präsent wird und bleibt und andererseits Gespräche darüber auslöst (qualitative Interviews und Online-Inhaltsanalyse). Die journalistischen Medien sorgen gewissermaßen für das auf- und abschwellende Grundrauschen in der öffentlichen und auch in der privaten Kommunikation. Doch der Journalismus ist nicht die einzige Institution von Belang. Als Schlüsselerfahrungen – d. h. besonders intensive und nachhaltige Erfahrungen (vgl. dazu den Beitrag von Lörcher in diesem Band, Kap. 4) – werden auch andere, nicht-tagesaktuelle Medien relevant, wie Bücher und vor allem Filme aus dem Dokumentarfilmgenre. Zudem nutzen bestimmte Aneignungstypen auch direkt Informationen aus Wissenschaft, Umweltorganisationen oder Politik, beispielsweise im Internet. Neben Medienangeboten sind auch ganz andere soziale Institutionen relevant für das Wissen und Problembewusstsein zum Klimawandel, nämlich die Schule, sofern sich der Unterricht auf Umweltfragen bezieht, sowie Gespräche mit Familie und Freunden. Besonders prägend ist dabei das Umwelt- und Klimabewusstsein im Elternhaus. Schließlich sind auch (als solche subjektiv bewertete) direkte Erfahrungen mit dem Klimawandel relevant, wie – in Norddeutschland – Sturmfluten an der Küste, oder Beobachtungen, welche die Befragungspersonen im Zuge von Reisen gemacht haben. Diese Beobachtungen mögen nicht unbedingt Belege für Klimawandel im strengen evidenzbasierten Sinn sein (bspw. Sonnenbrände, die auf das Ozonloch und den Klimawandel zurückgeführt werden), jedoch werden sie von den Menschen in diese Erklärungsfolie eingeordnet.

Ein weiterer zentraler Aspekt im Ergebniskomplex 2 ist, dass es individuell große Unterschiede gibt, wie das Thema Klimawandel angeeignet wird. Zum einen zeigt sich, dass es individuell unterschiedliche Wahrnehmungsmuster gibt, der Klimawandel also in verschiedenen Themenbereichen verortet wird. Insbesondere gilt er aber als ein Umweltthema. Insofern lässt sich auch nachvollziehen, warum der Klimawandel mit anderen Umweltthemen wie dem Ozonloch verknüpft wird, obgleich aus wissenschaftlicher Perspektive kein direkter Zusammenhang zwischen den Phänomenen besteht. Bestätigt wird dieses Ergebnis der qualitativen Interviews auch durch unsere quantitativen Online-Befragungen: Das generelle Umweltbewusstsein hatte auch dort einen großen Einfluss auf die Einstellung zum Klimawandel (Taddicken und Neverla 2011). Hier können die qualitativen Interviews (siehe Kap. 3) ergänzend aufzeigen, dass eine umweltbewusste Erziehung durch die Eltern (und damit einhergehend ein höheres Umweltbewusstsein) das Interesse am Klimawandel am stärksten prägt.

Mit anderen Worten: Wie aktiv und über welche Quellen das Thema Klimawandel angeeignet wird, hängt wiederum von soziodemografischen Merkmalen wie dem Alter sowie vom Umweltbewusstsein der Eltern und dem daraus hervorgehenden grundlegenden Interesse, Wissen und Einstellung zum Klimawandel ab. Ein Befund, der sich sowohl in den quantitativen Repräsentativbefragungen (Taddicken und Neverla 2011; Taddicken 2013) findet und sich auch in den qualitativen Teilstudien der Gruppendiskussionen und der Interviews bestätigt.

Allgemein sind für die Aneignung des Themas nicht nur aktuelle und mediale Erfahrungen, sondern auch biografisch länger zurückliegende und nicht-mediale Erfahrungen bedeutsam. Wissen und Bewusstsein zum Klimawandel bauen sich so langfristig, kumulativ, aber auch synergetisch auf. Auch hier finden sich also Wirkungsmuster, die man als rhizomartig beschreiben kann.

Der dritte Ergebniskomplex (3) betrifft die Bedeutung der *interpersonalen Kommunikation* (siehe Kap. 3 und 4), wozu insbesondere auch die Rolle der Meinungsführer gehört (siehe Kap. 5). Wollte man zuspitzen, so könnte man sagen: Mediale Kommunikation prägt vor allem unsere Grundkenntnis darüber, dass es den Klimawandel gibt, abgeschwächt auch unser Wissen über den Klimawandel; interpersonale Kommunikation mit Familie und Freunden sowie soziale und situative Kontextvariablen hingegen prägen unser tatsächliches Verhalten (qualitative Interviews). Dabei kommt bestimmten Personen eine besondere Rolle zu, den Meinungsführern – auch hier wieder eine ‚Figur' im Kommunikationsprozess, die keineswegs neu ist, sondern schon in den Frühzeiten der Kommunikationsforschung ausgemacht wurde (Lazarsfeld et al. 1944). Das Interessante an den Befunden des vorliegenden Projekts ist dabei, dass Meinungsführer selbst ihr Wissen zum Klimawandel als höher einschätzen, aber dass die Untersuchung anhand der Wissens-Items zeigt, dass dies nicht in allen Fällen stimmt. Das Wissen zum

Klimawandel ist keineswegs bei allen Meinungsführern höher, im Gegenteil liegt dieses Wissen bei etwa einem Drittel der Meinungsführer unter dem Durchschnitt der Befragungspersonen. Was Meinungsführer auszeichnet, ist vielmehr die Selbstgewissheit ihres Anspruches, Meinungsführer zu sein. Damit verbunden ist wahrscheinlich – so unsere interpretatorische Vermutung – auch ihr Kommunikationsstil und in der Folge möglicherweise die Wirkmächtigkeit ihrer Aussagen. Zu Meinungsführern werden vor allem Personen, die viele Wissenschaftsmedien nutzen und viel online zum Thema partizipieren (vgl. dazu auch Schäfer und Taddicken 2015). Mithilfe des Typologisierungsansatzes konnten wir zeigen, dass diejenigen, die online aktiv sind zum Klimawandel, sich also in den sozialen Medien engagieren und so am öffentlichen Diskurs teilnehmen, sehr interessiert am Thema sind und auch über eine sehr hohe Kenntnis von klimawissenschaftlichen Prozessen verfügen, dafür aber tatsächlich wenig über Ursachen und Folgen des Klimawandels wissen (Taddicken und Reif 2016) bzw. den abgefragten klimawissenschaftlich bestätigten Fakten zu Ursachen und Folgen gegenüber eher skeptisch eingestellt sind. Neben diesen „partizipierenden Experten" sind auch die „problembewussten Sucher" und die „suchenden Glaubenden" online aktiv, aber vor allem im Bereich der Online-Informationssuche und weniger in Form von kommunikativer Beteiligung (Taddicken und Reif 2016).

Ein vierter Ergebniskomplex betrifft (4) die *Erwartungen der Menschen an die Medienberichterstattung* (siehe Kap. 6). Die Befunde aus den Gruppendiskussionen zeigen, dass die Bewertung der Medienberichterstattung individuell verschieden ist, je nach Medienrepertoire und Themeninteresse bzw. -schwerpunkt (auch ein Ergebnis aus den qualitativen Interviews; Kap. 3). Erkennbar ist hier einerseits, dass die Bewertungen der Medienberichterstattung überwiegend kritisch sind, wobei sich die Befragungspersonen auf durchaus unterschiedliche Medieninhalte und auch Anforderungen beziehen. Sie wird als sensationalistisch, einseitig und wenig innovativ bezeichnet. Die Medien liefern den Diskussionsteilnehmerinnen und -teilnehmern zufolge zu wenige Hintergrundinformationen. Diese negativen Bewertungen befördern nicht zuletzt die Themenverdrossenheit. Von der Berichterstattung werden klare Empfehlungen für klimafreundliches Handeln erwünscht. Unterschiedliche Meinungen gibt es zur Frage, in welchen Formaten das Thema vermittelt werden soll. Insgesamt zeigt sich eine anspruchsvolle Erwartungshaltung gegenüber den Medien, sich dem Klimawandel einerseits neutral und faktenbasiert zu nähern und ihn andererseits gleichermaßen unterhaltsam, orientierend und motivierend zu vermitteln. Die gesellschaftliche Verantwortung des Journalismus bzw. der Massenmedien wird deutlich erkannt und eingefordert. Eine entsprechende Umsetzung und Praxis wird erwartet.

Schließlich betrifft der fünfte Ergebniskomplex (5) die *Kommunikation online*. Zunächst stellt sich dabei die Frage, wer überhaupt am Klimadiskurs online partizipiert. Für die Plattform Twitter zeigt sich, dass sich insbesondere höher gebildete und gut informierte Vielnutzende beteiligen. Sie kommunizieren allerdings selten proaktiv, sondern vielmehr reaktiv – das heißt, sie teilen eher Inhalte anderer Twitteruser oder beispielsweise journalistische Online-Angebote, als dass sie selbst neue Impulse einbringen (siehe Kap. 9). Für das Verständnis und die Analyse der Online-Kommunikation muss jedoch unterschieden werden, um welche Arena der öffentlichen Kommunikation es sich handelt – zu unterscheiden sind zumindest massenmediale Öffentlichkeiten, Expertenöffentlichkeiten und Diskussionsöffentlichkeiten, in denen vorrangig Laien kommunizieren (siehe Kap. 7). Diese Öffentlichkeitsarenen unterscheiden sich unter anderem in ihren Zugangshürden, in ihren Möglichkeiten zu interagieren und im Expertisegrad der Kommunikatoren. Infolgedessen etablieren sich in den verschiedenen Online-Öffentlichkeitsarenen spezifische Inhalte und Bewertungsmuster sowie Kommunikationsformen (Lörcher und Taddicken 2017, 2015; Lörcher und Neverla 2015).

Es zeigt sich, dass journalistische Medien auch online als wichtige Thementrigger und Agenda-Setter wirksam werden (Online-Inhaltsanalyse; siehe Kap. 7 und 8). Die Analyse von User-Kommentaren zu journalistischen Artikeln verdeutlicht allerdings zugleich, dass User die Inhalte durchaus auch ,kreativ' aneignen und darüber hinaus ihre eigenen Themen und Bewertungen entwickeln, die wiederum als Anknüpfungspunkte für vielfältige Anschlusskommunikation dienen. Während die journalistische Vorgabe von Themen und Themenbewertungen eher kontinuierlich und – dem journalistischen Funktionsprofil entsprechend – eher sachlich ist, bildet die darauf aufsetzende „Laienkommunikation" eine größere Vielfalt an Themen, Bewertungen und Ausdrucksformen ab, und folgt auch anderen Aufmerksamkeitsdynamiken durch geringere Kontinuität und geringere Fokussierung auf das Thema (Online-Inhaltsanalyse). Online-User nehmen also die journalistische Berichterstattung als Anlass für Anschlusskommunikation, die eben nicht mehr den nüchterneren Regeln der journalistischen Berichterstattung folgt, sondern mehr Farbigkeit in der Alltagskommunikation bietet. Ein ähnliches Muster findet sich bei Bloggern, die weniger neutral und ausgeglichen über Ereignisse berichten als Massenmedien, ohne dabei auf Quellen und Belege zu verzichten (siehe Kap. 10).

1.5   Zusammenfassung und Ausblick

Das Phänomen Klimawandel gelangt auf komplexe Weise in unsere Köpfe. Die Breite der Kommunikationskanäle und -formen führt zum metaphorischen Bild der ,Breitbandkommunikation'. Die Verschlungenheiten der Kommunikationsverläufe und ihrer Wechselwirkungen lassen sich in der Metapher von der

‚rhizomatischen' Kommunikation abbilden. Mediale und nicht-mediale Erfahrungen sind eng miteinander verwoben, fließen ineinander über und bilden eine Art von ‚Kommunikationsverbund'. Die klassischen Medien geben sozusagen das Grundrauschen ab – sie bilden mit ihrer Berichterstattung die Basis an Referenzgrößen, die Kernthemen, auf die sich Menschen immer wieder beziehen können. Sie sind vor allem wichtige Aufmerksamkeits- und Thementrigger aber auch Wissensvermittler. Zudem bilden sie – in unterschiedlichem Ausmaß und in unterschiedlicher Weise für einzelne Menschen – den Resonanzboden für andere Informations- und Kommunikationsformen zum Thema Klimawandel. Wie oft man sich aus den klassischen Medien über Klimawandel informiert; wie weit man sich in sozialen Netzwerkseiten im Internet informiert oder darin gar aktiv agiert; wie weit man Erfahrungen aus der eigenen Lebenswelt – Schule, Familie, Freundeskreis, Reisen – auf den Klimawandel bezieht und daraus nachhaltiges Wissen und Schlussfolgerungen zieht; mit anderen Worten, welche Form der Aneignung stattfindet, und welche Art von Medienwirkungen und -erfahrung(en) sich herausbilden, ist abhängig einerseits von (medialen) Kommunikationsangeboten, andererseits vom sozialen Setting der Menschen.

All diese tagesaktuellen und nicht-tagesaktuellen Medienangebote sowie die Eindrücke aus der interpersonalen Kommunikation vermengen sich in der Erinnerung der Menschen und bündeln sich zu Medienerfahrungen – oder genauer gesagt zu Kommunikationserfahrungen. Denn es sind sowohl mediale als auch nicht-mediale Kommunikationen von Bedeutung, die trotz einer gewissen Stringenz doch beständig Veränderungen folgen und letztlich auch erhebliche Modifikationen ergeben können. Eine zentrale Schlussfolgerung ist deswegen, dass individuelle Wahrnehmungen, Einstellungen und Verhaltensmuster sich nicht linear, sondern rhizomartig aus verschiedenen medialen und nicht-medialen Quellen konstituieren, die lebensgeschichtlich verschiedene Bedeutung haben können, zum Teil angetrieben werden durch Schlüsselereignisse, und sich mehrfach in Schüben und Verschränkungen vollziehen.

Zwei Fragen stellen sich am Ende unserer Untersuchungen. Einmal die Frage nach der Kulturspezifik der vorliegenden empirischen Befunde, die sich ausschließlich auf die Bevölkerung in Deutschland beziehen (und zwar ohne Berücksichtigung von Migrationshintergründen). Sie mögen mit einer gewissen Plausibilität auf andere nordwest-europäische Länder übertragbar sein, wie Skandinavien, wo vergleichbare sozioökonomische Lagen gegeben sind und vergleichbare Einstellungen zu Klimawandel und Klima- und Umweltpolitik vorliegen. Aber schon innerhalb Europas, etwa in der Differenz zwischen Nord und Süd, West und Ost, sind die Ergebnisse angesichts unterschiedlicher sozioökonomischer Lagen, Medienangebote und Mediennutzungsformen wohl kaum direkt übertragbar, noch mehr Zurückhaltung wäre bei der Übertragung auf nicht-europäische Länder geboten. Befunde sind im Übrigen auch abhängig von eher kurz- bis mittelfristigen kulturellen Entwicklungen wie sie sich etwa aus politischen Entscheidungen (die Pariser Verträge im Zuge der COP21 im Jahr 2015) oder politischen Strategien ergeben können (denkt man an die Ablehnung von klimasensiblen Maßnahmen unter der Trump-Administration in den USA). Mit anderen Worten: Neben den eher kontinuierlich wirksamen sozialen Variablen können auch aktuell-zeitgeschichtliche und daher weniger vorhersehbare Variablen eine bedeutsame Rolle spielen.

Die zweite Frage, die sich am Ende unserer Untersuchungen stellt, ist die nach der Themenspezifik. Können die vorliegenden Befunde zur Klimawandelkommunikation auch auf andere wissenschaftliche Themen übertragen werden – oder gar auch auf andere nicht-wissenschaftliche Themen? Sicherlich sind die vorliegenden Befunde geprägt durch die Besonderheit des Themas, eines großen, globalen, lang anhaltenden Themas mit vielen Stellen für Anschlusskommunikation und Deutungsoptionen. Wobei zur Besonderheit des Meta-Themas Klimawandel auch gehört, dass das Phänomen Klimawandel zunächst eine vom Wissenschaftssystem generierte Hypothese von hoher Komplexität und Fragilität darstellt; dass es sich um ein Phänomen handelt, das vom einzelnen Menschen per Definition nicht sinnlich wahrgenommen und überprüft werden kann (auch wenn es dem Einzelnen anders vorkommen mag); und dass Zeit- und Raumspannen des Klimawandels, gemessen in Jahrzehnten, Jahrhunderten oder gar Jahrtausenden, die biografischen und selbst generationsübergreifenden Horizonte der Menschen weit überschreiten. Andererseits ist der Klimawandel ein Wissenschaftsthema der post-normalen Variante (Funtowicz und Ravetz 1993) und damit durchaus vergleichbar mit anderen Wissenschaftsthemen. Damit ist gemeint, dass es sich um ein Thema von herausragender Komplexität handelt, das aber mit einer gewissen wissenschaftlichen Unsicherheit behaftet ist, das starke Werte anspricht, und bei dem eigentlich schnelle politische und gesellschaftliche Entscheidungen gefordert sind. Damit bietet sich eine Übertragung des entwickelten Modells und einige seiner empirischen Befunde auf andere wissenschaftliche Themen an, wie Gentechnik, Reproduktionsmedizin oder Künstliche Intelligenz. Noch vorsichtiger muss man jedoch bei der Übertragung des Modells auf nicht-wissenschaftliche Themen sein, auch wenn es vergleichbare Aspekte geben mag – weniger in der thematischen Ausrichtung, sondern eher in der Tragweite des Themas (oder Meta-Themas), etwa im Hinblick auf die globale Bedeutung oder die Wirksamkeit von politischen Entscheidungen. Beispiele für in dieser Hinsicht vergleichbare Felder wären wirtschaftliche Themen wie Austeritätspolitik oder politische Themen wie Migrations- und Flüchtlingsbewegungen.

Alles in allem, um zu einer letzten Conclusio zu kommen: Die langfristig angelegten, multimethodischen Untersuchungen zur Klimawandelkommunikation aus Sicht der Rezipientinnen und Rezipienten sowie der User zeigen die Komplexität, man könnte auch sagen die Farbigkeit, der Kommunikationsverläufe bei einem Thema von hoher Bekanntheit, das global und langfristig von Bedeutung ist, und dem hohe gesellschaftliche und politische, aber auch individuelle und alltagsbezogene Relevanz zugemessen wird. Die empirischen Befunde belegen: Medien haben Wirkung im Verbund – selbst bei einem wissenschaftlich und politisch schwierigen, komplexen und fragilen Thema, auch wenn das Ergebnis dieser Wirkung sich nicht unmittelbar in individuellem oder politischem Handeln niederschlägt.

Die öffentliche und mediatisierte Diskussion eines wissenschaftlichen und zugleich politikrelevanten Themas hat Wirkung auf Wissen, Einstellung und Verhaltensbereitschaft der Menschen. Die Kommunikation und damit auch deren Wirkung vollzieht sich hier in komplexen, vielfach verknüpften Schleifen und Rückbindungen, rhizomartig verwoben. Medien aller Art sind hier eingebunden – journalistische Medien, fiktionale Medien, die von Usern generierten sozialen Medien – und wirken miteinander in einem Verbund, aber auch nicht-mediatisierte Kommunikationsformen zeigen Wirkung. Insoweit lässt sich im übertragenen Sinn von Breitbandkommunikation sprechen. Was der einzelne Mensch mitnimmt, ist die Wirkung von Kommunikationserfahrung allgemein, von Medienerfahrung speziell, indem sich einzelne Medienangebote – manche intensiver, manche kaum erinnert – in Wissen, Einstellungen und Verhaltensbereitschaften niederschlagen. Intensität und Richtung dieser Medienerfahrungen sind dabei abhängig von vorangegangener Sozialisation und vorangegangenen Medienerfahrungen, die sich in Erwartungs- und Mediennutzungstypen ausprägen: Medienerfahrungen bilden insoweit die Meilensteine eines kumulativen, aber nicht linearen, sondern in verschlungenen Pfaden fortschreitenden Prozesses. So gesehen: Kommunikation ist Wirkung, die sich in (mediatisierten) Kommunikationserfahrungen niederschlägt.

Wünschenswert wäre natürlich, wenn empirische Studien dieser Komplexität, Dynamik und Kumulationskraft von Medienwirkungen nicht nur konzeptionell gerecht würden, sondern sie auch in ihrem empirischen Design weitgehend abbilden könnten. Doch häufig muss die Kommunikationsforschung an manchen Stellen Schneisen schlagen, sich auf einzelne Medien und Momente konzentrieren und methodisch mit Einzeluntersuchungen arbeiten. Das ist nicht falsch, sondern pragmatisch und forschungsökonomisch meist nicht anders möglich. Wichtig ist, dass in solchen Fällen – und es sind eher Normalfälle der Rezeptions-, Nutzungs- und Wirkungsforschung – der Kontext der Befunde reflektiert und die Befunde nicht überinterpretiert werden. Auch die hier vorliegenden Teilstudien des Forschungsprojekts KlimaRez weisen – trotz Langfristigkeit, Multimethodik und Berücksichtigung vieler Medien – bestimmte Limitierungen auf. Sie liegen in der regionalen Fokussierung alleine auf Deutschland und in ihrer Themenspezifik. Dennoch hoffen wir, hiermit einen tragfähigen Beitrag zur Relevanz und Diskursstruktur wissenschaftsgenerierter, globaler und langfristiger Themen in der öffentlichen Diskussion liefern zu können.

Literatur

Arlt, D., Hoppe, I. & Wolling, J. (2011). Climate change and media usage. Effects on problem awareness and behavioural intentions. *International Communication Gazette* 73 (1-2), 45–63. https://doi.org/10.1177/1748048510386741.

Bonfadelli, H. & Friemel, T. N. (2015). *Medienwirkungsforschung.* Konstanz: UVK.

Deleuze, G. & Guattari, F. (1977). *Rhizom.* Berlin: Merve.

Früh, W. (1991). *Medienwirkungen. Das dynamisch-transaktionale Modell. Theorie und empirische Forschung.* Opladen: Westdeutscher Verl.

Früh, W. (2001). Der dynamisch-transaktionale Ansatz. Ein integratives Paradigma für Medienrezeption und Medienwirkungen. In P. Rössler, U. Hasebrink & M. Jäckel (Hrsg.), *Theoretische Perspektiven der Rezeptionsforschung* (S. 11–34). München: Reinhard Fischer.

Früh, W. & Schönbach, K. (1982). Der dynamisch-transaktionale Ansatz. Ein neues Paradigma der Medienwirkungen. *Publizistik* 27, 74–88.

Früh, W. & Schönbach, K. (1984). Der dynamisch-transaktionale Ansatz II. Konsequenzen. *Rundfunk und Fernsehen* 32 (2), 314–329.

Funtowicz, S. & Ravetz, J. (1993). Science for the postnormal age. *Futures* 31, 735–755.

Hasebrink, U. (2003). Nutzungsforschung. In G. Bentele, H. Brosius & O. Jarren (Hrsg.), *Öffentliche Kommunikation. Handbuch Kommunikations- und Medienwissenschaft* (S. 101–127). Wiesbaden: Verlag für Sozialwissenschaften.

Hasebrink, U. & Domeyer, H. (2010). Zum Wandel von Informationsrepertoires in konvergierenden Medienumgebungen. In M. Hartmann & A. Hepp (Hrsg.), *Die Mediatisierung der Alltagswelt* (S. 49–65). Wiesbaden: VS Verl. für Sozialwissenschaften.

Hasebrink, U. & Popp, J. (2006). Media Repertoires as a result of selektive media use. A conceptual approach to the analysis of patterns of exposure. *The European Journal of Communication Research* 31, 369–387.

Kepplinger, H. M. (1982). Die Grenzen des Wirkungsbegriffs. *Publizistik* 27 (1–2), 98–113.

Lazarsfeld, P. F., Berelson, B. & Gaudet, H. (1944). *The people's choice. How the voter makes up his mind in a presidential campaign.* New York: Duell, Sloane & Pearce.

Lee, C., Scheufele, D. A. & Lewenstein, B. V. (2005). Public attitudes toward emerging technologies. *Science Communication* 27 (2), 240–267.

Lörcher, I. & Taddicken, M. (2017). Discussing climate change online. Topics and perceptions in online climate change communication in different online public arenas. *Journal of Science Communication* 16(2), A03.

Lörcher, I. & Taddicken, M. (2015). „Let's talk about… CO2-Fußabdruck oder Klima-wissenschaft?" Themen und ihre Bewertungen in der Onlinekommunikation in ver-schiedenen Öffentlichkeitsarenen. In M. S. Schäfer, S. Kristiansen & H. Bonfadelli (Hrsg.), *Wissenschaftskommunikation im Wandel* (S. 258–286). Köln: Herbert von Halem.

Lörcher, I. & Neverla, I. (2015). The Dynamics of Issue Attention in Online Communica-tion on Climate Change. *Media and Communication* 3 (1), 17–33.

Maletzke, G. (1972). *Einführung in die Massenkommunikationsforschung*. Berlin: Spiess.

McQuail, D. (2010). *McQuail's Mass Communication Theory* (6. Aufl.). Los Angeles: Sage publications.

Merten, K. (1982). Wirkungen der Massenkommunikation. Ein theoretisch-methodischer Problemaufriß. *Publizistik* 27 (1–2), 26–48.

Merten, K. (1991). Artefakte der Medienwirkungsforschung: Kritik klassischer Annahmen. *Publizistik* 36 (1), 36–55.

Mettler-Meibom, B. (1982). Medienwirkungsforschung angesichts der Herausforderungen durch Neue Medien. *Publizistik* 27 (1–2), 21–25.

Meyen, M. (2004). *Mediennutzung. Mediaforschung, Medienfunktionen, Nutzungsmuster*. Konstanz: UVK.

Olausson, U. (2011). "We're the Ones to Blame". Citizens' Representations of Climate Change and the Role of the Media. *Environmental Communication* 5 (3), 281–299. https://doi.org/10.1080/17524032.2011.585026.

Petty, R. E. & Cacioppo, J. T. (1986). The Elaboration Likelihood Model Of Persuasion. In L. Berkowitz (Hrsg.), *Advances in experimental social psychology* (S. 123–205). New York: Academic Press.

Rosenberg, M. J. & Hovland, C. I. (1960). Cognitive, affective, and behavioural compo-nents of attitudes. In C. I. Hovland & M. J. Rosenberg (Hrsg.), *Attitude organization and Change*. New Haven: Yale University Press.

Schäfer, M. S. & Taddicken, M. (2015). Mediatized Opinion Leaders: New Patterns of Opi-nion Leadership in New Media Environments? *International Journal of Communication* 9, 960–981.

Schenk, M. (2007). *Medienwirkungsforschung* (3., überarb. Aufl.). Tübingen: Mohr Siebeck.

Schmidt, A., Ivanova, A. & Schäfer, M. S. (2013). Media attention for climate change around the world. A comparative analysis of newspaper coverage in 27 countries. *Global Environmental Change* 23 (5), 1233–1248. https://doi.org/10.1016/j.glo-envcha.2013.07.020.

Schulz, W. (1982). Ausblick am Ende des Holzweges. Eine Übersicht über die Ansätze der neuen Wirkungsforschung. *Publizistik* 27 (1–2), 49–73.

Sturgis, P. & Allum, N. (2004). Science in Society: Re-Evaluating the Deficit Model of Public Attitudes. *Public Understanding of Science* 13 (1), 55–74. https://doi.org/10.1177/0963662504042690.

Taddicken, M. (2013). Climate Change From the User's Perspective. *Journal of Media Psychology* 25, 39–52. https://doi.org/10.1027/1864-1105/a000080.

Taddicken, M. & Neverla, I. (2011). Klimawandel aus Sicht der Mediennutzer. Multi-faktorielles Wirkungsmodell der Medienerfahrung zur komplexen Wissensdomäne Klimawandel. *Medien & Kommunikationswissenschaft* 59 (4), 505–525. https://doi.org/10.5771/1615-634x-2011-4-505.

Taddicken, M. & Reif, A. (2016). Who Participates in the Climate Change Online Discourse? A Typology of Germans' Online Engagement. *Communications* 41 (3), 315–337. https://doi.org/10.1515/commun-2016-0012.

Taddicken, M., Reif, A. & Hoppe, I. (2018a). Wissen, Nichtwissen, Unwissen, Unsicherheit: Zur Operationalisierung und Auswertung von Wissens-Items am Beispiel des Klimawissens. In N. Janich & L. Rhein (Hrsg.), *Unsicherheit als Herausforderung für die Wissenschaft. Reflexionen aus Natur-, Sozial- und Geisteswissenschaften* (S. 113–140). Berlin: Peter Lang.

Taddicken, M., Reif, A. & Hoppe, I. (2018b). What do people know about climate change – and how confident are they? On measurements and analyses of science related knowledge. *Journal of Science Communication* 17 (3), A01.

Tereick, J. (2011): YouTube als Diskurs-Plattform. Herausforderungen an die Diskurslinguistik am Beispiel „Klimawandel". In J. Schumacher & A. Stuhlmann (Hrsg.), *Videoportale – Broadcast Yourself? Versprechen und Enttäuschung* (S. 59–68). Hamburg: Univerl. Hamburg, Inst. für Medien und Kommunikation.

Wegener, C. (2008). *Medien, Aneignung und Identität*. Wiesbaden: VS Verlag.

Winter, R. (1995). *Der produktive Zuschauer*. Köln: Halem.

Teil II
Klimawandel im Kopf

Über den Zusammenhang zwischen Mediennutzung, Wissen und Einstellung. Ergebnisse aus der Panelbefragung

Monika Taddicken und Irene Neverla

Zusammenfassung

Welchen Einfluss hat die Mediennutzung auf die Wahrnehmung des Klimawandels; wie hängen Mediennutzung und Wissen zum Thema Klimawandel mit den Einstellungen der Mediennutzenden zusammen? Zur Analyse dieser Fragen werden Daten aus den drei Wellen der Panel-Befragung im Zeitraum September 2013–Oktober 2014 vorgestellt. Dabei werden verschiedene Großereignisse berücksichtigt, die maßgeblich die mediale Berichterstattung geprägt haben, nämlich die Veröffentlichung des IPCC Reports I: The Physical Basis, und der Klimagipfel in Warschau. Die Befunde zeigen ein differenziertes Dreiecks-Verhältnis zwischen (Online-)Mediennutzung, Wissen und

Danksagung: Ein besonderer Dank geht an Anne Reif für die Unterstützung bei der Vorbereitung der Datenanalyse und viele konstruktive Anmerkungen im Austausch über diesen sowie andere Beiträge auf Basis der Daten aus dem KlimaRez-Modul Panel. Außerdem danken wir an dieser Stelle auch dem studentischen Projektmitarbeiter Tjardo Barsuhn für seine Unterstützung bei der Bereinigung und Aufbereitung der Datensätze.

M. Taddicken (✉)
Kommunikations- und Medienwissenschaften, Technische Universität Braunschweig, Braunschweig, Deutschland
E-Mail: m.taddicken@tu-braunschweig.de

I. Neverla
Journalistik und Kommunikationswissenschaft, Universität Hamburg, Hamburg, Deutschland
E-Mail: irene.neverla@uni-hamburg.de

Einstellungen. So zeigt sich, dass die Häufigkeit klassischer Mediennutzung einen nur geringen Zusammenhang mit Einstellungen zum Klimawandel aufweist – im Gegensatz zur Online-Mediennutzung, die in Grenzen zumindest geringe Effekte vermuten lässt, vor allem im Hinblick auf Problembewusstsein und Verantwortungsbereitschaft. Wissen – insbesondere zu den Ursachen des Klimawandels und zum Prozess der wissenschaftlichen Erkenntnisgewinnung – hängt positiv mit Problembewusstsein und Verantwortungsbereitschaft zusammen. Es wird diskutiert, inwieweit auf Basis dieser Befunde Zusammenhänge zwischen Mediennutzung, Wissen und Einstellungen zum Klimawandel angenommen werden können.

2.1   Einleitung

Welchen Einfluss hat die Mediennutzung auf die Wahrnehmung des Klimawandels; wie hängen Mediennutzung und Wissen zum Thema Klimawandel mit den Einstellungen der Mediennutzer und -nutzerinnen zusammen? Diese Fragestellung steht im Fokus des KlimaRez-Projektes und explizit im vorliegenden Beitrag. Dabei wird an das vorgestellte multifaktorielle Modell der Medienwirkungen – hier: zum Klimawandel – angeknüpft. Es werden Daten aus den drei Wellen der Panel-Befragung im Zeitraum September 2013–Oktober 2014 vorgestellt. Damit repliziert dieser Beitrag auch frühe Befunde des Projekts aus Taddicken und Neverla (2011). Es erfolgt zudem eine Erweiterung durch die Berücksichtigung verschiedener Großereignisse, die maßgeblich die mediale Berichterstattung geprägt haben, nämlich die Veröffentlichung des IPCC Reports I: The Physical Basis und der Klimagipfel in Warschau. Die Befunde zeigen ein differenziertes Dreiecks-Verhältnis zwischen (Online-)Mediennutzung, Wissen und Einstellungen. So zeigt sich, dass die klassische Mediennutzung einen nur geringen Zusammenhang mit Einstellungen zum Klimawandel aufweist – im Gegensatz zur Online-Mediennutzung, die in Grenzen zumindest geringe Effekte vermuten lässt, vor allem im Hinblick auf Problembewusstsein und Verantwortungsbereitschaft. Dennoch ist anzunehmen, dass die journalistische Berichterstattung keineswegs folgenlos bleibt, denn sowohl im Umfeld von wissenschaftlichen wie auch politischen Großereignissen wird Wissen zum Klimawandel vermittelt. Wissen wiederum – insbesondere zu den Ursachen des Klimawandels und zum Prozess der wissenschaftlichen Erkenntnisgewinnung – hängt positiv mit Problembewusstsein und Verantwortungsbereitschaft zusammen. Insoweit nehmen wir an, dass unsere Befunde das science-literacy-Modell stützen. Und „die Medien" – seien es die journalistischen Medien oder auch Online-Plattformen und Social Media – bieten Foren, in denen das Thema Klimawandel verarbeitet wird. Diese Form der Wirkung findet allerdings sehr differenziert und distinktiv statt, in umfangreichen Verschränkungen und Verbindungen des Denkens, Bewertens und des (potenziellen) Handelns. Der Ablauf der Kommunikation und seine Folgen finden rhizomartig statt (vgl. Kap. 1).

2.2 Im Fokus: Mediennutzung, Wissen, Einstellung zum Klimawandel

Alles, was wir als einzelne Menschen zum Klimawandel wissen können, beziehen wir aus zweiter Hand. In Abwandlung von Luhmann (2017) und Weingart (2006) könnte man sagen: „Was wir über den Klimawandel wissen, wissen wir durch die Massenmedien." Da Klimawandel per se, als langfristiges und überörtliches Phänomen individuell nicht sinnlich erfassbar ist, sind wir auf Vermittler angewiesen. Zuallererst müssen die Expertinnen und Experten der Klimaforschung ihr Wissen aufbereiten und weitergeben, gelegentlich wird dieses Wissen in der Politik und im Bildungssystem debattiert, aber in der Regel sind wir auf die Akteure der öffentlichen Kommunikation angewiesen, die Journalistinnen und Journalisten, die das wissenschaftliche klimapolitische Wissen nochmals aufbereiten und in die Öffentlichkeit einbringen. Im Rahmen des KlimaRez-Projekts nehmen wir aber nicht nur an, dass den Medien eine bedeutende Rolle bei der Etablierung des Themas Klimawandel (Agenda Setting) zukommt, sondern auch bei der Deutung des Themas (Framing). Im folgenden Beitrag beleuchten wir daher den Zusammenhang zwischen den Medien resp. ihrer Nutzung durch die Menschen, dem, was Menschen über den Klimawandel wissen und den Einstellungen, die Menschen gegenüber dem Klimawandel haben. Dabei interessieren uns insbesondere letztere, nämlich die Einstellungen der Menschen – quasi als „Funktion" von Mediennutzung und Wissen. Im Unterschied zum an anderer Stelle vorgestellten multifaktoriellen Modell der Medienwirkungen und vorherigen Publikationen (z. B. Taddicken und Neverla 2011; Taddicken 2013), bei denen Wissen und Einstellungen die interessierenden abhängigen Variablen bilden, beleuchten wir also an dieser Stelle einen anderen Zusammenhang. Diesen anderen Fokus – den wir durch unsere grundsätzlichen theoretischen Gedanken und auf den Dynamisch-Transaktionalen Ansatz verweisend abgedeckt sehen (vgl. Kap. 1) – begründen wir im nächsten Abschnitt des Beitrags mit der Basisannahme des Wissensdefizitmodells. Weiterhin ist zu betonen, dass eine ausführliche Diskussion und Reflexion an quasi jeder Spitze des Dreiecks Medien-Wissen-Einstellung notwendig ist. Es ist also sorgfältig zu überlegen, was konkret gemeint ist, wie es theoretisch konzeptualisiert wird, aber auch, wie es empirisch operationalisiert wird. An verschiedenen Stellen im Verlauf des KlimaRez-Projekts haben wir intensiv daran gearbeitet; im vorliegenden Beitrag wird daher jeweils nur kurz auf die Fragen der Konzeptualisierung eingegangen. Einige Gedanken finden sich zwar auch im eigentlichen methodischen Teil der Vorstellung der Operationalisierungen. Wir werden aber an dieser Stelle nicht ausführlich diskutieren, dass wir beispielsweise mit Medien nicht nur die klassischen Massenmedien, sondern unbedingt auch Onlinemedien meinen.

2.3   Einstellung zum Klimawandel: Folge von Mediennutzung und Wissen – und Ereignissen?

Wir betrachten die Zusammenhänge zwischen Mediennutzung, Wissen und Einstellungen zum Klimawandel vor dem Hintergrund der Diskussionen um ein sogenanntes Wissensdefizit, das der Öffentlichkeit unterstellt wird. 1985 hat die Royal Society of London den Bodmer Report veröffentlicht, in dem sie nachdrücklich fordert, das Verständnis der Bevölkerung für die Wissenschaft müsse gestärkt werden, es brauche ein „better public understanding of science" (Bodmer 1985). Gemeint ist damit eine Stärkung der wissenschaftlichen Kompetenz der Bevölkerung, also die Information bzw. Bildung von Laien bezüglich wissenschaftlicher Ergebnisse, aber auch Methoden. Sie wird hier als die Grundlage für eine positive Einstellung gegenüber wissenschaftlichen Erkenntnissen angenommen. Mit positiver Einstellung war ursprünglich eine unterstützende Sichtweise gemeint (Bodmer 1985), also ein Interesse der Öffentlichkeit an Wissenschaft zu wecken, letztlich in der Hoffnung, die allgemeine Zustimmung zur öffentlichen Finanzierung der Wissenschaft aufrecht zu erhalten (Weingart 2009). Diese Annahme ist aber – zumindest in der empirischen kommunikations- und sozialwissenschaftlichen Forschung – mehr und mehr ausgedehnt worden hinsichtlich der Annahme, dass eine Stärkung des Wissens über ein Wissenschaftsthema wie den Klimawandel auch insgesamt positivere Einstellungen bezüglich dieses Themas bedingen sollte. Empirisch wurde die Annahme des sog. Wissensdefizitmodell allerdings häufig nicht belegt, so finden verschiedene Studien keine Zusammenhänge zwischen Wissen und Einstellungen (z. B. Lee et al. 2005), andere bestätigen kleinere Zusammenhänge (z. B. Lee und Scheufele 2006; Allum et al. 2008; Nisbet et al. 2002). Der folgende Beitrag beleuchtet daher auch, wie die Einstellungen der Menschen mit ihrem themenspezifischen Wissen zusammenhängen. Dies mag – unter anderem – mit der Frage zusammenhängen, wie in dieser Zusammenhangsannahme das jeweils relevante Wissen und die jeweils relevanten „positiveren" Einstellungen definiert werden – und wie sie ferner operationalisiert und empirisch erhoben werden (vgl. für Wissen dazu Taddicken et al. 2018a, b).

Dieser Beitrag basiert also auf zwei grundlegenden Annahmen: 1) Zum einen wird angenommen, dass die Mediennutzung zum Klimawandel Einfluss darauf hat, wie Menschen dem Klimawandel gegenüber eingestellt sind, und 2) zum anderen nehmen wir an, dass das, was Menschen über den Klimawandel wissen, diese Einstellungen positiv beeinflusst.

Die beiden ersten Forschungsfragen lauten demnach wie folgt:

FF1: Wie beeinflusst die Mediennutzung die Einstellung zum Klimawandel?
FF2: Wie beeinflusst das Klimawandel-Wissen die Einstellungen zum Klimawandel?

Das Thema Klimawandel ist in seiner medialen Präsenz stark geprägt von gesellschaftlichen Großereignissen mit Bezug zum Klimawandel, insbesondere von den sogenannten Klimagipfeln sowie von den Veröffentlichungen der IPCC-Reports. Insofern stellte sich im Projekt die Frage, inwiefern diese Hoch-Zeiten der massenmedialen Berichterstattung veränderte Einstellungen der Mediennutzerinnen und -nutzer bedingen. Das Panel-Design, das im Rahmen des KlimaRez-Projekts mit drei Wellen umgesetzt werden konnte, ermöglicht hier eine differenzierte Betrachtung mit Bezug zu diesen Ereignissen. Somit wird hier eine dritte Forschungsfrage untersucht:

FF3: Welche Veränderungen ergeben sich in diesen Zusammenhängen aufgrund verschiedener gesellschaftlicher Großereignisse mit Bezug zum Klimawandel?

2.4 Methodisches Design

Um diese Forschungsfragen im Projekt beantworten zu können, wurde eine Panelerhebung mit drei Wellen durchgeführt. Diese wurde mittels eines Online-Access-Panels der Firma Respondi über drei Online-Befragungen realisiert. Dabei wurde die Stichprobe der ersten Welle gemäß den aktuellen AGOF-Daten Internetnutzer-repräsentativ (quotiert nach Alter, Geschlecht und Bundesland) gezogen. Für die zweite und dritte Welle wurden entsprechend eines strengen Paneldesigns nur diejenigen eingeladen, die in der vorherigen Welle an der Befragung teilgenommen hatten. Die naturgemäß entstehende Mortalität im Sample wurde also nicht durch

Tab. 2.1 Überblick über Feldzeiten und Ereignisse der drei Erhebungswellen

	Feldzeit	Ereignis
Welle 1	30.09.–15.10.2013	23.–26.09.2013 Veröffentlichung IPCC Report I: The Physical Science Basis
Welle 2	25.11.–10.12.2013	11.–22.11.2013 UN-Klimagipfel in Warschau
Welle 3	21.10.–29.10.2014	Ohne Ereignis

Quelle: Eigene Darstellung

Nach-Rekrutierungen ausgeglichen, sondern bewusst in Kauf genommen. Somit überrascht es nicht, dass die endgültige Stichprobe, die alle drei Wellen durchlaufen hat, in ihrer Größe etwa ein Drittel der Eingangsstichprobe beträgt. Neben diesem üblichen Panelmortalitätseffekt wirkte sich auch eine vergleichsweise strenge Vorgabe für die Datenbereinigung auf den Umfang des Panels aus. So wurden jeweils alle Fälle aussortiert, die weniger als die Hälfte der Durchschnittszeit zur Beantwortung brauchten (sich also vermutlich ‚einfach durchgeklickt' haben) sowie die bei mehr als einem Drittel der Fragen ‚keine Angabe' machten. Die verbleibenden Fälle wurden in einem Datensatz zusammengeführt. Der den Berechnungen für diesen Beitrag zugrunde liegende Datensatz beträgt n = 631.

Die Feldzeiten der drei Wellen orientierten sich zum Teil an klimawandelrelevanten Ereignissen (vgl. Tab. 2.1). Für Welle 1 wurde die Befragung im Anschluss an die Veröffentlichung des „IPCC Report I: The Physical Science" im September 2013 durchgeführt. Dieses Ereignis wurde als eher wissenschaftsorientiert eingestuft. Im Vergleich dazu wurde Welle 2 an ein Ereignis der eher politischen Sphäre angegliedert, nämlich an COP19, den Klimagipfel in Warschau im November 2013. Um Einblicke darin zu erhalten, wie klimawandelbezogene Mediennutzung, Wissen und Einstellungen zum Klimawandel ereignisunabhängig ausgeprägt sind, wurde für Welle 3 ein Zeitraum ohne Bezug zu einem öffentlichen und weitgehend globalen Großereignis angestrebt. Zudem war ein zeitlicher Abstand gewünscht. Somit wurde die letzte Welle im Oktober 2014 durchgeführt.

2.5 Operationalisierungen

Klimawandel-bezogene Mediennutzung
Die Mediennutzung wird hier unterschieden nach massenmedialer und Online-Mediennutzung (vgl. auch Taddicken 2013; Taddicken und Reif 2016). Dies ist einerseits theoretisch begründet, andererseits das Ergebnis einer im Rahmen des Projekts durchgeführten explorativen Faktorenanalyse über

alle abgefragten Mediennutzungsitems. Danach zählen zur Massenmediennutzung öffentlich-rechtliches und privates Fernsehen, Radio, Zeitungen und Nachrichten-magazine. Zur Onlinemediennutzung gehören Informationsportale im Internet, Internet-Suchmaschinen, Online-Zeitungen, Soziale Netzwerkplattformen, Wikis, Blogs, Internetdiskussionsforen, Videoplattformen und Microbloggingdienste. Die Nutzung wurde jeweils mittels einer achtstufigen Antwortskala von 1-,seltener oder nie' bis 8-,täglich' erhoben. Die Frage lautete: „Im Allgemeinen, wie häufig erfahren Sie über die folgenden Medien etwas über den Klimawandel?". Es wer-den Mittelwertindizes verwendet.

Wissen zum/über den Klimawandel
Die Erfassung des Wissens zum Klimawandel ist eine der entscheidenden Variablen bei Medienwirkungsstudien, die keinesfalls vernachlässigt werden darf (vgl. Taddicken et al. 2018a). So ist ein differenziertes Verständnis von „Wissen" angebracht, das nicht in allen Studien praktiziert bzw. nicht in allen ver-gleichenden Analysen beachtet wird. Es bedarf nämlich der Präzisierung, *welches* Wissen zum Klimawandel erhoben werden soll, was also das relevante Wissen ist, als auch *wie* die Erfassung konkret erfolgen soll, also z. B. als Wissensquiz mit Fokus auf den richtigen Antworten und einer dichotomen Antwortskala oder ob Unsicherheiten und/oder Unwissenheiten mit erfasst werden sollen. Hierzu verweisen wir auf eine ausführlichere Diskussion, die bereits an anderer Stelle geführt wurde mittels der vorliegenden Befragungsdaten aus dem KlimaRez-Pro-jekt (Taddicken et al. 2018a, b). Nach gründlicher Sichtung der bis dahin durch-geführten Klimawandel-Wissenserhebungen wurde die etablierte Skala von Tobler et al. (2012) der Wissensabfrage in der Panelerhebung zugrunde gelegt. Diese beinhaltet die vier Wissensdimensionen 1) Grundlagenwissen (im Original: physical knowledge about CO_2 and the greenhouse effect) (hier: Faktenwissen 1) mit Items zu allgemeinen meteorologischen und physikalischen Grundannahmen zum Klimawandel, 2) Ursachenwissen (im Original: knowledge concerning cli-mate change and causes) (hier: Faktenwissen 2) mit Items zu den Ursachen des Klimawandels, 3) Folgenwissen (im Original: knowledge concerning expected consequences of climate change) (hier: Faktenwissen 3) mit Items speziell zu den Folgen und Auswirkungen des Klimawandels und 4) Handlungswissen (im Ori-ginal: action-related knowledge) mit Items zu Wissen über klima(un)freundliche Alltagshandlungen. Diese Skala berücksichtigt demnach verschiedene Wissens-dimensionen zum Klimawandel, legt aber den Fokus auf Fakten und Zusammen-hänge. Das Wissen darüber, wie Wissenschaft resp. Wissenschaftlerinnen und Wissenschaftler zu diesen Erkenntnissen gelangen, wird dabei ausgeklammert. Gerade in den Klimawissenschaften, die ihre Ergebnisse auf Modellierungen, Simulationen, Extrapolationen etc. stützt, scheint das Wissen um die zugrunde

liegenden wissenschaftlichen Prozesse besonders relevant. Daher wurden hier zusätzlich Items zur Abfrage des Verständnisses für die Entstehung und den Charakter von wissenschaftlicher Forschung (Miller 1983) entwickelt, die unter dem Begriff Prozesswissen gefasst werden. Dies erfolgte einerseits in Anlehnung an Nisbet et al. (2002), die das Konstrukt des „procedural knowledge" (S. 595) einführen. Sie beziehen sich dabei allgemein auf das Popper'sche Ideal der logisch-systematischen Deduktion, der empirischen Überprüfbarkeit und Falsifizierbarkeit von wissenschaftlichen Erkenntnissen. Da im Rahmen dieser Panelerhebung das Wissen um wissenschaftliche Erkenntnisgewinnungsprozesse der Klimaforschung interessiert, wurden für diesen Zweck Ad-hoc-Items formuliert. Diese wurden mit Wissenschaftlerinnen und Wissenschaftlern der DFG-Exzellenz-Initiative CLiSAP der Universität Hamburg sowie des Max-Planck-Instituts für Meteorologie in Hamburg abgestimmt und auf Richtigkeit, Vollständigkeit und Konsistenz geprüft.[1] Alle Items sind als Statements formuliert, zu denen die Zustimmung auf einer fünfstufigen Antwortskala von 1-,stimme überhaupt nicht zu' bis 5-,stimme voll und ganz zu' erhoben wurde. Keine Angaben wurden als neutral, also weder zustimmend noch ablehnend, nämlich unwissend interpretiert (vgl. dazu Taddicken et al. 2018a, b). Vereinzelte Statements sind negativ formuliert, sodass eine Ablehnung richtigem Wissen entspricht. Diese wurden entsprechend rekodiert. Für die fünf Dimensionen wurden jeweils Summenindizes berechnet.

Einstellungen zum Klimawandel

Die Einstellungen wurden auf Basis vorangegangener Arbeiten im Projekt als affektive Dimension des Problembewusstseins und der konativen Dimension der Verantwortungsbereitschaft differenziert und entsprechend erhoben (Taddicken und Neverla 2011). Diese Differenzierung folgte dem Einstellungskonzept nach Rosenberg und Hovland (1960), das sowohl in der psychologischen Forschung als auch in der Kommunikationswissenschaft häufig angewendet wird. Auch in der kognitiv orientierten Umweltbewusstseinsforschung, an die sich die rezipierendenorientierte Klimawandelforschung anlehnt, findet dieses sozialpsychologische Drei-Komponenten-Modell Anwendung (z. B. Kley und Fietkau 1979; Winter 1981; Schahn und Holzer 1990). Danach sind Einstellungen „Prädispositionen, in einer bestimmten Art und Weise auf spezifische Objekt-Gruppen" zu reagieren (Rosenberg und Hovland 1960, S. 1). In diesem Sinne wurde auch im

---

[1]Die Items werden hier aus Platzgründen nicht einzeln aufgelistet. Auf Nachfrage stellen wir diese gerne zur Verfügung. In einer englischen Version sind sie publiziert bei Taddicken & Reif 2016 sowie Taddicken et al. 2018b.

KlimaRez-Projekt die Einstellung gegenüber dem Klimawandel in drei Komponenten modelliert. In Übereinstimmung mit anderen Forschungsarbeiten zum Thema wurde dabei das Klimawandel-bezogene Problembewusstsein als affektive Komponente angenommen, während die konative Komponente als Bereitschaft, Verantwortung für den Klimawandel zu übernehmen, abgebildet wurde (ähnlich bei Lorenzoni et al. 2007; Arlt et al. 2010).[2] Die kognitive Komponente wird im Rahmen dieses Beitrags außer Acht gelassen; es erfolgt wie beschrieben eine umfangreiche Wissensmessung, weshalb der Fokus hier auf affektiver und konativer Komponente liegt.

Eine Prüfung anhand der im Rahmen der Panelerhebungen gewonnenen Daten mittels explorativer Faktorenanalyse verdeutlichte allerdings, dass eine inhaltliche Splittung der Dimension Verantwortungsbereitschaft in die des Einzelnen sowie die Verantwortungszuschreibung auf Politik, Industrie und Wissenschaft sinnvoll ist. Insofern wurden drei Mittelwertindizes zu den Einstellungsdimensionen 1) Problembewusstsein, 2) Verantwortungsbereitschaft und 3) Verantwortungszuschreibung berechnet. Die einzelnen Items waren als Statements formuliert, deren Zustimmung wieder mittels fünfstufiger Antwortskala von 1-‚stimme überhaupt nicht zu‘ bis 5-‚stimme voll und ganz zu‘ erhoben wurde.

Soziodemografie
Mit in die Analyse einbezogen wurden soziodemografische Variablen, nämlich Geschlecht, Alter sowie Bildungsgrad in Form des höchsten Schulabschlusses.

Tab. 2.2 stellt deskriptiv die statistischen Kennwerte aller hier verwendeten Variablen vor. Die ausgewiesenen Reliabilitätswerte dokumentieren eine zum Teil eher mittelmäßige interne Konsistenz, was insbesondere für Wissensdimensionen der verwendeten Skala von Tobler et al. (2012) gilt. Die eigens entwickelte Dimension des Prozesswissens liegt dagegen deutlich über der allgemein geforderten Schwelle von $\alpha \geq {,}70$ (Nunnally 1978).

Mit den vorgestellten Variablen wurden lineare Regressionsmodelle berechnet, die auf den Einstellungsdimensionen als abhängige Variablen basieren.

---

[2]Bei Taddicken und Neverla (2011) wurde für die erste Repräsentativbefragung in der ersten Phase des KlimaRez-Projekts als zusätzliche konative Komponente die Handlungsbereitschaft zu klimafreundlichen Verhaltensweisen operationalisiert. Darauf wird hier der Übersichtlichkeit halber verzichtet.

Tab. 2.2 Statistische Kennwerte

	n	MW	SD	Min	Max	Cronbach's Alpha
Mediennutzung						
Massenmedien (4 Items)						
Welle 1	631	4,20	1,827	1,00	8,00	,790
Welle 2	612	4,43	1,735	1,00	8,00	,769
Welle 3	631	4,00	1,726	1,00	8,00	,772
Onlinemedien (9 Items)						
Welle 1	631	2,70	1,694	1,00	8,00	,933
Welle 2	572	2,79	1,772	1,00	8,00	,946
Welle 3	631	2,53	1,542	1,00	8,00	,919
Wissen						
Faktenwissen 1 (Grundlagen) (6 Items)						
Welle 1	631	3,40	,622	1,83	5,00	,518
Welle 2	620	3,42	,587	2,00	5,00	,418
Welle 3	631	3,41	,594	1,67	5,00	,443
Faktenwissen 2 (Ursachen) (7 Items)						
Welle 1	631	3,61	,696	1,00	5,00	,780
Welle 2	620	3,61	,682	1,00	5,00	,769
Welle 3	631	3,61	,670	1,14	5,00	,752
Faktenwissen 3 (Folgen) (6 Items)						
Welle 1	631	3,57	,645	2,00	5,00	,590
Welle 2	620	3,50	,648	2,17	5,00	,579
Welle 3	631	3,54	,629	2,17	5,00	,557
Prozesswissen (9 Items)						
Welle 1	631	3,77	,609	1,00	5,00	,830
Welle 2	620	3,82	,621	1,00	5,00	,840

(Fortsetzung)

Tab. 2.2   (Fortsetzung)

	n	MW	SD	Min	Max	Cronbach's Alpha
Welle 3	631	3,78	,629	1,00	5,00	,833
Handlungswissen (9 Items)						
Welle 1	631	3,48	,532	2,33	5,00	,533
Welle 2	620	3,48	,530	2,11	5,00	,510
Welle 3	631	3,49	,546	2,11	5,00	,556
Einstellungen zum Klimawandel						
Problembewusstsein (11 Items)						
Welle 1	629	3,67	,811	1,00	5,00	,890
Welle 2	617	3,65	,832	1,00	5,00	,899
Welle 3	627	3,62	,806	1,00	5,00	,892
Verantwortungs-zuschreibung (3 Items)						
Welle 1	626	3,94	,764	1,00	5,00	,632
Welle 2	618	4,00	,804	1,00	5,00	,707
Welle 3	624	3,83	,799	1,00	5,00	,661
Verantwortungsbereit-schaft (4 Items)						
Welle 1	625	3,78	,854	1,00	5,00	,723
Welle 2	616	3,73	,861	1,00	5,00	,717
Welle 3	627	3,73	,860	1,00	5,00	,719
Soziodemografie						
Geschlecht (1 = männlich, 2 = weiblich)	631	1,46 53,7 % männlich, 46,3 % weiblich	,499	1,00	2,00	–
Alter	631	52,27	14,740	15	80	–
Bildung (höchster Schulabschluss)	631	3,01	1,162	1,00	5,00	–

Anmerkung: Je höher die Werte, desto ausgeprägter sind die entsprechenden Variablen.
Quelle: Eigene Darstellung

2.6   Ergebnisse

Die Ergebnisse werden anhand der vorgestellten Forschungsfragen FF1, FF2 und FF3 diskutiert. Sie werden in den Tab. 2.3, 2.4 und 2.5 vorgestellt. Dabei werden bereits zu den ersten beiden Forschungsfragen Ausführungen zu den jeweiligen Ereignisbezügen gemacht, die Argumente werden für die dritte Forschungsfrage aber expliziert.

FF1: Wie beeinflusst die a) massenmediale und b) Online-Mediennutzung die Einstellungen (Problembewusstsein, Verantwortungszuschreibung, Verantwortungsbereitschaft) zum Klimawandel?

Es zeigen sich lediglich geringe Zusammenhänge zwischen der Häufigkeit der Mediennutzung und Einstellungen zum Klimawandel. Die Nutzung von Massenmedien ist für keine Einstellungsdimension und in keiner Welle ein signifikanter Prädiktor. Die Nutzung von Onlinemedien aber scheint einen positiven Einfluss auf die Verantwortungsbereitschaft zu haben (Welle 1 und Welle 3, in Welle 2 auf 10 %-Niveau). Interessant ist, dass die Onlinemediennutzung in Welle 2 signifikant mit dem Problembewusstsein zum Klimawandel zusammenhängt. Hier könnte argumentiert werden, dass die mutmaßlich umfangreiche Thematisierung des Klimawandels in den sozialen Medien, z. B. auf Twitter durch die Journalistinnen und Journalisten vor Ort, einen Einfluss gehabt hat.

Insgesamt aber ist von wenig ausgeprägten unmittelbaren und linearen Einflüssen der Mediennutzung auszugehen, zumindest nicht auf Ebene dieser groben Differenzierung. Wie bereits an anderer Stelle argumentiert, erscheint eine konkretere Betrachtung des Mediennutzungsverhaltens sowie eine Betrachtung und Typisierung der Mediennutzerinnen und -nutzer notwendig, um Medienwirkungen „auf die Schliche zu kommen" (Taddicken und Reif 2016).

FF2: Wie beeinflusst das Wissen über a) Grundlagen, b) Ursachen, c) Folgen des Klimawandels sowie Wissen über d) wissenschaftliche Prozesse und e) individuelle Handlungsweisen die Einstellungen (Problembewusstsein, Verantwortungszuschreibung, Verantwortungsbereitschaft) zum Klimawandel?

Aufgrund der vergleichsweise schlechten Reliabilitätswerte der Dimensionen Grundlagen-, Ursachen- und Handlungswissen müssen die Ergebnisse mit Vorsicht interpretiert werden. Ohnehin aber zeigen sich die stärksten Zusammenhänge über alle drei Wellen zwischen Ursachenwissen und allen drei Einstellungsdimensionen (siehe auch Taddicken et al. 2018b) sowie zwischen Prozesswissen und Problembewusstsein sowie Verantwortungszuschreibung

Tab. 2.3 Ergebnisse der multiplen Regressionsanalysen Welle 1 IPCC Report

Unabhängige Variablen	Abhängige Variablen		
	Problembewusstsein	Verantwortungs-zuschreibung	Verantwortungs-bereitschaft
Modell	1	2	3
	Beta	Beta	Beta
Mediennutzung			
Massenmedien	,030	,003	,042
Onlinemedien	,040	,060	**,087***
Wissensdimensionen			
Faktenwissen 1 (Grundlagen)	−,049	−,057	**−,104****
Faktenwissen 2 (Ursachen)	**,641***	**,313***	**,459***
Faktenwissen 3 (Folgen)	**,109****	−,057	,004
Prozesswissen	**−,113***	**,283***	**,113***
Handlungswissen	,028	−,016	**,141***
Soziodemografie			
Geschlecht (1 = männlich, 2 = weiblich)	**,153***	−,029	**,107***
Alter	−,017	,049	−,004
Bildung	−,036	**−,089***	,013
Korr. R²	,474	,201	,287
F	57,526	16,770	26,070

*** p ≤ ,001; ** p ≤ ,01, * p ≤ ,05.
Quelle: Eigene Darstellung

(in Welle 1 auch Verantwortungsbereitschaft). Das Wissen über die Ursachen des Klimawandels scheint zuverlässig positiv die Einstellung der Mediennutzer und -nutzerinnen zu beeinflussen. Dieser Befund stützt somit das Wissensdefizitmodell in dem Sinne, dass Wissen um wissenschaftliche Methodik und Erkenntnisprozesse das Verständnis wissenschaftlicher Befunde scheinbar erleichtert und unterstützt. Anders als bei vorherigen Studien können hier also

Tab. 2.4 Ergebnisse der multiplen Regressionsanalysen Welle 2 COP

Unabhängige Variablen	Abhängige Variablen		
	Problembewusstsein	Verantwortungs-zuschreibung	Verantwortungs-bereitschaft
Modell	1	2	3
	Beta	Beta	Beta
Mediennutzung			
Massenmedien	−,002	,007	,058
Onlinemedien	**,100***	−,007	,083
Wissensdimensionen			
Faktenwissen 1 (Grundlagen)	−,024	−,076	**−,092***
Faktenwissen 2 (Ursachen)	**,638***	**,373***	**,473***
Faktenwissen 3 (Folgen)	**,091***	−,038	,017
Prozesswissen	**−,065***	**,233***	,059
Handlungswissen	−,005	,020	**,125***
Soziodemografie			
Geschlecht (1 = männlich, 2 = weiblich)	**,155***	−,032	**,155***
Alter	**,085***	**,097***	,034
Bildung	,005	−,073	,032
Korr. R²	,456	,251	,330
F	48,647	20,095	28,886

*** $p \leq ,001$; ** $p \leq ,01$, * $p \leq ,05$.
Quelle: Eigene Darstellung

positive Zusammenhänge zwischen einer Erhöhung des Wissens und wünschens-
werteren Einstellungen gezeigt werden. Das bedeutet also womöglich, dass die
Information über die Ursachen des Klimawandels eben doch dazu führt, dass
Menschen den Klimawandel mehr als Problem wahrnehmen, dass sie eine höhere
Verantwortung für Politik, Industrie und Wissenschaft, etwas gegen den Klima-
wandel zu unternehmen, erkennen sowie selber stärker bereit sind, Verantwortung

Tab. 2.5 Ergebnisse der multiplen Regressionsanalysen Welle 3 ohne Event

Unabhängige Variablen	Abhängige Variablen		
	Problembewusstsein	Verantwortungs-zuschreibung	Verantwortungs-bereitschaft
Modell	1	2	3
	Beta	Beta	Beta
Mediennutzung			
Massenmedien	,029	−,009	,058
Onlinemedien	,067	,061	**,100***
Wissensdimensionen			
Faktenwissen 1 (Grundlagen)	−,039	,025	−,049
Faktenwissen 2 (Ursachen)	**,580*****	**,335*****	**,426*****
Faktenwissen 3 (Folgen)	,072	−,020	**,093*****
Prozesswissen	**−,083***	**,234*****	,044
Handlungswissen	**,088***	−,015	**,125****
Soziodemografie			
Geschlecht (1 = männlich, 2 = weiblich)	**,142*****	**−,124*****	**,106****
Alter	,030	**,135*****	,038
Bildung	,008	−,002	,027
Korr. R²	,394	,230	,288
F	41,706	19,638	26,638

*** p ≤ ,001; ** p ≤ ,01, * p ≤ ,05.
Quelle: Eigene Darstellung

zu übernehmen und sich klimafreundlich zu verhalten. Insofern würde sich eine intensivere Berichterstattung zu den Klimawandelursachen vermutlich positiv auf die Einstellung der Medienutzerinnen und Mediennutzer auswirken, wenngleich andererseits vermutet werden kann, dass es nicht unbedingt einen linearen Anstieg gibt.

Diesen Befund einschränkend ist aber darauf hinzuweisen, dass die Items zum Ursachenwissen zum Teil die menschliche Mitschuld am Phänomen zum Gegenstand haben. Wenn also ein Proband zustimmt, dass der Klimawandel anthropogen ist, erreicht er hier einen höheren Indexwert. Ein enger Zusammenhang zur Relevanz des menschlichen Verhaltens erscheint damit nicht nur plausibel, sondern auch konzeptionell vergleichsweise nah (vgl. zu dieser Kritik an Messungen des Klimawandel-Ursachenwissens auch Taddicken et al. 2018a, b). Trotzdem: Die Stärke des Zusammenhangs zwischen Ursachenwissen und allen drei Einstellungsdimensionen legt eindrücklich nahe, die Idee der Wissenserhöhung und allgemein das Wissensdefizitmodell – wenn auch in differenzierter(er) Weise – wieder stärker in der wissenschaftlichen (und gesellschaftlichen) Debatte zu berücksichtigen. Zudem unterstreicht dieser Befund die Notwendigkeit, Wissen differenziert(er) zu betrachten – und zu erheben.

Weiterhin bestehen sehr signifikante Zusammenhänge zwischen Prozesswissen, also dem Wissen zur Entstehung der klimawissenschaftlichen Erkenntnisse, und dem Problembewusstsein sowie der Verantwortungszuschreibung. Interessant ist daran, dass der Zusammenhang zur Verantwortungszuschreibung positiv ist, während er zum Problembewusstsein negativ ist. Das bedeutet also, dass ein höheres Prozesswissen offenbar eine höhere Anerkennung der Verantwortung der Politik, Industrie und vermutlich insbesondere Wissenschaft zur Bekämpfung des Klimawandels bedingt, aber gleichzeitig der Klimawandel als Problem geringer eingestuft wird. Plausibel erscheint einerseits, dass Menschen mit höherem Prozesswissen ein höheres Vertrauen in die Fähigkeiten der Wissenschaft zur Lösung von Problemen haben. Andererseits kann vermutet werden, dass eine reflektiertere Grundhaltung besteht und der Klimawandel nicht in allen Facetten als problematisch eingestuft wird. Womöglich ist hier auch von einer gewissen skeptischen Grundhaltung gegenüber den wissenschaftlichen Erkenntnissen auszugehen, da deren Ungesichertheiten eher bekannt sind. Damit ist nicht gemeint, dass die Anthropogenität des Klimawandels generell abgelehnt wird. Diese Interpretation deckt sich mit der Erkenntnis aus der Typologienberechnung mittels der Paneldaten der Welle 1, nämlich der Identifikation der „partizipierenden Experten", einer Gruppe von Befragten, die über grundsätzlich hohes Wissen zum Klimawandel verfügen, insbesondere ein hohes Prozesswissen, sich aber eher im mittleren Zustimmungsbereich bezüglich der menschlichen Schuld am Klimawandel bewegen. Aufgrund ihrer weit überdurchschnittlichen Aktivität in den sozialen Medien zum Thema Klimawandel scheinen diese zudem für den gesellschaftlichen Diskurs und die soziale Auseinandersetzung besonders bedeutsam (Taddicken und Reif 2016; Taddicken 2016). Eine höhere Kenntnis der wissenschaftlichen Erkenntnisprozesse ist beim Klimawandel vermutlich aber auch insbesondere der Ungesichertheit der Prognosen zu zukünftigen Temperaturentwicklungen und ihren Auswirkungen zuzuschreiben. – In Welle 1 nach der Veröffentlichung des IPCC Berichts zu den physikalischen Grundlagen des Klimawandels besteht außerdem ein positiver Zusammenhang zwischen Prozesswissen und Verantwortungsbereitschaft. Gegebenenfalls hat sich hier die sehr klare Stellungnahme über den menschlichen Einfluss auf das Klimasystem ausgewirkt.

Wie bereits erwähnt, müssen die Zusammenhänge der weiteren Wissensdimensionen aufgrund der niedrigen Alpha-Werte vorsichtiger interpretiert werden. Hier ist auch auffällig, dass insgesamt geringere Koeffizienten berechnet wurden, also kleinere Zusammenhänge bestehen. Erwähnenswert aber ist der negative Zusammenhang zwischen Grundlagenwissen und Verantwortungsbereitschaft in Welle 1 und 2. Dies geht vermutlich auf fälschliches Wissen zum schädigenden Einfluss von CO_2 im Vergleich zu Methan sowie auf fälschliches Wissen der Ursache Klimawandel für das Ozonloch zurück.

Das Folgenwissen hängt in den beiden ereignisbezogenen Wellen 1 und 2 signifikant positiv mit dem Problembewusstsein zusammen, in Welle 3 ohne Bezug zu einem Großereignis ist dies nicht der Fall. Es kann vermutet werden, dass die mediale Berichterstattung zu Zeiten der IPCC-Veröffentlichungen und der COP-Klimagipfel stärker die Folgen des Klimawandels thematisiert und diesen mehr medialen Raum gibt und dass sich dies auf das Problembewusstsein der Mediennutzerinnen und -nutzer auswirkt. Diese vielleicht etwas gewagte Behauptung wird untermauert durch den Befund aus der ersten KlimaRez-Projektphase, dass die Wahrnehmung der Medienberichterstattung als dramatisierend in Interaktion mit der Mediennutzung zu einem signifikant höheren Problembewusstsein führt: Je stärker dramatisierend die Medien erlebt und gleichzeitig häufiger genutzt werden, desto ausgeprägter ist das Klima-Problembewusstsein (Taddicken 2013). Berichten Journalistinnen und Journalisten über dramatische Auswirkungen des Klimawandels, mag das also als Übertreibung wahrgenommen und als normativ getrieben kritisiert werden, aber den dennoch vermutlich gewünschten Effekt einer stärkeren Problemwahrnehmung haben.

Schließlich zeigen sich in jeder der drei Befragungswellen signifikante Zusammenhänge zwischen Handlungswissen und Verantwortungsbereitschaft. Wer also mehr weiß über klimafreundliche Verhaltensweisen im Alltag, sieht sich auch stärker in der Verantwortung, tatsächlich danach zu handeln. Damit einher geht eine höhere Einschätzung des Wirkungspotenzials von bürgerlichem Handeln, also eine größere Verbundenheit mit der Idee, dass jeder und jede Einzelne etwas tun kann gegen den Klimawandel. Damit wiederholt sich an dieser Stelle das Argument, das „science literacy model" wieder stärker zu beachten und das Wissen von Bürgern und Bürgerinnen in bestimmten Dimensionen zu erhöhen.

Nicht mittels einer eigenen Forschungsfrage adressiert wurden die *soziodemografischen Variablen*. Es soll dennoch kurz erläutert werden, welche Zusammenhänge hier zu den auf Klimawandel bezogenen Einstellungen bestehen. So zeigt sich durchgängig, dass Frauen ein höheres Problembewusstsein und eine höhere Verantwortungsbereitschaft haben. Bezüglich der Verantwortungszuschreibung zeigt sich in Welle 3 eine höhere Anerkennung bei den Männern. Es bestehen weiterhin Alterseffekte, nämlich in der Form, dass ältere Personen eher problembewusst sind (Welle 2) und die Verantwortung bei Politik, Industrie und Wissenschaft sehen (Welle 2 und 3). Der Bildungsgrad dagegen weist so gut wie keine Zusammenhänge auf, lediglich in Welle 1 besteht ein zudem vergleichsweise kleiner signifikanter Zusammenhang negativer Natur zur Verantwortungszuschreibung.

FF3: Welche Veränderungen ergeben sich in diesen Zusammenhängen aufgrund von verschiedenen gesellschaftlichen Großereignissen mit Bezug zum Klimawandel?

Bezüglich der dritten und letzten Forschungsfrage zu den Unterschieden zwischen den einzelnen Wellen wurden in den obigen Ausführungen bereits einige Aussagen gemacht. An dieser Stelle wird noch einmal Variablen-übergreifend versucht, ein Muster in den Daten zu erkennen.

Welle 1 bindet an ein eher wissenschaftliches Ereignis an, nämlich die Veröffentlichung des IPCC-Berichts. Er wird im Kern von Klima-Wissenschaftlern und -wissenschaftlerinnen geschrieben und ist als Basismaterial für die politischen Entscheiderinnen und Entscheider gedacht. Auffällig in dieser Welle ist der positive Zusammenhang zwischen Prozesswissen und Verantwortungsbereitschaft. Anders als zum Problembewusstsein besteht hier also eine positive Verbindung: mehr Wissen über wissenschaftliche Erkenntnisgewinnungsprozesse führt zu einer höheren Verantwortungsbereitschaft der Bürgerinnen und Bürger. Der Bericht stellt in verständlicher Sprache die Relevanz des menschlichen Verhaltens dar – und verweist damit auch auf die Verantwortung Einzelner. Darin besteht also ein Unterschied zum Klimagipfel. Zudem findet sich der einzige, wenn auch kleine, Bildungseffekt in der Welle 1 zum wissenschaftlichen Ereignis.

Welle 2 wurde im Anschluss an den COP19-Klimagipfel in Warschau erhoben. In dieser Welle ist vor allem der signifikante Einfluss der Onlinemediennutzung auf das Problembewusstsein auffällig. Dies mag mit dem politischen Kontext zusammenhängen, der den Klimagipfel für viele interessant macht, aber vielleicht auch mit der Dauer des Ereignisses. Der Klimagipfel dauerte zwölf Tage und war somit auch eher lange auf der (medialen) Agenda. Interessant ist aber, dass für die Massenmediennutzung auch in dieser Welle keine signifikanten Koeffizienten berechnet wurden. Eine recht weite Interpretation könnte sein, dass Klimapolitik als Mediengegenstand von den Befragten nicht unbedingt als auf Klimawandel bezogene Mediennutzung interpretiert und angegeben wurde, Interessierte aber online nach Informationen zum Klimawandel gesucht haben und sich dies in der Erhebung der Onlinemediennutzung niederschlägt. Aussagen aus den Gruppendiskussionen (vgl. Kap. 6) darüber, dass im Anschluss an massenmediale Nutzung zum Klimawandel online nach weiteren Informationen recherchiert wird, stützen diese Vermutung. Eine weitere – in Verbindung mit einer anderen Publikation aus dem Projekt plausible – Erklärung lautet, dass selbst Klimawandel-uninteressierte Personen über ihre Online-Netzwerke, insbesondere soziale Netzwerkplattformen wie Facebook und Co., mit dem Thema Klimawandel in Berührung kommen (Taddicken 2016; Taddicken und Reif 2016). Die Länge des Klimagipfels könnte die Verbreitung in den sozialen Medien verstärkt haben. Beide Erklärungen aber sind sehr interpretativ und bedürften einer weiteren Untersuchung.

Welle 3, die losgelöst von einem klimawissenschaftlichen oder klimapolitischen Ereignis erhoben wurde, lässt zwei signifikante Zusammenhänge vermissen, so besteht weder ein negativer Zusammenhang zwischen Grundlagenwissen und Verantwortungsbereitschaft wie in den vorherigen Wellen noch ein positiver Zusammenhang zwischen Folgenwissen und Problembewusstsein. Dafür besteht ein schwach positiver Einfluss von Folgenwissen auf Verantwortungsbereitschaft.

2.7 Fazit und Ausblick

Dieses Teilprojekt umfasst mit seinen drei Erhebungswellen im Zeitraum September 2013 bis Oktober 2014 ein wissenschaftliches Großereignis (Veröffentlichung des IPCC-Berichts), ein politisches Großereignis (COP-Konferenz) sowie einen Zeitraum ohne erkennbar relevantes Ereignis für die Debatte um Klimawandel. Ziel des Teilprojekts war die Untersuchung der Zusammenhänge zwischen Mediennutzung im klassischen Sinn von journalistischer Berichterstattung und Online-Mediennutzung von Plattformen, Social Media etc. einerseits sowie andererseits verschiedener Wissensarten zum Klimawandel und Einstellungen zum Klimawandel.

Die Befunde zeigen verschiedene Zusammenhänge zwischen Mediennutzung, Wissen und Einstellungen. Sie bestätigen im Kern, dass die Wirkung von

Mediennutzung (klassisch und online) ein differenzierter, mehrfach rück-
gekoppelter und verschlungener Prozess ist, den wir metaphorisch als ‚rhizomartig' umschreiben. Die Häufigkeit klassischer Mediennutzung hat kaum
Folgen auf Einstellungen. Sie kann aber für eine Aufbereitung von Wissen sorgen. Online-Mediennutzung zeigt immerhin etwas deutlichere Wirkungen,
insbesondere auf Einstellungen wie Problembewusstsein und Verantwortungsbereitschaft. In diesem Zusammenhang sei aber ausdrücklich auf die Grenzen
der hier vorgestellten Analysen verwiesen: Die Verknüpfung der Daten erfolgte
hier (noch) nicht innerhalb des Messmodells, ein Vergleich erfolgte lediglich auf
Ergebnisebene. Aus diesem Grund unterliegen die hier vorgestellten Erkenntnisse
den üblichen Problemen bezüglich Ursache-Wirkungs-Zusammenhängen. Insofern ist eine alternative, wenn nicht gar parallele Erklärung, dass z. B. eine höhere
Verantwortungsbereitschaft zu einer stärkeren themenspezifischen Mediennutzung (resp. -aufmerksamkeit) geführt hat.

Dennoch bleibt festzuhalten: Nicht alles, was Medien anbieten, wirkt. Aber
einiges, was sie anbieten, – so unsere These – bildet die Voraussetzung dafür,
dass einige Menschen besser informiert sind, mehr über Grundlagen, Ursachen
und Folgen des Klimawandels wissen und sich damit auch ihrer eigenen Verantwortung bewusster sind, aber auch mehr verantwortungsvolles Handeln etwa
von der Politik erwarten. Persönliche Verantwortungsbereitschaft ist eher bei
Frauen zu finden, während Verantwortungszuschreibung an andere Institutionen
eher bei Männern und bei älteren Personen ausgeprägt zu finden sind.

Unsere Befunde stützen die Annahme, dass eine Erhöhung von Wissen zu
positiverer Einstellung führt. Sie stützen weiterhin das „science literacy model",
womit sich auch die Forderung bekräftigen lässt, dass Wissenschaft in der Verantwortung steht, wissenschaftliche Erkenntnisprozesse und Methoden trans-
parent zu machen für eine weitere Öffentlichkeit (vgl. dazu z. B. die Leitlinien
der guten Wissenschafts-PR, Siggener Kreis 2016). Neben der sozialen Institution Wissenschaft ist auch die soziale Institution Journalismus gefordert. Denn
auch wenn die journalistische Berichterstattung keine direkten Folgen auf Wissen und Einstellungen des Publikums zu haben scheint, so ist doch anzunehmen,
dass das Angebot des Journalismus in dem komplexen und differenzierten Prozess der Information und der Meinungs- und Willensbildung der Zivilgesellschaft
unabdingliche Komponente ist, wenngleich dieser Wirkungszusammenhang hier
nicht als linear nachgewiesen werden konnte.

Literatur

Allum, N., Sturgis, P., Tabourazi, D. & Brunton-Smith, I. (2008). Science knowledge and attitudes across cultures. A meta-analysis. *Public Understanding of Science* 17 (1), 35–54.

Arlt, D., Hoppe, I. & Wolling, J. (2010). Klimawandel und Mediennutzung. Wirkungen auf Problembewusstsein und Handlungsabsichten. In: *Medien und Kommunikationswissenschaft* 58 (1), 3–25.

Bodmer. (1985). *The public understanding of science*. London: The Society.

Kley, J.; Fietkau, H. J. (1979). Verhaltenswirksame Variablen des Umweltbewußtseins. *Psychologie und Praxis* 23 (1), 13–22.

Lee, C., Scheufele, D. A. (2006). The influence of knowledge and deference toward scientific authority. *Journalism & Mass Communication Quarterly* 83 (4), 819–834.

Lee, C., Scheufele, D. A. & Lewenstein, B. V. (2005). Public attitudes toward emerging technologies. *Science Communication* 27 (2), 240–267.

Lorenzoni, I., Nicholson-Cole, S. & Whitmarsh, L. (2007). Barriers perceived to engaging with climate change among the UK public and their policy implications. *Global Environmental Change* 17 (3–4), 445–459.

Luhmann, N. (2017). *Die Realität der Massenmedien*. Wiesbaden: Springer Fachmedien.

Miller, J. D. (1983). Scientific Literacy. A Conceptual and Empirical Review. *Daedalus* 112 (2), 29–48.

Nisbet, M. C.; Scheufele, D. A.; Shanahan, Ja.; Moy, P.; Brossard, D. & Lewenstein, B. V. (2002). Knowledge, reservations, or promise? *Communication Research* 29 (5), 584–608.

Nunnally, J. C. (1978). *Psychometric theory*. New York: McGraw-Hill (McGraw-Hill series in psychology).

Rosenberg, M. J. & Hovland, C. I. (1960). Cognitive, affective, and behavioural components of attitudes. In C. I. Hovland & M. J. Rosenberg (Hrsg.), *Attitude organization and Change*. New Haven: Yale University Press.

Schahn, J. & Holzer, E. (1990). Konstruktion, Validierung und Anwendung von Skalen zur Erfassung des individuellen Umweltbewußtseins. *Zeitschrift für Differentielle und Diagnostische Psychologie* 11 (3), 185–204.

Siggener Kreis (2016). Leitlinien der guten Wissenschafts-PR. Hg. v. Wissenschaft im Dialog. Berlin. Online verfügbar unter https://www.wissenschaft-im-dialog.de.

Taddicken, M. (2013). Climate Change From the User's Perspective. *Journal of Media Psychology* 25 (1), 39–52.

Taddicken, M. (2016). Wissenschaft und Öffentlichkeit. Von der Information zur Partizipation? Antrittsvorlesung. Technische Universität Braunschweig. Online verfügbar unter https://www.tu-braunschweig.de/kmw/team/monikataddicken/antrittsvorlesung.

Taddicken, M. & Bund, K. (2015). Ich kommentiere, also bin ich. Community Research am Beispiel des Diskussionsforums der ZEIT Online. In M. Welker & C. Wünsch (Hrsg.), *Die Online-Inhaltsanalyse. Forschungsobjekt Internet* (S. 167–190). Köln: von Halem (Neue Schriften zur Online-Forschung, 8).

Taddicken, M. & Neverla, I. (2011). Klimawandel aus Sicht der Mediennutzer. Multifaktorielles Wirkungsmodell der Medienerfahrung zur komplexen Wissensdomäne Klimawandel. *Medien & Kommunikationswissenschaft* 59 (4), 505–525.

Taddicken, M. & Reif, A. (2016). Who Participates in the Climate Change Online Discourse? A Typology of Germans' Online Engagement. *Communications* 41 (3), 315–337.

Taddicken, M., Reif, A. & Hoppe, I. (2018a). Wissen, Nichtwissen, Unwissen, Unsicherheit: Zur Operationalisierung und Auswertung von Wissensitems am Beispiel des Klimawissens. In N. Janich & L. Rhein (Hrsg.), *Unsicherheit als Herausforderung für die Wissenschaft: Reflexion aus Natur-, Sozial- und Geisteswissenschaften.* Reihe: Wissen – Kompetenz – Text (S. 113–140). Berlin: Peter Lang.

Taddicken, M., Reif, A. & Hoppe, I. (2018b). What do people know about climate change — and how confident are they? On measurements and analyses of science related knowledge. *JCOM* 17 (03), A01.

Tobler, C., Visschers, V. H. M. & Siegrist, M. (2012). Consumers' knowledge about climate change. *Climatic Change* 114 (2), 189–209.

Weingart, P. (2006). *Die Wissenschaft der Öffentlichkeit. Essays zum Verhältnis von Wissenschaft, Medien und Öffentlichkeit* (2. Aufl.) Weilerstwist: Velbrück.

Weingart, P. (2009). Wissenschaft im Licht der Öffentlichkeit. In G. Magerl & H. Schmidinger (Hrsg.), *Ethos und Integrität der Wissenschaft* (S. 145–162). Wien: Böhlau (Wissenschaft, Bildung, Politik, 12).

Winter, G. (1981). Umweltbewusstsein im Licht sozialpsychologischer Theorien. In H-J. Fietkau & H. Kessel (Hrsg.), *Umweltlernen. Veränderungsmöglichkeiten des Umweltbewußtseins* (S. 53–116). Königstein/Ts.: Verlag Anton Hain Meisenheim.

Wie kommt der Klimawandel in die Köpfe?

3

Ein Forschungsüberblick zur Perzeption des Klimawandels und der Nutzung, Aneignung und Wirkung von medialer und interpersonaler Kommunikation sowie direkten Erlebnissen

Ines Lörcher

Zusammenfassung

Was denken Menschen über den Klimawandel, wie gehen sie mit ihm um und wodurch wird diese Art des Umgangs beeinflusst? Im vergangenen Jahrzehnt hat sich zu diesen Fragen ein beachtlicher Fundus an Forschungsliteratur herausgebildet. Dieser Beitrag liefert einen aktuellen und komprimierten Überblick über empirische Studien zu Wahrnehmungen, Einstellungen und Verhalten zum Klimawandel in der Bevölkerung einerseits sowie zur Rolle unterschiedlicher Erfahrungsquellen andererseits. Dabei wird nicht nur, wie in bisherigen Forschungsüberblicken, der Einfluss medialer Kommunikation berücksichtigt, sondern auch andere zentrale Erfahrungsquellen wie interpersonale Kommunikation und (scheinbar) direkte Erlebnisse mit Klimawandelursachen und -folgen. Der Beitrag zeigt, dass bisherige Studien insbesondere den Zusammenhang zwischen Mediennutzung und Wissen und Einstellungen untersuchen. Die Analyse der unterschiedlichen Studien ergibt, dass unterschiedliche Faktoren beeinflussen, ob und wie stark Medienangebote auf Wissen, Einstellungen und teilweise sogar das Verhalten wirken. Entscheidend sind einerseits stimulusinhärente

I. Lörcher (✉)
Journalistik und Kommunikationswissenschaft, Universität Hamburg,
Hamburg, Deutschland
E-Mail: ines.loercher@uni-hamburg.de

© Springer Fachmedien Wiesbaden GmbH, ein Teil von Springer Nature 2019
I. Neverla et al. (Hrsg.), *Klimawandel im Kopf*,
https://doi.org/10.1007/978-3-658-22145-4_3

Eigenschaften wie Medientyp, Darstellungsform sowie kommunizierte Inhalte und Deutungsmuster. Andererseits ist die individuelle Nutzung und Aneignung entscheidend, die von persönlichen Voreinstellungen, Werten und Normen beeinflusst wird. So werden Medienangebote etwa nur selektiv wahrgenommen und teils als übertrieben abgelehnt, missverstanden oder umgedeutet. Bisherige Studien zum Einfluss von interpersonaler Kommunikation oder (scheinbar) direkten Erlebnissen weisen darauf hin, dass diese das Problembewusstsein oder Verhaltensabsichten verstärken können. Vor allem die Bedeutung und Merkmale von interpersonaler Kommunikation sind jedoch bislang nur wenig untersucht.

3.1   Einleitung

Es wurden bereits zahlreiche Studien zur Frage durchgeführt, wie Menschen den Klimawandel wahrnehmen, mit ihm umgehen und welche Informationsquellen und individuellen Voraussetzungen Wahrnehmung, Wissen, Einstellung und Verhalten beeinflussen. Bisherige Literaturreviews fokussieren auf die Wahrnehmung des Klimawandels (Lorenzoni und Pidgeon 2006; Wolf und Moser 2011) oder die Medienrezeption und Medienwirkungen auf Wissen, Einstellungen und Verhalten zum Klimawandel (Neverla und Taddicken 2012; Hoppe 2016). Es gibt bislang jedoch keinen Überblick, der neben dem Einfluss von Medien, worunter vielfältige Formen medialer Kommunikation von faktenorientiert bis fiktional gezählt werden, auch Forschungsergebnisse zu anderen Erfahrungsquellen einbezieht, die ebenfalls Wissen, Einstellungen und Verhalten beeinflussen können. Der Fokus auf Medien liegt zwar nahe, da diese als wichtige Informationsquelle zum Klimawandel wahrgenommen werden (Olausson 2011; Ryghaug et al. 2011; Schäfer 2012) und mediale Vermittlung angesichts des abstrakten, unsicheren und sinnlich nicht wahrnehmbaren Themas bedeutsam ist (von Storch 2009; Neverla und Bødker 2012). Allerdings könnten gerade vor dem Hintergrund, dass das genuin wissenschaftliche Thema Klimawandel in unterschiedlichsten gesellschaftlichen Bereichen wie etwa Politik, Wirtschaft, Medien, Kultur und im alltäglichen Leben (bspw. bei nachhaltigem Konsum) eine Rolle spielt, auch andere Erfahrungsquellen bedeutsam sein. Interpersonale Kommunikationen wie Gespräche in unterschiedlichen Kontexten sowie (scheinbar) direkte Erlebnisse mit dem Klimawandel wie Extremwetterereignisse könnten ebenso prägen. Dieser Beitrag trägt empirische Studien aus verschiedenen sozial- und geisteswissenschaftlichen Disziplinen und mit unterschiedlichen methodischen Ansätzen zusammen, systematisiert die übergreifenden Befunde und identifiziert Forschungsdesiderate. In einem ersten Schritt werden dabei überblicksartig die zentralen Ergebnisse zu klimabezogenem

Wissen, Einstellungen, Verhaltensweisen und Wahrnehmungen herausgearbeitet. Dabei wird die Aufmerksamkeit insbesondere auf die Bevölkerungsmeinung in Deutschland gerichtet, da diese im Fokus des DFG-Projekts KlimaRez liegt und Deutschland durch seine (ursprüngliche) Vorreiterrolle im Klimaschutz, die am Beispiel der Energiewende sichtbar wurde, von besonderem Interesse ist (Schäfer 2016). In einem zweiten Schritt werden Befunde zum Einfluss von medialer Kommunikation, interpersonaler Kommunikation sowie von direkten Erlebnissen mit dem Klimawandel auf Wissen, Einstellungen und Verhalten vorgestellt. Soweit Befunde dazu vorliegen, wird präsentiert, inwiefern diese Erfahrungsquellen je nach stimulusinhärenten Merkmalen wie Thema oder Darstellungsweise sowie je nach Individuum und dessen Nutzung und Aneignung unterschiedliche Bedeutungen entwickeln und zu verschiedenen Erfahrungen werden.

3.2   Perzeption des Klimawandels in der Bevölkerung

Wissen, Einstellung, Verhalten und Wahrnehmung bezüglich des Klimawandels sind Konstrukte, die in unterschiedlichen Disziplinen und mit vielfältigen Methoden erforscht werden (für einen Überblick siehe Wolf und Moser 2011). Diese Konstrukte werden unterschiedlich verstanden und operationalisiert. Um Klimawissen zu erheben, wird oft das Faktenwissen zu Ursachen und Folgen des Phänomens sowie den physikalischen Grundlagen abgefragt (Taddicken, Reif und Hoppe 2018a, b; Taddicken und Neverla 2011). Im Anschluss an Taddicken, Reif und Hoppe (2018a, b) wird darüber hinaus das Handlungswissen zu klimafreundlichem Verhalten integriert sowie das Prozesswissen als Wissen darüber, wie (klima)wissenschaftliches Wissen generiert wird. In vielen Studien wird das wissenschaftlich generierte Faktenwissen zu Ursachen und Folgen des Klimawandels jedoch unter dem Begriff Wahrnehmung oder Überzeugung abgefragt, da dieses Faktenwissen häufig angezweifelt wird und als Glaubensfrage gilt – insbesondere im stark polarisierten US-amerikanischen Diskurs (bspw. Leiserowitz et al. 2016). Als Einstellungen zählen hier im Anschluss an Taddicken und Neverla (2011) erstens das Problembewusstsein, d. h. ob der Klimawandel ein Problem darstellt oder man selbst und andere davon betroffen sind, sowie zweitens die Verantwortungs- und drittens die Handlungs bereitschaft. Als klimafreundliches Verhalten werden CO_2-sparende Verhaltensweisen verstanden wie etwa der Kauf regionaler Produkte. Wahrnehmung bezeichnet hier, in welchen Themenbereichen der Klimawandel verortet wird und wie wir ihn assoziieren.

Die wichtigsten Ergebnisse zu diesen Konstrukten sollen vor allem mit Blick auf Deutschland vorgestellt werden (insbesondere Befunde zum Klimawissen

werden in diesem Band, Kap. 2 diskutiert). Insgesamt weiß hier die Mehrheit der
Bevölkerung bzw. ist davon überzeugt, dass es einen Klimawandel gibt, welcher
von Menschen verursacht wird und negative Folgen für Umwelt und Menschen
hat (Lorenzoni und Pidgeon 2006; PEW 2013; Poortinga et al. 2011; Ratter et al.
2012; Special Eurobarometer 327 2011; für einen ausführlichen Überblick über
das Klimawissen siehe Taddicken, Reif und Hoppe 2018a, b sowie Taddicken
und Neverla in diesem Band, Kap. 2). Er wird darüber hinaus generell als Problem betrachtet (Lorenzoni und Pidgeon 2006; PEW 2013; Poortinga et al. 2011;
Ratter et al. 2012; Special Eurobarometer 327 2011). In vielen Ländern wird der
Klimawandel jedoch als zeitlich und räumlich fernes Problem wahrgenommen,
das einen nicht selbst betreffen wird (für die USA: Leiserowitz 2005; Leiserowitz et al. 2011b, für Großbritannien: Spence et al. 2012; Whitmarsh et al. 2011,
Europa: Lorenzoni und Pidgeon 2006, Japan: Ohe und Ikeda 2005). Wenngleich
die Mehrheit vom menschengemachten Klimawandel überzeugt ist, gibt es doch
in vielen Ländern eine erhebliche Zahl an Klimaskeptischen, die entweder die
Existenz des Klimawandels an sich, die anthropogenen Ursachen oder proble-
matischen Folgen anzweifeln (PEW 2013; Poortinga et al. 2011; Special Eurobarometer 327 2011).[1] Viele Studien konstatieren ein begrenztes Klimawissen
und Problembewusstsein, wobei es länderspezifisch große Unterschiede gibt (für
einen Überblick siehe: Wolf und Moser 2011).

In *Deutschland* gibt es, wie auch in anderen Industriestaaten (Dunlap 1998;
Leiserowitz et al. 2010; Nisbet und Myers 2007; Reynolds et al. 2010; Ungar
2000), teils „falsches" *Klimawissen,* etwa falsche Verknüpfungen mit Umweltproblemen wie dem Ozonloch (Weber 2008). Insgesamt existiert hier jedoch
ein vergleichsweise hoher Konsens, dass es den menschengemachten Klimawandel gibt, dass er negative Auswirkungen hat und ein ernsthaftes Problem
darstellt (Borgstedt et al. 2010; Capstick und Pidgeon 2014; Engels et al. 2013;
Eurobarometer 2014; Rückert-John et al. 2013). Es gibt allerdings unterschiedliche Befunde zur Frage, inwieweit sich dieses theoretische Wissen, dass er
ein Problem darstellt, auch in einem Bewusstsein manifestiert, man selbst oder
andere könnten betroffen sein. Lorenzoni und Pidgeon (2006) zeigen in ihrem
Forschungsüberblick, dass der Klimawandel auch in Deutschland als zeitlich und
räumlich fernes Problem gilt und es damit ein ähnliches *Problembewusstsein* wie
in anderen Ländern gibt. Weber (2008) findet hingegen in seiner Sekundärdatenanalyse einer Eurobarometerstudie von 2005 und Umweltbewusstseinsstudie von

---

[1]Definition von Klimaskeptizismus nach Rahmstorf (2004).

2004 sowie einer Fokusgruppenanalyse dazu widersprüchliche Ergebnisse. Insgesamt zeigt Metags et al. (2015) Replikationsstudie von *„Global warming's six Americas"* (Leiserowitz et al. 2011b), dass es im Vergleich zu den USA, Australien und Indien in Deutschland am meisten „Alarmierte" (Alarmed) und am wenigsten „Zweifler" (Doubtful) gibt, die entweder die Existenz oder die menschlichen Ursachen infrage stellen. Ein Typ, der in Deutschland im Gegensatz zu den USA und Australien quasi nicht vorkommt, sind die „Dismissives" – überzeugte und engagierte Leugner des Klimawandels (Metag et al. 2015). Das Wissen um einen menschgemachten Klimawandel und das Problembewusstsein ist zudem im Vergleich zu anderen Ländern wie den USA (Leiserowitz et al. 2011a; Leiserowitz et al. 2016) oder Großbritannien (Poortinga et al. 2011; Whitmarsh 2011) in Deutschland stabil (Borgstedt et al. 2010; Engels et al. 2013; Rückert-John et al. 2013), auch wenn hier zeitweise ein Rückgang des Problembewusstseins konstatiert wurde (Ratter et al. 2012). Diese Stabilität wird mitunter damit erklärt, dass umweltfreundliche Einstellungen in Deutschland generell fest verankert sind (Rückert-John et al. 2013; Schäfer 2016).

Ebenfalls gibt es in der deutschen Bevölkerung ein größeres persönliches *Verantwortungsgefühl* für den Klimaschutz als in anderen europäischen Ländern, wenngleich den nationalen Regierungen auch hier die größte Verantwortung zugeschrieben wird (Eurobarometer 2014). Die Bevölkerung in Deutschland unterstützt etwa den Ausbau erneuerbarer Energien (Eurobarometer 2014) und erwartet vom eigenen Land eine Führungsrolle in internationalen Klimaverhandlungen (Peters und Heinrichs 2008; Weingart et al. 2000). Auch beim klimafreundlichen *Verhalten* wie bspw. dem Kauf regionaler und saisonaler Produkte befindet sich Deutschland im europäischen Vergleich auf den vorderen Plätzen (Eurobarometer 2014).

Der Klimawandel wird in Deutschland als Umweltproblem *wahrgenommen* (Weber 2008), aber ebenfalls unter den Themen globale Ungleichheit und ökonomische Schwierigkeiten sowie universale Gerechtigkeit betrachtet (Darier und Schüle 1999). Insgesamt gibt es allerdings noch wenige Befunde dazu, mit welchen Themen oder Begriffen der Klimawandel in der Bevölkerung assoziiert wird, d. h. wie das abstrakte und komplexe Thema von Individuen greifbar und konkret gemacht wird. Aus Schweden (Wibeck 2014), den USA (Leiserowitz 2006), Großbritannien (Smith und Joffe 2013) und Norwegen (Ryghaug et al. 2011) ist bekannt, dass Bilder von Klimawandelfolgen in der Natur wie etwa schmelzende Polarkappen, bedrohte Eisbären, Wetterphänomene oder Überflutungen zentrale Assoziationen sind, seltener jedoch die Ursachen von Klimawandel oder gar Lösungen wie Klimaschutzmaßnahmen (Smith und Joffe 2013).

Zusammenfassend lässt sich sagen, dass es in Deutschland im internationalen Vergleich kontinuierlich wenig Klimaskeptizismus, ein stärkeres persönliches Verantwortungsbewusstsein und einen eher klimafreundlichen Lebensstil gibt, wenngleich auch hier falsche Verknüpfungen mit anderen Umweltproblemen wie dem Ozonloch bestehen. Allerdings weiß man bisher nur wenig darüber, mit welchen Themen und Bildern der Klimawandel in Deutschland assoziiert wird.

3.3 Die Bedeutung medialer Kommunikation zum Klimawandel

Wirkungen medialer Kommunikation zum Klimawandel
In diesem Unterkapitel werden bisherige Medienwirkungsstudien zum Klimawandel vorgestellt. Dabei wird erst überblicksartig gezeigt, welche Untersuchungsdesigns bislang überwiegen, und in einem zweiten Schritt präsentiert, nach welchen stimulusinhärenten Faktoren sich unterschiedliche Wirkungen entfalten.

Als besonders wichtige Informationsquellen zum Klimawandel werden laut Selbstauskunft der Nutzerinnen und Nutzer Medien wie TV, Zeitungen und Onlinenachrichten sowie Social Media Kommunikation betrachtet (für Skandinavien Olausson 2011; Ryghaug et al. 2011; für Deutschland Schäfer 2012). Der Fokus der Forschung richtet sich daher vor allem auf Medienwirkungen und sehr viel weniger auf die Wirkungen anderer Informationsquellen. In den bestehenden Wirkungsstudien wird vor allem klassisch die Häufigkeit der Mediennutzung als erklärende Variable (Ursache) und Wissen, Einstellung und Verhalten der Befragten zum Klimawandel als abhängige Variable (Wirkung) untersucht. In zahlreichen Fällen wird keine Kausalität erforscht, sondern vielmehr Zusammenhänge zwischen der Häufigkeit der Mediennutzung sowie Wissen und Einstellungen. Tatsächlich finden sich auch Zusammenhänge zwischen einerseits der Nutzung von analogen und Online-Medien und andererseits dem Wissen (Bell 1994; Cabecinhas et al. 2008; Kahlor und Rosenthal 2009; Stamm et al. 2000; Taddicken 2013; Taddicken und Neverla 2011; Zhao 2009), dem Problembewusstsein (Arlt et al. 2010; Brulle et al. 2012; Sampei und Aoyagi-Usui 2009; Zhao 2009), bestimmten Verhaltensabsichten (Arlt et al. 2010; Cabecinhas et al. 2008; Fortner et al. 2000; O'Neill und Nicholson-Cole 2009; Stamm et al. 2000; Taddicken und Neverla 2011), Verhalten (Cabecinhas et al. 2008) sowie dem Informationsbedürfnis (Ho et al. 2014; Zhao 2009). Die Panel-Studie von Brüggemann et al. (2017), die Einstellungen und Mediennutzung derselben Personen an mehreren Messzeitpunkten abfragt, und somit tatsächlich kausale Wirkungszusammenhänge untersucht, zeigt, dass die

Medienberichterstattung eher das Klimawissen, nicht aber das Problembewusstsein oder die Verantwortungs- und Handlungsbereitschaft beeinflusst. Die Panel-Untersuchung rund um den Pariser Klimagipfel von Brüggemann et al. (2017) zeigt, dass die Berichterstattung die Befragten innerhalb der deutschen Bevölkerung eher beruhigt als mobilisiert hat.

Ebenso gibt es einige Studien, die den Einfluss einzelner klimabezogener Filme auf die klassischen abhängigen Variablen in der Wirkungsforschung (Wissen, Einstellungen und Verhalten) untersuchen. Es sind dies Filme wie „The day after tomorrow" (Balmford et al. 2004; Hart und Leiserowitz 2009; Leiserowitz 2004; Lowe et al. 2006; Reusswig 2004), „Eine unbequeme Wahrheit" (Beattie et al. 2011; Jacobsen 2011; Löfgren und Nordblom 2010; Nolan 2010), „The age of stupid" (Howell 2011, 2014) und „The great global warming swindle" (Greitemeyer 2013). Bei den meisten dieser Studien wurden Rezipienten der jeweiligen Filme befragt (Balmford et al. 2004; Leiserowitz 2004; Lowe et al. 2006; Reusswig 2004; Beattie et al. 2011; Nolan 2010; Howell 2011, 2014; Greitemeyer 2013), in einigen dieser Studien handelt es sich um quasi-experimentelle Pretest-Posttest-Designs.

Durch die Analyse all dieser bisherigen Studien zur Wirkung von massenmedialen Angeboten und Filmen können unterschiedliche *stimulusinhärente Faktoren* herausgearbeitet werden, die die Intensität und Wirkungsrichtung beeinflussen. Diese Studien wurden in unterschiedlichen Ländern durchgeführt: den USA (Binder 2010; Feldman et al. 2014; Hart 2011; Hart und Leiserowitz 2009; Hmielowski et al. 2014; Jacobsen 2011; Krosnick und MacInnis 2010; Leiserowitz 2004; Nisbet et al. 2015; Nolan 2010), Großbritannien (Balmford et al. 2004; Beattie et al. 2011; Howell 2011, 2014; Lowe et al. 2006; O'Neill und Nicholson-Cole 2009, Smith und Joffe 2013), Deutschland (Arlt et al. 2010; Hoppe 2016; Reusswig 2004), Norwegen (Ryghaug et al. 2011), Schweden (Löfgren und Nordblom 2010), Österreich (Greitemeyer 2013), Portugal (Cabecinhas et al. 2008) sowie europaweit (Schulz 2003).

Die Intensität und Richtung der Wirkung scheint zum einen vom *Medientyp und Anbieter* abzuhängen, wenngleich die Befunde hier sehr unterschiedlich sind (Arlt et al. 2010; Binder 2010; Cabecinhas et al. 2008; Schulz 2003). Cabecinhas et al. (2008) finden in einer Faktorenanalyse von Befragungsdaten nur bei Informationsquellen, die eine aktive Nutzung voraussetzen (z. B. Internet, Veranstaltungen, Bücher im Gegensatz zu „passivem" TV oder Radio), einen Zusammenhang mit dem Wissen der Rezipienten. Arlt et al. (2010) hingegen zeigen durch ihre repräsentative Befragung, dass das öffentlich-rechtliche TV das Problembewusstsein positiv beeinflusst und die Printmediennutzung darauf einen

negativen Effekt hat. Schulz' (2003) Sekundärdatenanalyse einer Eurobarometer-
befragung zeigt wiederum, dass Printmedien die wichtigste Informationsquelle
für Umweltthemen darstellen und das Fernsehen dagegen eine unwichtigere
Rolle spielt. Hoppe (2016) vermutet daher, dass möglicherweise anstelle des
Medientypus eher die *Darstellungsform der Medienangebote* über die Wirkung
entscheidet. Hoppes Befunde (2016) zur Medienwirkung eines Online-Spiels
zum Stromsparen auf dessen Nutzer und Nutzerinnen offenbaren, dass ein hoher
Alltagsbezug die Verhaltensabsichten positiv beeinflussen kann, anders als
etwa Katastrophenszenarien (Leiserowitz 2004; Lowe et al. 2006; O'Neill und
Nicholson-Cole 2009) oder sowohl konträre (Ryghaug et al. 2011; Smith und
Joffe 2013) wie auch konsensorientierte (Hart 2011) Positionen zur Klimawissenschaft. Allerdings weisen Smith und Joffes (2013) Ergebnisse aus qualitativen
Interviews darauf hin, dass sich eher die besorgniserregenden Bilder zu Klimawandelfolgen aus der Medienberichterstattung in der Erinnerung der Bevölkerung
festsetzen als die klimabezogenen Texte (Smith und Joffe 2013).

Rezipientenbefragungen zu den Wirkungen klimabezogener Filme ergeben,
dass sowohl Darstellungsweise als auch der *Inhalt* der Filme Richtung und Stärke
der Wirkungen prägen. Der fiktionale Film „The Day After Tomorrow", der ein
apokalyptisches Szenario beschreibt, beeinflusst kurzfristig Einstellungen wie das
Problembewusstsein (Balmford et al. 2004; Leiserowitz 2004; Lowe et al. 2006)
und die Verhaltensabsichten (Leiserowitz 2004; Lowe et al. 2006; Reusswig
2004), sowie das Bedürfnis, mit anderen über klimafreundliches Handeln zu sprechen (Leiserowitz 2004). Hart und Leiserowitz (2009) zeigen darüber hinaus,
dass der „traffic" auf sechs relevanten Klimawebseiten rund um die Veröffentlichung des Films stieg und folgern daraus, dass er zumindest kurzfristig das
Informationsbedürfnis erhöhte.

Allerdings zeigen die Rezipientenbefragungen auch, dass der Film keinen
positiven Effekt auf das Wissen über einen klimafreundlichen Lebensstil hat
(Lowe et al. 2006). Sowohl Balmford et al. (2004) als auch Reusswig (2004) finden gar vermindertes Wissen über den Klimawandel. Dies lässt sich möglicherweise damit erklären, dass die Zuschauer die wissenschaftlichen Fakten nicht von
der Fiktion trennen können (Lowe et al. 2006).

Im Gegensatz dazu beeinflusst der Dokumentarfilm „Eine unbequeme Wahrheit" Rezipientenbefragungen zufolge das Wissen über die Ursachen des Klimawandels (Nolan 2010) sowie das Problembewusstsein und die Verhaltensabsicht
positiv (Beattie et al. 2011; Nolan 2010). Selbst eine Befragung von schwedischen Studierenden, die den Film nicht zwingend gesehen hatten, ergab, dass sie
CO_2-Steuern nach der Veröffentlichung des Films eher befürworteten als vorher
(Löfgren und Nordblom 2010). Während Nolan (2010) in seiner Filmrezipienten-

befragung keine Verhaltensänderungen feststellen konnte, fand Jacobsen (2011) heraus, dass in Gegenden in den USA, in denen der Film gezeigt wurde, der Kauf von freiwilligen Emissionsausgleichen („carbon-offsets") zwei Monate nach Erscheinen um 50 % anstieg.[2]

Auch bei dem Dokumentarfilm „The Age of Stupid" wurden kurzfristige Wirkungen auf das Problembewusstsein, die Verhaltensabsicht und das Verhalten der Filmrezipienten gefunden (Howell 2011, 2014). Ähnliche Befunde zeigen Nisbet et al. (2015) für das Fernsehen. Ihnen zufolge haben unterhaltende sowie politische Formate im Gegensatz zu informierenden und wissenschaftlichen Formaten sogar einen negativen Effekt auf das Wissen zum Klimawandel.

Auch die *Deutungsmuster* der Medienangebote erweisen sich als ausschlaggebend für deren Wirkung. Demnach führt in den USA die Nutzung von konservativen Medienangeboten wie etwa Fox News, die eher klimaskeptisch berichten, zu mehr Klimaskepsis und weniger Vertrauen in Wissenschaftler, wohingegen die Nutzung liberaler Medien die Überzeugung, dass es einen menschgemachten Klimawandel gibt, und das Vertrauen in Wissenschaftler stärkt (Feldman et al. 2014; Hmielowski et al. 2014; Krosnick und MacInnis 2010). Laut Greitemeyer (2013) hat ein klimaskeptischer Film sogar einen stärkeren Effekt auf das Problembewusstsein der Filmrezipienten als ein neutraler Film: So sinkt das Problembewusstsein nach der Rezeption eines klimaskeptischen Films deutlich, wohingegen es sich nach neutralen oder alarmistischen Filmen vergleichsweise wenig verändert. Auch Peters und Heinrichs (2005) finden in Deutschland unterschiedliche Wirkungen je nach Deutungsmuster des Medienangebots: Das Problembewusstsein verändert sich nur nach der Rezeption von Zeitungsartikeln mit beruhigender Aussage – es sinkt.

Mediennutzung und -aneignung zum Klimawandel
Die bisher vorgestellten Studien konzentrieren sich auf Medienwirkungen, die sich je nach stimulusinhärenten Merkmalen wie Medientyp und Anbieter, Darstellungsform, Inhalt und Deutungsmuster der Medienangebote unterscheiden. Vergleichsweise wenige Studien untersuchen die Rolle des Individuums und die

---

[2]Die unterschiedlichen Befunde können mit den unterschiedlichen Untersuchungsdesigns erklärt werden, da Jacobsen (2011) die Wirkungen auf gesellschaftlicher und Nolan (2010) auf individueller Ebene untersucht.

Bedeutung von dessen individueller Mediennutzung und -aneignung für Wissen, Einstellungen oder Verhalten.

Taddicken und Neverla (2011) zeigen für Deutschland, dass es Unterschiede zwischen der habituellen alltäglichen *Mediennutzung* und der themenspezifischen Nutzung zum Klimawandel gibt. Nur letztere hängt ihnen zufolge nicht nur mit dem Wissen der Befragten über den Klimawandel zusammen, sondern auch mit den Verhaltensabsichten und der Verantwortungsbereitschaft.

Einige Studien zeigen zudem, dass verschiedene Einstellungs- und Verhaltenstypen spezifische Mediennutzungs- und Kommunikationsmuster aufweisen, d. h. bestimmte Medienformen besonders häufig nutzen (bspw. Leiserowitz et al. 2011b; Metag et al. 2015). Metag et al. (2015) zeigten in einer Replikation von Leiserowitz' et al. (2011b) US-amerikanischer Studie, dass es in Deutschland fünf unterschiedliche Einstellungstypen mit spezifischen Medien- und Kommunikationsrepertoires zum Klimawandel gibt: „Verhaltene" (28 %), „Alarmierte" (24 %), „Uninteressierte" (20 %), „Besorgte Aktivisten" (18 %) und „Zweifler" (10 %). Unter allen Typen spielt die TV-Nutzung eine große Rolle. Die Einstellungstypen mit einem besonders hohen Problembewusstsein nutzen am meisten Informationen über den Klimawandel, eher das Internet und sprechen häufiger mit anderen über das Thema. Dazu gehören die Alarmierten, die soziodemografisch den Durchschnittsdeutschen widerspiegeln, und die Besorgten Aktivisten, die eher jung und männlich sind und das höchste Einkommen unter den Gruppen haben. Uninteressierte – darunter viele Ältere und eher Frauen – oder Zweifler, die den höchsten Anteil an Männern aufweisen und über ein hohes Einkommen verfügen, informieren sich hingegen am wenigsten und sprechen kaum mit anderen über den Klimawandel. Uninteressierte vermeiden informationsorientierte Angebote sogar und stoßen nur im TV oder in Boulevardzeitungen auf das Thema. Die Zweifler sind zwar generell um die Umwelt besorgt, aber bezweifeln die Existenz des Klimawandels. Zwischen diesen Polen stehen gewissermaßen die Verhaltenen, die eher männlich sind, und sich trotz Sorge um den Klimawandel nicht besonders klimafreundlich verhalten. Sie suchen durchschnittlich oft nach Informationen über den Klimawandel und dabei von allen Typen am häufigsten über das Fernsehen. Taddicken und Reif (2016), die die Gruppe der Online-Nutzer in Deutschland näher untersucht haben, zeigen, dass nur eine vergleichsweise junge Minderheit selbst aktiv partizipiert, etwa indem sie Inhalte teilt oder kommentiert. Diese aktiven Online-Nutzer sind besonders am Thema interessiert und generell vom Klimawandel überzeugt. Am meisten beteiligen sich dabei Experten mit einem hohen Wissensniveau.

Die Bedeutung von Medienangeboten für Wissen und Einstellung hängt zudem ab von der individuellen *Medienaneignung* im Sinne von individueller

Auseinandersetzung, Verarbeitung und Deutung eines Medienangebots, die während sowie nach der Interaktion stattfinden kann (Göttlich et al. 2001; Klemm 2000; Krotz 1997; Weiß 2000). Norwegische Medienrezipienten werten Ryghaug et al. (2011) zufolge die Inhalte der Berichterstattung als Übertreibung ab und hinterfragen oder missverstehen sie, etwa indem sie den Klimawandel als weniger problematisch und als unsicher betrachten. Olausson (2011) findet unter schwedischen Rezipienten ebenfalls wenig Vertrauen in die Medienberichterstattung. Peters und Heinrichs zeigen für Deutschland (2005, 2008) sowie Corner et al. (2012) für Großbritannien, dass sich die Deutung der Angebote je nach individuellen Voreinstellungen, Wissen und laut Peters und Heinrichs (2005, 2008) auch nach soziodemografischen Merkmalen und dem Umweltbewusstsein unterscheiden. Demzufolge rezipieren umweltbewusste Personen Medieninhalte zum Klimawandel bewusster (Peters und Heinrichs 2005). Peters und Heinrichs (2005) zeigen zudem, dass Gegenargumente entwickelt werden oder die Quelle als unglaubwürdig betrachtet wird, wenn die Aussage eines Medienangebots im Widerspruch zur eigenen Meinung steht. Corner et al. (2012) zufolge werden Inhalte nur selektiv wahrgenommen und bedrohliche Informationen eher vermieden.

Generell zeigen Studien aus den USA, Deutschland und Großbritannien, dass individuelle Werte (für einen Forschungsüberblick siehe Corner et al. 2014), Normen (Ockwell et al. 2009; van der Linden 2015) oder andere Einstellungen wie z. B. das Umweltbewusstsein (Taddicken und Neverla 2011; Weber 2008) oder das Vertrauen in die Wissenschaft (Hmielowski et al. 2014; Kellstedt et al. 2008) in einem Zusammenhang mit Wahrnehmung, Wissen, Einstellung und Verhalten zum Klimawandel stehen. Auch soziodemografische Merkmale wie etwa Geschlecht, Bildung, Alter und Einkommen sind von Bedeutung (Kahlor und Rosenthal 2009; Peters und Heinrichs 2005; Taddicken und Neverla 2011; van der Linden 2015; Whitmarsh 2011); für einen Überblick siehe: Wolf und Moser (2011).[3] Demnach gibt es unter Frauen, höher Gebildeten, Jüngeren und Reicheren eine höhere Verantwortungs- oder Handlungsbereitschaft (Taddicken und Neverla 2011). Es ist von einem zirkulären Prozess auszugehen: Bestimmte Werte und Voreinstellungen prägen die Nutzung und Aneignung von Medienangeboten, die wiederum Werte, Wissen und Einstellungen beeinflussen können.

---

[3]In den USA sind Religiosität (Leombruni 2015), Parteizugehörigkeit (Hart und Nisbet 2012; Kellstedt et al. 2008; Malka et al. 2009; van der Linden 2015) sowie „world views" (Leombruni 2015; Stevenson et al. 2014) ebenfalls zentrale Einflussfaktoren auf Wahrnehmung, Wissen, Einstellung und Verhalten.

3.4   Wirkung und Merkmale interpersonaler Kommunikation zum Klimawandel

Die Wirkung medialer Kommunikation steht im Fokus bisheriger kommunikationswissenschaftlicher Klimaforschung, es gibt jedoch auch Studien zur Wirkung interpersonaler Kommunikation im Sinne von dialogischer nicht-medialer face-to-face-Kommunikation. Diese Studien wurden in verschiedenen Ländern durchgeführt: in den USA (Binder 2010; Mead et al. 2012; Stamm et al. 2000), in Schweden (Östman 2013; Ojala 2015), in Deutschland (Taddicken und Neverla 2011) und in Sri Lanka (Esham und Garforth 2013). Interpersonale Kommunikation hängt demnach mit Wissen (Stamm et al. 2000), Problembewusstsein und Verhaltensbereitschaft (Mead et al. 2012; Ojala 2015; Taddicken und Neverla 2011) sowie dem tatsächlichen Verhalten zum Klimawandel (Esham und Garforth 2013; Östman 2013) zusammen. Bei Kindern und Jugendlichen bestimmt dabei besonders die Einstellung der Eltern das Verhalten (Mead et al. 2012; Ojala 2015), mehr als etwa die Einstellung von Freunden (Ojala 2015). Laut Mead et al. (2012) steigert interpersonale familiäre Kommunikation über den Klimawandel auch das Informationsbedürfnis der Kinder und Jugendlichen.

Interpersonale Kommunikation hat zudem einen Einfluss, indem sie in Form von Anschlusskommunikation zu einer tieferen Verarbeitung und besseren Erinnerbarkeit von Medienerfahrungen zum Klimawandel beiträgt (Binder 2010; Stamm et al. 2000). Bislang ist allerdings nur wenig darüber bekannt, wie häufig, worüber und mit wem über den Klimawandel gesprochen wird und wie diese Gespräche wiederum angeeignet werden. Befunde aus Ländern wie den USA (Geiger und Swim 2016; Leiserowitz et al. 2016) und Großbritannien (Capstick et al. 2015) zeigen, dass interpersonale Kommunikation über den Klimawandel selten ist. Mehr als zwei Drittel der US-Amerikaner sagen von sich, dass sie kaum oder nie über den Klimawandel sprechen und dass andere Menschen, die sie kennen, höchstens wenige Male im Jahr den Klimawandel thematisieren (Leiserowitz et al. 2016). Über die Themen und Gesprächspartner ist noch weniger bekannt.

Unsere Studien zu Online-Userkommentaren von Laien weisen darauf hin, dass die Vielfalt an Themen und Bewertungen, die User anlässlich eines Artikels diskutieren, häufig größer ist als die des journalistischen Artikels selbst (Lörcher und Taddicken 2017, 2015; siehe auch hier für einen Forschungsüberblick zur Onlinekommunikation zum Klimawandel). Sie zeigen weiterhin, dass der Klimawandel in Laienöffentlichkeiten vor allem als Wissenschaftsthema und weniger als politisches oder wirtschaftliches Thema diskutiert wird und bekräftigen damit bisherige Befunde (Collins & Nerlich 2015; Ladle et al. 2005; Newman 2017; O'Neill et al. 2015; Pearce et al. 2014; Sharman 2014). Zudem zeigen unsere Studien (Lörcher und Taddicken 2017, 2015), dass zwar ein erheblicher Anteil der Userkommentare in Laienöffentlichkeiten klimaskeptisch ist, die Mehrheit der Beiträge aber von einem menschgemachten Klimawandel ausgeht. Dieser Befund deckt sich nicht mit bisherigen Forschungsergebnissen, die einen vorwiegend klimaskeptischen Online-Diskurs vorfinden (für englischsprachige Webfeeds siehe Gavin & Marshall 2011; Koteyko 2010; Koteyko et al. 2010; Ladle et al. 2005; für Blogs siehe Lockwood 2008; Sharman 2014; für Youtube siehe Porter & Hellsten 2014 und für Leserkommentarbereiche siehe Collins & Nerlich 2015; De Kraker et al. 2014; Jaspal et al. 2013; Koteyko et al. 2012). Der Widerspruch lässt sich unter anderem damit erklären, dass die meisten dieser Studien ausschließlich englischsprachige Kommunikation untersucht haben und der angelsächsische Diskurs im Vergleich zu Deutschland klimaskeptischer ist (Painter & Ashe 2012; Schäfer 2016).

Online-Userkommentare können allerdings nicht mit interpersonaler Kommunikation gleichgesetzt werden – daher ist unklar, inwiefern dieser Befund eine Aussagekraft für die Themen von interpersonaler Kommunikation zum Klimawandel besitzt. Zum einen verfasst nur eine Minderheit der Bevölkerung Userkommentare, zum anderen handelt es sich um Mischformen aus medialer und interpersonaler Kommunikation: Sie sind zwar teilweise durch ihren dialogischen Charakter Gesprächen ähnlich, gleichzeitig aber auch medial vermittelt, öffentlich und asynchron.

3.5 Wirkungen und Merkmale direkter Erlebnisse mit den Folgen des Klimawandels

Einige Studien aus verschiedenen Ländern weisen darauf hin, dass auch (vermeintlich) direkte Erlebnisse mit Klimawandelfolgen wie Extremwetterereignisse – bspw. Überschwemmungen oder Hitzewellen – Überzeugungen, dass es einen Klimawandel gibt, sowie Problembewusstsein und Verhaltensabsichten beeinflussen können (siehe bspw. Spence et al. (2011); Van der Linden 2015; Myers et al. 2013; Joireman et al. 2010; Zaval et al. 2014; Akerlof et al. 2013; Brody et al. 2008; Broomell et al. 2015). Joireman et al. (2010) und Zaval et al. (2014) zeigen für die USA, dass erlebte Hitzewellen die Überzeugung, dass es einen Klimawandel gibt, verstärken. Teilweise sind die Befunde allerdings inkonzise: Die Befragungen von Spence et al. (2011) in Großbritannien zeigen, dass Personen, die durch Überschwemmungen geschädigt wurden, ein höheres Problembewusstsein haben als andere. Whitmarsh (2008) hingegen findet kein erhöhtes Problembewusstsein bei britischen Überschwemmungsopfern. Spence et al. (2011) erklärt die unterschiedlichen Befunde damit, dass bei Whitmarshs Untersuchung viele Befragte (noch) keinen Zusammenhang zwischen Überschwemmungen und dem Klimawandel gesehen hätten. Seither hätte es aber zahlreiche starke Überflutungen und eine vermehrte Medienberichterstattung zum Klimawandel gegeben, die das Bewusstsein möglicherweise verändert hätten.

Myers et al. (2013) finden in der US-Bevölkerung ebenfalls Wirkungen direkter Erfahrungen auf die Überzeugung, dass es den Klimawandel gibt. Allerdings zeigten sie, dass sich diese Wirkung vor allem bei Personen entfaltet, die ohnehin bereits vom Klimawandel überzeugt sind, es sich hierbei also um eine Art Verstärker-Effekt handelt. Sie nehmen im Gegensatz zu anderen bestimmte Naturerlebnisse bzw. Veränderungen eher als persönliche Erfahrung mit dem Klimawandel wahr. Die Umfrage von Akerlof et al. (2013) im US-Bundesstaat Michigan ergab, dass 27 % der Befragten davon überzeugt sind, bereits Folgen des Klimawandels persönlich erlebt zu haben. Dabei nannten sie meistens Veränderungen der Jahreszeiten, Wetterveränderungen, steigende Seespiegel, Veränderungen in der Tier- und Pflanzenwelt und weniger Schneefall.

3.6   Fazit

Ziel des Beitrags war es, einen aktuellen und komprimierten Forschungsüberblick über empirische Studien zu Wahrnehmungen, Einstellungen und Verhaltensweisen zum Klimawandel in der Bevölkerung einerseits sowie zur Rolle unterschiedlicher Informations- und Erfahrungsquellen andererseits zu liefern. Dabei wurde nicht nur die Wirkung, Nutzung und Aneignung medialer Kommunikation fokussiert, sondern ebenfalls Wirkungen und Merkmale von interpersonaler Kommunikation sowie von (scheinbar) direkten Erlebnissen mit Klimawandelursachen und -folgen.

Der Beitrag zeigt, dass die Mehrheit der deutschen Bevölkerung davon überzeugt ist, dass es einen anthropogenen Klimawandel gibt und er ein Problem darstellt. Im Vergleich zu anderen Ländern sieht die Bevölkerung in Deutschland dabei besonders stark das Individuum in der Verantwortung und ist wenig klimaskeptisch. Der Klimawandel wird vor allem als Umweltproblem betrachtet. Es lässt sich somit erklären, warum das Phänomen häufig mit anderen Umweltproblemen wie dem Ozonloch verknüpft wird, mit denen aus wissenschaftlicher Sicht kein Zusammenhang besteht.

Mediale Angebote, vor allem aus dem Fernsehen, stellen die zentrale Informationsquelle zum Thema Klimawandel dar. Die Analyse der empirischen Studien zeigt einerseits, dass mediale Angebote je nach Medientyp, Darstellungsform, Inhalt und Deutungsmuster unterschiedliche Wirkungen auf Wissen, Einstellung und teilweise sogar das klimabezogene Verhalten entfalten. So verstärken etwa Katastrophenszenarien nur kurzfristig das Problembewusstsein, wohingegen alltagsbezogene Darstellungen eher Verhaltensabsichten verändern können. Andererseits entscheidet die individuelle Nutzung und Aneignung über den Einfluss der Medienangebote, die von persönlichen Voreinstellungen, Werten und Normen beeinflusst wird. Medienangebote werden etwa nur selektiv wahrgenommen und teils als übertrieben abgelehnt, missverstanden oder umgedeutet. Die Häufigkeit der themenspezifischen Mediennutzung hängt mit dem Problembewusstsein zusammen, nicht aber die Häufigkeit der habituellen Mediennutzung. Zudem gibt es Zusammenhänge zwischen dem individuellen Medien- und Kommunikationsrepertoire zum Klimawandel und den Einstellungen zum Klimawandel. Es zeigt sich, dass besonders besorgte und interessierte Personen nicht nur ein größeres Medien- und Kommunikationsrepertoire haben, sondern im Gegensatz zu anderen Gruppen auch das Internet nutzen und mit anderen über das Thema sprechen. Unter den Zweiflern, die nur wenige Informationen zum Klimawandel nutzen, befinden sich überdurchschnittlich viele Männer.

Der Forschungsüberblick zeigt überdies, dass nicht nur Medienkommunikation Wissen und Einstellung zum Klimawandel prägt, sondern ebenfalls andere Informationsquellen von Bedeutung sind. Bisherige Studien zum Einfluss von interpersonaler Kommunikation weisen darauf hin, dass diese das Problembewusstsein und die Verhaltensabsichten beeinflussen können. Allerdings ist nur wenig darüber bekannt, wie häufig, mit wem und worüber gesprochen wird. Die Bedeutung (vermeintlich) direkter Erlebnisse mit dem Klimawandel ist besser erforscht. Die meisten Studien finden einen Zusammenhang zwischen dem Erleben von Extremwetterereignissen wie Überschwemmungen oder Hitzewellen und der Überzeugung, dass es einen Klimawandel gibt, sowie dem Problembewusstsein und den Verhaltensabsichten. Dabei zeigt sich ein Verstärker-Effekt: Personen, die ohnehin vom Klimawandel überzeugt sind, werden eher von direkten Erlebnissen in ihrer Meinung bestärkt – und sie interpretieren diese vermutlich auch eher als Klimawandel-Erlebnisse. Als direkte Erlebnisse mit dem Klimawandel werden nicht nur Extremwetterereignisse betrachtet, sondern beispielsweise ebenfalls Veränderungen der Jahreszeiten und des Wetters.

Bei der Untersuchung der Frage, wie der Klimawandel in den Kopf kommt, ist der Blick der Forschung bislang weitgehend verengt auf die Wirkungen aktueller Mediennutzung. Dabei werden meist Zusammenhänge zwischen der Häufigkeit der

Mediennutzung und Wahrnehmung, Wissen, Einstellung oder Verhalten untersucht. Teilweise werden auch kausale Zusammenhänge erforscht, indem die Einstellungen derselben Personen an mehreren Messzeitpunkten abgefragt werden – mithilfe von Panel-Studien oder quasi-experimentellen Studien zur Wirkung bestimmter Filme.

Trotz der Fülle an Studien bestehen weiterhin unterschiedliche Forschungsdesiderate. Bislang wird etwa durch den Fokus auf reine Wirkungszusammenhänge ausgeblendet, dass einzelne (Medien-)Erfahrungen ungleich bedeutsamer sein können als andere und daher nicht allein die Quantität der Mediennutzung, sondern deren Qualität und die individuelle Aneignung entscheidend ist. Welche einzelnen Medienerfahrungen sind also für die Herausbildung von Klimawissen und Einstellung besonders wichtig? Um diese Frage zu beantworten, müssen auch vergangene Medien- und Kommunikationsrepertoires berücksichtigt werden. Weiterhin gibt es nach wie vor kaum Untersuchungen zu dynamischen Medienwirkungen im Zeitverlauf. Zudem werden die individuellen Aneignungsprozesse nur selten beleuchtet: Was machen die Menschen aus den Informationen, wie verarbeiten und deuten sie diese? Wie kommunizieren sie darüber – mit wem, zu welchem Anlass, wie häufig, worüber und mit welchen Positionen? Von Forschungsinteresse sind dabei nicht nur klassische interpersonale Kommunikation, sondern auch Kommunikationen in Online-Umgebungen, in denen Öffentlichkeiten entstehen können und es neue Kommunikations- und Interaktionsformen gibt. Nicht zuletzt ist bislang unzureichend erforscht, welche verschiedenen Informations- und Erfahrungsquellen abgesehen von medialer Kommunikation bedeutsam für die Herausbildung von Klimawissen und Einstellungen sind und welche Rolle interpersonale Kommunikation und direkte Erlebnisse dabei spielen. Werden die Informationen vor allem im privaten Kontext oder auch im schulischen oder professionellen Bereich rezipiert? Die unterschiedlichen Studien dieses Bandes nehmen diese Forschungsdesiderate in den Fokus und untersuchen somit Teile des komplexen und multifaktoriellen Prozesses, wie „der Klimawandel in die Köpfe kommt".

Literatur

Akerlof, K., Maibach, E. W., Fitzgerald, D., Cedeno, A. Y. & Neuman, A. (2013). Do people "personally experience" global warming, and if so how, and does it matter? *Global Environmental Change* 23(1), 81–91.

Arlt, D., Hoppe, I. & Wolling, J. (2010). Klimawandel und Mediennutzung. Wirkungen auf Problembewusstsein und Handlungsabsichten. *Medien und Kommunikationswissenschaft 58*, 3–25.

Balmford, A., Manica, A., Airey, L., Birkin, L., Oliver, A. & Schleicher, J. (2004). Hollywood, Climate Change, and the Public. *Science 305*, 1713. https://doi.org/10.1126/science.305.5691.1713b

Beattie, G. B., Sale, L. & McGuire, L. (2011). An inconvenient truth? Can a film really affect psychological mood and our explicit attitudes towards climate change? *Semiotica 187*, 105–125.

Bell, A. (1994). Media (mis)communication on the science of climate change. *Public Understanding of Science 3*, 259–275. https://doi.org/10.1088/0963-6625/3/3/002

Binder, A. R. (2010). Routes to Attention or Shortcuts to Apathy? Exploring Domain-Specific Communication Pathways and Their Implications for Public Perceptions of Controversial Science. *Science Communication 32*, 383–411. https://doi.org/10.1177/1075547009345471

Borgstedt, S., Christ, T. & Reusswig, F. (2010). *Umweltbewusstsein in Deutschland 2010. Ergebnisse einer repräsentativen Bevölkerungsumfrage.* Forschungsprojekt des Umweltbundesamts.

Brody, S. D., Zahran, S., Vedlitz, A. & Grover, H. (2008). Examining the relationship between physical vulnerability and public perceptions of global climate change in the United States. *Environment and Behavior* 40(1), 72–95.

Broomell, S. B., Budescu, D. V. & Por, H.-H. (2015). Personal experience with climate change predicts intentions to act. *Global Environmental Change* 32(Supplement C), 67–73. doi: https://doi.org/10.1016/j.gloenvcha.2015.03.001

Brulle, R. J., Carmichael, J. & Jenkins, J. C. (2012). Shifting public opinion on climate change: an empirical assessment of factors influencing concern over climate change in the US, 2002–2010. *Climatic Change 114*, 169–188.

Brüggemann, M., De Silva-Schmidt, F., Hoppe, I., Arlt, D. & Schmitt, J. B. (2017). The appeasement effect of a United Nations climate summit on the German public. *Nature Climate Change 7*, 783. https://doi.org/10.1038/nclimate3409 https://www.nature.com/articles/nclimate3409#supplementary-information

Cabecinhas, R., Lázaro, A. & Carvalho, A. (2008). Media uses and social representations of climate change. In A. Carvalho (Hrsg.), *Communicating Climate Change: Discourses, Mediations and Perceptions* (S. 170–189). Braga: Centro de Estudos de Comunicação e Sociedade, Universidade do Minho.

Capstick, S. B., Demski, C. C., Sposato, R. G., Pidgeon, N. F., Spence, A. & Corner, A. (2015). *Public perceptions of climate change in Britain following the winter 2013/2014 flooding.* Cardiff: Understanding Risk Research Group. http://c3wales.org/wp-content/uploads/2015/01/URG-15-01-Flood-Climate-report-final2.pdf.

Capstick, S. B. & Pidgeon, N. F. (2014). What is climate change scepticism? Examination of the concept using a mixed methods study of the UK public. *Global Environmental Change* 24, 389–401. https://doi.org/10.1016/j.gloenvcha.2013.08.012

Collins, L. & Nerlich, B. (2015). Examining user comments for deliberative democracy. *Environmental Communication* 9(2), 189–207. https://doi.org/10.1080/17524032.2014.981560

Corner, A., Markowitz, E. & Pidgeon, N. (2014). Public engagement with climate change: the role of human values. *Wiley Interdisciplinary Reviews: Climate Change* 5, 411–422. https://doi.org/10.1002/wcc.269

Corner, A., Whitmarsh, L. & Xenias, D. (2012). Uncertainty, scepticism and attitudes towards climate change: biased assimilation and attitude polarisation. *Climatic Change 114*, 463–478. https://doi.org/10.1007/s10584-012-0424-6

Darier, É. & Schüle, R. (1999). Think globally, act locally'? Climate change and public participation in Manchester and Frankfurt. *Local environment 4*, 317–329. https://doi.org/10.1080/13549839908725602

De Kraker, J., Kuijs, S., Corvers, R. & Offermans, A. (2014). Internet public opinion on climate change. *International Journal of Climate Change Strategies and Management* 6(1), 19–33. https://doi.org/10.1108/ijccsm-09-2013-0109

Dunlap, R. E. (1998). Lay Perceptions of Global Risk: Public Views of Global Warming in Cross-National Context. *International Sociology 13*, 473–498. https://doi.org/10.1177/026858098013004004

Engels, A., Hüther, O., Schäfer, M. & Held, H. (2013). Public climate-change skepticism, energy preferences and political participation. *Global Environmental Change 23*, 1018–1027. https://doi.org/10.1016/j.gloenvcha.2013.05.008

Esham, M. & Garforth, C. (2013). Agricultural adaptation to climate change: insights from a farming community in Sri Lanka. *Mitigation and Adaptation Strategies for Global Change 18*, 535–549. https://doi.org/10.1007/s11027-012-9374-6

Eurobarometer. (2014). *Special Eurobarometer 409: Climate change*. Brussels: European Commission.

Feldman, L., Myers, T. A., Hmielowski, J. D. & Leiserowitz, A. (2014). The Mutual Reinforcement of Media Selectivity and Effects: Testing the Reinforcing Spirals Framework in the Context of Global Warming. *Journal of Communication 64*, 590–611. https://doi.org/10.1111/jcom.12108

Fortner, R. W., Lee, J.-Y., Corney, J. R., Romanello, S., Bonnell, J., Luthy, B., Figuerido, C. & Ntsiko, N. (2000). Public Understanding of Climate Change: certainty and willingness to act. *Environmental Education Research 6*, 127–141.

Gavin, N. T. & Marshall, T. (2011). Mediated climate change in Britain. *Global Environmental Change*, 21(3), 1035-1044. doi: http://dx.doi.org/10.1016/j.gloenvcha.2011.03.007

Geiger, N. & Swim, J. K. (2016). Climate of silence: Pluralistic ignorance as a barrier to climate change discussion. *Journal of Environmental Psychology 47*, 79–90. https://doi.org/10.1016/j.jenvp.2016.05.002

Göttlich, U., Krotz, F. & Paus-Hasebrink, I. (2001). *Daily Soaps und Daily Talks im Alltag von Jugendlichen* (Bd. 38). Wiesbaden: Springer.

Greitemeyer, T. (2013). Beware of climate change skeptic films. *Journal of Environmental Psychology 35*, 105–109. https://doi.org/10.1016/j.jenvp.2013.06.002

Hart, P. S. & Leiserowitz, A. A. (2009). Finding the Teachable Moment: An Analysis of Information-Seeking Behavior on Global Warming Related Websites during the Release of The Day After Tomorrow. *Environmental Communication 3*, 355–366. https://doi.org/10.1080/17524030903265823

Hart, P. S. & Nisbet, E. C. (2012). Boomerang Effects in Science Communication: How Motivated Reasoning and Identity Cues Amplify Opinion Polarization About Climate Mitigation Policies. *Communication Research 39*, 701–723. https://doi.org/10.1177/0093650211416646

Hart, P. S. (2011). One or Many? The Influence of Episodic and Thematic Climate Change Frames on Policy Preferences and Individual Behavior Change. *Science Communication 33*, 28–51. https://doi.org/10.1177/1075547010366400

Hmielowski, J. D., Feldman, L., Myers, T. A., Leiserowitz, A. & Maibach, E. (2014). An attack on science? Media use, trust in scientists, and perceptions of global warming. *Public Understanding of Science 23*, 866–883. https://doi.org/10.1177/0963662513480091

Ho, S. S., Detenber, B. H., Rosenthal, S. & Lee, E. W. J. (2014). Seeking Information About Climate Change: Effects of Media Use in an Extended PRISM. *Science Communication 36*, 270–295. https://doi.org/10.1177/1075547013520238

Hoppe, I. (2016). *Klimaschutz als Medienwirkung: eine kommunikationswissenschaftliche Studie zur Konzeption, Rezeption und Wirkung eines Online-Spiels zum Stromsparen.* Ilmenau: Univ.-Verl. Ilmenau.

Howell, R. A. (2011). Lights, camera ... action? Altered attitudes and behaviour in response to the climate change film The Age of Stupid. *Global Environmental Change 21*, 177–187. https://doi.org/10.1016/j.gloenvcha.2010.09.004

Howell, R. A. (2014). Investigating the Long-Term Impacts of Climate Change Communications on Individuals' Attitudes and Behavior. *Environment and Behavior 46*, 70–101. https://doi.org/10.1177/0013916512452428

Jacobsen, G. D. (2011). The Al Gore effect: An Inconvenient Truth and voluntary carbon offsets. *Journal of Environmental Economics and Management 61*, 67–78. https://doi.org/10.1016/j.jeem.2010.08.002

Jaspal, R., Nerlich, B. & Koteyko, N. (2013). Contesting science by appealing to its norms. *Science Communication 35*(3), 383–410. https://doi.org/10.1177/1075547012459274

Joireman, J., Truelove, H. B. & Duell, B. (2010). Effect of outdoor temperature, heat primes and anchoring on belief in global warming. *Journal of Environmental Psychology 30*(4), 358–367.

Kahlor, L. & Rosenthal, S. (2009). If We Seek, Do We Learn? Predicting Knowledge of Global Warming. *Science Communication 30*, 380–414. https://doi.org/10.1177/1075547008328798

Kellstedt, P., Zahran, S. & Vedlitz, A. (2008). Personal Efficacy, the Information Environment, and Attitudes Toward Global Warming and Climate Change in the United States. *Risk Analysis 28*, 113–126.

Klemm, M. (2000). *Zuschauerkommunikation.* Frankfurt a.M.: Europäischer Verlag der Wissenschaften.

Koteyko, N., Jaspal, R. & Nerlich, B. (2012). Climate change and 'climategate' in online reader comments. *The Geographical Journal 179*(1), 74–86. https://doi.org/10.1111/j.1475-4959.2012.00479.x

Koteyko, N. (2010). Mining the internet for linguistic and social data. *Discourse & Society 21*(6), 655–674. https://doi.org/10.1177/0957926510381220

Koteyko, N., Thelwall, M. & Nerlich, B. (2010). From Carbon Markets to Carbon Morality. *Science Communication 32*(1), 25–54. https://doi.org/10.1177/1075547009340421

Krosnick, J. A. & MacInnis, B. (2010). Frequent Viewers of Fox News Are Less Likely to Accept Scientists' Views of Global Warming. Woods Institute Report. http://woods.stanford.edu/docs/surveys/Global-Warming-Fox-News.pdf

Krotz, F. (1997). Kontexte des Verstehens audiovisueller Kommunikate. In M. Charlton & S. Schneider (Hrsg.), *Rezeptionsforschung* (S. 73–89). Opladen: Westdeutscher Verlag.

Ladle, R. J., Jepson, P. & Whittaker, R. J. (2005). Scientists and the media. *Interdisciplinary Science Reviews* 30(3), 231–240. https://doi.org/10.1179/030801805x42036

Leiserowitz, A., Maibach, E., Roser-Renouf, C., Feinberg, G. & Rosenthal, S. (2016). *Climate change in the American mind: March, 2016.* New Haven, CT: Yale Project on Climate Change Communication.

Leiserowitz, A. (2006). Climate change risk perception and policy preferences: the role of affect, imagery, and values. *Climatic Change 77,* 45–72.

Leiserowitz, A., Maibach, E., Roser-Renouf, C. & Smith, N. (2011a). *Climate change in the American Mind: Americans' global warming beliefs and attitudes in May 2011.* New Haven, CT: Yale Project on Climate Change Communication.

Leiserowitz, A., Maibach, E., Roser-Renouf, C. & Smith, N. (2011b). *Global warming's six Americas, May 2011* (Yale University and George Mason University). New Haven, CT: Yale Project on Climate Change Communication.

Leiserowitz, A., Smith, N. & Marlon, J. R. (2010). *Americans' Knowledge of Climate Change.* New Haven, CT: Yale Project on Climate Change Communication.

Leiserowitz, A. A. (2004). Before and After The Day After Tomorrow: A U.S.-Study of Climate Change Risk perception. *Environment 46,* 22–37.

Leiserowitz, A. A. (2005). American risk perceptions: Is climate change dangerous? *Risk Analysis 25,* 1433–1442. https://doi.org/10.1111/j.1540-6261.2005.00690.x

Leombruni, L. V. (2015). How you talk about climate change matters: A communication network perspective on epistemic skepticism and belief strength. *Global Environmental Change 35,* 148–161. https://doi.org/10.1016/j.gloenvcha.2015.08.006

Lockwood, A. (2008). Seeding doubt. Vortrag: Association for Journalism Education (AJE) Annual Conference New Media, New Democracy, Sheffield.

Löfgren, A. & Nordblom, K. (2010). Attitudes towards CO2 taxation – is there an Al Gore effect? *Applied Economic Letters 17,* 845–848.

Lörcher, I. & Taddicken, M. (2017). Discussing climate change online. Topics and perceptions in online climate change communication in different online public arenas. *Journal of Science Communication* 16(2), A03. https://jcom.sissa.it/sites/default/files/documents/JCOM_1602_2017_A03.pdf

Lörcher, I. & Taddicken, M. (2015). „Let's talk about… CO2-Fußabdruck oder Klimawissenschaft?" Themen und ihre Bewertungen in der Onlinekommunikation in verschiedenen Öffentlichkeitsarenen. In M. S. Schäfer, S. Kristiansen & H. Bonfadelli (Hrsg.), *Wissenschaftskommunikation im Wandel* (S. 258–286). Köln: Herbert von Halem.

Lorenzoni, I. & Pidgeon, N. (2006). Public Views on Climate Change: European and USA Perspectives. *Climatic Change 77,* 73–95. https://doi.org/10.1007/s10584-006-9072-z

Lowe, T., Brown, K., Dessai, S., Franca Doria, M. de, Haynes, K. & Vincent, K. (2006). Does tomorrow ever come? Disaster narrative and public perceptions of climate change. *Public Understanding of Science 15,* 435–457.

Malka, A., Krosnick, J. A. & Langer, G. (2009). The Association of Knowledge with Concern About Global Warming: Trusted Information Sources Shape Public Thinking. *Risk Analysis 29,* 633–647.

Mead, E., Roser-Renouf, C., Rimal, R. N., Flora, J. A., Maibach, E. W. & Leiserowitz, A. (2012). Information Seeking About Global Climate Change Among Adolescents: The Role of Risk Perceptions, Efficacy Beliefs, and Parental Influences. *Atlantic Journal of Communication 20,* 31–52. https://doi.org/10.1080/15456870.2012.637027

Metag, J., Füchslin, T. & Schäfer, M. S. (2015). Global warming's five Germanys: A typology of Germans' views on climate change and patterns of media use and information. *Public Understanding of Science* 26(4), 434–451. https://doi.org/10.1177/0963662515592558

Myers, T. A., Maibach, E. W., Roser-Renouf, C., Akerlof, K. & Leiserowitz, A. A. (2013). The relationship between personal experience and belief in the reality of global warming. *Nature Climate Change 3,* 343–347. https://doi.org/10.1038/nclimate1754

Neverla, I. & Bødker, H. (2012). Introduction: Environmental Journalism. *Journalism Studies* 13(2), 152–156. https://doi.org/10.1080/1461670x.2011.646394

Neverla, I. & Taddicken, M. (2012). Der Klimawandel aus Rezipientensicht: Relevanz und Forschungsstand. In I. Neverla & M. S. Schäfer (Hrsg.), *Das Medien-Klima. Fragen und Befunde der kommunikationswissenschaftlichen Klimaforschung* (S. 215–231). Wiesbaden: VS Verlag für Sozialwissenschaften

Newman, T. P. (2017). Tracking the release of IPCC AR5 on Twitter: Users, comments, and sources following the release of the Working Group I Summary for Policymakers. *Public Understanding of Science* 26(7), 815–825. https://doi.org/10.1177/0963662516628477

Nisbet, E. C., Cooper, K. E. & Ellithorpe, M. (2015). Ignorance or bias? Evaluating the ideological and informational drivers of communication gaps about climate change. *Public Understanding of Science* 24, 285–301. https://doi.org/10.1177/0963662514545909

Nisbet, M. C. & Myers, T. (2007). The Polls—Trends: Twenty Years of Public Opinion about Global Warming. *Public Opinion Quarterly 71,* 444–470. https://doi.org/10.1093/poq/nfm031

Nolan, J. M. (2010). "An Inconvenient Truth" Increases Knowledge, Concern, and Willingness to Reduce Greenhouse Gases. *Environment and Behavior 42,* 643–658. https://doi.org/10.1177/0013916509357696

Ockwell, D., Whitmarsh, L. & O'Neill, S. (2009). Reorienting Climate Change Communication for Effective Mitigation. *Science Communication 30,* 305–327. https://doi.org/10.1177/1075547008328969

Ohe, M. & Ikeda, S. (2005). Global Warming: Risk Perception and Risk-Mitigating Behavior in Japan. *Mitigation and Adaptation Strategies for Global Change 10,* 221–236. https://doi.org/10.1007/s11027-005-6138-6

Ojala, M. (2015). Climate change skepticism among adolescents. *Journal of Youth Studies 18,* 1135–1153. https://doi.org/10.1080/13676261.2015.1020927

Olausson, U. (2011). "We're the ones to blame": Citizens' representations of climate change and the role of the media. *Environmental Communication: A Journal of Nature and Culture 5,* 281–299.

O'Neill, S. & Nicholson-Cole, S. (2009). "Fear Won't Do It". Promoting Positive Engagement With Climate Change Through Visual and Iconic Representations. *Science Communication 30,* 355–379.

O'Neill, S., Williams, H. T. P., Kurz, T., Wiersma, B. & Boykoff, M. (2015). Dominant frames in legacy and social media coverage of the IPCC Fifth Assessment Report. *Nature Climate Change* 5(4), 380–385. https://doi.org/10.1038/nclimate2535

Östman, J. (2013). The Influence of Media Use on Environmental Engagement: A Political Socialization Approach. *Environmental Communication* 8, 92–109. https://doi.org/10.10 80/17524032.2013.846271

Painter, J. & Ashe, T. (2012). Cross-national comparison of the presence of climate scepticism in the print media in six countries, 2007–10. *Environmental Research Letters* 7(4). http://stacks.iop.org/1748-9326/7/i=4/a=044005 https://doi.org/10.1088/1748-9326/7/4/044005

Pearce, W., Holmberg, K., Hellsten, I. & Nerlich, B. (2014). Climate Change on Twitter. *PLOS ONE* 9(4), 1–11. https://doi.org/10.1371/journal.pone.0094785. eCollection 2014

Peters, H. P. & Heinrichs, H. (2005). *Öffentliche Kommunikation über Klimawandel und Sturmflutrisiken. Bedeutungskonstruktion durch Experten, Journalisten und Bürger.* Jülich: Forschungszentrum Jülich.

Peters, H. P. & Heinrichs, H. (2008). Legitimizing climate policy: The 'risk construct' of global climate change in the German mass media. *International Journal of Sustainability Communication 3,* 14–36.

PEW, R. C. (2013). GOP Deeply Divided Over Climate Change. http://www.people-press.org/2013/11/01/gop-deeply-divided-over-climate-change/.

Poortinga, W., Spence, A., Whitmarsh, L, Capstick, S. & Pidgeon, N. F. (2011). Uncertain climate: An investigation into public scepticism about anthropogenic climate change. *Global Environmental Change 21,* 1015–1024. https://doi.org/10.1016/j.gloenvcha.2011.03.001

Porter, A. J. & Hellsten, I. (2014). Investigating Participatory Dynamics Through Social Media Using a Multideterminant "Frame" Approach. *Journal of Computer-Mediated Communication* 19(4), 1024–1041. https://doi.org/10.1111/jcc4.12065

Rahmstorf, S. (2004). The climate sceptics. In Münchner-RE (Hrsg.), *Weather Catastrophes and Climate Change* (S. 76–83). München: PG Verlag.

Ratter, B. M. W., Philipp, K. H. I. & Storch, H. von. (2012). Between hype and decline: recent trends in public perception of climate change. *Environmental Science & Policy 18,* 3–8. https://doi.org/10.1016/j.envsci.2011.12.007

Reusswig, F. (2004). *Double Impact: the climate blockbuster 'The Day After Tomorrow' and its impact on the German cinema public.* Potsdam: PIK, Potsdam Institute for Climate Impact Research.

Reynolds, T. W., Bostrom, A., Read, D. & Morgan, M. G. (2010). Now What Do People Know About Global Climate Change? Survey Studies of Educated Laypeople. *Risk Analysis 30,* 1520–1538. https://doi.org/10.1111/j.1539-6924.2010.01448.x

Rückert-John, J., Bormann, I. & John, R. (2013). *Repräsentativumfrage zu Umweltbewusstsein und Umweltverhalten im Jahr 2012.* Berlin: Bundesministerium für Umwelt.

Ryghaug, M., Holtan Sørensen, K. & Næss, R. (2011). Making sense of global warming: Norwegians appropriating knowledge of anthropogenic climate change. *Public Understanding of Science 20,* 778–795. https://doi.org/10.1177/0963662510362657

Sampei, Y. & Aoyagi-Usui, M. (2009). Mass-media coverage, its influence on public awareness of climate-change issues, and implications for Japan's national campaign to reduce greenhouse gas emissions. *Global Environmental Change 19,* 203–212.

Schäfer, M. S. (2012). „Hacktivism "? Online-Medien und Social Media als Instrumente der Klimakommunikation zivilgesellschaftlicher Akteure. *Forschungsjournal Soziale Bewegungen 25,* 68–77.

Schäfer, M. S. (2016). *Climate Change Communication in Germany* (Climate Science: Oxford Research Encyclopedias).

Schulz, W. (2003). Mediennutzung und Umweltbewusstsein: Dependenz- und Priming-Effekte. Eine Mehrebenen-Analyse im europäischen Vergleich. *Publizistik 48*, 387–413.

Sharman, A. (2014). Mapping the climate sceptical blogosphere. *Global Environmental Change 26*, 159–170. doi: http://dx.doi.org/10.1016/j.gloenvcha.2014.03.003

Smith, N. & Joffe, H. (2013). How the public engages with global warming: A social representations approach. *Public Understanding of Science 22*, 16–32. https://doi.org/10.1177/0963662512440913

Special Eurobarometer 327. (2011). *Climate Change*. Brussels: European Commission.

Spence, A., Poortinga, W., Butler, C. & Pidgeon, N. F. (2011). Perceptions of climate change and willingness to save energy related to flood experience. *Nature Climate Change 1*, 46–49. https://doi.org/10.1038/nclimate1059

Spence, A., Poortinga, W. & Pidgeon, N. (2012). The Psychological Distance of Climate Change. *Risk Analysis 32*, 957–972. https://doi.org/10.1111/j.1539-6924.2011.01695.x

Stamm, K. R., Clark, F. & Reynolds Eblacas, P. (2000). Mass communication and public understanding of environmental problems: the case of global warming. *Public Understanding of Science 9*, 219–237.

Stevenson, K. T., Peterson, M. N., Bondell, H. D., Moore, S. E. & Carrier, S. J. (2014). Overcoming skepticism with education: interacting influences of worldview and climate change knowledge on perceived climate change risk among adolescents. *Climatic Change 126*, 293–304. https://doi.org/10.1007/s10584-014-1228-7

Taddicken, M. (2013). Climate change from the user's perspective: The impact of mass media and internet use and individual and moderating variables on knowledge and attitudes. *Journal of Media Psychology: Theories, Methods, and Applications 25*, 39–52. https://doi.org/10.1027/1864-1105/a000080

Taddicken, M. & Neverla, I. (2011). Klimawandel aus Sicht der Mediennutzer: Multifaktorielles Wirkungsmodell der Medienerfahrung zur komplexen Wissensdomäne Klimawandel. *Medien & Kommunikationswissenschaft 59*, 505–525.

Taddicken, M., Reif, A. & Hoppe, I. (2018a). Wissen, Nichtwissen, Unwissen, Unsicherheit: Zur Operationalisierung und Auswertung von Wissensitems am Beispiel des Klimawissens. In N. Janich & L. Rhein (Hrsg.), *Unsicherheit als Herausforderung für die Wissenschaft: Reflexion aus Natur-, Sozial- und Geisteswissenschaften*. Reihe: Wissen – Kompetenz – Text (S. 113–140). Berlin: Peter Lang.

Taddicken, M., Reif, A. & Hoppe, I. (2018b). What do people know about climate change – and how confident are they? On measurements and analyses of science related knowledge. *JCOM* 17 (03), A01.

Taddicken, M. & Reif, A. (2016). Who participates in the climate change online discourse? A typology of Germans' online engagement. *Special Issue: Scientific uncertainty in public discourse. Communications* 41(3), S. 315–337. https://doi.org/10.1515/commun-2016-0012

Ungar, S. (2000). Knowledge, ignorance and the popular culture: climate change versus the ozone hole. *Public Understanding of Science 9*, 297–312. https://doi.org/10.1088/0963-6625/9/3/306

van der Linden, S. (2015). The social-psychological determinants of climate change risk perceptions: Towards a comprehensive model. *Journal of Environmental Psychology 41*, 112–124. https://doi.org/10.1016/j.jenvp.2014.11.012

von Storch, H. (2009). Climate research and policy advice: scientific and cultural constructions of knowledge. *Environmental Science & Policy*, 12(7), 741–747. doi: http://dx.doi.org/10.1016/j.envsci.2009.04.008

Weber, M. (2008). *Alltagsbilder des Klimawandels. Zum Klimabewusstsein in Deutschland*. Wiesbaden: Springer VS.

Weingart, P., Engels, A. & Pansegrau, P. (2000). Risks of communication: discourses on climate change in science, politics, and the mass media. *Public Understanding of Science 9*, 261–283.

Weiß, R. (2000). „Praktischer Sinn", soziale Identität, und Fern-Sehen. Ein Konzept für die Analyse der Einbettung kulturellen Handelns in die Alltagswelt. *Medien & Kommunikationswissenschaft* 48, 42–62. https://doi.org/10.5771/1615-634x-2000-1-42

Whitmarsh, L. (2008). Are flood victims more concerned about climate change than other people? The role of direct experience in risk perception and behavioural response. *Journal of Risk Research 11*, 351–374. https://doi.org/10.1080/13669870701552235

Whitmarsh, L. (2011). Scepticism and uncertainty about climate change: Dimensions, determinants and change over time. *Global Environmental Change 21*, 690–700. https://doi.org/10.1016/j.gloenvcha.2011.01.016

Whitmarsh, L., Seyfang, G. & O'Neill, S. (2011). Public engagement with carbon and climate change: To what extent is the public 'carbon capable'? *Global Environmental Change 21*, 56–65. https://doi.org/10.1016/j.gloenvcha.2010.07.011

Wibeck, V. (2014). Social representations of climate change in Swedish lay focus groups: Local or distant, gradual or catastrophic? *Public Understanding of Science 23*, 204–219. https://doi.org/10.1177/0963662512462787

Wolf, J. & Moser, S. C. (2011). Individual understandings, perceptions, and engagement with climate change: insights from in-depth studies across the world. *Wiley Interdisciplinary Reviews: Climate Change 2*, 547–569. https://doi.org/10.1002/wcc.120

Zaval, L., Keenan, E. A., Johnson, E. J. & Weber, E. U. (2014). How warm days increase belief in global warming. *Nature Climate Change* 4(2), 143–147.

Zhao, X. (2009). Media use and global warming perceptions – A snapshot of the reinforcing spirals. *Communication Research 36*, 698–723.

Al Gore, Eltern oder Nachrichten?

Die langfristige Aneignung des Themas Klimawandel über kommunikative und direkte Erfahrungen

4

Ines Lörcher

Zusammenfassung

Durch welche Erfahrungen kommt der Klimawandel in die Köpfe? In bisherigen Studien wird vernachlässigt, dass neben aktuellen und medialen auch vergangene und nicht-mediale Erfahrungen bedeutsam sind und dass einzelne Angebote unterschiedlich intensiv sowie individuell verschieden angeeignet und bedeutsam werden können. Zur Erforschung dieser umfassenden Perspektive wird ein theoretisches Konzept entwickelt, mit dem der dynamische Prozess der langfristigen Aneignung eines Themas auf der Basis verschiedener Erfahrungen beschrieben werden kann. Die Ergebnisse aus 41 qualitativen Leitfadeninterviews, durchgeführt in Hamburg Ende 2012 bis Anfang 2013, zeigen, dass das Thema Klimawandel dynamisch über vielfältige kommunikative (mediale und nicht-mediale) und direkte Erfahrungen angeeignet wird. Vor allem einzelne Dokumentarfilme, Bücher oder einzelne medial vermittelte Ereignisse wie Fukushima werden häufig zu besonders intensiv und langfristig prägenden Schlüsselerfahrungen. Andere Erfahrungen sind weniger bedeutsam oder werden vergessen und gehen in das Grundrauschen ein. Erfahrungen und ihre Bedeutung wandeln sich dynamisch, da sie durch andere Erfahrungen verstärkt, abgeschwächt, aktiviert, reaktiviert, umgedeutet oder überlagert werden. Insgesamt werden neun Aneignungstypen identifiziert: Vielfältig

I. Lörcher (✉)
Journalistik und Kommunikationswissenschaft, Universität Hamburg,
Hamburg, Deutschland
E-Mail: ines.loercher@uni-hamburg.de

© Springer Fachmedien Wiesbaden GmbH, ein Teil von Springer Nature 2019
I. Neverla et al. (Hrsg.), *Klimawandel im Kopf*,
https://doi.org/10.1007/978-3-658-22145-4_4

Geprägte, Schulgeprägte, Wissenschaftsmediennutzer, Social Media-Aktivierte, Umweltkatastrophen-Aktivierte, Film-Aktivierte, aktive Massenmediengeprägte, passive Massenmediengeprägte und Massenmedienskeptiker.

4.1   Einleitung

Wie kommt der Klimawandel in die Köpfe und welche Erfahrungen sind dabei von Bedeutung? Die bisherige sozialwissenschaftliche Forschung zu dieser Frage untersucht vor allem die Wirkung von Medienangeboten auf ihre Rezipierenden (für einen Überblick über den Forschungsstand siehe Lörcher in diesem Band, Kap. 3). Die meisten Studien erforschen dabei die Zusammenhänge zwischen Häufigkeit und Umfang aktueller Mediennutzung und Wahrnehmung, Wissen, Einstellungen und teilweise auch Verhaltensweisen zum Klimawandel[1] oder die Effekte eines einzelnen Angebots (bspw. eines klimabezogenen Films)[2]. Die Befunde zeigen, dass Medien je nach habitueller oder themenspezifischer Nutzungsweise (Taddicken und Neverla 2011; Zhao 2009), Medientyp[3], Inhalt (Nisbet et al. 2015), Darstellungsform[4] und Deutungsangebot[5] unterschiedlich intensive und gerichtete Wirkungen auf ihre Rezipienten entfalten. Zudem wirken sie individuell verschieden (Corner et al. 2014; Wolf und Moser 2011) und werden unterschiedlich gedeutet (Corner et al. 2012; Peters und Heinrichs 2005, 2008). Allerdings sind die konstatierten Wirkungen bzw. Zusammenhänge meist nur gering und kurzfristig. Dieser Befund ist möglicherweise zum Teil darauf zurückzuführen, dass nicht nur die Quantität, d. h. Häufigkeit und Umfang der Medienkontakte, entscheidend ist. Einzelne Angebote wie beispielsweise Filme könnten eine ungleich größere Wirkung entfalten und intensiver verarbeitet und

[1]Arlt et al. 2010; Bell 1994; Brulle et al. 2012; Cabecinhas et al. 2008; Fortner et al. 2000; Ho et al. 2014; Kahlor und Rosenthal 2009; O'Neill und Nicholson-Cole 2009; Sampei und Aoyagi-Usui 2009; Stamm et al. 2000; Taddicken 2013; Taddicken und Neverla 2011; Zhao 2009.

[2]Balmford et al. 2004; Beattie et al. 2011; Greitemeyer 2013; Hart und Leiserowitz 2009; Howell 2011, 2014; Howell 2011, 2014; Jacobsen 2011; Leiserowitz 2004; Löfgren und Nordblom 2010; Lowe et al. 2006; Nolan 2010; Reusswig 2004.

[3]Arlt et al. 2010; Binder 2010; Cabecinhas et al. 2008; Schulz 2003.

[4]Hart und Nisbet 2012; Hoppe 2016; Leiserowitz 2004; Lowe et al. 2006; O'Neill und Nicholson-Cole 2009; Ryghaug et al. 2011; Smith und Joffe 2013.

[5]Feldman et al. 2014; Greitemeyer 2013; Hmielowski et al. 2014; Krosnick und MacInnis 2010; Peters und Heinrichs 2005.

angeeignet werden als andere. Zudem reicht es nicht, nur das aktuelle Medien-
und Kommunikationsrepertoire zu beleuchten, da auch weiter zurückliegende
Erfahrungen mit dem Thema über den Lebenslauf hinweg Wahrnehmungen, Wissen, Einstellungen und Verhaltensweisen prägen. Nicht zuletzt zeigen einige Studien, dass neben Medienangeboten auch interpersonale Kommunikation (Esham
und Garforth 2013; Mead et al. 2012; Ojala 2015; Östman 2013; Stamm et al.
2000; Taddicken und Neverla 2011) sowie (scheinbar) direkte Erlebnisse mit
Klimawandelfolgen oder -ursachen (Myers et al. 2013; Spence et al. 2012; van
der Linden 2015; Whitmarsh 2008) eine Wirkung entfalten. Allerdings ist darüber
bislang nur wenig bekannt – etwa welche Themen mit wem besprochen werden
und welche direkten Erfahrungen mit dem Klimawandel bedeutsam sind.

Um also zu untersuchen, welche Erfahrungen unsere Wahrnehmungs-, Ein-
stellungs- und Verhaltensmuster zum Klimawandel wie prägen, darf der Blick
nicht länger verengt bleiben auf aktuelle Medienrepertoires, massenmediale
Kommunikation, die Häufigkeit der Medien- und Kommunikationskontakte und
Wirkungszusammenhänge, ohne die Rezeptions- und langfristigen Aneignungsprozesse zu beleuchten. Daher wird in diesem Beitrag mithilfe von Überlegungen
aus der Medienbiografie- und Mediensozialisationsforschung sowie Rezepti-
ons- und Wirkungsforschung ein entsprechend umfassendes theoretisches Konzept entwickelt, mit dem der komplexe und dynamische Prozess der langfristigen
Aneignung eines Themas auf der Basis verschiedener Erfahrungen im zeitlichen Verlauf beschrieben werden kann. Im Anschluss wird dieses Konzept mit
einer empirischen Studie validiert und mithilfe der Befunde theoretisch weiterentwickelt. Anhand von 41 qualitativen Leitfadeninterviews wird zum ersten Mal
untersucht, welche unterschiedlichen Erfahrungen im Zeitverlauf Wahrnehmung,
Einstellungen und das Verhalten zu einem Thema wie dem Klimawandel prägen,
wie dieser Aneignungsprozess verläuft, inwiefern die verschiedenen Erfahrungen
sich wechselseitig beeinflussen und ob einzelne Erfahrungen im Gegensatz zu
anderen eine herausragende Bedeutung haben. Fokussiert wird dabei insbesondere
die Frage, ob es unter den Befragungspersonen unterschiedliche „Aneignungstypen" gibt, bei denen spezifische Erfahrungen im Verlauf des Lebens prägend
sind und die sich durch bestimmte Aneignungsmuster auszeichnen.

4.2   Theoretisches Konzept: Langfristige Aneignung eines Themas über Erfahrungen

Theoretische Überlegungen zur Frage, über welche Erfahrungen sich im Lauf des
Lebens Wahrnehmungs-, Einstellungs- und Verhaltensmuster zu einem Thema
herausbilden, müssen also unterschiedliche Aspekte berücksichtigen. Der Blick

darf nicht auf massenmediale Erfahrungen verengt werden, sondern es müssen auch andere Kommunikationen und Erfahrungen integriert werden. Die zeitliche Dimension muss bedacht werden, da nicht nur gegenwärtige Medien- und Kommunikationsrepertoires, sondern Erfahrungen aus dem gesamten Leben bedeutsam sein können. Es muss berücksichtigt werden, dass mediale und non-mediale Kommunikationen sowie (mutmaßlich) direkte Erlebnisse mit den Ursachen und Folgen des Klimawandels individuell angeeignet werden und sich entsprechend unterschiedliche Erfahrungen herausbilden. Es muss bedacht werden, dass die sich daraus ergebenden Erfahrungen dynamisch sind und wechselseitig beeinflussen, wobei einzelne Erfahrungen im Vergleich zu anderen eine bedeutsame Rolle einnehmen können. Zudem muss reflektiert werden, dass etwa individuelle oder gesellschaftliche Faktoren beeinflussen können, wie dieser langfristige Aneignungsprozess abläuft. In der Medienrezeptions- und Wirkungsforschung gibt es nur wenige theoretische Konzepte, die die zeitliche Dimension und gleichzeitig die Aktivität der Rezipierenden und Komplexität des Prozesses berücksichtigen. Dies sind insbesondere die Forschung zur *Medienbiografie, (Medien-)sozialisation,* das *multifaktorielle Wirkungsmodell der Medienerfahrung* auf Basis des *dynamisch-transaktionalen Ansatzes* und das Konzept der *Aneignung.* Auf Grundlage dieser Ansätze sowie eigener Überlegungen wird ein Konzept der langfristigen Aneignung eines Themas auf Basis von Erfahrungen entwickelt. Da all diese Ansätze auf Medienerfahrungen fokussieren, soll zunächst geklärt werden, welche Erfahrungen hier integriert werden und wie der Begriff Erfahrung zu verstehen ist.

4.2.1 Entwicklung des Erfahrungsbegriffs

Ganz unterschiedliche Erfahrungen können prägen, wie wir ein Thema wie den Klimawandel wahrnehmen, d. h. hier in welchen Themenbereichen wir ihn verorten und wie wir ihn assoziieren, was wir über ihn wissen (für einen Überblick, welche Dimensionen unter den Begriff Klimawissen fallen siehe Kap. 2 in diesem Band), welche Einstellung im Sinn von Problembewusstsein und Verantwortungs- und Handlungsbereitschaft (Taddicken und Neverla 2011) wir entwickeln und wie wir uns tatsächlich mit Blick auf den Klimawandel verhalten, inwiefern wir beispielsweise CO_2-sparende Maßnahmen ergreifen.

Das Verständnis von Erfahrung in diesem Beitrag schließt an den breiten Begriff der Medienerfahrung (Taddicken und Neverla 2011) an, der die Vielfalt an medialer Kommunikation wie etwa traditioneller journalistischer sowie fiktionaler Kommunikation integriert. Darüber hinaus wird hier aber auch berücksichtigt, dass nicht nur medial vermittelte Kommunikation von

Bedeutung ist, sondern auch alle anderen Kommunikationsformen zu bedeutsamen Erfahrungen werden können. Zu kommunikativen Erfahrungen werden
alle privaten und öffentlichen, medialen und nicht-medialen Kommunikationen, die unterschiedliche Reichweiten und Akteurskonstellationen von „one-to-
many" bis zum Dialog aufweisen. Integriert werden also auch die Mischformen
zwischen massenmedialer und interpersonaler Kommunikation, die in Online-
umgebungen entstanden sind und sich ebenfalls im Spannungsfeld zwischen
privater und öffentlicher Kommunikation bewegen. Abgesehen von kommunikativen Erfahrungen können auch direkte, d. h. nicht kommunikativ vermittelte
Erfahrungen unsere Wahrnehmung, Einstellung und unser Handeln prägen.[6] Im
Fallbeispiel Klimawandel wären dies etwa (scheinbar) direkte Erfahrungen mit
Ursachen oder Folgen des Klimawandels wie beispielsweise mit Extremwetterereignissen. Doch was ist überhaupt eine Erfahrung und was zeichnet sie aus?
Mit dem Begriff der Erfahrung wird in vielen wissenschaftlichen Disziplinen
gearbeitet; etwa in unterschiedlichen Traditionslinien der Philosophie (Rehfus
2003), in der Soziologie (Negt und Kluge 1972), Theologie (Herrmann 2007),
Pädagogik (Bilstein und Peskoller 2013) oder Psychologie (Mehl 2017). Der
spezifische Begriff der Medienerfahrung tritt in verschiedenen Bereichen der
Medien- und Kommunikationswissenschaft (Trepte et al. 2014) und Rezeptions-
und Wirkungsforschung (Taddicken und Neverla 2011) auf. Er wird insbesondere
im Kontext von Mediensozialisation und Medienbiografie verwendet, allerdings
meist ohne näher definiert zu werden oder das Verhältnis zu anderen verwandten
Begriffen zu klären (Ayaß 2011; Hirzinger 1991; Hoffmann und Kutscha 2010;
Luca 1994; Sander und Lange 2005; Schneewind 1978; Schneider 1993). Entsprechend gibt es „keine Theorie der Medienerfahrung" (Pietraß 2006, S. 48).
Aus dem Verwendungszusammenhang wird aber deutlich, dass der Terminus
einen Gegenentwurf zum Wirkungsbegriff darstellen soll (Barthelmes und Sander
1997). Er soll die Rolle des Rezipienten bzw. dessen subjektive Bedeutungszuschreibung in den Vordergrund rücken (Aufenanger 2006; Barthelmes und

---

[6]Klassischerweise wird zwischen Primär- und Sekundärerfahrungen unterschieden. Eine
Sekundärerfahrung ist dabei im Anschluss an Gehlen (1983) zeichenhaft oder technisch
vermittelt, bspw. eine Fernseh- oder sonstige mediale Erfahrung. Eine Primärerfahrung ist
hingegen ohne technische Vermittlung erfahrbar. Dazu gehören aber nicht nur Erfahrungen
durch physisch erlebte Phänomene und Dinge, sondern auch direkte interpersonale Kommunikationen. Da interpersonale Kommunikation ebenfalls eine kommunikative Vermittlung eines Themas darstellt und nicht die „direkte" Erfahrung eines Phänomens
(bspw. Klimawandel) beschreibt, wird hier stattdessen von kommunikativen und direkten
Erfahrungen gesprochen.

Sander 1997; Rogge 1982). Allerdings ist der Begriff vieldeutig, wie verschiedene Definitionen von Erfahrung und auch speziell von Medienerfahrung zeigen.

Der Terminus Erfahrung beschreibt einerseits den Prozess eines bestimmten Erlebens und andererseits dessen Ergebnis, wie dadurch erworbene Kenntnisse (Gehlen 1983; Pietraß 2006). Dementsprechend werden zum Teil beide Komponenten als Erfahrung verstanden: Medienpädagogin Pietraß (2006) versteht unter einer Medienerfahrung sowohl den Prozess der individuellen Auseinandersetzung mit einem Objekt im Zeitraum der Interaktion, das heißt während der „kommunikativen Phase" (Hasebrink 2003, S. 102), als auch dessen Ergebnis, d. h. daraus folgende Wahrnehmungen, Kenntnisse und Wissensbestände. Andere Definitionen von Medienerfahrung fokussieren hingegen nur auf die Prozessdimension, d. h. das Erleben während der Interaktion bzw. Nutzung eines Medienangebots (Hipfl 1996). Im multifaktoriellen Modell der Medienerfahrung (Taddicken und Neverla 2011) wird dieser Prozess noch weiter gefasst und Medienerfahrung als „das Gesamt der Mediennutzung und Medienaneignung" (S. 508) verstanden (für eine Weiterentwicklung des Modells siehe Kap. 1 in diesem Band). Darunter verstehen Taddicken und Neverla (2011, S. 508) den Prozess vom Medienkontakt bis zur gleichzeitigen und späteren intra- und interpersonalen Deutung und Verarbeitung auf der Grundlage vorheriger Einstellungs- und Wissensbestände. Im Gegensatz etwa zu Pietraß (2006) und Hipfl (1996) wird hier also auch die nach der eigentlichen Rezeption stattfindende Aneignung in den Prozessbegriff eingeschlossen.

Andere Definitionen fokussieren, wie auch schon Aristoteles (1981), vor allem auf die Ergebniskomponente und sehen Erfahrungen als „Wissensformen" (Lüscher und Wehrspaun 1985, S. 190), die künftiges Handeln prägen, oder – mit Blick auf Medienerfahrungen – als durch den Umgang mit Medien erworbene Kenntnisse (Holm 2003).

Der Erfahrungsbegriff ist weiterhin mehrdeutig, weil er nicht nur in Bezug auf einzelne Erlebnisse verwendet wird, sondern auch im Sinne von (Lebens-) Erfahrung, um das geronnene Gesamt aller Erlebnisse zu beschreiben (siehe Definitionen von Aristoteles 1981; Benjamin 1991; Jay 1998). Taddicken und Neverla (2011) verstehen unter einer Medienerfahrung entsprechend sowohl eine einzelne Erfahrung mit einem bestimmten Medienkontakt als auch alle Medienerfahrungen zu einem Thema in der gesamten Biografie.

Die vorgestellten Definitionen enthalten wesentliche Bestandteile des Erfahrungsbegriffes: Erfahrung als Prozess und als Ergebnis, in Bezug auf ein einzelnes Erlebnis und als Gesamtheit an Erlebnissen. Um ihn für ein theoretisches Konzept zur langfristigen Aneignung eines Themas fruchtbar machen und empirisch operationalisieren zu können, soll er präzisiert und vom verwandten Begriff Erlebnis abgegrenzt werden.

In diesem Beitrag werden die gesamten Erfahrungen zu einem Thema als Erfahrungsschatz verstanden, der Begriff Erfahrung bezieht sich auf ein bestimmtes Erlebnis. Anschließend an die Definition des Entwicklungspsychologen Mehl (2017) bezeichnet eine Erfahrung hier, was *infolge* und damit als Ergebnis eines Erlebnisses bewusst sowie auch unbewusst im Gehirn gespeichert wird: die subjektive Wahrnehmung des Erlebnisses und speziell auf das Erlebnis bezogenes Wissen, Gefühle, Einstellungen sowie praktisches Können.[7] Als Erlebnis wird die zeitlich begrenzte Interaktion eines Individuums mit einem medialen oder nicht-medialen Stimulus (bspw. einem Medienangebot oder einem Gespräch) verstanden, wobei dieses Erleben bzw. diese subjektive Bedeutungszuschreibung eines Stimulus immer auf Basis früherer Erfahrungen und von bereits bestehendem Wissen und Voreinstellungen stattfindet. Im Anschluss an Taddicken und Neverlas (2011) Verständnis setzt sich die Erfahrung nicht nur aus der individuellen Auseinandersetzung während des Erlebnisses zusammen, sondern auch durch die Aneignung, die während, aber auch nach dem eigentlichen Erlebnis stattfinden kann. Das bedeutet, dass eine Erfahrung veränderlich und kein Abbild des Erlebnisses ist, da der Aneignungsprozess potenziell nie abgeschlossen ist, sondern durch nachfolgende Erfahrungen immer wieder angestoßen werden kann. Erfahrungen sind durch den Abgleich mit anderen Erfahrungen also immer im Wandel – sowohl mit Blick auf ihre Präsenz im Sinne von Bewusstheit, ihre Intensität, das heißt ihre Bedeutung für die individuellen Wahrnehmungs-, Einstellungs- oder Verhaltensmuster, sowie ihre Gestalt wie etwa Inhalte oder Aussagen.

In der Forschungspraxis ist nicht immer trennscharf erkennbar, wann ein Erlebnis bzw. die Interaktion endet und ein neues Erlebnis beginnt, insbesondere wenn nicht nur mediale, sondern auch andere kommunikative oder „direkte" Erlebnisse berücksichtigt werden. Ist etwa interpersonale Kommunikation während eines Filmes Teil des Erlebnisses oder stellt sie ein eigenes (parallel stattfindendes) Erlebnis dar, aus dem eine eigene Erfahrung entstehen kann, die wiederum die Wahrnehmung des Filmerlebens beeinflusst? Erlebnisse können sich überlappen, gleichzeitig stattfinden, sind miteinander verknüpft und teilweise voneinander abhängig. Insofern kann eine Erfahrung wiederum neue Erfahrungen auslösen.

---

[7]Praktisches Können meint hier das praktische (vs. das theoretische) Wissen, wie eine Handlung funktioniert, bspw. wie man ein technisches Gerät bedient, um einen Userkommentar zum Klimawandel zu schreiben.

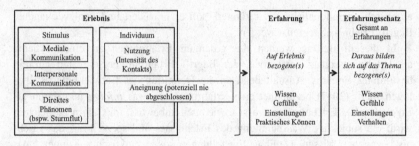

Abb. 4.1 Herausbildung einer Erfahrung. (Quelle: Eigene Darstellung)

Die Bedeutung medialer, interpersonaler oder direkter Erfahrungen kann dementsprechend oft nicht isoliert voneinander untersucht werden (Sommer 2007). Worauf sich eine Erfahrung bezieht bzw. wie weit oder eng ein Erlebnis gefasst wird,
hängt vom subjektiv erlebenden Individuum ab. Dies kann nicht „objektiv" fest-
gelegt werden, da ein Stimulus erst durch ein Subjekt mit Bedeutung gefüllt und
damit zum Erlebnis wird.

Im Folgenden bezeichnet eine *Erfahrung die im Gedächtnis abgespeicherte*
subjektive Wahrnehmung eines bestimmten Erlebnisses, speziell auf das Erleb-
nis bezogenes Wissen, Gefühle, Einstellungen sowie praktisches Können.
Sie kann sich auf eine mediale oder nicht-mediale Kommunikation oder das
„direkte" Erleben eines Phänomens beziehen. Eine Erfahrung bildet sich durch
die subjektive Auseinandersetzung mit dem Stimulus während und auch nach
dem eigentlichen Erlebnis heraus – dieser Aneignungsprozess ist potenziell nie
abgeschlossen. Eine Erfahrung ist mit Blick auf ihre Bedeutung und Präsenz
dynamisch, sie kann (phasenweise) unbewusst sein (siehe Abb. 4.1).

4.2.2   Die Rolle des Individuums bei der Herausbildung
von Erfahrungen

Die individuelle Nutzung und Aneignung ist zentral für die Herausbildung von
Erfahrungen. Sie ist gleichermaßen entscheidend wie Merkmale des Stimulus,
denn „der Stimulus hat keine fixe Identität" (Früh 1991, S. 38). Insbesondere
das *multifaktorielle Wirkungsmodell (MFW)* (Taddicken und Neverla 2011; siehe
auch Kap. 1 in diesem Band) auf Basis des *dynamisch-transaktionalen Ansatzes*
(DTA) (Früh 1991) sowie das Konzept der *Aneignung* (Faber 2001; Hepp 1998)
differenzieren diese individuellen Prozesse und bündeln bisherige theoretische
Ansätze der Rezeptions- und Wirkungsforschung. Das *MFW* geht davon aus,

dass Medienangebote individuell im Kontext von Vorwissen und Voreinstellungen ausgewählt, genutzt und verarbeitet werden – gemäß dem Elaboration Likelihood-Modell (Petty und Cacioppo 1986) mal intensiv mit hohem Involvement und mal eher oberflächlich (Taddicken und Neverla 2011). Nutzung bezeichnet dabei den unterschiedlich intensiven und bewussten Medienkontakt.

Ebenso integriert es das Konzept der *Medienaneignung*, das die Aktivität der Rezipierenden (Holly und Püschel 1993)[8] und die individuelle Auseinandersetzung mit einem Medienangebot fokussiert. Unter Medienaneignung wird von einigen Autoren nur die Phase nach der eigentlichen Rezeption bzw. Interaktion verstanden (Charlton und Neumann-Braun 1992; Gehrau 2002; Mikos 2001). Andere verstehen darunter generell eine intensive Auseinandersetzung mit Medienangeboten (Winter 1995). In diesem Beitrag wird allerdings unter Aneignung die individuelle Auseinandersetzung, d. h. Verarbeitung und Deutung eines Stimulus verstanden, die während sowie nach der Interaktion stattfinden kann (Göttlich et al. 2001; Klemm 2000; Krotz 1997; Weiß 2000).[9] Dabei können Informationen und Deutungen direkt übernommen, vergessen, abgelehnt, modifiziert oder durch Vorwissen ergänzt werden (Faber 2001; Früh und Schönbach 1984; Taddicken und Neverla 2011). Die Auseinandersetzung kann innerlich (intrapersonal) und sogar unbewusst oder sichtbar (interpersonal) über Gespräche o. Ä. ablaufen (Klemm 2000). Diese Annahmen aus *MFW, DTA* und dem Konzept der *Aneignung* können nicht nur für Medienerfahrungen, sondern auch für den breiten Begriff der Erfahrung verwendet werden. Allerdings wird das Individuum hier nicht nur in seiner Rolle als Rezipient gesehen, sondern ebenso als Kommunikator bzw. „Produzent" wie beispielsweise bei interpersonalen Erfahrungen. Das Individuum kann daher im Entstehungsprozess von Erfahrungen im Anschluss an Bruns (2008) Terminus als „Produser" bezeichnet werden. Erfahrungen bilden sich also heraus, indem verschiedene Stimuli individuell unterschiedlich genutzt und angeeignet und in bereits bestehende

---

[8]Das Verständnis von Aneignung als individuelle und aktive Verarbeitung der Rezipierenden in der Tradition von de Certeau (1980) wird in der kommunikationswissenschaftlichen Forschung meist übernommen. Hepp (1998), Faber (2001) und Geimer (2011) identifizieren ebenfalls eine Tradition nach Leontjew (1977), die den Begriff weitgehend mit Lernen gleichsetzt (Faber 2001) und davon ausgeht, dass die Orientierungsmuster der Medien von den Rezipierenden einfach übernommen werden (Hepp 1998).

[9]Die individuellen Deutungs- und Wahrnehmungsprozesse während und nach der eigentlichen Interaktion werden also nicht analytisch getrennt wie etwa bei Mikos (2001), der zwischen Rezeption (Interaktionsphase) und Aneignung (Post-Interaktionsphase) unterscheidet.

Wissens- und Deutungsmuster sowie Verhaltensweisen integriert werden. Kurz gesagt: Man eignet sich ein Thema im Lauf des Lebens an, indem viele unterschiedliche Stimuli angeeignet und zu Erfahrungen werden. Aneignung bedeutet also hier zum einen im Anschluss an bestehende Aneignungskonzepte, dass *ein Stimulus angeeignet wird, der somit zur Erfahrung wird*. Zum anderen bedeutet es, dass über eine Vielzahl von Erfahrungen ein Erfahrungsschatz entsteht und damit *langfristig ein Thema angeeignet wird*.

4.2.3   Dynamik von Erfahrungen im zeitlichen Verlauf

Um den langfristigen Aneignungsprozess über die Biografie hinweg zu beschreiben, können insbesondere die Konzepte *Mediensozialisation* und *Medienbiografie* herangezogen werden. Sie sind eng miteinander verknüpft und ähneln sich in ihrer zentralen Annahme eines fortlaufenden Prozesses, in dem kumulierte Erfahrungen spätere Erfahrungen und Handlungen prägen. *Sozialisation* wird in diesen Forschungstraditionen verstanden als „diachrone[r], lebenslange[r] Prozess [...], der als Kumulation von Erfahrungen und als Genese der Handlungsfähigkeit zu begreifen ist" (Aufenanger 2006, S. 519). *Mediensozialisation* im Speziellen fokussiert die Bedeutung der Medien'für die persönliche Entwicklung (Süss et al. 2010). *Medienbiografische Forschung*, die die aktive Rolle der Rezipierenden stark betont (Finger 2016; Hickethier 1982; Hoffmann und Kutscha 2010; Rogge 1982), geht einerseits der Frage nach, inwiefern frühere Medienerfahrungen späteres Medienverhalten prägen (Aufenanger 2006; Ayaß 2011) und andererseits, in welcher Lebensphase welche Medien wie genutzt und wie mit ihnen umgegangen wurde (Hickethier 1982). Der Ansatz, dass sich Nutzungsweisen und entsprechend auch Kommunikationsrepertoires (Hasebrink 2015) wandeln, findet sich ebenfalls in der *Repertoireforschung* (Hasebrink und Domeyer 2010; Hölig et al. 2011).

Die Ansätze der (Medien-)Sozialisation und der Medienbiografie können für die theoretischen Überlegungen fruchtbar gemacht werden. So wird hier davon ausgegangen, dass sich Nutzungsweisen und Kommunikationsrepertoires verändern und dementsprechend in verschiedenen Lebensphasen spezifische Erfahrungen bedeutsam sein können. Wie auch in medienbiografischen Ansätzen wird hier angenommen, dass unterschiedliche Erfahrungen prägen können sowie dass kumulierte frühere Erfahrungen spätere Wahrnehmungen, Verhaltens- oder Nutzungsweisen auf verschiedene Art und Weise beeinflussen. Das *MFW* und der *DTA*, die ebenfalls die zeitliche Dimension berücksichtigen, wenngleich ihr Fokus nicht auf dem lebenslangen Prozess liegt, beschreiben diesen Prozess noch genauer. Sie gehen davon aus, dass es im Laufe der Zeit durch verschiedene (Medien)erfahrungen zu „Kumulationseffekten" (Früh und Schönbach 1991, S. 32) kommt, und dass kaskadenhaft eine Erfahrung die Selektion und Verarbeitung einer zukünftigen Erfahrung beeinflusst (Früh 2001; Taddicken und Neverla 2011).

Potenziell fließen demnach alle kumulierten Erfahrungen in die gegenwärtige individuelle Wahrnehmung und den Umgang mit einem Thema ein. In diesem Beitrag wird allerdings angenommen, dass der langfristige Aneignungsprozess dynamisch, d. h. nicht gleichmäßig oder linear verläuft. Gemäß der theoretischen Überlegungen sowie der bisherigen empirischen Befunde wird davon ausgegangen, dass Erfahrungen unterschiedlich intensiv und dauerhaft sind sowie unterschiedliche Dimensionen wie Wissen, Einstellung oder Verhalten beeinflussen, also beispielsweise eher in der Herausbildung von Wissen oder Gefühlen bestehen können. Zum einen zeigt der Forschungsstand (siehe Lörcher in Kap. 3), dass eine Erfahrung von Stimulimerkmalen wie Kommunikationstyp (z. B. Film oder interpersonale Kommunikation), Inhalt, Darstellungsform und Deutungsangebot abhängt, vermutlich prägt auch der Interaktionskontext (bspw. Ort, gemeinschaftliche Rezeption). Zum anderen hängt die Erfahrung davon ab, wie intensiv ein Stimulus genutzt und wie aktiv und auf welche Weise er angeeignet wurde. Dementsprechend wird angenommen, dass einzelne spezifische Erfahrungen im Gegensatz zu anderen besonders intensiv und dauerhaft sind. Sie könnten mehr als andere eine Kaskade neuer Erfahrungen provozieren – etwa durch ein gesteigertes Informations- oder Kommunikationsbedürfnis. Die Annahme besonders bedeutsamer Einzelerfahrungen ist mit bestehenden Konzepten der Rezeptions- und Wirkungsforschung wie bspw. dem *MFW* und *DTA* kompatibel. So ist im *DTA* etwa die Rede von „initial cues" (Früh und Schönbach 1991, S. 34), die eine zukünftige Mediennutzung aktivieren. Allerdings wurde das Phänomen bislang weder theoretisch noch empirisch tiefer gehend untersucht. Wie auch Früh (2001) sowie Taddicken und Neverla (2011) wird hier postuliert, dass frühere Erfahrungen spätere Erfahrungen beeinflussen, indem sie die Auswahl und Aneignung der Stimuli prägen. Erfahrungen beeinflussen sich also gegenseitig. Dabei wird in diesem Beitrag angenommen, dass diese Wechselwirkungen ganz unterschiedlich aussehen können: Ältere Erfahrungen verstärken nicht nur die Präsenz und Intensität neuerer Erfahrungen im Sinn eines Kumulationseffekts (Früh 1991; Noelle-Neumann 1987), sondern können diese ebenso abschwächen.

Die Dynamik dieses langfristigen Aneignungsprozesses wird vermutlich durch gesellschaftliche und individuelle Faktoren beeinflusst.[10] In Bezug auf den Klimawandel prägt vermutlich die sich verändernde Präsenz des Themas auf der (medien-)öffentlichen Agenda (Rössler 1997), wann das Thema wie angeeignet wird. Darüber hinaus wird erwartet, dass auch die individuelle Biografie die Aneignungsdynamik prägt. Es wird Paus-Hasebrinks (2010) Annahme gefolgt, dass sich je nach Lebensphase spezifische Repertoires herausbilden können. So wird das Thema bei einer Familiengründung möglicherweise unter einer anderen Perspektive betrachtet als während der Schulzeit und entsprechend werden andere Quellen genutzt oder intensiver angeeignet. Nicht nur das „Klimawandel-Repertoire", sondern auch Wahrnehmung, Wissen, Einstellungen und der Umgang mit dem Klimawandel können sich im Zeitverlauf durch den wachsenden Erfahrungsschatz wandeln. Zudem prägen vermutlich auch das generelle individuelle Medien- und Kommunikationsrepertoire im Zeitverlauf sowie soziodemografische Merkmale wie Alter, Bildung oder Geschlecht und individuelle Werte und Einstellungen zu anderen Themen wie Umweltbewusstsein (Taddicken und Neverla 2011) die individuelle langfristige Aneignung des Themas Klimawandel. Zu untersuchen ist, ob sich innerhalb der individuell unterschiedlichen langfristigen Aneignungsprozesse bestimmte Muster erkennen lassen. Gibt es verschiedene „Aneignungstypen" mit ähnlichen Aneignungsverläufen und Erfahrungsschätzen und inwiefern sind diese mit bestimmten Wahrnehmungs-, Einstellungs- und Verhaltensmustern verbunden? Inwiefern haben diese Typen ähnliche individuelle Voraussetzungen wie beispielsweise eine ähnliche „familiäre Sozialisation"?

Zur Entwicklung eines Konzepts der langfristigen Aneignung eines Themas über Erfahrungen am Beispiel des Klimawandels wurden theoretische Ansätze aus der Medienbiografie und Mediensozialisation sowie Rezeptions- und Wirkungstheorien wie das multifaktorielle Wirkungsmodell, der dynamische-transaktionale Ansatz und die (Medien-)Aneignung herangezogen. Zudem wurde der Begriff der Erfahrung definiert und erweitert, da bisherige Konzepte lediglich auf Massenmedien konzentriert sind. Die daraus abgeleiteten theoretischen Überlegungen lassen sich in Bezug auf das Thema Klimawandel folgendermaßen zusammenfassen: Wahrnehmung, Wissen, Einstellungen sowie der Umgang mit dem Klimawandel entwickeln und wandeln sich im Laufe des Lebens in der Akkumulation unterschiedlicher Erfahrungen, die sich infolge der Nutzung und Aneignung kommunikativer (medialer und nicht-medialer) und

---

[10]Damit wird, wie auch im *MFW* und *DTA,* die molare Perspektive berücksichtigt.

direkter klimabezogener Stimuli herausbilden. Dieser langfristige Prozess ist in verschiedener Hinsicht dynamisch, d. h. nicht gleichmäßig oder linear. Zum einen sind die verschiedenen Erfahrungen unterschiedlich bedeutsam. Die Bedeutung einer Erfahrung hängt zum einen von Merkmalen des zugrunde liegenden Stimulus ab und zum anderen davon, wie intensiv der Stimulus genutzt und wie aktiv bzw. auf welche Weise er angeeignet wird. Zum anderen können in bestimmten Lebensphasen besonders viele und in anderen Phasen nur wenige Erfahrungen gemacht werden. Dynamisch ist der Prozess weiterhin, weil Erfahrungen an sich dynamisch sind; sie können durch andere Erfahrungen verstärkt oder abgeschwächt werden und sich in ihrer Deutung verändern. Die langfristige Aneignung eines Themas wird vermutlich durch gesellschaftliche Faktoren, bspw. Medienagenda und -aufmerksamkeit, sowie individuelle Faktoren wie biografische Verläufe, soziodemografische Merkmale etc. geprägt.

4.3 Forschungsfragen

Um den Verlauf der langfristigen Aneignung des Themas Klimawandel zu rekonstruieren, werden offene Forschungsfragen gestellt. Eine offene Herangehensweise erscheint angemessen, da kaum etwas über den langfristigen Aneignungsprozess bekannt ist. Somit können Bedeutungen einzelner Erfahrungen, Aneignungsverläufe, Wahrnehmungsmuster und Verflechtungen zwischen Erfahrungen exploriert werden.

Zunächst soll untersucht werden, welche Erfahrungen bei der langfristigen Aneignung des Themas Klimawandel bedeutsam sind. Es wird der Frage nachgegangen, was die einzelnen Erfahrungen auszeichnet und wie sie sich herausgebildet haben, d. h. welcher Aneignungsprozess ihnen zugrunde liegt. Dafür wird der gesamte Erfahrungsschatz zum Klimawandel rekonstruiert. Generell wird davon ausgegangen, dass insbesondere kommunikative Erfahrungen eine bedeutsame Rolle spielen, da der Klimawandel im Gegensatz zu Wetter nicht sinnlich wahrnehmbar ist und daher zunächst kommunikativ vermittelt werden muss (Storch 2009).

FF1: Welche Erfahrungen sind bei der langfristigen Aneignung des Themas Klimawandel bedeutsam und was zeichnet sie aus?

Im theoretischen Konzept der langfristigen Aneignung eines Themas über Erfahrungen wird angenommen, dass die Bedeutung von Erfahrungen im Zeitverlauf dynamisch ist und sich durch andere Erfahrungen verändern kann. Ihre

Präsenz und Intensität bzw. Bedeutung für die Wahrnehmungs-, Einstellungs- und Verhaltensmuster kann sich etwa verstärken oder abschwächen. Daher soll folgender Frage nachgegangen werden:

FF2: (Inwiefern) verändert sich die Bedeutung von Erfahrungen im Zeitverlauf, vor allem im Wechselspiel mit anderen Erfahrungen?

Zudem soll der zeitliche Verlauf des langfristigen Aneignungsprozesses erforscht werden:

FF3: Wie verläuft der langfristige Aneignungsprozess?

Der langfristige Aneignungsprozess ist vermutlich je nach Individuum verschieden, unter anderem aufgrund unterschiedlicher Sozialisationen oder Biografien. Daher soll untersucht werden, ob sich die Bedeutung bestimmter Erfahrungen sowie die Aneignungsverläufe zwischen den Befragten unterscheiden und inwiefern dabei über den Einzelfall hinaus bestimmte Muster und Typen erkennbar sind (Schäffer 2011). In welcher Verbindung stehen spezifische Erfahrungsschätze und Aneignungsverläufe und bestimmte Wahrnehmungs-, Einstellungs- und Verhaltensmuster und welche Rolle spielen dabei individuelle Voraussetzungen wie die Sozialisation? Dies wird anhand folgender Frage untersucht:

FF4: Gibt es verschiedene Typen in der langfristigen Aneignung des Themas Klimawandel mit einem spezifischen Erfahrungsschatz und Aneignungsverlauf und welche Wahrnehmungs-, Einstellungs- und Verhaltensmuster zeichnen sie aus?

4.4   Methode

Um diese offenen Forschungsfragen empirisch zu untersuchen, wurde im Rahmen des DFG-Forschungsprojekts KlimaRez die vorliegende Teilstudie zwischen September 2012 und Januar 2013 mittels 41 qualitativer problemzentrierter Leitfadeninterviews durchgeführt. Eine qualitative und damit ergebnisoffene Herangehensweise erscheint angemessen, da bislang kaum etwas über den langfristigen Aneignungsprozess im Zeitverlauf bekannt ist – weder für das

Thema Klimawandel noch für andere gesellschaftlich relevante Themen. Nur auf diese Weise können die Bedeutung und die Herausbildung einzelner Erfahrungen, langfristige Aneignungsverläufe, Wahrnehmungs-, Einstellungs- und Verhaltensmuster sowie die Verflechtungen unterschiedlicher Erfahrungen umfassend rekonstruiert und frei gelegt werden. Im Gegensatz zu standardisierten Verfahren ist es zudem möglich zu erfassen, was von den Befragten überhaupt als Erfahrung mit dem Klimawandel verstanden wird bzw. ob es dazu unterschiedliche Vorstellungen gibt. Eine qualitative Herangehensweise ermöglicht nicht zuletzt, das theoretische Konzept durch unerwartete Befunde weiterzuentwickeln.

Beim problemzentrierten Leitfadeninterview ist der Interviewer dem Leitfaden nur locker verpflichtet. Ziel ist es, die Befragten mit wenigen übergeordneten Fragen zur freien Stegreiferzählung zu ermuntern und im Anschluss Fragen zu Aspekten zu stellen, die noch nicht ausreichend geklärt wurden (Hopf 1995; Lamnek 1995; Mayring 2002; Reinders 2005). Der Leitfaden (siehe elektronischer Anhang) wurde entsprechend aufgebaut: Im ersten Teil wurden die Wahrnehmungsmuster zum Klimawandel zunächst frei und anschließend mittels Karten zur gestützten Erinnerung abgefragt. Im zweiten Teil wurden die Interviewpartner dazu angeregt, ihren gesamten individuellen Erfahrungsschatz mit dem Klimawandel sowie den Umgang damit in einer Stegreiferzählung zu rekonstruieren – zahlreiche Detailfragen wurden daran anschließend gestellt. Der zweite Teil des Interviews ist entsprechend an medienbiografische Ansätze angelehnt (Hickethier 1982).

Untersuchungen, die (unter anderem) Medienerfahrungen mit einem bestimmten Thema rekonstruieren wollen, stehen vor der Herausforderung, dass Medienerfahrungen häufig nicht erinnert werden, weil sie in habitualisierten Alltagsabläufen gewonnen und die zugrunde liegenden Medienangebote nur unbewusst genutzt und verarbeitet werden (Herrmann 2007; Hirzinger 1991). Oftmals werden nur noch Umstände oder Einzelausschnitte erinnert, aber nicht mehr, dass, wo, wann und wie sie medial vermittelt wurden (Röttger 1994). Zudem verschmelzen Inhalte und Deutungen in der individuellen Wahrnehmung (Hirzinger 1991; Holm 2003). Je routinierter und häufiger Medien konsumiert werden, desto schwerer fällt laut Röttger (1994) die konkrete Erinnerung an Medienerfahrungen. Insofern lässt sich mittels Interviews nur ein Teil der Erfahrungen zum Klimawandel rekonstruieren. Allerdings können Erinnerungen zum Teil durch biografische Stützen, d. h. die Erinnerung an bestimmte Lebensphasen, wieder wach gerufen werden (Hirzinger 1991; Hoffmann und Kutscha 2010). Darüber hinaus ist anzunehmen, dass die erinnerten Erfahrungen für die Befragten bedeutungsvoll sind. Finger (2016) postuliert, dass subjektiv wahrgenommene Wirkungen von Medienangeboten neben „objektiv" messbaren

Medieneffekten eine zentrale, aber bislang zu wenig berücksichtigte Wirkungs-
dimension darstellen.

Die problemzentrierten Interviews wurden mit 41 Menschen aus dem Raum
Hamburg geführt, die mit Blick auf das wissenschaftliche Thema Klimawandel
Laien waren, d. h. beispielsweise keine Klimawissenschaftler, -politiker oder
-journalisten.[11] Als Laien galten auch Personen in themenverwandten Berufs-
feldern wie etwa erneuerbare Energien. Kriterien für das Sampling waren einerseits die Abbildung des soziodemografischen Spektrums hinsichtlich Geschlecht
(w = 21, m = 20), Alter (<20 = 3; 21–30 = 5; 31–44 = 18; 45–59 = 8; >60 = 7),
Bildung (niedrig = 5; mittel = 7; hoch = 29), Wohnort (Stadtgebiet Hamburg = 27;
ländliches Einzugsgebiet von Hamburg = 14) sowie sturmflutgefährdete sowie
ungefährdete Stadtteile (gefährdet = 9; nicht gefährdet = 18; unbekannt = 14) und
Herkunft (Deutschland = 36; eigene Migration oder Migration der Eltern = 5)
(für einen Überblick über das Sample siehe Tab. A1 im Anhang dieses Artikels).
Zum anderen sollten Personen mit unterschiedlichen Medienrepertoires und Einstellungen gegenüber dem Klimawandel befragt werden. Rekrutiert wurden die
Personen insbesondere über Flyer, die auf öffentlichen Plätzen in (soziodemografisch) unterschiedlichen Stadtteilen Hamburgs verteilt wurden, sowie über
das Schneeballverfahren. Die Auswahl der Interviewpersonen wurde auf Basis
eines standardisierten Bogens mit Fragen zur Soziodemografie, Einstellungen
zum Klimawandel und dem Mediennutzungsverhalten getroffen. Durch eine Auf-
wandsentschädigung von 20 EUR konnte verhindert werden, dass nur Themen-
interessierte teilnahmen. Die Interviews dauerten im Mittel 1,5 h und wurden
mit einem Diktiergerät aufgezeichnet. Sie fanden mehrheitlich in Büros der Universität Hamburg sowie in Privatwohnungen und selten in Büros der Befragten
oder einem Café statt. Die Transkription der Interviews übernahm der professionelle Dienstleister dr. dresing und pehl GmbH. Ausgewertet wurden die Interviews mittels einer qualitativen Inhaltsanalyse nach Mayring (2002), die sich vor
allem für theoriegeleitete Analysen und Leitfadeninterviews eignet (Flick 2010;
Mayring 2002). Ziel des Verfahrens ist die systematische Datenanalyse mithilfe
eines Kategoriensystems, das auf Basis theoretischer Überlegungen sowie empirischer Daten entwickelt wird. Hier wurde mithilfe der Analysesoftware MAX-
QDA eine strukturierende Inhaltsanalyse durchgeführt, indem inhaltliche und
typisierende Strukturen herausgearbeitet wurden (Flick 2010; Mayring 2002).

---

[11]Die Interviews wurden von der Autorin sowie Dr. Mascha Brichta geführt, ein Interview
führte Prof. Dr. Irene Neverla.

Dabei wurden zunächst auf Basis der offenen Forschungsfragen Oberkategorien entwickelt. Anschließend wurden die Transkripte komplett gelesen und codiert, wofür zahlreiche Unterkategorien (Codes) gebildet wurden. Die Unterkategorien wurden danach auf Konsistenz und Trennschärfe untersucht und, wenn möglich, unter übergeordnete Kategorien sortiert (insgesamt 1767 Codes und 6400 Codierungen). In einem zweiten Schritt wurden typisierende Strukturen aufgedeckt, indem ähnliche Aneignungs- sowie Wahrnehmungs-, Einstellungs- und Verhaltensmuster untersucht wurden. Dazu wurden zusätzlich zu den Codierungen in MAXQDA Zusammenfassungen zu den einzelnen Interviewpersonen und eine Überblickstabelle erstellt.

4.5 Ergebnisse zur langfristigen Aneignung des Themas Klimawandel

4.5.1 Bedeutung und Merkmale kommunikativer und direkter Erfahrungen

Die Befunde zur ersten Forschungsfrage zeigen, dass für die langfristige Aneignung des Themas Klimawandel ganz unterschiedliche kommunikative und (scheinbar) direkte Erfahrungen mit dem Phänomen Klimawandel von Bedeutung sind. Dazu gehören eine Vielfalt an Erfahrungen durch mediale sowie nicht-mediale (bzw. interpersonale) Kommunikation – verbal und nonverbal – sowie (scheinbar) direkte Erfahrungen mit dem Phänomen Klimawandel. Es ist bemerkenswert, dass sich ausnahmslos alle Interviewpersonen an kommunikative oder direkte Erfahrungen mit dem Klimawandel erinnern können. Dies weist darauf hin, dass das Thema insgesamt viel Aufmerksamkeit genießt. Die Bedeutung der Erfahrungen für die langfristige Aneignung des Themas unterscheidet sich allerdings stark. Einzelne Erfahrungen stellen *Schlüsselerfahrungen* dar, andere sind eine bedeutungsvolle Erfahrung unter vielen und wieder andere werden nur blass und fragmentarisch oder nicht erinnert. Die nicht konkret erinnerten Erfahrungen sollen hier im Gegensatz zu den *Schlüsselerfahrungen* als *Grundrauschen* innerhalb des Erfahrungsschatzes bezeichnet werden. Der Erfahrungsschatz besteht also aus bewussten und unbewussten Erfahrungen, wobei auch letztere zur Herausbildung der individuellen Wahrnehmungs-, Einstellungs- und Verhaltensmuster zum Klimawandel beitragen und zudem durch neuere Erfahrungen wieder ins Bewusstsein (zurück) gelangen können. Auch der Begriff der Schlüsselerfahrung wird in der Kommunikationswissenschaft und der Rezeptions-, Aneignungs- oder Wirkungsforschung bislang nicht verwendet. In der Theologie (Biehl 2000; Schulz 2005) und Psychologie (Wendisch 2015) beschreibt er eine besonders intensive und dauerhaft präsente und prägende Erfahrung, die als außergewöhnlich wahrgenommen wird.[12] Eine Schlüsselerfahrung stellt insofern auf Individualebene das Gegenstück zum Schlüsselereignis dar. Ein Schlüsselereignis beschreibt in der Kommunikationswissenschaft ein außergewöhnliches Ereignis, über das die Medien intensiv berichten und das den medialen Diskurs langfristig verändert (Rauchenzauner 2008). Es führt dazu, dass ähnliche Ereignisse und Themen mehr Aufmerksamkeit erhalten und es zu so genannten „Berichtswellen" (Brosius und Eps 1993, S. 514) kommt. Die Analyse zeigt, dass ein ähnlicher Prozess auch bei einer Schlüsselerfahrung abläuft: Das zugrunde liegende Erlebnis erhöht häufig (zumindest kurzfristig) die Aufmerksamkeit für das Thema sowie das Informations- und Kommunikationsbedürfnis, wodurch eine Kaskade neuer Erfahrungen aktiviert werden kann.[13]

Die Analyse der qualitativen Interviews zeigt, dass – wie bereits im theoretischen Teil angenommen wurde – sowohl Art, Thema oder Darstellungsform des Stimulus als auch die individuelle Nutzung und Aneignung beeinflussen, wie intensiv und dauerhaft die Erfahrung wird und was sie auszeichnet.

4.5.1.1 Bedeutung und Merkmale medialer Erfahrungen

Eine zentrale Rolle in der langfristigen Aneignung des Themas Klimawandel spielen *journalismusbezogene Medienerfahrungen* durch die Nutzung von TV, Zeitungen, Zeitschriften und Radio sowie Onlinemedien. Für viele stellen journalistische Angebote bzw. traditionelle Massenmedien die Hauptinformationsquelle zum Klimawandel dar. Manche Interviewpersonen drücken aus, dass sie letztlich von journalistischen Informationen *„abhängig"* (AG[14], männlich, 37, Künstler) sind, *„weil das einfach doch ein sehr abstraktes Thema ist […]. Weil, also ob in Grönland die Gletscher schmelzen oder nicht, das kriege ich ja nur über die Medien vermittelt"* (AK, männlich, 42, Mediengestalter). Andere sehen gar keine alternativen Informationsmöglichkeiten: *„Also ich weiß vom Klimawandel im Prinzip nur das, was mir die Medien präsentieren. Also ich habe mir nie die Mühe gemacht, jetzt selbst Recherche anzustellen und auch das sind ja am Ende des Tages Medien"* (DI, weiblich, 35, Ärztin). Darüber hinaus besteht der Eindruck, dem Thema wegen der hohen Medienaufmerksamkeit überhaupt nicht entkommen

---

[12]In der Theologie wird dabei oft eine Verbindung zu religiösen Erfahrungen und Offenbarungen hergestellt oder die Schlüsselerfahrung liefert neue Erkenntnisse, um die lange gerungen wurde (Biehl 2000).

[13]Früh und Schönbach (1991) sprechen innerhalb des DTA von „initial cues", nach denen ein ähnlicher Prozess stattfindet. Dabei wird allerdings keine Aussage über ihr langfristiges Wirkungspotenzial oder ihr Verhältnis zu anderen Erfahrungen getroffen.

[14]Zur Anonymisierung der Interviewpersonen werden sie lediglich mit ihren Initialen genannt.

zu können. Einige haben den Eindruck, ihre Aufmerksamkeit für das Thema unter-
liege den *„Konjunkturzyklen"* (AK, männlich, 42, Mediengestalter) journalistischer Medien – sie nehmen also Agenda-Setting-Effekte wahr. Die verschiedenen
Mediengattungen unterscheiden sich allerdings in ihrer Bedeutung. Insgesamt
sind vor allem das Fernsehen (siehe auch Taddicken und Wicke, in diesem Band,
Kap. 6) sowie journalistische Print- und Onlinezeitungen und -zeitschriften,
NGO-Magazine oder ganz generell „Nachrichten" zentrale Informationsquellen
zum Klimawandel. Sie werden zwar regelmäßig genutzt und als bedeutsam
erachtet, gehen aber meist in das *Grundrauschen* ein und werden kaum oder diffus erinnert und oft nicht bewusst angeeignet. Einzelne Fragmente wie Bilder
(insbesondere von Folgen des Klimawandels wie beispielsweise schmelzende
Gletscher), Ereignisse, Aussagen oder Gefühle stellen bewusste Erfahrungen dar.
Häufig und detailreich werden audiovisuelle Erfahrungen erinnert, vor allem solche, die sich auf *Kinofilme* sowie TV-Dokumentationen und -Reportagen beziehen.

Dabei nimmt der Dokumentarfilm „Eine unbequeme Wahrheit" (2006, Original-
titel: An Inconvenient Truth, Regie: Davis Guggenheim) des früheren US-amerikanischen Vize-Präsidenten Al Gore eine herausragende Rolle ein. Für einige wird das
Filmerlebnis zur *Schlüsselerfahrung,* die das Problembewusstsein nachhaltig vergrößert hat. Vor allem unter den jüngeren Befragten hatten fast alle den Film gesehen.
Die Erfahrung ist vergleichsweise präsent: Die Rezeptionsbedingungen, einzelne
Inhalte des Films und die anschließende Verarbeitung werden außergewöhnlich lebhaft erinnert. Viele sahen den Film gemeinsam mit anderen, die Jüngeren vor allem
in der Schule oder der Hochschule. Die Bewertung des Films variiert dabei stark:
Manche halten ihn für spannend, informativ und glaubwürdig oder fühlen sich emotional ergriffen und schockiert. Andere stellen die Glaubwürdigkeit Al Gores sowie
der präsentierten Fakten infrage, bemängeln, dass er thematisch verenge, verein-
fache, Panik schüre oder schlicht langweile. Die Aneignung des Films lief im Vergleich zu anderen Erlebnissen besonders aktiv ab, indem im Anschluss Gespräche
mit Freunden, Familie und Bekannten geführt oder durch ein erhöhtes Informationsbedürfnis online weitere Informationen gesucht wurden. Somit löste der Film häufig eine Kaskade neuer Erfahrungen aus. Andere Filme, aus denen bedeutsame
Erfahrungen hervorgingen, lassen sich unter dem Schlagwort Umwelt- und Natur-
filme (bspw. „Unsere Erde" oder „We Feed the world") oder Skeptiker-Filme verorten. Sie rufen meist emotionale Reaktionen sowie eine aktive Aneignung über
Anschlusskommunikation, Weiterempfehlung, weitere Informationssuche und teilweise einschneidende Verhaltensänderungen (z. B. Vegetarismus) hervor. Trotz leb-
hafter Erinnerung werden „Apokalypse"-Filme wie „The Day After Tomorrow" als
weniger prägend wahrgenommen als Dokumentationen. Dies mag daran liegen, dass
sie meist als übertrieben und Fiktion abgetan werden. Nur wenige können darin ein
realistisches Szenario erkennen.

Neben Dokumentarfilmen werden häufig auch einzelne medial vermittelte Ereignisse zu Schlüsselerfahrungen, d. h. also verschiedene Medienstimuli zu einem bestimmten Ereignis. Dazu zählen Natur- und Umweltkatastrophen wie der Tsunami im indischen Ozean 2004, die Nuklearkatastrophe in Fukushima oder das Ozonloch, – die aus wissenschaftlicher Sicht nicht mit dem Klimawandel in Zusammenhang gebracht werden – sowie bestimmte Klimagipfel. Während die Katastrophen vorwiegend Schock auslösen und zu Verhaltensänderungen animieren, provozieren die Klimagipfel eher Frust, Resignation, Desinteresse und damit die sogenannte „Climate Fatigue" (Capstick und Pidgeon 2014).

Abgesehen von journalistischen und cineastischen Erfahrungen sind für manche Befragten auch Unterrichtsmaterialien oder Bücher, Zeitschriften und Webseiten von verschiedenen Akteuren wie Wissenschaftlern (zum Beispiel Mojib Latif), NGOs mit Umwelt- oder Ernährungsfokus, Politikern, Romanciers und Unternehmen wichtig. Generell gehören diese Erfahrungen eher ins Repertoire von Themeninteressierten, diese Angebote werden in der Regel gezielter genutzt. Auch wenn Bücher insgesamt nur selten gelesen werden, werden sie oft in Form von anschließender interpersonaler Kommunikation und Informationssuche aktiv angeeignet und führen zu Schlüsselerfahrungen, die vor allem das Problembewusstsein vergrößern. Das Internet wird am ehesten gezielt und mit einem konkreten Informationsbedürfnis genutzt, selbst wenn auch hier zufällig Informationen über Onlinenachrichten oder Social Media genutzt werden.

Auffällig ist, dass journalistische Medienerfahrungen rund um die Themen Klimaschutz und Folgen des Klimawandels besonders häufig erinnert werden. Seltener erinnern sich die Befragten an Medienerfahrungen zu Klimaskepsis, klimawissenschaftlichen Ergebnissen, Ursachen des Klimawandels oder verwandten Umweltproblemen. Dies könnte daran liegen, dass die Themen Klimaschutz und Folgen konkreter und alltagsnäher sind und daher eher interpersonale Anschlusskommunikation hervorrufen, welche die Medienerfahrung stärker im Gedächtnis verankern.

4.5.1.2 Bedeutung und Merkmale von Erfahrungen durch interpersonale Kommunikation

Erfahrungen durch interpersonale Kommunikation im Sinne von dialogischer nicht-medialer Kommunikation zwischen zwei oder mehreren Personen spielen ebenfalls eine bedeutende Rolle bei der langfristigen Aneignung des Themas Klimawandel. Sie gelten zwar seltener als wichtige Informationsquellen, prägen den meisten Interviewpersonen zufolge aber häufig ihre generelle Einstellung, ihr Informationsbedürfnis und insbesondere ihr klimabezogenes Verhalten. Interessanterweise werden aber keine einzelnen Gespräche der Interviewpersonen zu *Schlüsselerfahrungen*. Sie scheinen vielmehr die Funktion zu haben, bereits bekannte Informationen anzueignen, d. h. sie einzuordnen und zu deuten. Die Feinanalyse zeigt, dass die Bedeutung der Erfahrung für die Wahrnehmungs-, Einstellungs- oder Verhaltensmuster davon abhängt, mit wem, worüber und wie tiefgehend man über das Thema spricht, ob man sich selbst vor allem als Sprecher sieht oder nicht und aus welchen Motiven man das Gespräch führt. Insbesondere Gespräche mit Partnern und Eltern können das klimabezogene Verhalten prägen. Dies bekräftigt den Befund, dass Kontakte, zu denen „strong ties" bestehen, die Menschen stärker beeinflussen (Schenk 1995). Partner und Familienangehörige sind gemeinsam mit Freunden auch die häufigsten Gesprächspartner zum Thema, seltener werden Gespräche mit Kollegen, Bekannten oder Fremden geführt.

Vor allem Gespräche über individuellen Klimaschutz werden zu bedeutsamen Erfahrungen, die das klimabezogene Verhalten beeinflussen können. Gespräche über das Problem Klimawandel allgemein oder über beobachtete Wetterveränderungen als Zeichen für den Klimawandel gelten hingegen als unwichtiger Smalltalk. Neben verbalen interpersonalen Kommunikationen werden auch „nonverbale" Kommunikationen, d. h. das „Vorleben" von Eltern und Partnern, zu bedeutsamen Erfahrungen. Dabei übernehmen die Kinder meist das umwelt- und klimabezogene Handeln von Eltern. Es wird zur unhinterfragten Routine und selten kritisiert.

Nur wenige sagen von sich, dass sie überhaupt nicht darüber reden – meistens aus Desinteresse oder weil ihnen das Thema fern und unwichtig erscheint. Allerdings ist für viele der Klimawandel nur am Rande oder indirekt ein Thema: *„Also jetzt so indirekt, aber jetzt nicht, wir setzen uns jetzt mal hin und unterhalten uns über Klimawandel oder so. Also natürlich über Themen, die da mit reingehören, aber nicht so konkret."* (AG, männlich, 37, Künstler). Hier zeigt sich, dass der Klimawandel mit zahlreichen Themen verknüpft wird, auch wenn das Phänomen an sich eher selten besprochen wird. Dies zeigt auch die detaillierte Themenanalyse der Erfahrungen aus interpersonaler Kommunikation: Die zugrunde liegenden Gespräche drehen sich meist im weitesten Sinne um Klimaschutz. Es geht um konkrete alltagspraktische Aspekte von Klimawandel, insbesondere eine klimafreundliche Ernährung, allgemeine Umweltschutzmaßnahmen wie Müllvermeidung, die individuelle Nutzung erneuerbarer Energien oder klimafreundlicher Verkehrsmittel usw. Weiterhin werden politische Aspekte wie die Klimagipfel und Atomenergie diskutiert. Ein weiteres wichtiges Gesprächsthema sind die Folgen des Klimawandels sowie Umweltprobleme. Dabei werden vor allem persönliche Beobachtungen über Wetterveränderungen mit dem Klimawandel in Verbindung gebracht. Anlass für Gespräche über den Klimawandel sind häufig Medienerfahrungen, für manche Befragten sind diese sogar der einzige Auslöser, um über das Thema zu sprechen. Dabei handelt es sich häufig um Anschlusskommunikation zur alltäglichen (TV-)Nachrichtenrezeption.

Zu besonders einprägsamen Erfahrungen werden Anschlusskommunikationen zu klima- oder umweltbezogenen Filmen oder Büchern, womöglich weil hier die Emotionen des Film- oder Bucherlebens noch präsent sind. Insgesamt zeigt sich also, dass sich die Interviewpersonen das Thema Klimawandel aneignen, indem sie dessen alltagspraktische und gesellschaftlich relevanten Aspekte diskutieren.

Eher selten kommunizieren die Befragten auch medial vermittelt über den Klimawandel, indem sie aktiv auf Social Media wie Facebook posten. Diese Kommunikationen ähneln interpersonaler Kommunikation durch ihren dialogischen Charakter, sie stellen allerdings Mischformen zwischen medialer und interpersonaler Kommunikation dar, da sie öffentlich und asynchron sind.

4.5.1.3 Bedeutung und Merkmale von direkten Erfahrungen

Bei den meisten Interviewpersonen gehören auch (scheinbar) *direkte Erfahrungen* mit den Folgen des Klimawandels zum Erfahrungsschatz. Allerdings stellen sie für keinen Befragten Schlüsselerfahrungen dar. Sie prägen ihnen zufolge meist weder ihre Meinung oder ihr klimabezogenes Verhalten noch sind sie mit Emotionen belegt. *„Also, das ist ein Wahrnehmen so. Ho, krass.[…] Aber es ist jetzt nicht so, dass ich, ich habe jetzt kein direktes Gefühl dazu"* (AG, männlich, 37, Künstler). Einige finden jedoch, dass die Erlebnisse ihr Bewusstsein geschärft, das Thema *„greifbarer"* (KeG, weiblich, 41, Oberstudienrätin) gemacht und ihr Interesse ein wenig vergrößert haben. Meist handelt es sich bei den Erlebnissen um selbst beobachtete Wetterveränderungen, die mit dem Klimawandel erklärt werden. Teilweise berichten die Befragten auch von Extremwetterereignissen wie Sturmfluten oder Hitzewellen – diese Erfahrungen werden besonders genau erinnert und mit anderen biografischen Details verknüpft, bspw. Studienarbeiten. Die Präsenz der Erfahrungen wird zudem durch die (kollektive) Erinnerung in der Medienberichterstattung begünstigt. Andere Erfahrungen beziehen sich auf schmelzende Gletscher, die auf Urlaubsreisen gesehen werden, sowie starke Sonnenbrände aufgrund des Ozonlochs. Vor allem schmelzende Gletscher sorgen und schockieren die Interviewten und werden durch Gespräche mit anderen besonders aktiv angeeignet. Davon abgesehen werden auch zahlreiche andere direkte Erlebnisse zu Erfahrungen mit dem Klimawandel: Inseln wie Sylt, die (scheinbar) zunehmend im Meer versinken, mehr seltene Vögel in der Stadt, Waldbrände, die Begegnung mit Klimaflüchtlingen sowie Umweltprobleme wie Vermüllung, Waldsterben, persönliche Vorsichtsmaßnahmen nach Tschernobyl oder selbst die Beobachtung, dass Straßen schneller kaputt gehen als früher. Welche direkten Erfahrungen genannt werden, hängt meist davon ab, in welchen Themenbereichen der Klimawandel verortet wird. So lässt sich die Erfahrung „Sonnenbrand durch Ozonloch" verstehen, wenn man berücksichtigt, dass der Klimawandel als „Meta-Umweltproblem […][gesehen wird], das alle anderen Umweltprobleme in sich vereint" (Weingart et al. 2002, S. 52).

Es lässt sich zusammenfassen, dass vielfältige kommunikative und (scheinbar) direkte Erfahrungen für die langfristige Aneignung des Themas bedeutsam sind. Dabei variiert die Präsenz und Bedeutung einer Erfahrung aber je nach Art, Thema und Darstellungsform des zugrunde liegenden Stimulus und dessen individueller Aneignung (für eine Zusammenfassung der Ergebnisse siehe Tab. 4.1).

Tab. 4.1 Überblick über Ergebnisse zur Bedeutung von Erfahrungen zum Klimawandel

Art der Erfahrung	Schlüsselerfahrung	Grundrauschen	Bedeutung der Erfahrungen
Journalistische/ massenmediale Erfahrungen	✔ weniger einzelne Angebote als bestimmte medial vermittelte Ereignisse: Umweltkatastrophen (z. B. Fukushima) oder Klimagipfel	✔ Großer Anteil	Zentrale Informationsquelle/ vergrößern Wissen, Aufmerksamkeit Naturkatastrophen schockieren Klimagipfel führen zu Frust und Klimaverdrossenheit
Filme	✔ besonders häufig, vor allem Dokumentarfilme wie „Eine unbequeme Wahrheit"	✔	vergrößern Wissen, Aufmerksamkeit Dokumentationen eindrücklicher und meinungsbildender als fiktionale Darstellungen
Bücher	✔ besonders häufig	✔	vergrößern Wissen, Aufmerksamkeit
Schule (Unterricht, AGs)	✔	✔	vergrößern Wissen, Aufmerksamkeit
Interpersonale, bzw. generell dialogische Kommunikationserfahrungen (medial und nicht-medial)	✗	✔	Beeinflussen Verhalten: Gespräche häufig über Klimaschutz, meist mit nahen Personen
Direkte Erfahrungen	✗	✔	Nur einzelne drastische Erfahrungen (bspw. Gletscherschmelze) bedeutsam und emotional, vergrößern Problembewusstsein

Quelle: Eigene Darstellung

4.5.2   Dynamische Bedeutung der Erfahrungen

Die verschiedenen kommunikativen und direkten Erfahrungen haben nicht nur verschiedene Bedeutungen aufgrund der zugrunde liegenden Stimulimerkmale und
unterschiedlich aktiven Aneignung, sondern sie verändern ihre Bedeutung auch im
Zeitverlauf im Wechselspiel mit anderen Erfahrungen. Die Ergebnisse zur zweiten Forschungsfrage zeigen, dass die Präsenz und Intensität einer Erfahrung durch
andere nicht nur verstärkt oder abgeschwächt werden kann, sondern sich insgesamt
sechs unterschiedliche dynamische Prozesse identifizieren lassen. Bemerkenswert ist
hierbei der Befund, dass nicht nur frühere Erfahrungen spätere Erfahrungen prägen,
sondern auch umgekehrt. Zunächst können sich die Erfahrungen wechselseitig *(1)*
verstärken. Dieser Prozess wird im *DTA* (Früh und Schönbach 1991) oder bei Noelle-Neumann (1987) als Kumulationseffekt beschrieben. So verstärkt beispielsweise
interpersonale Anschlusskommunikation häufig die Intensität einer Filmerfahrung
und ihre Bedeutung für klimabezogene Wahrnehmungs-, Einstellungs- und Verhaltensmuster. Ebenso können neue Erfahrungen ältere auch *(2) abschwächen*. Dieser
Prozess zeigt sich häufig bei der Erfahrung zum Dokumentarfilm „Eine unbequeme
Wahrheit", die im Zeitverlauf ihre Bedeutung verändert und als weniger prägend gilt,
da kritische Anschlusskommunikation oder selbst recherchierte Informationen aus
dem Internet die Befragten verunsichern. Weiterhin können Erfahrungen *(3) aktivieren* und somit neue Erfahrungen auslösen. Besonders deutlich lässt sich dieser Prozess bei einer Schlüsselerfahrung feststellen, die durch ein erhöhtes Informations- und
Kommunikationsbedürfnis sowie eine größere Aufmerksamkeit für das Thema unterschiedliche neue Erfahrungen nach sich zieht. Dieser Prozess wird bereits indirekt
mit Frühs und Schönbachs (1991) Annahme beschrieben, dass „initial cues" (S. 34)
eine Kaskade neuer Erfahrungen auslösen können. Teilweise *(4) überlagern* neue
Erfahrungen ältere und löschen sie scheinbar aus dem Gedächtnis. Dieser Prozess
zeigt sich ebenfalls vor allem bei Schlüsselerfahrungen: *„Vielleicht hat der Film von
Al Gore auch so einen bleibenden Eindruck hinterlassen, dass ich dann das, was
davor war, oder wenn was passiert ist, das auch einfach gelöscht hab."* (HA, männlich, 24, Auszubildender). Es zeigt sich, dass der Prozess der Aneignung nicht immer
linear verläuft. Eine neue Erfahrung kann eine ältere *(5) reaktivieren* und ihre Präsenz
und Intensität „auffrischen". So reaktiviert die Erfahrung mit der Nuklearkatastrophe
in Fukushima von 2011 bei einigen die Erinnerung an die Nuklearkatastrophe in
Tschernobyl von 1986 und gleichzeitig den Schock, den sie damals ausgelöst hat.[15]

---

[15]Ein ähnlicher Prozess wurde bereits auf der Ebene des Journalismus festgestellt: Sowohl
Kepplinger und Habermeier (1995) als auch Trümper und Neverla (2013) zeigen, dass in
der Medienberichterstattung über bestimmte Ereignisse die Erinnerung an ähnliche frühere
Ereignisse reaktualisiert wird.

Zudem zeigt die Analyse, dass neuere Erfahrungen dazu führen können, dass frühere Erfahrungen *(6) umgedeutet* werden. So werden manche Erfahrungen erst im Nachhinein als wichtige Erfahrung mit dem Klimawandel gedeutet, obwohl seinerzeit kein Zusammenhang mit dem Phänomen hergestellt wurde. Diese Umdeutung zeigt sich häufig am Beispiel des Reaktorunglücks von Fukushima, durch welches die Katastrophe in Tschernobyl als Klima-Erfahrung umgedeutet wird. Ein anderes Beispiel für diesen Prozess sind vergangene Sturmfluten oder Wetterveränderungen, die erst im Nachhinein als Klima-Erfahrungen gedeutet werden: *„Das war damals nicht so Thema. […] Natur, die ändert sich, und das war so. Klimawandel, den Ausdruck, den kannte man damals noch gar nicht."* (AC, weiblich, 74, Rentnerin).

4.5.3   Zeitlicher Verlauf des langfristigen Aneignungsprozesses

Die vorgestellten Befunde geben bereits Aufschluss zum Verlauf des langfristigen Aneignungsprozesses (FF3). Sie zeigen, dass der langfristige Aneignungsprozess nicht gleichmäßig und linear, sondern im Zeitverlauf dynamisch im Sinne von wechselhaft verläuft (siehe den beispielhaften Verlauf der langfristigen Aneignung eines Themas über Erfahrungen in Abb. 4.2). Zum einen sind die vielfältigen Erfahrungen ungleich bedeutsam und ihnen liegen unterschiedlich intensive Aneignungsprozesse zugrunde. Vieles geht in das Grundrauschen ein, insgesamt werden aber erstaunlich viele Erfahrungen erinnert und für bedeutsam erachtet oder sogar zu Schlüsselerfahrungen erklärt. Zum anderen konzentriert sich die langfristige Aneignung des Themas zeitlich gesehen mitunter auf bestimmte Phasen, etwa wenn Schlüsselerfahrungen wie der Film „Eine unbequeme Wahrheit", klimabezogene Bücher oder medienvermittelte Umweltkatastrophen wie Fukushima eine Kaskade an neuen Erfahrungen aktivieren oder wenn das Thema in bestimmten Lebensphasen wie der Schul- oder Studienzeit länger behandelt wird. Dynamisch ist die Aneignung des Themas zudem mit Blick darauf, dass sich Erfahrungen im Zeitverlauf durch das Wechselspiel mit anderen Erfahrungen verändern. Das bedeutet, dass der Blick auf den zeitlichen Verlauf der Aneignung und die Bedeutung einzelner Erfahrungen immer auch eine Momentaufnahme ist, die sich durch neu gewonnene Erfahrungen wieder verändern kann. So können etwa Erfahrungen überlagert, umgedeutet oder – wenn sie beispielsweise bereits in das Grundrauschen eingegangen waren – reaktiviert werden.

Generell lässt sich über den zeitlichen Verlauf der Aneignung sagen, dass sie zumindest tendenziell dem Themenzyklus der Medienberichterstattung bzw. des öffentlichen gesellschaftlichen Diskurses an sich folgt. In Hochphasen der

Medienberichterstattung wie etwa 2006/2007 (Schmidt et al. 2013), in die auch die Veröffentlichung des 4. IPCC-Berichts, die Geburt des Eisbärs Knut sowie die Erscheinung des dokumentarischen Kinofilms „Eine unbequeme Wahrheit" fällt, – also rund sechs Jahre vor der Befragung – machen auch die Interviewpersonen viele Erfahrungen mit dem Thema und setzen sich intensiver damit auseinander. Gleichzeitig sorgt die stetige journalistische Berichterstattung dafür, dass das Thema relativ kontinuierlich angeeignet wird. Andere Erfahrungen mit beispielsweise Filmen, Büchern, Gesprächen etc. werden seltener gemacht.

Es zeigt sich allerdings auch, dass der zeitliche Verlauf der Aneignung und die Bedeutung einzelner Erfahrungen nicht nur von äußeren bzw. „gesellschaftlichen" Faktoren abhängt, sondern sich vor allem stark individuell unterscheidet. Keine Erfahrung ist für alle bedeutsam, weder ein Klimagipfel, Fukushima oder ein bestimmter Film. Dennoch haben bestimmte Ereignisse bzw. Stimuli ein besonders großes Potenzial, zur Schlüsselerfahrung zu werden. Ebenso wenig lässt sich sagen, dass bestimmte Lebensphasen wie die Schulzeit oder die Kindheit für alle wichtig sind oder bestimmte Aneignungsdynamiken bei allen auftreten.

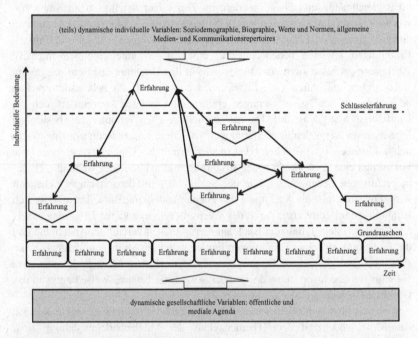

Abb. 4.2 Beispielhafter Verlauf der langfristigen Aneignung eines Themas über Erfahrungen. (Quelle: Eigene Darstellung)

4.5.4 Typen der langfristigen Aneignung

Allerdings lassen sich bestimmte Muster in den individuell unterschiedlichen Aneignungsverläufen und Erfahrungsschätzen zum Thema Klimawandel erkennen. Insgesamt können neun Aneignungstypen identifiziert werden (FF4): *1) Vielfältig Geprägte, 2) Schulgeprägte, 3) Wissenschaftsmediennutzer, 4) Social Media-Aktivierte, 5) Umweltkatastrophen-Aktivierte, 6) Film-Aktivierte, 7) aktive Massenmediengeprägte, 8) passive Massenmediengeprägte* und *9) Massenmedienskeptiker.* Sie unterscheiden sich in ihrem Erfahrungsschatz zum Thema Klimawandel und der Aneignungsdynamik im Zeitverlauf. Zudem zeichnen sich die Typen durch spezifische Wahrnehmungs-, Einstellungs- und Verhaltensmuster zum Klimawandel und soziodemografische Merkmale aus. Die jeweiligen Wahrnehmungs-, Einstellungs- und Verhaltensmuster prägen, welche Medienangebote, Gespräche und Ereignisse überhaupt als Klimawandelerlebnisse wahrgenommen werden, ob man sich ihnen zuwendet und wie man sie verarbeitet – gleichzeitig konstituieren sich die Wahrnehmungs-, Einstellungs- und Verhaltensmuster auf Basis der Erfahrungen. Wird für manche die Medienberichterstattung zur Nuklearkatastrophe in Fukushima zur wichtigen Erfahrung, die das Problembewusstsein vergrößert, hat die Rezeption dieser Medienberichterstattung bei anderen keinerlei Bedeutung für das Klimabewusstsein, weil sie diese überhaupt nicht mit dem Klimawandel in Verbindung bringen. Insgesamt zeigt sich, dass die Interviewpersonen den Klimawandel in ganz unterschiedlichen Feldern verorten, insbesondere als Umweltthema, Politik- und Technikthema (u. a. erneuerbare Energien, Atomenergie), Wissenschaftsthema, Medien-, Schul- oder als Lifestyle-Thema unter dem Schlagwort „nachhaltige Lebensweise". Oft existiert nicht nur ein Wahrnehmungsmuster, sondern ein Netzwerk an verschiedenen Themen, wobei je nach Typ unterschiedliche Schwerpunkte gesetzt werden.

4.5.4.1 Typen mit vielfältigen Erfahrungen
Sowohl die *1) Vielfältig Geprägten, 2) Schulgeprägten* als auch die *3) Wissenschaftsmediennutzer* haben einen vielfältigen Erfahrungsschatz. Sie eignen sich das Thema langfristig und im Zeitverlauf vergleichsweise dynamisch und aktiv an, z. B. über häufige interpersonale Kommunikation und gezielte Informationssuche. Sie entstammen alle einem umwelt-/klimafreundlichen Elternhaus. Sie sind vom menschgemachten Klimawandel überzeugt, halten individuellen und nationalen bzw. globalen Klimaschutz für wichtig und verhalten sich klimafreundlich – teils bewusst, teils unbewusst.

Die meisten Befragten (12) sind *Vielfältig Geprägte.* Sie zeichnen sich durch einen besonders großen und vielfältigen Erfahrungsschatz an kommunikativen und direkten Erfahrungen aus. Ein wichtiger Grundstein für Einstellung, Verhalten und die weitere Aneignung des Themas wird im umweltbewussten Elternhaus gelegt – sowohl durch Gespräche als auch das Vorleben eines umwelt- oder explizit klimafreundlichen Lebensstils. Sowohl die Einstellung als auch das Verhalten der Eltern übernehmen die *Vielfältig Geprägten* weitgehend. Teilweise wurde dieses Bewusstsein durch den Schulunterricht sowie Gespräche mit Mitschülern und Freunden noch intensiviert. Häufig wurde in der Kindheit und Jugend eher generelles Umweltbewusstsein und umweltbewusstes Verhalten vermittelt und der später aufkommende Begriff Klimawandel mit diesen Erfahrungen verknüpft – bzw. diese nachträglich als Erfahrungen mit dem Klimawandel umgedeutet. In vielerlei Hinsicht wird deutlich, dass sich die *Vielfältig Geprägten* das Thema besonders aktiv aneignen: So nutzen sie nicht nur journalistische Medien wie Fernsehen, Zeitung oder Radio, sondern auch Quellen, die auf eine gezieltere Selektion hinweisen, weil man nicht zufällig auf sie stößt: Bücher, Zeitschriften von NGOs oder – vor allem die Jüngeren – das Internet. Dabei suchen sie insbesondere gezielt nach individuellen Klimaschutzmöglichkeiten (bspw., indem sie ihren CO_2-Fußabdruck berechnen). Auch bei der habitualisierten Mediennutzung werden Klimawandelthemen aus Interesse eher selektiert und im Vergleich mit anderen Typen aktiver rezipiert und verarbeitet. Das zeigt sich zum einen darin, dass mehrere prägende journalistische, filmische oder literarische Erfahrungen lebhaft erinnert werden und zum anderen in der aktiven Aneignung der zugrunde liegenden Erlebnisse in Form von Anschlusskommunikation oder weiterer gezielter Informationssuche. Interpersonale Kommunikation findet öfters sowohl mit als auch ohne medialen Input und in erster Linie über individuelle Klimaschutzmöglichkeiten und Nachhaltigkeit statt. Einige haben dabei das Bedürfnis, andere aufzuklären und von einem klimafreundlichen Lebensstil zu überzeugen. Scheinbar direkte Erfahrungen mit dem Klimawandel wie Wetterveränderungen oder Gletscherschmelze werden öfters erinnert und vergrößern das Problembewusstsein – generell spielen sie bei der langfristigen Aneignung des Themas aber kaum eine Rolle. Insgesamt verläuft die langfristige Aneignung sehr dynamisch, doch ohne herausragende Schlüsselerfahrungen. Die Vielfältig Geprägten verbinden den Klimawandel vor allem mit dem Lifestyle-Thema der nachhaltigen Lebensweise. Manche sind Aktivisten, die sich politisch oder anderweitig für das Klima einsetzen und auch andere für das Thema begeistern möchten. Andere wiederum sind eher emotional distanziert – das Thema wird als fern und zu abstrakt und komplex empfunden. Auch wenn sie den Klimawandel kognitiv als Problem einschätzen und sogar überzeugt sind, dass er Folgen für die eigene Stadt hat, fühlen sie sich nicht davon berührt und wirklich betroffen. Dennoch verhalten sie sich klimabewusst. Diese Diskrepanz zwischen Wissen und Gefühlen wird teilweise sogar thematisiert: „… *das lässt mich nicht wirklich kalt, aber das betrifft mich auch nicht so sehr, wie ich intellektuell glaube, dass es mich betreffen müsste. Also es ist doch irgendwie ein Stück weit weg immer noch.*" (SB, männlich, 45, Journalist). Die Vielfältig Geprägten sind meist zwischen 30 und 50 Jahre alt und haben einen mittleren oder höheren Bildungsabschluss (Ausbildung oder Studium).

Auch die *Schulgeprägten* werden von ihrem klima- und umweltfreundlichen Elternhaus stark in ihrer Wahrnehmung, Einstellung und ihrem Verhalten beeinflusst. Besonders prägend sind für sie darüber hinaus Erfahrungen aus der Schulzeit, vor allem ihr Wissen beziehen sie eigenen Angaben zufolge zum Großteil aus der Schule. Dies liegt zum einen daran, dass bei ihnen die Schulzeit noch nicht lange zurückliegt, und zum anderen daran, dass das Thema Klimawandel dort ausführlich behandelt wurde. Am meisten und lebhaftesten erinnern sie sich daher an Diskussionen und Informationen im Unterricht und bspw. Projekte für eine klimafreundliche Stadt. Diesen Erfahrungen liegt eine besonders aktive Aneignung zugrunde, die zu neuen Erfahrungen führt. Es werden mehr Gespräche mit Familie und Freunden über Klimaschutz geführt, alltägliche Medienberichte aus Fernsehen oder überregionalen und regionalen Qualitätszeitungen zum Thema gezielt selektiert und bewusster wahrgenommen sowie gezielte Internetrecherchen zum Klimaschutz angestellt – teilweise für Schulaufgaben. Nachdem der Klimawandel nicht mehr in der Schule behandelt wird, geht das Informations- und Kommunikationsbedürfnis und damit auch die Häufigkeit an Erfahrungen wieder zurück. Zwar sprechen die Schulgeprägten weiterhin von Zeit zu Zeit mit Eltern und Freunden über Klimaschutzthemen, allerdings bleibt die gezielte Suche nach Informationen fortan aus. Journalistische oder Filmerfahrungen werden zufällig gemacht, vor allem letztere werden aber lebhaft erinnert und als prägend wahrgenommen. Auch hier verstärken (scheinbar) direkte Erfahrungen wie Wetter- und Umweltveränderungen zumindest kurzfristig das Problembewusstsein. Die Schulgeprägten betrachten den Klimawandel als bedrohliches Problem, teilweise ebenfalls mit einer emotionalen Distanz. Sie assoziieren das Thema in Übereinstimmung mit ihrem Erfahrungsschatz in erster Linie mit dem Schulunterricht. Sie sind der jüngste Aneignungstyp (Teenager oder Anfang 20) und haben Abitur.

Die *Wissenschaftsmediennutzer* werden ebenfalls von einem umweltbewussten Elternhaus in ihrer Wahrnehmung, Einstellung und ihrem Lebensstil geprägt. Gespräche mit Schulfreunden, Schüler-AGs und teilweise auch der Unterricht wecken weiteres Interesse an Umweltthemen und dem Klimawandel. Das Wissen über das Phänomen Klimawandel wird insbesondere durch wissenschaftliche oder politische Bücher und Aufsätze im Rahmen des Studiums oder Berufs oder Gespräche mit Kommilitonen angeeignet. Insgesamt zeichnen sich die Wissenschaftsmediennutzer durch eine außergewöhnlich häufige, vielfältige und gezielte Beschäftigung mit dem Klimawandel und eine lebhafte Erinnerung an unterschiedliche Erfahrungen aus. Sie nutzen neben überregionalen und regionalen journalistischen Qualitätsmedien vor allem wissenschaftliche oder politische Bücher, die teils zu Schlüsselerfahrungen werden, sowie Filme oder Zeitschriften von NGOs. Als einziger Typ nutzen die Wissenschaftsmediennutzer regelmäßig und gezielt wissenschaftliche Quellen, die sie beispielsweise auf den Webseiten des PIK, Geomar oder in Wissenschaftszeitschriften finden. Insgesamt ist ihre Onlinerecherche vielfältiger als die der bisher vorgestellten Typen und umfasst neben wissenschaftlichen Details Recherchen zu Klimapolitik und klimafreundlichen Technologien. Sie sprechen häufig mit ihren oftmals ebenfalls sehr interessierten Freunden und der Familie über Klimaschutz, erneuerbare Energien oder Klimapolitik. Teilweise werden diese Gespräche trotz der Vielfalt an medialen Kommunikationserfahrungen sogar als prägendste Erfahrungen und wichtigste Informationsquellen bezeichnet. Scheinbar direkte Erfahrungen spielen hier keine Rolle bei der langfristigen Aneignung des Themas. Unter den Wissenschaftsmediennutzern finden sich sowohl besonders problembewusste Engagierte mit einem Sendungsbewusstsein als auch Desillusionierte, die von der Politik und insbesondere den COP-Klimakonferenzen enttäuscht sind, sich aber dennoch klimafreundlich verhalten. Der Klimawandel ist für sie vor allem ein Politik- und Technik- sowie ein Wissenschaftsthema, was angesichts ihres Erfahrungsschatzes nicht verwundert. Sie sind zwischen 30 und Mitte 50 Jahre alt und haben vorwiegend einen umwelttechnischen Beruf.

4.5.4.2 Typen mit herausragender Schlüsselerfahrung oder „Schlüsselkommunikationsform"

Drei weitere Typen eint, dass sie eine einzigartige Schlüsselerfahrung oder eine bestimmte „Schlüsselkommunikationsform" wie keine andere Erfahrung intensiv und nachhaltig geprägt hat: *4) Social Media-Aktivierte, 5) Umweltkatastrophen-Aktivierte* und *6) Film-Aktivierte.* Diese Typen stammen aus keinem umwelt- oder klimabewussten Elternhaus. Die Erziehung legt hier also nicht den Grundstein für Basisüberzeugungen und Verhaltensweisen zu den Themen Umwelt und Klimawandel. Unter ihnen gibt es Personen mit unterschiedlichen Einstellungen und Verhaltensweisen bezüglich des Klimawandels.

Für die *Social Media-Aktivierten* ist der Klimawandel weder im Elternhaus noch in der Schule ein Thema, sondern begegnet ihnen zum ersten Mal in Jugendzeitschriften und journalistischen Medien. Manche dieser Angebote werden lebhaft erinnert und prägen das Problembewusstsein und die Verhaltensabsichten. Allerdings wird diesen Erfahrungen im Vergleich zur Nutzung sozialer Netzwerkplattformen eine geringe Bedeutung beigemessen. Facebook ist für sie seit einigen Jahren die wichtigste Informationsquelle zum Thema Klimawandel, zudem werden regelmäßig überregionale journalistische Online-Nachrichten, Nachrichten von E-Mail-Diensten wie „yahoo" und selten das Fernsehen genutzt. Mehrere Posts von einigen themeninteressierten Facebook-Freunden zu Klimaschutzthemen sowie die anschließende Kommunikation darüber werden für sie zu zentralen Erfahrungen, die langfristig das Wissen, Problembewusstsein und vor allem auch das klimabezogene Verhalten (z. B. im Bezug auf klimafreundlichen Konsum und Ernährung) verändern. Soziale Netzwerkplattformen wie Facebook sind für sie somit eine Art „Schlüsselkommunikationsform", bei der die Posts und die darauf folgende Interaktion sich wechselseitig aktivieren und verstärken. Begründet wird die große Bedeutung dieser Posts damit, dass sie die Kommunikatoren als kenntnisreich, vertrauenswürdig und authentisch wahrnehmen – sie stellen Vorbilder für einen klimafreundlichen Lebensstil dar. Interessanterweise werden bei den Posts in aller Regel journalistische oder NGO-Artikel geteilt. Es handelt sich also nicht um originäre Aussagen und Deutungen der Facebook-Freunde, sondern um andere Quellen, die durch die Glaubwürdigkeit der Personen, die sie „teilen", eher wahrgenommen und akzeptiert werden. Die Social Media Kommunikation wird als besonders nachhaltig bedeutsam wahrgenommen, da sie auch nach den Erlebnissen, die das Verhalten entscheidend verändert haben, weitergeführt wird und die Einstellungen und Verhaltensmuster somit bestärkt und festigt. Die *Social Media Aktivierten* veröffentlichen dabei zunehmend selbst aktiv Posts. Diese Social Media-Erlebnisse werden zudem aktiv angeeignet, indem sie Gespräche mit Freunden und Bekannten und eigene Onlinerecherchen anregen. Nicht zuletzt führen sie dazu, dass die Personen selbst ein Sendungsbewusstsein entwickeln und als Meinungsführer andere von einem klimafreundlichen Lebensstil überzeugen. Scheinbar direkte Erfahrungen mit dem Klimawandel spielen bei diesem Typ keine Rolle. Die Social Media-Aktivierten sind problembewusst und verhalten sich klimafreundlich. Sie verorten den Klimawandel in verschiedenen Themenfeldern, vor allem im Bereich nachhaltige Lebensweise, was wiederum mit ihrem Erfahrungsschatz korrespondiert. Sie weisen ein hohes Bildungsniveau auf und sind mittleren Alters.

Die *Umweltkatastrophen-Aktivierten* werden erst im Erwachsenenalter durch die journalistische Berichterstattung über Natur- und Umweltkatastrophen wie in Fukushima auf den Klimawandel aufmerksam; in der Kindheit und Schulzeit spielt dieser keine Rolle. Die Medienberichterstattung über eine Natur- und

Umweltkatastrophe wird als Schlüsselerfahrung wahrgenommen, die nachhaltig Interesse und Aufmerksamkeit für das Thema weckt sowie das Problembewusstsein und das klimabezogene Verhalten zumindest in Teilen verändert. Das Medienereignis wird aktiv angeeignet und weckt das Kommunikations- und Informationsbedürfnis, indem Gespräche mit Familie und Freunden über die Natur- und Umweltkatastrophe sowie erneuerbare Energien geführt werden und die Medienberichterstattung besonders intensiv verfolgt wird. Zwar nehmen die interpersonale Kommunikation sowie das Informationsbedürfnis langfristig wieder ab, doch das Thema wird eher beachtet und selektiert, wenn es in der habitualisierten Mediennutzung auftaucht. Diese umfasst vor allem das Fernsehen und dabei insbesondere Nachrichten und Filme, aber auch überregionale und regionale Qualitäts- und Boulevard-Zeitungen – online und Print. Zum Problembewusstsein tragen den *Umweltkatastrophen-Aktivierten* zufolge auch scheinbar direkte Erfahrungen mit dem Klimawandel wie mit Hautkrebs oder Sonnenbrand bei. Die *Umweltkatastrophen-Aktivierten* haben ein hohes Problembewusstsein für den Klimawandel, allerdings oft nur kognitiv und nicht emotional. Da sie sich zudem trotz Schlüsselerfahrung kaum klimabewusst verhalten, verspüren sie ein schlechtes Gewissen gegenüber dem Thema. Sie verknüpfen den Klimawandel vor allem mit Umweltkatastrophen, Energie- und Atompolitik und – im Gegensatz zu anderen Typen – kaum mit anderen Themen. Sie haben ein mittleres Bildungsniveau und Alter (30–50).

Die *Film-Aktivierten* kennen das Thema Klimawandel bereits aus der Schulzeit. Ihre Aufmerksamkeit und ihr Problembewusstsein wird aber erst durch einen Film geweckt, der zu einer Schlüsselerfahrung wird und zu einer kurzfristigen Verhaltensänderung führt. Oft handelt es sich dabei um „Eine unbequeme Wahrheit" von Al Gore. Teils wird der Film im Schulkontext rezipiert, teils gemeinsam mit Freunden oder Bekannten. Der Film aktiviert zahlreiche Anschlusskommunikationen sowie generell mehr interpersonale Kommunikation zum Thema und zwar vor allem über die Existenz des menschengemachten Klimawandels, was vermutlich auf den Inhalt des Films zurückzuführen ist. Diese neuen interpersonalen Erfahrungen führen bei einigen zu Verunsicherung, da mitunter die Glaubwürdigkeit der präsentierten Fakten oder Al Gores bezweifelt wird. Bei einem Teil der Personen wird zudem das Informationsbedürfnis geweckt. Diese recherchieren online weitere Informationen zum Thema und werden dort ebenfalls durch klimaskeptische Informationen verunsichert. Gerade der Film „Eine unbequeme Wahrheit" provoziert also öfters eine Diskussion über die Existenz des Klimawandels und in deren Folge eher Verunsicherung. Insofern aktiviert diese Schlüsselerfahrung einige und erhöht die Aufmerksamkeit für das Thema, obgleich diese Interviewpersonen weder die Aussagen des Films übernehmen noch das Verhalten langfristig verändern. Für andere, die nicht weiter recherchieren, prägt diese Schlüsselerfahrung ihr Problembewusstsein, aber nur kurzfristig ihr Verhalten – diese denken vor allem mit schlechtem Gewissen an den Klimawandel. Sowohl das Informations- als auch Kommunikationsbedürfnis nähert sich langfristig wieder dem Niveau vor der Schlüsselerfahrung an. Das Thema ist wieder nur unregelmäßig Gesprächsthema und wird lediglich über die habitualisierte Mediennutzung angeeignet – insbesondere das Fernsehen sowie überregionale Print- und Online-Zeitungen. Scheinbar direkte Erfahrungen wie Extremwetterereignisse werden zwar thematisiert, ihnen wird aber keine große Bedeutung für das Problembewusstsein zugemessen. Die *Film-Aktivierten* verhalten sich nach eigenem Empfinden nur wenig klimabewusst. Die meisten sehen den menschengemachten Klimawandel zumindest rein kognitiv als ein Problem an und haben aus diesem Grund ein schlechtes Gewissen. Allerdings gibt es auch einige, die Zweifel an den menschlichen Ursachen des Klimawandels haben und vom Thema enttäuscht, genervt und manchmal auch resigniert sind – in der Regel aus Frustration über die Politik und die *„einseitige"* (BW, männlich, 22, Student) Medienberichterstattung, die häufig als emotionalisierend und alarmistisch kritisiert wird. Dabei hat sich die Wahrnehmung des Themas meist nach der Schlüsselerfahrung verändert: *„Genervt sein mittlerweile, also am Anfang war es so, [...] dass ich das Thema natürlich insofern spannend fand, dass ich alarmiert gewesen bin, so wie das ja auch viele Menschen waren. Das war so ein Hype-Thema..."* (DI, weiblich, 35, Ärztin). Einige fühlen sich hilflos und haben den Eindruck, dass sie persönlich kaum einen Einfluss haben und ihr Verhalten egal ist. Nicht zuletzt gibt es unter den *Film-Aktivierten* Skeptiker, die davon überzeugt sind, dass der Klimawandel nur natürliche Ursachen hat, und deswegen Klimaschutz und Klimapolitik per se ablehnen und kritisieren. Die Filmaktivierten verorten den Klimawandel in unterschiedlichen Themenbereichen. Sie besitzen ein hohes Bildungsniveau, sind meist zwischen 20–30 Jahre alt und damit vergleichsweise jung.

4.5.4.3 Typen mit eher diffusen massenmedialen Erfahrungen

Drei weitere Typen zeichnet aus, dass sie sich das Thema Klimawandel langfristig vor allem über die habitualisierte Nutzung journalistischer bzw. traditioneller massenmedialer Angebote wie Zeitung oder Fernsehen aneignen. Im Vergleich mit den anderen Typen ist ihr Erfahrungsschatz klein, wenig vielfältig und der Verlauf der langfristigen Aneignung wenig dynamisch, wenige Erfahrungen sind also für sie herausragend: *7) aktive Massenmediengeprägte, 8) passive Massenmediengeprägte und 9) Massenmedienskeptiker.* Die *aktiven Massenmediengeprägten* und *passiven Massenmediengeprägten* ähneln sich darin, dass der Klimawandel oder auch Umweltthemen in ihrer Kindheit und Jugend noch kein Thema waren – weder im Elternhaus noch in der Schule – und sie sich das Thema langfristig über die habitualisierte Nutzung journalistischer Medien wie Fernsehen und regionale Zeitungen angeeignet haben. Beide Typen haben wenig konkrete Erinnerungen an einzelne Erfahrungen, viele sind in das Grundrauschen eingegangen. Selten werden Naturkatastrophen erinnert. Zudem zeichnen sich diese Typen dadurch aus, dass sie über die habitualisierte Mediennutzung hinaus keine Informationen suchen und weder im Internet noch über andere mediale Quellen etwas über das Thema erfahren. Allerdings gibt es auch bemerkenswerte Unterschiede zwischen den Typen. Die *aktiven Massenmediengeprägten* sind generell am Thema interessiert und eignen sich das Thema auch aktiv an, indem sie sich mit Freunden und Bekannten über Klimaschutzmaßnahmen unterhalten oder zumindest Smalltalk über fehlgeleitete Politik oder Wetterveränderungen führen. Allerdings weisen sie diesen Gesprächen im Gegensatz zur Mediennutzung meistens eine untergeordnete Rolle bei ihrer Meinungsbildung zu. Sie sind davon überzeugt, die Folgen des Klimawandels bereits direkt zu spüren, was ihr Problembewusstsein verstärkt. Trotz emotionaler Distanz sind sie vom Klimawandel überzeugt und verhalten sich klimafreundlich. Sie sehen den Klimawandel insbesondere als Umwelt- und Lifestyle-Thema. Die *passiven Massenmediengeprägten* hingegen haben ein besonderes geringes Interesse am Thema und führen daher keine oder in seltenen Fällen oberflächliche Gespräche über Wetterveränderungen. Teilweise vermeiden sie auch in der habitualisierten Mediennutzung das Thema, indem sie entsprechende Artikel oder TV-Nachrichten bewusst nicht selektieren oder umschalten. Es lässt sich teilweise fast von einer bewussten „Nichtaneignung" sprechen: *„Das ist wirklich so ein Thema, was ich einfach ausblende."* (VR, männlich, 43, Kaufmännischer Angestellter). Dies geschieht zum einen aus Desinteresse und zum anderen, weil sie von der scheinbar einseitigen und alarmistischen Medienberichterstattung genervt sind. Im Gegensatz zu den *aktiven Massenmediengeprägten* sehen sie bei vielen erinnerten Erfahrungen wie Sturmfluten keinen Zusammenhang mit dem Klimawandel. Zudem verhalten sie sich nicht klimafreundlich. Sie denken zwar generell, dass es einen Klimawandel gibt, sind sich aber nicht sicher, ob er menschgemacht ist und überhaupt problematische Folgen hat. Sie sehen insbesondere die Politik und nicht den Einzelnen in der Verantwortung und fühlen sich hilf- und machtlos, emotional distanziert und teilweise auch genervt vom Thema. Der Klimawandel ist für sie auch vor allem ein Politik- und Medienthema. Sowohl die *aktiven Massenmediengeprägten* als auch die *passiven Massenmediengeprägten* haben überwiegend ein niedriges bis mittleres Bildungsniveau und sind in der Mehrheit über 60 Jahre alt.

Die *Massenmedienskeptiker* erfahren wie auch die *aktiven* und *passiven* *Massenmediengeprägten* weder im Elternhaus noch in der Schule, sondern zum ersten Mal aus den Medien etwas über den Klimawandel. Auch hier sind journalistische Medienangebote wie TV, Radio und Tageszeitungen im gesamten langfristigen Aneignungsprozess die zentrale Informationsquelle. Diese Erfahrungen werden kaum konkret erinnert und gehen in ein diffuses Grundrauschen ein. Im Gegensatz zu den aktiven und *passiven Massenmediengeprägten* hat sich allerdings die Bewertung der journalistischen Angebote und infolgedessen das Erfahrungsrepertoire im Zeitverlauf verändert, ohne dass eine einzelne ausschlaggebende Erfahrung identifiziert werden könnte. Sowohl die Glaubwürdigkeit von Wissenschaftlern, die als käuflich bezeichnet werden, als auch von Journalisten, die scheinbar „*gleichgeschaltet*" (SiS, männlich, 70, Rentner) sind, werden in Zweifel gezogen. Der Klimawandel wird, wenn überhaupt, als natürliches Phänomen betrachtet und Klimaschutzmaßnahmen werden kritisiert. Entsprechend werden die Medienberichterstattung, aber auch andere Quellen wie Wissenschaftszeitschriften zunehmend abgelehnt und ignoriert. Stattdessen wird mithilfe von Onlinerecherchen, aber auch in der habitualisierten Mediennutzung gezielt nach „*gegenteiligen*" (SiS, männlich, 70, Rentner) Artikeln gesucht: „*Ich habe versucht, gegenteilige Artikel auch irgendwie rauszukriegen, was relativ schwierig ist...*" (SiS, männlich, 70, Rentner). Die *Massenmedienskeptiker* fühlen sich daher „*resistent*" (SiS, männlich, 70, Rentner) gegen die journalistische Berichterstattung. Gespräche über den Klimawandel werden weitgehend vermieden, da das Thema und die Meinungen anderer als nervend betrachtet werden. Der Klimawandel ist für die *Massenmedienskeptiker* insbesondere ein Wissenschafts-, Politik- und Medienthema. Sie haben eher ein hohes Bildungsniveau und sind über 60 Jahre alt.

Die vorgestellten Typen zeigen, dass es unterschiedliche langfristige Aneignungsverläufe sowie Erfahrungsschätze gibt, die anscheinend mit der umwelt- oder klimafreundlichen Erziehung im Elternhaus und dem Alter der Person zusammenhängen: Typen wie die *Vielfältig Geprägten*, *Schulgeprägten* und *Wissenschaftsmediennutzer*, die jüngeren bis mittleren Alters sind und eine umwelt- oder klimafreundliche Erziehung genossen haben, sind vom Klimawandel überzeugt und bemühen sich um klimafreundliches Verhalten. Sie eignen sich das Thema mit hohem Themeninteresse aktiv an, indem sie sich neben journalistischen Angeboten auch gezielt über andere Quellen informieren und zudem öfters mit anderen über das Thema sprechen. Bei Typen, die kein umwelt- oder klimafreundliches Elternhaus und dadurch eine weniger gefestigte Voreinstellung haben, können hingegen spezifische Erfahrungen das Problembewusstsein und das Verhalten verändern – etwa eine bestimmte Freundeskonstellation in Social Media Kanälen *(Social Media-Aktivierte)* sowie einzelne Schlüsselerfahrungen wie medial vermittelte Naturkatastrophen *(Umweltkatastrophen-Aktivierte)* oder Filme *(Film-Aktivierte)*. Typen mit einzelnen Schlüsselerfahrungen sind besonders häufig von einem schlechten Gewissen geplagt – vermutlich weil die einzelne Schlüsselerfahrung zwar das generelle Problembewusstsein, aber nicht immer das Verhalten nachhaltig prägt. Bei anderen Typen ohne umwelt- oder klima-freundliche Erziehung wie den *aktiven* und *passiven Massenmediengeprägten,* die zudem ein höheres Alter haben, verläuft die Aneignung ohne Schlüsseler-fahrungen und ist beschränkt auf die habitualisierte Nutzung journalistischer Angebote, die in das diffuse Grundrauschen eingehen. Sie sind tendenziell weni-ger am Thema interessiert, unsicherer, was die Existenz des Klimawandels betrifft und verhalten sich weniger klimafreundlich. Teilweise führt das Desinteresse dazu, dass Informationen gezielt ausgeblendet und keinerlei Gespräche über das Thema geführt werden. Die *Massenmedienskeptiker* werden im Zeitverlauf gegen-über den menschgemachten Ursachen des Klimawandels so skeptisch, dass sie die journalistische Berichterstattung ablehnen und das Erfahrungsrepertoire ver-ändern, indem sie vor allem online gezielt nach „alternativen" Informationen suchen.

Die Aneignungstypen können zum Teil an bisherige Befunde anknüpfen und diese erweitern: So zeigen Metag et al. (2015) Einstellungstypen mit spezi-fischen Medien- und Kommunikationsrepertoires zum Klimawandel ebenfalls, dass besonders Problembewusste *(Alarmierte und Besorgte Aktivisten)* mehr Informationen und das Internet nutzen sowie eher darüber sprechen. Metags Ein-stellungstyp „Uninteressierte" ähnelt wiederum dem Aneignungstyp *„passive Massenmediengeprägte"*, und zwar nicht nur in ihrer Altersstruktur: Sie nutzen ebenfalls am wenigsten Informationen zum Klimawandel, vermeiden diese sogar teilweise und sprechen kaum über das Thema.

4.6 Diskussion

Der Beitrag untersucht, wie der Klimawandel langfristig in die Köpfe kommt, welche Erfahrungen dabei von Bedeutung sind und welche Aneignung ihnen zugrunde liegt. Dafür wurde zunächst ein theoretisches Konzept entwickelt, mit dem der komplexe und dynamische Prozess der langfristigen Aneignung eines Themas auf Basis verschiedener Erfahrungen beschrieben werden kann, und es wurde anschließend mithilfe von qualitativen Leitfadeninterviews erstmals der gesamte Erfahrungsschatz und Umgang mit dem Klimawandel im Verlauf des Lebens rekonstruiert.

Die Ergebnisse zeigen, dass sich im Lauf des Lebens ein vielfältiger Erfahrungsschatz herausbildet, nicht nur durch massenmediale Angebote, sondern auch den Umgang mit Filmen, Büchern, Gesprächen, Social Media-Kommunikation, Schulunterricht oder durch scheinbar direkte Erfahrungen mit Klimawandelfolgen. Sie unterscheiden sich in ihrer Bedeutung für Wahrnehmungs-, Einstellungs- und Verhaltensmuster. Zentral ist hierbei der Befund, dass es im langfristigen Aneignungsprozess sogenannte *Schlüsselerfahrungen* gibt, die besonders intensiv und dauerhaft präsent und prägend sind und denen eine besonders aktive Aneignung zugrunde liegt. Sie lösen meist eine Kaskade neuer Erfahrungen aus, indem mehr über das Thema gesprochen wird, Informationen eher wahrgenommen und selektiert oder teilweise auch gezielt gesucht werden (bspw. online). Andere Erfahrungen sind weniger prägend, manche werden nur diffus oder gar nicht erinnert und gehen in das *Grundrauschen* ein.

Journalistische Berichterstattung ist ein wichtiger Thementrigger und sorgt vor allem dafür, dass das Thema präsent bleibt. Journalismus gilt vielen als zentrale Informationsquelle; ihm wird daher neben Büchern und Filmen sowie dem Schulunterricht eine große Bedeutung für das Klimawissen zugemessen. Viele journalistische Medienerfahrungen gehen ins Grundrauschen ein, zu Schlüsselerfahrungen werden hier medial vermittelte Ereignisse wie Fukushima. Besonders häufig werden das Erleben von Dokumentarfilmen wie „Eine unbequeme Wahrheit" von Al Gore oder Büchern zu Schlüsselerfahrungen. Interpersonale Kommunikation, die vor allem mit der Familie, Freunden und dem Partner stattfindet, beeinflusst hingegen nach subjektiver Einschätzung besonders das klimabezogene Verhalten. Möglicherweise lässt sich dies zum Teil damit erklären, dass dabei vor allem unterschiedliche Aspekte zum Klimaschutz diskutiert werden. Teilweise prägen (scheinbar) direkte Erfahrungen mit den Folgen des Klimawandels wie bspw. Sturmfluten – wenn überhaupt – das Problembewusstsein. Sowohl interpersonale als auch (scheinbar) direkte Erfahrungen werden nicht als Schlüsselerfahrungen erlebt.

Der langfristige Aneignungsprozess ist im Zeitverlauf dynamisch, d. h. nicht gleichmäßig: Zum einen durch die unterschiedlich intensive Aneignung einzelner Erlebnisse und entsprechend unterschiedlich bedeutsamer Erfahrungen. Zum anderen dadurch, dass sich die langfristige Aneignung mitunter auf bestimmte Phasen des Lebens konzentriert, beispielsweise weil eine Schlüsselerfahrung zahlreiche neue Erfahrungen auslöst oder das Thema länger in der Schule o. ä. behandelt wird. Zudem sind die einzelnen Erfahrungen dynamisch; sie verändern sich im Zeitverlauf und im Wechselspiel mit anderen Erfahrungen. Insgesamt konnten sechs dynamische Prozesse herausgearbeitet werden: Erfahrungen werden durch andere verstärkt, abgeschwächt, aktiviert, überlagert, reaktiviert oder umgedeutet.

Der zeitliche Verlauf der langfristigen Aneignung folgt zwar tendenziell dem Themenzyklus der Medienberichterstattung, ist aber individuell sehr unterschiedlich. Es gibt keine kollektiven Erfahrungen (bspw. Fukushima), die für alle (gleich) bedeutsam sind. Allerdings lassen sich neun Aneignungstypen mit spezifischen Aneignungsverläufen und Erfahrungsschätzen identifizieren, die sich durch bestimmte Wahrnehmungs-, Einstellungs- und Verhaltensmuster sowie soziodemografische Merkmale auszeichnen: *1) Vielfältig Geprägte, 2) Schulgeprägte, 3) Wissenschaftsmediennutzer, 4) Social Media-Aktivierte, 5) Umweltkatastrophen-Aktivierte, 6) Film-Aktivierte, 7) aktive Massenmediengeprägte, 8) passive Massenmediengeprägte* und *9) Massenmedienskeptiker.* Dabei scheint vor allem die umwelt- oder klimafreundliche Erziehung im Elternhaus den weiteren Verlauf der Aneignung zu prägen. Sie beeinflusst demnach, dass sich ein Themeninteresse herausbildet und man sich das Thema Klimawandel langfristig aktiv und über vielfältige Quellen aneignet – neben der Medienberichterstattung auch über Filme, Bücher, Zeitschriften von Umweltorganisationen, gezielte Onlinerecherchen und viele Gespräche (Typ 1–3). Die langfristige Aneignung verläuft bei den Typen 1–3 dynamisch: Sie machen viele prägende Erfahrungen und teilweise sogar mehrere Schlüsselerfahrungen. Diese Typen haben ein vergleichsweise hohes Problembewusstsein und einen klimabewussten Lebensstil. Allerdings wird der Klimawandel oft nur kognitiv als Problem für die Erde, die eigene Region und einen selbst verstanden und berührt nicht emotional – man müsste daher in künftigen Forschungen zwischen einem kognitiven und affektiven Problembewusstsein unterscheiden. Bei Typen ohne umwelt- oder klimafreundliche Erziehung ist der Erfahrungsschatz hingegen weniger vielfältig. Hierbei gibt es zum einen Typen, bei denen einzelne Kommunikationsformen wie Facebook oder Schlüsselerfahrungen eine besonders herausragende Rolle spielen (Typ 4–6). Bei ihnen konzentriert sich die langfristige Aneignung des Themas Klimawandel entsprechend auf bestimmte Phasen. Diese Typen sind überwiegend vom menschengemachten Klimawandel überzeugt – oft mit stärkeren Unsicherheiten -, aber verhalten sich nicht immer klimabewusst. Zum anderen gibt es Typen (7–9), unter denen sich fast nur Ältere befinden, bei denen die Aneignung des Themas ohne Schlüsselerfahrungen und vergleichsweise wenig dynamisch verläuft. Diese ist meist auf die habitualisierte Nutzung journalistischer Angebote beschränkt. Das Thema Klimawandel kommt erst in ihrem Erwachsenenleben auf – Schule und Eltern fallen daher als Erfahrungsquellen weg. Sie eignen sich das Thema nicht aktiv über interpersonale

Kommunikation oder gezielte Informationssuchen an, sondern versuchen teilweise sogar, Informationen auszublenden. Sie sind am wenigsten am Klimawandel interessiert, unsicherer mit Blick auf seine Existenz und menschlichen Ursachen und verhalten sich weniger klimafreundlich. Der Massenmedienskeptiker wird an einem gewissen Punkt so skeptisch gegenüber der Existenz des Klimawandels und der Medienberichterstattung, dass er zunehmend gezielt nach gegenteiligen Informationen sucht, vor allem online. Die Aneignung des Themas Klimawandel verändert sich hier also im Zeitverlauf.

Die Befunde sind nicht nur für die sozialwissenschaftliche Klimawandelforschung bedeutsam, sondern auch für die Theoriebildung in der Rezeptions-, Aneignungs- und Wirkungsforschung. Insbesondere zwei Ergebnisse, die in das hier entwickelte theoretische Konzept integriert wurden, erweitern bisherige Modelle zu langfristigen Wirkungen wie das Kaskadenmodell des dynamisch-transaktionalen Ansatzes (Früh und Schönbach 1991) und sind für das Verständnis der Dynamik langfristiger Aneignung zentral. Dies ist zum einen der Befund, dass der langfristige Aneignungsprozess nicht gleichmäßig und linear verläuft. Erfahrungen sind unterschiedlich intensiv und dauerhaft von Bedeutung – am intensivsten *Schlüsselerfahrungen,* am schwächsten Erfahrungen, die in das *Grundrauschen* eingehen. Zum anderen ist es der Befund, dass Erfahrungen im Zeitverlauf und Wechselspiel mit anderen Erfahrungen dynamisch sind. Im Gegensatz zu bisherigen theoretischen Überlegungen (bspw. Früh 1991; Noelle-Neumann 1987) zeigt sich hierbei, dass nicht nur frühere Erfahrungen spätere verstärken, sondern diese auch abschwächen und aktivieren können. Zudem können auch neuere Erfahrungen die Bedeutung von älteren Erfahrungen verändern, indem sie diese reaktivieren, überlagern oder umdeuten.

Das Konzept erweist sich als tragfähig und empirisch fruchtbar, da es mit Blick auf den Zeithorizont und die Vielfalt an Erfahrungen eine weite Perspektive einnimmt und trotzdem die individuellen Aneignungsprozesse berücksichtigt. Der hier entwickelte Erfahrungsbegriff ist für diese Perspektive besonders geeignet. Er beinhaltet zum einen die zeitlich-dynamische Komponente – eine Erfahrung kann sich also wandeln. Zum anderen fokussiert er die subjektive Bedeutungszuschreibung, was besonders sinnvoll erscheint, da mitunter auch Situationen wie bspw. Sonnenbrände, die aus wissenschaftlicher Sicht nichts mit dem Klimawandel zu tun haben, zu Klimawandelerfahrungen werden.

Die ergebnisoffenen qualitativen Interviews erweisen sich als geeigneter methodologischer Ansatz, um die langfristige Aneignung eines Themas zu untersuchen. Im Gegensatz zu quantitativen Verfahren konnten somit auch vergangene

Erfahrungen, die Dynamik und unterschiedliche Bedeutung von Erfahrungen sowie die zugrunde liegenden Aneignungsprozesse rekonstruiert und exploriert werden. Allerdings können die qualitativen Ergebnisse nur eingeschränkt generalisiert werden und stellen im Gegensatz zu „objektiven Messverfahren" nur eine subjektive Perspektive dar.

Die Ergebnisse eröffnen vielfältige Forschungsperspektiven. So lohnt es sich, zukünftig den Fokus auf potenzielle Schlüsselerfahrungen wie Filme zu legen. Aufgrund der Bedeutung von dialogischer Kommunikation – sowohl nicht-medial im Fall von interpersonaler Kommunikation als auch medial im Fall von Social Media-Kommunikation – sollte die Rolle von Meinungsführern weiter untersucht werden (siehe dazu De Silva-Schmidt und Taddicken, Kap. 5 in diesem Band, Kap. 5). Weiterhin sollte erforscht werden, wie der Klimawandel im Schulunterricht vermittelt wird, da die Schule vor allem unter den Jüngeren eine wichtige Informationsquelle darstellt. Zudem stellt sich die Frage, inwieweit die Befunde auf andere gesellschaftlich relevante Themen übertragbar sind. Sind die dargestellten Aneignungsverläufe typisch für das abstrakte, sinnlich nicht wahrnehmbare Thema Klimawandel oder doch bis zu einem bestimmten Punkt übertragbar? Unklar ist auch, inwieweit die Ergebnisse spezifisch für Deutschland sind. Studien zur Wahrnehmung des Klimawandels in Bangladesch weisen zumindest darauf hin, dass das Thema in Entwicklungsländern über ganz andere Informationsquellen wie bspw. Vorträge von NGOs angeeignet wird (Mahmud 2016). Spannend ist nicht zuletzt die Frage, ob sich die langfristige Aneignung zukünftig durch die wachsende Bedeutung von Onlinekommunikation und speziell von Social Media verändern wird. Führt das beispielsweise dazu, dass auch Laien selbst mehr über den Klimawandel kommunizieren? Angesichts öffentlicher Debatten über die zunehmende Verbreitung von „Fakenews" bzw. „alternative facts" auf Social Media interessiert dabei auch, inwiefern diese Nutzung wiederum die Wahrnehmung und Einstellung zum Klimawandel beeinflusst.

Anhang

Siehe Tab. A.1

Tab. A1 Sample mit Blick auf soziodemografische Merkmale der Interviewpersonen

Nr	Kürzel	Geschlecht	Alter	Bildung	Beruf	Wohnort	Sturmflut-gefährdetes Wohngebiet[a]	Herkunft
(N = 41)		w = 21 m = 20	<20 = 3 21–30 = 5 31–44 = 18 45–59 = 8 >60 = 7	Niedrig (max. Hauptschulabschluss) = 5 Mittel (max. Realschulabschluss) = 7 Hoch (mind. Fachabitur) = 29		Stadt HH = 27 Umland HH = 14	Gefährdet = 9 Nicht gefährdet = 18 Unbekannt = 14	Deutschland (D.) = 36 Migration (eigene oder der Eltern) = 5
1.	AB	m	70	Mittel	Rentner	Umland	Nein	Österreich
2.	AC	w	74	Mittel	Rentnerin (Arzthelferin)	Umland	Nein	D.
3.	AG	m	37	Hoch: Abitur	Künstler	Stadt	Leicht	D.
4.	AK	m	42	Hoch: Abitur	Mediengestalter	Stadt	Leicht	D.
5.	AS	m	25	Hoch: Studium	Veranstaltungskaufmann	Stadt	Stark	D.
6.	AsS	w	19	Hoch: Abitur	Abiturientin	Stadt	Nein	D.
7.	AT	w	59	Hoch: Studium	Produktionsassistentin	Stadt	–	D.
8.	BE	m	41	Hoch: Studium	Installateur von Solaranlagen	Stadt	Leicht	D.
9.	BW	m	22	Hoch: Abitur	Student	Stadt	Nein	D.

(Fortsetzung)

Tab. A1 (Fortsetzung)

Nr	Kürzel	Geschlecht	Alter	Bildung	Beruf	Wohnort	Sturmflut-gefährdetes Wohngebiet[a]	Herkunft
10.	CD	m	32	Hoch: Studium	Controller/Banker	Stadt	–	D.
11.	CH	w	17	Hoch: Fachabitur	Schülerin	Stadt	–	D.
12.	CS	m	32	Hoch: Abitur	Techniker in Offshorewindkraft	Stadt	–	Europäer
13.	CW	w	56	Hoch: Promotion	Hauskrankenpflegerin	Umland	Nein	D.
14.	DI	w	35	Hoch: Promotion	Ärztin	Umland	Nein	D.
15.	FB	m	37	Hoch: Abitur	Friseur	Stadt	Ja	D.
16.	FH	w	31	Hoch: Studium	Lehrerreferendarin	Stadt	–	D.
17.	FK	w	39	Niedrig	Pflegeassistentin/Arbeitslos	Stadt	–	Ex-Jugoslawien
18.	Ha	m	24	Mittel	Auszubildender	Stadt	Nein	Eritrea
19.	HF	w	80	Niedrig	Erzieherin	Umland	Nein	D.
20.	HoJ	m	47	Niedrig	KFZ-Mechaniker/Maurer	Umland	Nein	D.
21.	HW	m	23	Hoch: Abitur	Student	Umland	Nein	D.

(Fortsetzung)

Tab. A1 (Fortsetzung)

Nr	Kürzel	Geschlecht	Alter	Bildung	Beruf	Wohnort	Sturmflut-gefährdetes Wohngebiet[a]	Herkunft
22.	IA	w	31	Hoch: Abitur	Berufsausbildung	Stadt	–	D./Ukraine
23.	JM	m	57	Hoch: Studium	Bibliothekar/Arbeitslos	Stadt	–	D.
24.	JS	m	42	Hoch: Studium	Schiffbauer	Umland	Leicht	D.
25.	KeG	w	41	Hoch: Studium	Oberstudienrätin	Stadt	Leicht	D.
26.	KF	m	79	Niedrig	Rentner/Schiffbautechniker	Umland	Nein	D.
27.	KIG	w	52	Hoch: Studium	Referentin für Kommunikation	Stadt	–	D.
28.	KO	w	76	Mittel	Rentnerin	Umland	Nein	D.
29.	MS	m	47	Mittel	Selbstständig	Umland	Nein	D.
30.	MZ	w	39	Hoch: Studium	Unternehmensberaterin	Stadt	–	D.
31.	OR	w	36	Hoch: Studium	Hundetrainerin	Stadt	Leicht	D.
32.	Pa	w	22	Hoch: Abitur	Studentin	Stadt	Nein	Griechenland/Bulgarien
33.	RB	w	64	Mittel	Diakonin	Umland	Nein	D.
34.	SB	m	45	Hoch: Abitur	Journalist	Stadt	Leicht	D.

(Fortsetzung)

Tab. A1 (Fortsetzung)

Nr	Kürzel	Geschlecht	Alter	Bildung	Beruf	Wohnort	Sturmflut-gefährdetes Wohngebiet[a]	Herkunft
35.	SiS	m	70	Hoch: Studium	Rentner: Berufs-schullehrer, Ingenieur, Schlosser	Umland	Nein	D.
36.	SK	w	31	Hoch: Studium	Mitarbeiterin im Finanz- und Rechnungs-wesen	Stadt	–	D.
37.	SM	w	44	Mittel	Zahnarzthelferin	Stadt	Nein	D.
38.	SuS	w	51	Hoch: Fachabitur	Schifffahrts-kauffrau	Stadt	–	D.
39.	SW	w	18	Hoch: Abitur	Kindermädchen	Stadt	–	D.
40.	TS	m	44	Niedrig	Lagerarbeiter	Umland	Nein	D.
41.	VR	m	43	Hoch: Fachabitur	Kaufmännischer Angestellter	Stadt	–	D.

[a]Gemäß der Gefahren- und Risikokarten der Stadt Hamburg (http://www.hamburg.de/hwrm-karten/).

Literatur

Aristoteles (1981). *Metaphysik. Schriften zur ersten Philosophie*. Stuttgart: Reclam.

Arlt, D., Hoppe, I. & Wolling, J. (2010). Klimawandel und Mediennutzung. Wirkungen auf Problembewusstsein und Handlungsabsichten. *Medien und Kommunikationswissenschaft* 58, 3–25.

Aufenanger, S. (2006). Medienbiographische Forschung. In H.-H. Krüger & W. Marotzki (Hrsg.), *Handbuch erziehungswissenschaftliche Biographieforschung* (2., überarbeitete und aktualisierte Auflage, S. 515–525). Wiesbaden: VS Verlag für Sozialwissenschaften.

Ayaß, R. (Hrsg.). (2011). *Qualitative Methoden der Medienforschung*. Mannheim: Verl. für Gesprächsforschung.

Balmford, A., Manica, A., Airey, L., Birkin, L., Oliver, A. & Schleicher, J. (2004). Hollywood, Climate Change, and the Public. *Science* 305, 1713. https://doi.org/10.1126/science.305.5691.1713b

Barthelmes, J. & Sander, E. (1997). *Medien in Familie und Peer-group. Vom Nutzen der Medien für 13-und 14jährige*. München: DJI-Verlag.

Beattie, G. B., Sale, L. & McGuire, L. (2011). An inconvenient truth? Can a film really affect psychological mood and our explicit attitudes towards climate change? *Semiotica* 187, 105–125.

Bell, A. (1994). Media (mis)communication on the science of climate change. *Public Understanding of Science* 3, 259–275. https://doi.org/10.1088/0963-6625/3/3/002

Benjamin, W. (1991). *Aufsätze. Essays. Vorträge. Gesam. Schriften Band II.1*. Frankfurt am Main: Suhrkamp.

Biehl, P. (2000). *Schlüsselerfahrungen (Jahrbuch der Religionspädagogik)*. Neukirchen-Vluyn: Neukirchener Verlag.

Bilstein, J. & Peskoller, H. (2013). *Erfahrung – Erfahrungen*. Wiesbaden: Springer Fachmedien.

Binder, A. R. (2010). Routes to Attention or Shortcuts to Apathy? Exploring Domain-Specific Communication Pathways and Their Implications for Public Perceptions of Controversial Science. *Science Communication* 32, 383–411. https://doi.org/10.1177/1075547009345471

Brosius, H.-B. & Eps, P. (1993). Verändern Schlüsselereignisse journalistische Selektionskriterien? Framing am Beispiel der Berichterstattung über Anschläge gegen Ausländer und Asylanten. *Rundfunk und Fernsehen* 41, 512–530.

Brulle, R. J., Carmichael, J. & Jenkins, J. C. (2012). Shifting public opinion on climate change. An empirical assessment of factors influencing concern over climate change in the US, 2002–2010. *Climatic Change* 114, 169–188.

Bruns, A. (2008). *Blogs, Wikipedia, Second Life, and beyond: From production to produsage*. New York: Peter Lang.

Cabecinhas, R., Lázaro, A. & Carvalho, A. (2008). Media uses and social representations of climate change. In A. Carvalho (Hrsg.), *Communicating Climate Change: Discourses, Mediations and Perceptions* (S. 170–189). Braga: Centro de Estudos de Comunicação e Sociedade, Universidade do Minho.

Capstick, S. B. & Pidgeon, N. F. (2014). What is climate change scepticism? *Global Environmental Change* 24, 389–401. https://doi.org/10.1016/j.gloenvcha.2013.08.012

Certeau, M. de. (1980). *Kunst des Handelns*. Berlin: Merve.

Charlton, M. & Neumann-Braun, K. (1992). *Medienkindheit – Medienjugend: eine Einführung in die aktuelle kommunikationswissenschaftliche Forschung*. München: Quintessenz-Verlag.

Corner, A., Markowitz, E. & Pidgeon, N. (2014). Public engagement with climate change. The role of human values. *Wiley Interdisciplinary Reviews: Climate Change* 5, 411–422. https://doi.org/10.1002/wcc.269

Corner, A., Whitmarsh, L. & Xenias, D. (2012). Uncertainty, scepticism and attitudes towards climate change. Biased assimilation and attitude polarisation. *Climatic Change* 114, 463–478. https://doi.org/10.1007/s10584-012-0424-6

Esham, M. & Garforth, C. (2013). Agricultural adaptation to climate change. Insights from a farming community in Sri Lanka. *Mitigation and Adaptation Strategies for Global Change* 18, 535–549. https://doi.org/10.1007/s11027-012-9374-6

Faber, M. (2001). Medienrezeption als Aneignung. In W. Holly, U. Püschel & J. Bergmann (Hrsg.), *Der sprechende Zuschauer* (S. 25–40). Wiesbaden: VS Verlag für Sozialwissenschaften.

Feldman, L., Myers, T. A., Hmielowski, J. D. & Leiserowitz, A. (2014). The Mutual Reinforcement of Media Selectivity and Effects. Testing the Reinforcing Spirals Framework in the Context of Global Warming. *Journal of Communication* 64, 590–611. https://doi.org/10.1111/jcom.12108

Finger, J. (2016). *Fernseh-Erinnerungen. Eine Untersuchung subjektiv wahrgenommener Medienwirkungen auf mentale und kollektive Repräsentationen vom Holocaust*. Hamburg: WISO Fakultät, Universität Hamburg.

Flick, U. (2010). *Qualitative Sozialforschung* (3. Aufl.). Reinbek: Rowohlt.

Fortner, R. W., Lee, J.-Y., Corney, J. R., Romanello, S., Bonnell, J., Luthy, B., Figuerido, C. & Ntsiko, N. (2000). Public Understanding of Climate Change. Certainty and willingness to act. *Environmental Education Research* 6, 127–141.

Früh, W. (Hrsg.) (1991). *Medienwirkungen: Das dynamisch-transaktionale Modell. Theorie und empirische Forschung*. Opladen: Westdeutscher Verlag.

Früh, W. (2001). Der dynamisch-transaktionale Ansatz. Ein integratives Paradigma für Medienrezeption und Medienwirkungen. In P. Rössler, U. Hasebrink & M. Jäckel (Hrsg.), Theoretische *Perspektiven der Rezeptionsforschung* (S. 11–34). München: Reinhard Fischer.

Früh, W. & Schönbach, K. (1984). Der dynamisch-transaktionale Ansatz II: Konsequenzen. *Rundfunk und Fernsehen* 32, 314–329.

Früh, W. & Schönbach, K. (1991). Der dynamisch-transaktionale Ansatz. Ein neues Paradigma der Medienwirkungen. In W. Früh (Hrsg.), *Medienwirkungen: Das dynamisch-transaktionale Modell. Theorie und empirische Forschung* (S. 23–39). Opladen: Westdeutscher Verlag.

Gehlen, A. (1983). Vom Wesen der Erfahrung. In A. Gehlen (Hrsg.), *Philosophische Anthropologie und Handlungslehre*. Gesamtausgabe, Bd. IV. Frankfurt am Main: Klostermann.

Gehrau, V. (2002). Eine Skizze der Rezeptionsforschung in Deutschland. In P. Rössler, S. Kubisch & V. Gehrau (Hrsg.), *Empirische Perspektive der Rezeptionsforschung* (S. 9–47). München: Reinhard Fischer.

Geimer, A. (2011). Das Konzept der Aneignung in der qualitativen Rezeptionsforschung. *Zeitschrift für Soziologie* 40, 191–207.

Göttlich, U., Krotz, F. & Paus-Hasebrink, I. (2001). *Daily Soaps und Daily Talks im Alltag von Jugendlichen* (Bd. 38). Wiesbaden: Springer DE.

Greitemeyer, T. (2013). Beware of climate change skeptic films. *Journal of Environmental Psychology* 35, 105–109. https://doi.org/10.1016/j.jenvp.2013.06.002

Hart, P. S. & Leiserowitz, A. A. (2009). Finding the Teachable Moment. An Analysis of Information-Seeking Behavior on Global Warming Related Websites during the Release of The Day After Tomorrow. *Environmental Communication-a Journal of Nature and Culture* 3, 355–366. https://doi.org/10.1080/17524030903265823

Hart, P. S. & Nisbet, E. C. (2012). Boomerang Effects in Science Communication. How Motivated Reasoning and Identity Cues Amplify Opinion Polarization About Climate Mitigation Policies. *Communication Research* 39, 701–723. https://doi.org/10.1177/0093650211416646

Hasebrink, U. (2003). Nutzungsforschung. In G. Bentele, H.-B. Brosius & O. Jarren (Hrsg.), *Öffentliche Kommunikation: Handbuch Kommunikations- und Medienwissenschaft* (S. 101–127). Wiesbaden: VS Verlag für Sozialwissenschaften.

Hasebrink, U. (2015). Kommunikationsrepertoires und digitale Öffentlichkeiten. In O. Hahn, R. Hohlfeld & T. Knieper (Hrsg.), *Digitale Öffentlichkeit (en)* (S. 35–49). Konstanz: UVK.

Hasebrink, U. & Domeyer, H. (2010). Zum Wandel von Informationsrepertoires in konvergierenden Medienumgebungen. In M. Hartmann & A. Hepp (Hrsg.), *Die Mediatisierung der Alltagswelt* (S. 49–65). Wiesbaden: VS Verlag für Sozialwissenschaften.

Hepp, A. (1998). *Fernsehaneignung und Alltagsgespräche*. Opladen: Westdeutscher Verlag.

Herrmann, J. (2007). *Medienerfahrung und Religion: eine empirisch-qualitative Studie zur Medienreligion*. Göttingen: Vandenhoeck & Ruprecht.

Hickethier, K. (1982). Medienbiographien – Bausteine für eine Rezeptionsgeschichte. *Medien und Erziehung* 26, 206–215.

Hipfl, B. (1996). Erinnerungsarbeit. Erforschung der eigenen Medienerfahrung. In G. Marci-Boehncke, P. Werner & U. Wischermann (Hrsg.), *BlickRichtung Frauen. Theorien und Methoden geschlechtsspezifischer Rezeptionsforschung* (S. 79–93). Weinheim: Deutscher Studien Verlag.

Hirzinger, M. (1991). *Biographische Medienforschung*. Wien: Böhlau.

Hmielowski, J. D., Feldman, L., Myers, T. A., Leiserowitz, A. & Maibach, E. (2014). An attack on science? Media use, trust in scientists, and perceptions of global warming. *Public Understanding of Science* 23, 866–883. https://doi.org/10.1177/0963662513480091

Ho, S. S., Detenber, B. H., Rosenthal, S. & Lee, E. W. J. (2014). Seeking Information About Climate Change. Effects of Media Use in an Extended PRISM. *Science Communication* 36, 270–295. https://doi.org/10.1177/1075547013520238

Hoffmann, D. & Kutscha, A. (2010). Medienbiographien – Konsequenzen medialen Handelns, ästhetischer Präferenzen und Erfahrungen. In D. Hoffmann & L. Mikos (Hrsg.), *Mediensozialisationstheorien. Neue Modelle und Ansätze in der Diskussion* (S. 221–243). Wiesbaden: VS Verlag für Sozialwissenschaften.

Hölig, S., Domeyer, H. & Hasebrink, U. (2011). Souveräne Bindungen: Zeitliche Bezüge in Medienrepertoires und Kommunikationsmodi. In M. Suckfüll, H. Schramm & C. Wünsch (Hrsg.), *Rezeption und Wirkung in zeitlicher Perspektive* (1. Aufl., S. 71–88). Baden-Baden: Nomos.

Holly, W. & Püschel, U. (1993). Vorwort. In W. Holly & U. Püschel (Hrsg.), *Medien-rezeption als Aneignung. Methoden und Perspektiven qualitativer Medienforschung* (S. 7–10). Opladen: Westdeutscher Verlag.

Holm, U. (2003). *Medienerfahrungen in Weiterbildungsveranstaltungen. Zur Rolle massen-medialen Hintergrundwissens in der allgemeinen und beruflichen Weiterbildung.* Bielefeld: Bertelsmann.

Hopf, C. (1995). Qualitative Interviews in der Sozialforschung. Ein Überblick. In U. Flick, E. v. Kardoff, H. Keupp, L. v. Rosenstiel & S. Wolff (Hrsg.), *Handbuch qualitative Sozialforschung: Grundlagen, Konzepte, Methoden und Anwendungen* (S. 177–182). Weinheim: Beltz.

Hoppe, I. (2016). *Klimaschutz als Medienwirkung. Eine kommunikationswissenschaftliche Studie zur Konzeption, Rezeption und Wirkung eines Online-Spiels zum Stromsparen.* Ilmenau: Univ.-Verl. Ilmenau.

Howell, R. A. (2011). Lights, camera … action? Altered attitudes and behaviour in res-ponse to the climate change film The Age of Stupid. *Global Environmental Change 21,* 177–187. https://doi.org/10.1016/j.gloenvcha.2010.09.004

Howell, R. A. (2014). Investigating the Long-Term Impacts of Climate Change Communi-cations on Individuals' Attitudes and Behavior. *Environment and Behavior 46,* 70–101. https://doi.org/10.1177/0013916512452428

Jacobsen, G. D. (2011). The Al Gore effect. An Inconvenient Truth and voluntary carbon offsets. *Journal of Environmental Economics and Management 61,* 67–78. https://doi.org/10.1016/j.jeem.2010.08.002

Jay, M. (1998). *Cultural semantics. Keywords of our time.* Amherst: Univ of Massachusetts Press.

Kahlor, L. & Rosenthal, S. (2009). If We Seek, Do We Learn? Predicting Know-ledge of Global Warming. *Science Communication 30,* 380–414. https://doi.org/10.1177/1075547008328798

Kepplinger, H. M. & Habermeier, J. (1995). The Impact of Key Events on the Presen-tation of Reality. *European Journal of Communication 10,* 371–390. https://doi.org/10.1177/0267323195010003004

Klemm, M. (2000). *Zuschauerkommunikation.* Frankfurt a.M.: Europäischer Verlag der Wissenschaften.

Krosnick, J. A. & MacInnis, B. (2010). Frequent Viewers of Fox News Are Less Likely to Accept Scientists' Views of Global Warming (Woods Institute Report). https://wood-sinstitute.stanford.edu/system/files/publications/Global-Warming-Fox-News.pdf

Krotz, F. (1997). Kontexte des Verstehens audiovisueller Kommunikate. In M. Charlton & S. Schneider (Hrsg.), *Rezeptionsforschung* (S. 73–89). Opladen: Westdeutscher Verlag.

Lamnek, S. (1995). *Qualitative Sozialforschung.* Band 2. Methoden und Techniken. Wein-heim: Beltz, Psychologie-Verlags-Union.

Leiserowitz, A. A. (2004). Before and After The Day After Tomorrow. A U.S.-Study of Cli-mate Change Riskperception. *Environment 46,* 22–37.

Leontjew, A. N. (1977). *Probleme der Entwicklung des Psychischen – Mit einer Einführung von Klaus Holzkamp und Volker Schurig.* Kronberg: Athenäum-Verlag.

Löfgren, A. & Nordblom, K. (2010). Attitudes towards CO_2 taxation – is there an Al Gore effect? *Applied Economic Letters 17,* 845–848.

Lowe, T., Brown, K., Dessai, S., Franca Doria, M. de, Haynes, K. & Vincent, K. (2006). Does tomorrow ever come? Disaster narrative and public perceptions of climate change. *Public Understanding of Science* 15, 435–457.

Luca, R. (1994). Medienerfahrung und Angst. Problematische Rollenklischees in den Medien aus der Sicht weiblicher Identitaetsentwicklung. *Medien praktisch* 18, 25–28.

Lüscher, K. & Wehrspaun, M. (1985). Medienökologie. Der Anteil der Medien an unserer Gestaltung der Lebenswelten. *Zeitschrift für Sozialisationsforschung und Erziehungssoziologie* 5, 187–204.

Mahmud, S. (2016). *Public perception and communication of climate change risks in the coastal region of Bangladesh: A grounded theory study.* Hamburg: University of Hamburg.

Mayring, P. (2002). *Einführung in die qualitative Sozialforschung: Eine Anleitung zu qualitativem Denken.* Weinheim: Beltz.

Mead, E., Roser-Renouf, C., Rimal, R. N., Flora, J. A., Maibach, E. W. & Leiserowitz, A. (2012). Information Seeking About Global Climate Change Among Adolescents. The Role of Risk Perceptions, Efficacy Beliefs, and Parental Influences. *Atlantic Journal of Communication* 20, 31–52. https://doi.org/10.1080/15456870.2012.637027

Mehl, K. (2017). Das Prinzip des Lebendigen – Einführung in die Theorie und Praxis der erfahrungsorientierten Therapie (EOT). In K. Mehl (Hrsg.), *Erfahrungsorientierte Therapie: Integrative Psychotherapie und moderne Psychosomatik* (S. 1–64). Berlin, Heidelberg: Springer Berlin Heidelberg.

Metag, J., Füchslin, T. & Schäfer, M. S. (2015). Global warming's five Germanys: A typology of Germans' views on climate change and patterns of media use and information. *Public Understanding of Science* 26(4), 434–451. https://doi.org/10.1177/0963662515592558

Mikos, L. (2001). Rezeption und Aneignung – eine handlungstheoretische Perspektive. In P. Rössler, U. Hasebrink & M. Jäckel (Hrsg.), *Theoretische Perspektiven der Rezeptionsforschung* (S. 59–71). München: Reinhard Fischer.

Myers, T. A., Maibach, E. W., Roser-Renouf, C., Akerlof, K. & Leiserowitz, A. A. (2013). The relationship between personal experience and belief in the reality of global warming. *Nature Clim. Change* 3, 343–347. https://doi.org/10.1038/nclimate1754

Negt, O. & Kluge, A. (1972). *Öffentlichkeit und Erfahrung: Zur Organisationsanalyse von bürgerlicher und proletarischer Öffentlichkeit* (Bd. 639). Berlin: Suhrkamp Verlag.

Nisbet, E. C., Cooper, K. E. & Ellithorpe, M. (2015). Ignorance or bias? Evaluating the ideological and informational drivers of communication gaps about climate change. *Public Understanding of Science* 24, 285–301. https://doi.org/10.1177/0963662514545909

Noelle-Neumann, E. (1987). Kumulation, Konsonanz und Öffentlichkeitseffekt. Ein neuer Ansatz zur Analyse der Wirkung der Massenmedien. In M. Gottschlich (Hrsg.), *Massenkommunikationsforschung: Theorieentwicklung und Problemperspektiven* (S. 155–182). Wien: Braumüller.

Nolan, J. M. (2010). "An Inconvenient Truth" Increases Knowledge, Concern, and Willingness to Reduce Greenhouse Gases. *Environment and Behavior* 42, 643–658. https://doi.org/10.1177/0013916509357696

Ojala, M. (2015). Climate change skepticism among adolescents. *Journal of Youth Studies* 18, 1135–1153. https://doi.org/10.1080/13676261.2015.1020927

O'Neill, S. & Nicholson-Cole, S. (2009). "Fear Won't Do It" Promoting Positive Engagement With Climate Change Through Visual and Iconic Representations. *Science Communication* 30, 355–379.

Östman, J. (2013). The Influence of Media Use on Environmental Engagement. A Political Socialization Approach. *Environmental Communication-a Journal of Nature and Culture* 8, 92–109. https://doi.org/10.1080/17524032.2013.846271

Paus-Hasebrink, I. (2010). Lebens-Herausforderungen: Medienumgang und Lebensaufgaben. Was muss kommunikationswissenschaftliche Forschung leisten? In M. Hartmann & A. Hepp (Hrsg.), *Die Mediatisierung der Alltagswelt* (S. 195–209). Wiesbaden: VS Verlag für Sozialwissenschaften.

Peters, H. P. & Heinrichs, H. (2005). *Öffentliche Kommunikation über Klimawandel und Sturmflutrisiken. Bedeutungskonstruktion durch Experten, Journalisten und Bürger.* Jülich: Forschungszentrum Jülich.

Peters, H. P. & Heinrichs, H. (2008). Legitimizing climate policy. The 'risk construct' of global climate change in the German mass media. *International Journal of Sustainability Communication* 3, 14–36.

Petty, R. E. & Cacioppo, J. T. (1986). The Elaboration Likelihood Model Of Persuasion. In L. Berkowitz (Hrsg.), *Advances in experimental social psychology* (S. 123–205). New York: Academic Press.

Pietraß, M. (2006). *Mediale Erfahrungswelt und die Bildung Erwachsener.* Bielefeld: Bertelsmann.

Rauchenzauner, E. (2008). Die Theorie der Schlüsselereignisse. In E. Rauchenzauner (Hrsg.), *Schlüsselereignisse in der Medienberichterstattung* (S. 21–44). Wiesbaden: VS Verlag für Sozialwissenschaften.

Rehfus, W. D. (2003). *Handwörterbuch Philosophie.* Stuttgart: UTB.

Reinders, H. (2005). *Qualitative Interviews mit Jugendlichen führen. Ein Leitfaden.* München: Oldenbourg.

Reusswig, F. (2004). *Double Impact. The climate blockbuster 'The Day After Tomorrow' and its impact on the German cinema public.* Potsdam: PIK, Potsdam Institute for Climate Impact Research.

Rogge, J.-U. (1982). Die biographische Methode in der Medienforschung. *Medien und Erziehung* 26, 273–287.

Rössler, P. (1997). *Agenda Setting: Theoretische Annahmen und empirische Evidenzen einer Medienwirkungshypothese.* Opladen: Westdeutscher Verlag.

Röttger, U. (1994). *Medienbiographien von jungen Frauen.* Münster u. a.: Lit-Verl.

Ryghaug, M., Holtan Sørensen, K. & Næss, R. (2011). Making sense of global warming. Norwegians appropriating knowledge of anthropogenic climate change. *Public Understanding of Science* 20, 778–795. https://doi.org/10.1177/0963662510362657

Sampei, Y. & Aoyagi-Usui, M. (2009). Mass-media coverage, its influence on public awareness of climate-change issues, and implications for Japan's national campaign to reduce greenhouse gas emissions. *Global Environmental Change* 19, 203–212.

Sander, E. & Lange, A. (2005). Der medienbiographische Ansatz. In L. Mikos & C. Wegener (Hrsg.), *Qualitative Medienforschung* (S. 115–129). Tübingen: UVK.

Schäffer, B. (2011). Gruppendiskussion. In R. Ayaß (Hrsg.), *Qualitative Methoden der Medienforschung* (S. 115–145). Mannheim: Verl. für Gesprächsforschung. http://epub.sub.uni-hamburg.de/epub/volltexte/2011/9209/%20%20 http://www.verlag-gespraechs-forschung.de/2011/pdf/medienforschung.pdf.

Schenk, M. (1995). *Soziale Netzwerke und Massenmedien: Untersuchungen zum Einfluß der persönlichen Kommunikation.* Tübingen: Mohr.

Schmidt, A., Ivanova, A. & Schäfer, M. S. (2013). Media attention for climate change around the world. A comparative analysis of newspaper coverage in 27 countries. *Global Environmental Change* 23, 1233–1248. https://doi.org/10.1016/j.gloenvcha.2013.07.020

Schneewind, K. (1978). Erziehungs- und Familienstile als Bedingung kindlicher Medienerfahrung. *Fernsehen und Bildung* 11, 234–248.

Schneider, S. (1993). Medienerfahrungen in der Lebensgeschichte. Methodische Wege der Erinnerungsaktivierung in biographischen Interviews. *Rundfunk und Fernsehen* Jg. 41, 378–392.

Schulz, P. (2005). *Sich etwas von sich selbst her zeigen lassen: ein Beitrag zur didaktischen Theorie phänomenologisch orientierter Religionspädagogik.* Münster: LIT Verlag.

Schulz, W. (2003). Mediennutzung und Umweltbewusstsein. Dependenz- und Priming-Effekte. Eine Mehrebenen-Analyse im europäischen Vergleich. *Publizistik* 48, 387–413.

Smith, N. & Joffe, H. (2013). How the public engages with global warming. A social representations approach. *Public Understanding of Science* 22, 16–32. https://doi.org/10.1177/0963662512440913

Sommer, D. (2007). Nachrichten im Gespräch: eine empirische Studie zur Bedeutung von Anschlusskommunikation für die Rezeption von Fernsehnachrichten. Jena: Friedrich-Schiller-Universität Jena.

Spence, A., Poortinga, W. & Pidgeon, N. (2012). The Psychological Distance of Climate Change. *Risk Analysis* 32, 957–972. https://doi.org/10.1111/j.1539-6924.2011.01695.x

Stamm, K. R., Clark, F. & Reynolds Eblacas, P. (2000). Mass communication and public understanding of environmental problems. The case of global warming. *Public Understanding of Science* 9, 219–237.

Storch, H. von. (2009). Climate research and policy advice: scientific and cultural constructions of knowledge. *Environmental Science & Policy* 12, 741–747. https://doi.org/10.1016/j.envsci.2009.04.008

Süss, D., Lampert, C. & Wijnen, W. C. (2010). Mediensozialisation: Aufwachsen in mediatisierten Lebenswelten. In D. Süss et al. (Hrsg.), *Medienpädagogik: Ein Studienbuch zur Einführung* (S. 29–52). Wiesbaden: VS Verlag für Sozialwissenschaften.

Taddicken, M. (2013). Climate change from the user's perspective. The impact of mass media and internet use and individual and moderating variables on knowledge and attitudes. *Journal of Media Psychology: Theories, Methods, and Applications* 25, 39–52. https://doi.org/10.1027/1864-1105/a000080

Taddicken, M. & Neverla, I. (2011). Klimawandel aus Sicht der Mediennutzer: Multifaktorielles Wirkungsmodell der Medienerfahrung zur komplexen Wissensdomäne Klimawandel. *Medien & Kommunikationswissenschaft* 59, 505–525.

Trepte, S., Reinecke, L. & Behr, K.-M. (2014). Der Beitrag des dynamisch-transaktionalen Ansatzes zur psychologischen Experimentallogik und der Beitrag der Sozialpsychologie zum dynamisch-transaktionalen Ansatz. In I. Sjurts (Hrsg.), *Zehn Jahre sind ein Jahr: Kernthemen der medienwirtschaftlichen Forschung der letzten Dekade* (1. Aufl., S. 281–307). Baden-Baden: Nomos Verlagsgesellschaft mbH & Co. KG.

Trümper, S. & Neverla, I. (2013). Sustainable Memory. How Journalism Keeps the Attention for Past Disasters Alive. *SCM* 2, 1–37.

van der Linden, S. (2015). The social-psychological determinants of climate change risk perceptions. Towards a comprehensive model. *Journal of Environmental Psychology* 41, 112–124. https://doi.org/10.1016/j.jenvp.2014.11.012

Weingart, P., Engels, A. & Pansegrau, P. (2002). *Von der Hypothese zur Katastrophe. Der anthropologische Klimawandel im Diskurs zwischen Wissenschaft, Politik und Massenmedien.* Wiesbaden: Leske und Budrich.

Weiß, R. (2000). „Praktischer Sinn", soziale Identität, und Fern-Sehen. Ein Konzept für die Analyse der Einbettung kulturellen Handelns in die Alltagswelt. *M&K Medien & Kommunikationswissenschaft* 48, 42–62. https://doi.org/10.5771/1615-634x-2000-1-42

Wendisch, M. (2015). *Verhaltenstherapie emotionaler Schlüsselerfahrungen: Vom kognitiven Training zur emotionalen Transformation, Wissenschaftliche Grundlagen und praktische Anleitung.* Bern: Hogrefe.

Whitmarsh, L. (2008). Are flood victims more concerned about climate change than other people? The role of direct experience in risk perception and behavioural response. *Journal of Risk Research* 11, 351–374. https://doi.org/10.1080/13669870701552235

Winter, R. (1995). *Der produktive Zuschauer.* Köln: Halem.

Wolf, J. & Moser, S. C. (2011). Individual understandings, perceptions, and engagement with climate change. Insights from in-depth studies across the world. *Wiley Interdisciplinary Reviews: Climate Change* 2, 547–569. https://doi.org/10.1002/wcc.120

Zhao, X. (2009). Media use and global warming perceptions – A snapshot of the reinforcing spirals. *Communication Research* 36, 698–723.

Ich weiß was, was Du nicht weißt!? Meinungsführer und ihr Wissen zum Klimawandel

5

Monika Taddicken und Fenja De Silva-Schmidt

Zusammenfassung

Meinungsführer helfen ihrem Umfeld, sich eine Meinung zu vielschichtigen und schwer verständlichen Themen wie dem Klimawandel zu bilden. Dieses Kapitel untersucht anhand von Befragungsdaten aus der ersten Welle der Online-Panel-Befragung (2013, n = 1463), wodurch sich Klimawandel-Meinungsführer besonders auszeichnen.

Es zeigt sich, dass Meinungsführer ihren Wissensstand deutlich höher einschätzen als Nicht-Meinungsführer und sie insgesamt auch objektiv gemessen mehr wissen; allerdings weiß fast ein Drittel der Meinungsführer weniger als der Durchschnitt. Die Regressionsanalyse ergibt, dass eine hohe Selbsteinschätzung des Wissensstandes und die häufige Nutzung von Wissenschaftsmedien am stärksten Klimawandel-Meinungsführerschaft erklären. Auch die aktive Diskussion online ist ein relevanter Prädiktor. Hingegen erwiesen sich die Nutzung von Fachzeitschriften und von Online-Medien zur Information als nicht signifikante Erklärungsvariablen. Das tatsächliche Faktenwissen hat nur geringen Einfluss auf eine Meinungsführerschaft. Dieses Ergebnis unterstützt

M. Taddicken (✉)
Kommunikations- und Medienwissenschaften, Technische Universität Braunschweig, Braunschweig, Deutschland
E-Mail: m.taddicken@tu-braunschweig.de

F. De Silva-Schmidt
Journalistik und Kommunikationswissenschaft, Universität Hamburg, Hamburg, Deutschland
E-Mail: Fenja.DeSilva-Schmidt@wiso.uni-hamburg.de

© Springer Fachmedien Wiesbaden GmbH, ein Teil von Springer Nature 2019
I. Neverla et al. (Hrsg.), *Klimawandel im Kopf*,
https://doi.org/10.1007/978-3-658-22145-4_5

bisherige Untersuchungen, nach denen Meinungsführer nicht unbedingt mehr wissen als die restliche Bevölkerung.

5.1   Einleitung

Klimawandel ist ein vielschichtiges und kompliziertes Thema, bei dem massiver Erklärungs- und Einordnungsbedarf besteht. Zudem verändert sich der Wissensstand der Forschung zum Klimawandel fortlaufend, wie die regelmäßig neu veröffentlichten Sachstandsberichte des IPCC zeigen, und viele Aspekte werden anhaltend kontrovers diskutiert. Wie auch andere Beiträge in diesem Band zeigen (Kap. 2, 3 und 7), werden Informationen über Klimawandel zwar vor allem medial vermittelt, es sind jedoch direkte Medienwirkungen häufig eher schwach oder kaum nachweisbar. Anderen Informations- und Einflussquellen kommt offenbar eine besondere Bedeutung zu, etwa der interpersonellen Kommunikation. Oft erfolgt hier auch die eigentliche Einordnung und emotionale Bewertung der medialen Informationen (Taddicken und Neverla 2011, S. 520).

Meinungsführer[1] nehmen in der interpersonellen Kommunikation eine herausragende und einflussreiche Rolle ein und lohnen daher einer genaueren Untersuchung. Meinungsführer sind Personen, die von ihren Mitmenschen für Expertinnen und Experten auf einem Themengebiet gehalten werden, und die Einfluss auf die Einstellungen und das Verhalten anderer Menschen nehmen, indem sie anderen Personen Informationen und Ratschläge bieten (vgl. Katz und Lazarsfeld 1955, Dressler und Telle 2009).

Seit der Entdeckung der Meinungsführer in den 1950er-Jahren durch Lazarsfeld, Berelson und Gaudet (1944) hat sich die Bedeutung von Meinungsführerschaft mehrfach gewandelt: Nachdem anfangs die Weitergabe von Informationen im Sinne eines Zwei-Stufen-Flusses der Kommunikation von den Medien zu den Meinungsführern und von diesen zur übrigen Bevölkerung als ihre wichtigste Funktion galt (ebd.), stellte sich in der weiteren Forschung heraus, dass es auch zahlreiche weitere Wege der Information und Beeinflussung zwischen den verschiedenen Akteuren geben kann, was als „Multi-Step-Flow" beschrieben wurde (Robinson 1976). Als Meinungsführer wirken nicht etwa prominente Expertinnen und Experten oder Personen mit einem besonderen sozioökonomischen Status,

---

[1]Der Begriff Meinungsführer wird in diesem Beitrag – so wie auch im Buch insgesamt – ausschließlich in seiner maskulinen Form verwendet, da es sich hierbei um eine Art Sozialfigur handelt.

sondern „normale Menschen", die in ihrem eigenen sozialen Milieu Einfluss nehmen; es handelt sich um eine situationsspezifische soziale Rolle (Dressler und
Telle 2009, S. 58–60).

Die neuen Möglichkeiten der Kommunikation im Internet provozierten
erneutes Interesse am Meinungsführerkonzept. Zusätzliche Kommunikationswege
wurden in die Modelle einbezogen, da Meinungsführer sich nun an eine breitere
Öffentlichkeit und nicht nur an ihr direktes Umfeld wenden und auch auf die
Inhalte der traditionellen Medien einwirken können (etwa wenn Journalistinnen
und Journalisten in Foren recherchieren oder die Stimmung in sozialen Netzwerkplattformen thematisieren, vgl. Rössler 1998, S. 124 – oder Inhalte aus sozialen
Medien sogar direkt referenzieren).

Die öffentliche Diskussion zum Klimawandel bietet ein aufschlussreiches
Themengebiet für die Untersuchung von Meinungsführern, da in diesem Bereich
kontroverse Diskussionen stattfinden. Meinungsführer können hier verschiedene
Rollen einnehmen: Als besonders interessierte „Expertinnen und Experten"
geben sie wissenschaftliche Erkenntnisse an weniger informierte Personen in
ihrem Umfeld weiter. Oder sie nutzen ihre Rolle, um in ihrem direkten Umfeld
ihre eigenen Ansichten zu verbreiten, etwa als Klimaaktivistin bzw. Klima-
aktivist oder auch als Klimaskeptikerin bzw. Klimaskeptiker. Indirekt wirken sich
die Handlungen der Meinungsführer damit auf die Wahrnehmung des Klimawandels in der gesamten Gesellschaft aus. Sie bestimmen mit, wie mit diesem
Thema umgegangen wird, wodurch sie für Politik und Wissenschaft zu gefragten
Ansprechpersonen werden können. Somit sind Meinungsführer zum Klimawandel ein relevantes Forschungsfeld, das bisher jedoch zu wenig untersucht
wurde. Im vorliegenden Beitrag wird dargestellt, wie sich Meinungsführerschaft
zum Thema Klimawandel gestaltet und wie stark sie mit Wissen und Mediennutzung zusammenhängt. Auf diesen Feldern haben bisherige Studien Unterschiede zwischen Meinungsführern und der restlichen Bevölkerung feststellen
können, auch wenn sich im Forschungsstand einige Widersprüche zeigen.

5.2   Stand der Forschung

5.2.1   Das Wissen der Meinungsführer

Das Wissen von Meinungsführern ist, etwa im Gegensatz zu ihren Persönlich-
keitsmerkmalen wie der Persönlichkeitsstärke, ein noch relativ wenig erforschtes
Gebiet. Lange Zeit wurde allein aufgrund ihrer besonderen Rolle vorausgesetzt,
dass Meinungsführer mehr wissen müssten als ihr Umfeld (z. B. bei Katz 1957,

vgl. Jacoby und Hoyer 1981). Dies wurde jedoch nur teilweise empirisch bestätigt (vgl. Kingdon 1970, Bonfadelli und Friemel 2012). Neuere Untersuchungen zeigen, dass Meinungsführer in einigen Gebieten objektiv gemessen nicht unbedingt mehr wissen. Entsprechend differenzieren Trepte und Böcking (2009) zwischen wissenden und unwissenden Meinungsführern zum Thema Politik; letztere kompensieren fehlendes Wissen durch kommunikative Fähigkeiten. Andere Studien zeigen, dass sich bereits ein subjektiv empfundener höherer Wissensstand positiv auf eine Meinungsführerschaft auswirkt (Rössler und Scharfenberg 2004, Ahrens und Dressler 2011) – das heißt, Personen, die sich selbst für gut informiert halten, sind tendenziell eher Meinungsführer, ohne dass sie wirklich über ein größeres Wissen verfügen müssen.

Die widersprüchlichen Ergebnisse zum Wissensstand der Meinungsführer könnten auch mit dem Gegenstand der Meinungsführerschaft zusammenhängen – je komplexer das Themengebiet, desto wichtiger ist echtes Fachwissen. Gerade beim komplexen wissenschaftlichen Thema Klimawandel ist die Untersuchung des Wissens der Meinungsführer ein interessanter Punkt.[2] Daher lautet die erste Forschungsfrage:

FF1: Was wissen die Meinungsführer über den Klimawandel?

Aus der bisherigen Forschung lassen sich bereits erste Hypothesen ableiten:

H1.1: Meinungsführer schätzen ihren Wissensstand höher ein als Nicht-Meinungsführer.

H1.2: Meinungsführer wissen im Durchschnitt objektiv mehr als Nicht-Meinungsführer.

H1.3: Einige Meinungsführer wissen aber auch weniger als der Durchschnitt.

5.2.2 Die Mediennutzung der Meinungsführer

Nicht nur in Zusammenhang mit der Hypothese des Two-Step-Flow ist die Mediennutzung der Meinungsführer ein verbreiteter Erklärungsansatz für ihre besondere Position. Vielfach wurde vermutet, dass sie Medien anders nutzen als

---

[2]Auch die Frage, welches Wissen wie empirisch erhoben wurde, also von den Forschenden ggf. vorab als relevant eingestuft wurde, ist ein wichtiger Aspekt. Darauf wird an dieser Stelle jedoch nicht näher eingegangen, vgl. dazu Taddicken et al. (2018a, b).

ihre Folger, da ihr langfristiges Interesse an einem Thema zu einer intensiven und aktiven Informationssuche führt (Dressler und Telle 2009, S. 58). Diese findet nicht nur in den Massenmedien statt. Vielmehr nutzen Meinungsführer stärker besonders spezialisierte Medien wie Fachzeitschriften (Rössler und Scharfenberg 2004, S. 492), die sich tiefer gehender mit dem Thema ihrer Meinungsführerschaft befassen. Auch führen sie häufiger persönliche Gespräche mit anderen Wissensträgern (Katz 1957, S. 76). In Bezug auf die reine Häufigkeit und Dauer nutzen sie die Massenmedien ähnlich intensiv wie der Durchschnitt der Bevölkerung, sie lesen aber laut einiger Studien mehr Printmedien (Schenk 2007, S. 366), wobei auch das Gegenteil gezeigt werden konnte (Nisbet 2006, S. 25; Trepte und Böcking 2009, S. 465).

Durch die grundlegende Veränderung der Medienlandschaft mit Ausbreitung der Internetnutzung haben sich auch die Nutzungsgewohnheiten der Meinungsführer verändert. Anders als die traditionellen Massenmedien können Online-Medien nicht mehr nur zur Information, sondern auch zur Kommunikation und Verbreitung eigener Ratschläge genutzt werden (vgl. Schäfer & Taddicken, 2015). Der Forschungsbereich der Online-Meinungsführerschaft entwickelt sich noch; oft wird nur ein Teilbereich der Internetaktivitäten untersucht, etwa die Teilnahme in Diskussionsforen (vgl. Tsang und Zhou 2005; Chen et al. 2014; Scheiko 2016). Im Rahmen dieses Kapitels wird daher die Internetnutzung von Meinungsführern mit einer breiteren Perspektive untersucht, wobei sehr verschiedene Handlungen zur Online-Nutzung zählen: vom Konsum von Online-Zeitungsartikeln bis hin zum Erstellen von eigenen Blogs zum Thema Klimawandel. Insgesamt hat die bisherige Forschung gezeigt, dass Meinungsführer online aktiver sind als die restliche Bevölkerung, das heißt, sie sind länger und häufiger online und nutzen außerdem eine größere Anzahl von Angeboten (Trepte und Böcking 2009; Ahrens und Dressler 2011; Schäfer und Taddicken 2015). Zudem nutzen sie das Internet auch stärker aktiv, etwa indem sie häufiger in Newsgroups und Diskussionsforen posten (Dressler und Telle 2009, S. 157), womit sie überdurchschnittlich oft als „produzierende Nutzer" auftreten (Schenk und Scheiko 2011, S. 427). Schäfer und Taddicken (2015) zeigen, dass die Möglichkeiten der neuen Medienumgebung vor allem von den sogenannten „mediatisierten Meinungsführern" genutzt werden, die sich sowohl offline als auch online intensiv informieren und alle Kommunikationskanäle inklusive Online-Kanälen zur Interaktion nutzen – anders als die traditionellen Meinungsführer, die zur Interaktion das persönliche Gespräch oder die mediatisierte interpersonelle Kommunikation bevorzugen, etwa über E-Mails und Telefonate.

Die Ergebnisse zur Mediennutzung der Meinungsführer sind also teilweise widersprüchlich und insbesondere im Bereich der Online-Medien noch wenig überprüft. Die zweite Forschungsfrage lautet daher:

FF2: Welche Medien nutzen die Meinungsführer zu ihrer Information, welche zur Verbreitung ihrer Ratschläge?

Aus dem Forschungsstand leiten sich folgende Hypothesen ab:

H2.1: Meinungsführer nutzen mehr Wissenschaftsmedien als Nicht-Meinungsführer.

H2.2: Meinungsführer nutzen mehr Fachzeitschriften als Nicht-Meinungsführer.

H2.3: Meinungsführer nutzen stärker als Nicht-Meinungsführer Online-Medien, um sich zu informieren.

H2.4: Meinungsführer nutzen stärker als Nicht-Meinungsführer Online-Medien, um mit anderen zu diskutieren.

5.3   Methode

Datensatz
Für die Analyse werden Daten aus der ersten Befragungswelle der Online-Panel-Befragung verwendet (2013). Für eine Internetnutzer-repräsentative Stichprobe wurde via Online-Access-Panel quotiert nach Alter, Geschlecht und Bundesland rekrutiert. Die finale Stichprobengröße nach der Datenbereinigung (zu viele fehlende Werte, zu geringe Antwortdauer) beträgt n = 1463.

Meinungsführerschaft
Die Identifikation der Meinungsführer durch Selbsteinschätzung ist im Gegensatz zu anderen Methoden wie Beobachtung, sozialer Netzwerkanalyse oder Befragung von Schlüsselinformanten das am häufigsten eingesetzte Verfahren in der Meinungsführerforschung (Schenk 2007). Dabei hat sich die Skala von Childers (1986) als besonders zuverlässig erwiesen, da sie das Konstrukt der Meinungsführerschaft konsistent und trennscharf erhebt (Trepte und Böcking 2009, S. 446). Diese wurde auch hier verwendet. Aus den sechs Items wurde ein additiver Index errechnet (je höher der Indexwert, desto ausgeprägter die Meinungsführerschaft).

Klimawissen

Da gerade beim Thema Klimawandel die Selbsteinschätzung der Befragten oft von ihrem objektiven Wissensstand abweicht (Tobler et al. 2012, S. 190 f.), werden sowohl die subjektive als auch die objektive Betrachtung des Wissens erfasst. Zur Ermittlung der Selbsteinschätzung des Klimawissens diente ein einzelnes Item („Wie viel über den Klimawandel wissen Sie selbst?", Skala von 1 = *sehr wenig* bis 5 = *sehr viel*).

Das tatsächliche Faktenwissen über die verschiedenen Dimensionen des Themas Klimawandel wurde mit einer ausführlichen Item-Batterie abgefragt, die aus fünf Blöcken besteht und mit einem Antwortschema von 1 = *stimme überhaupt nicht zu* bis 5 = *stimme voll und ganz zu* erfasst wurde.

Im ersten Teil wird die Dimension des physikwissenschaftlichen Basiswissens zum Thema Klimawandel in sechs Fragen getestet, etwa zur Wirkung von CO_2. Anschließend erfassen sieben Items das Wissen über die Ursachen des Klimawandels, sechs Fragen behandeln die erwarteten Folgen. In einem weiteren Block werden in neun Fragen Handlungsmöglichkeiten gegen Klimawandel erfragt; ein letzter Abschnitt mit neun Items befasst sich mit dem Entstehungsprozess des wissenschaftlichen Wissens über den Klimawandel. Die ersten vier Frageblöcke entsprechen den von Tobler, Visschers und Siegrist (2012) zusammengestellten und getesteten Fragen. Die Items zur Erfassung des Wissens über (klima-)wissenschaftliche Prozesse wurden im Rahmen des Forschungsprojekts neu entwickelt und bereits von Taddicken und Reif (2016) erfolgreich verwendet (vgl. ausführlicher zur Erhebung von Klimawandelwissen Taddicken et al. 2018a, b) (vgl. zur Wissensoperationalisierung auch Kap. 2).

Für die Analysen wurde ein Zählindex aus der Anzahl der gewussten Items errechnet, in den alle 36 Fragen der einzelnen Blöcke eingehen; als richtige Antworten zählten die Angaben 4 und 5. Insgesamt haben die Befragten im Durchschnitt 17,56 von 36 Fragen richtig beantwortet (SD = 8,14). Der Wissens-Index ist annähernd normalverteilt. Betrachtet man die Indizes der einzelnen Wissensdimensionen, zeigen sich jedoch deutliche Unterschiede in den Verteilungen. Im Gegensatz zu den anderen Dimensionen ist das Prozesswissen nicht normalverteilt (MW = 4,84, SD = 3,02), sondern die Befragten unterteilen sich in „Expertinnen und Experten" mit einer hohen Anzahl gewusster Fragen, und „Laien", die zum Teil keine Antwort richtig hatten (15,7 % der Fälle) oder nur sehr wenige Fragen richtig beantworten konnten.

Mediennutzung

Die Mediennutzung wurde in der folgenden Analyse lediglich in Bezug auf bestimmte Medien untersucht, die sich in der bisherigen Forschung als für Meinungsführer besonders relevant erwiesen haben. Die Studienlage zu der

Bedeutung von traditionellen Massenmedien wie Fernsehen, Radio und Tages-zeitungen ist widersprüchlich (vgl. Lörcher in diesem Band, Kap. 3). Der Fokus dieses Beitrags liegt zudem auf der Nutzung von Online- und Wissenschafts-medien im Zusammenhang mit Meinungsführerschaft, weshalb nur diese in die Analyse einbezogen wurden. Dazu gehört die Nutzung von Fachzeitschriften (ein einzelnes Item, Abstufungen von 1 = *nie oder seltener als einmal im halben Jahr* bis 8 = *täglich*) ebenso wie die allgemeinere Nutzung von Wissenschaftsmedien, für die ein Index aus fünf Items errechnet wurde (Wissenschaftssendungen im Fernsehen, Zeitungen und Zeitschriften zu wissenschaftlichen Themen, Wissen-schaftsblogs, Webseiten von wissenschaftlichen Einrichtungen, andere Online-Quellen zu wissenschaftlichen Themen).

Zur Erfassung der *Nutzung von Online-Medien zur Information* wurde ein Index aus neun Items berechnet, die die Häufigkeit der klimawandelbezogenen Nutzung verschiedener Online-Medieninhalte erfragen (Online-Zeitungen, Informationsportale, Suchmaschinen, Soziale Netzwerkplattformen, Wikis, Blogs, Diskussionsforen, Videoplattformen, Microblogs).

Der Index zur *Nutzung von Online-Medien zur Diskussion* besteht aus sieben Items, die verschiedene Aktionen erfassen (Kommentieren von Online-Artikeln, Kommentieren oder Teilen von Inhalten in Sozialen Netzwerkplattformen, Bei-tritt zu einer Gruppe auf einer Sozialen Netzwerkplattform, Kommentieren oder Bewerten von Inhalten auf Blogs, Verfassen von Beiträgen in Diskussions-foren, Kommentieren oder Bewerten von Inhalten auf Videoplattformen, Ver-fassen von Inhalten auf einem Microblog). Alle Items zur Online-Mediennutzung wurden auf einer Skala von 1 = *nie oder seltener als einmal im halben Jahr* bis 8 = *täglich* erfasst.

Es zeigt sich, dass die meisten Befragten Wissenschaftsmedien nur vereinzelt und selten nutzen; auch in Bezug auf die Nutzung von Fachzeitschriften ist es im Schnitt lediglich „mehrmals im halben Jahr" (MW = 3,22, SD = 2,14). All-gemein scheint in der alltäglichen Mediennutzung der Teilnehmer das Thema Klimawandel von geringer Bedeutung, sodass die meisten Befragten auch online nur selten etwas über den Klimawandel erfahren (MW = 2,85, SD = 1,8). Zudem äußern sie sich im Durchschnitt „*nie*" aktiv dazu im Internet (MW = 0,24, SD = 0,51).

Datenanalyse

Die Befragten wurden anhand der Verteilung des Indizes aus den sechs Items der Childers-Skala (MW = 11,25, SD = 4,62) in Meinungsführer und Nicht-Meinungsführer zum Thema Klimawandel unterteilt. Diese Einteilung erfolgte nach der theoretischen Vorgabe, dass normalerweise ein Viertel bis ein

Drittel aller Personen Meinungsführer zu einem Thema sind (vgl. Lazarsfeld et al. 1944; Troldahl und van Dam 1965; Kingdon 1970; Weimann et al. 2007). Die Meinungsführer müssen sich am oberen Ende der Verteilung auf dem Index befinden. Das obere Quartil liegt bei dem Wert 14, sodass alle Teilnehmer mit einem Indexwert ≥ 14 in den folgenden Analysen als Meinungsführer zählen (n = 360), was grob etwa einem Viertel der Befragten entspricht. Damit passt diese Einteilung sehr gut in die theoretischen Vorgaben.

Um Unterschiede zwischen Meinungsführern und Nicht-Meinungsführern zu finden und auf Signifikanz zu testen, wurden t-Tests für unverbundene Stichproben gerechnet. Die Stärke des festgestellten Zusammenhangs wurde anhand des Eta-Koeffizienten berechnet. Anschließend wurde mittels einer multiplen Regression ermittelt, wie stark sich die einzelnen Faktoren auf eine Meinungsführerschaft auswirken.

5.4 Ergebnisse

5.4.1 Unterschiede zwischen Meinungsführern und Nicht-Meinungsführern

Die durchgeführten t-Tests zeigen generelle Unterschiede zwischen den Meinungsführern und Nicht-Meinungsführern. In Bezug auf die erste Forschungsfrage – *Was wissen die Meinungsführer über den Klimawandel?* – bestätigen sich alle Hypothesen. Meinungsführer schätzen ihren Wissensstand deutlich höher ein als Nicht-Meinungsführer ($MW_{MF} = 3{,}72$ vs. $MW_{N\text{-}MF} = 2{,}91$; $p \leq {,}001$), wobei sich ein mittelstarker Zusammenhang zwischen Selbsteinschätzung und Meinungsführerschaft zeigt (Eta = 0,389). Auch objektiv gemessen wissen die Meinungsführer mehr: Sie können im Durchschnitt über drei Fragen mehr richtig beantworten ($MW_{MF} = 20{,}53$ vs. $MW_{N\text{-}MF} = 17{,}10$; $p \leq {,}001$). Auffällig ist jedoch, dass der Zusammenhang zwischen dem gemessenen Wissen und der Meinungsführerschaft schwächer ausfällt (Eta = 0,191) als bei der Wissensselbsteinschätzung.

Insbesondere im Bereich des Prozesswissens konnten die Meinungsführer mehr Fragen richtig beantworten als die Nicht-Meinungsführer ($MW_{MF} = 5{,}69$ vs. $MW_{N\text{-}MF} = 4{,}71$, $p \leq {,}001$). Die geringsten Unterschiede zwischen den beiden Gruppen zeigen sich beim Wissen über die Folgen des Klimawandels ($MW_{MF} = 3{,}46$ vs. $MW_{N\text{-}MF} = 3{,}05$; $p \leq {,}001$). Das Wissen über Folgen des Klimawandels wie Dürren, Überflutungen und häufigere Extremwetterereignisse scheint in der Bevölkerung allgemein recht gleichmäßig verbreitet zu sein – vermutlich, da es eine anschauliche Dimension des Klimawandels darstellt, die

die Menschen potenziell direkt betrifft und über die auch medial berichtet wird. Hingegen steht das Wissen über die Prozesse und Hintergründe der Klimawissenschaft weniger im Fokus und ist daher nur unter einigen „Expertinnen und Experten" verbreitet, die sich näher mit dem Thema befassen; ein großer Teil der Bevölkerung ist auf diesem komplexen und alltagsfernen Gebiet jedoch unwissend.

Auch wenn die Meinungsführer insgesamt mehr über den Klimawandel wissen, zeigen sich innerhalb dieser Gruppe große Unterschiede im Wissensstand: Fast ein Drittel der Meinungsführer (29,4 %) konnte weniger Fragen richtig beantworten als der Durchschnitt. In diesen Fällen ist besonders interessant, ob sich diese Meinungsführer ihres Nichtwissens bewusst sind oder fälschlicherweise davon ausgehen, richtig zu liegen, was als Unwissen bezeichnet werden kann (Taddicken et al. 2018a, b). Für das Nichtwissen (mittlere Antwortoption [3] und „keine Angabe") und das Unwissen (Antwortoptionen 1 und 2) wurden zwei weitere Indizes berechnet, deren Auswertung zeigt: Wenn Meinungsführer eine Frage falsch beantwortet haben, wussten sie häufiger um ihr Nichtwissen ($MW_{MF\,Nichtwissen} = 10{,}4$ Fragen), als dass sie trotz der falschen Antwort überzeugt waren, richtig zu liegen ($MW_{MF\,Unwissen} = 6{,}07$ Fragen). Dennoch zeigt diese Auswertung, dass Meinungsführer durchaus auch falsche Annahmen über den Klimawandel für richtig halten und diese Fehlinformationen vermutlich auch weiter verbreiten.

Insgesamt sprechen die Ergebnisse dafür, dass eine weitere Differenzierung der Meinungsführer sinnvoll sein könnte, etwa wie bei Trepte und Böcking (2009, S. 450) in „wissende" und „unwissende" Meinungsführer bzw. eine weitere Differenzierung in „nichtwissende" Meinungsführer. Die Unterschiede im Wissen könnten zudem ein Hinweis auf verschiedene Typen von Meinungsführern sein.

Auch die Hypothesen zur Mediennutzung der Meinungsführer bestätigen sich in den t-Tests. Meinungsführer nutzen deutlich stärker Wissenschaftsmedien als Nicht-Meinungsführer ($MW_{MF}{}^3 = 4{,}29$ vs. $MW_{N-MF} = 2{,}88$, $p \leq {,}001$, Eta $= 0{,}377$), insbesondere auch Fachzeitschriften ($MW_{MF} = 4{,}43$ vs. $MW_{N-MF} = 2{,}97$, $p \leq {,}001$, Eta $= 0{,}308$). Auch online sind zumindest einige Meinungsführer stärker aktiv: So nutzen sie mehr Online-Medien, um sich zu informieren ($MW_{MF} = 3{,}76$ vs. $MW_{N-MF} = 2{,}67$, $p \leq {,}001$) und um mit anderen zu diskutieren oder sich online zu äußern ($MW_{MF} = 0{,}53$ vs. $MW_{N-MF} = 0{,}17$,

---

[3]Die Mittelwerte der Indizes zur Mediennutzung wurden durch die Anzahl der eingegangenen Items dividiert, um eine Vergleichbarkeit der Werte zu ermöglichen.

$p \leq ,001$, Eta $= 0,301$). Allerdings fällt auf, dass nur ein sehr geringer Anteil der Befragten sich überhaupt aktiv an Diskussionen im Internet beteiligt: 67,9 % der Befragten nutzen seltener als einmal im halben Jahr oder sogar nie eine der abgefragten Möglichkeiten zur Online-Beteiligung. Auch wenn sich alle Hypothesen zur Mediennutzung der Meinungsführer bestätigen, variieren doch die Zusammenhangsstärken bezüglich der einzelnen Variablen und Meinungsführerschaft. Der schwächste Zusammenhang besteht, anders als in früheren Studien, zwischen der Nutzung von Online-Medien zur Information und einer Meinungsführerschaft (Eta $= 0,272$).

5.4.2 Zusammenhang von Wissen und Mediennutzung mit Meinungsführerschaft

Mittels der multiplen Regression soll geklärt werden, wie stark die unterschiedlichen Variablen mit Meinungsführerschaft zum Thema Klimawandel zusammenhängen.

Abhängige Variable ist demnach der Index für Meinungsführerschaft, bei dem höhere Werte für eine wahrscheinlichere Meinungsführerschaft stehen. Das bedeutet für die Interpretation der Koeffizienten: Je höher der Koeffizient, desto größer ist der positive Zusammenhang (Tab. 5.1).

Wie sich schon bei der Überprüfung der Hypothesen durch den Eta-Koeffizienten angedeutet hat, hängen eine hohe Selbsteinschätzung des Klimawissens und die häufige Nutzung von Wissenschaftsmedien besonders stark positiv mit Meinungsführerschaft zum Thema Klimawandel zusammen. Auch die aktive Diskussion online ist ein relevanter Prädiktor. Hingegen erwiesen sich

Tab. 5.1 Ergebnis der multiplen Regression

Unabhängige Variablen	Beta	Korr. R^2	F
Selbsteinschätzung Klimawissen	,402*	0,442	140,260
Gemessenes Klimawissen	,069**		
Nutzung von Fachzeitschriften	,070		
Nutzung von Wissenschaftsmedien	,199**		
Nutzung von Online-Medien zur Information	,049		
Nutzung von Online-Medien zur Diskussion	,130**		

** $p \leq ,001$,* $p \leq ,005$.
Quelle: Eigene Darstellung

die Nutzung von Fachzeitschriften und von Online-Medien zur Information als nicht signifikante Erklärungsvariablen. Auch das tatsächliche Faktenwissen zum Klimawandel hat offenbar nur einen verhältnismäßig geringen Einfluss auf eine Meinungsführerschaft. Dieses Ergebnis unterstützt bisherige Untersuchungen, nach denen Meinungsführer nicht unbedingt mehr wissen als die restliche Bevölkerung. Die Regression zeigt jedoch auch, dass mehr als die Hälfte der Varianz im Merkmal Meinungsführerschaft durch andere Faktoren erklärt wird – denkbar sind hier persönliche Eigenschaften wie Extrovertiertheit oder Persönlichkeitsstärke (Noelle-Neumann 1999) oder Eigenschaften des sozialen Umfelds.

5.5   Fazit

Die empirische Untersuchung zeigt, dass die Anwendung des Konzepts der Meinungsführer auch in der sich verändernden Medienumgebung und zu dem speziellen Themenbereich des Klimawandels sinnvoll anwendbar bleibt, da sich einige Unterschiede zwischen dieser Gruppe und der restlichen Bevölkerung gezeigt haben. Meinungsführer informieren sich aktiver, vor allem in Wissenschaftsmedien, und diskutieren eher online. Insgesamt wissen sie mehr über den Klimawandel, allerdings gibt es hier große Unterschiede innerhalb der Gruppe von Meinungsführern. Diese Unterschiede bestätigen, dass die in früheren Studien unternommenen Differenzierungen in unwissende und wissende Meinungsführer sowie in traditionelle und online-aktive, mediatisierte Meinungsführer zu einer besseren Beschreibung dieser heterogenen Gruppe beitragen können. Wie in der bisherigen Forschung zeigt sich auch hier, dass der Selbsteinschätzung der Meinungsführer von ihrem eigenen Wissen eine besondere Bedeutung zukommt.

Gerade bei einem gesellschaftlich relevanten Thema wie dem Klimawandel, und anders als etwa bei Mode- und Lifestyle-Themen, sollten die besonderen Merkmale und die genaue Funktion der Meinungsführer präziser untersucht werden, um besser zu verstehen, wie Meinungsbildungs- und Entscheidungsprozesse zu diesem Thema ablaufen. Da sich gezeigt hat, dass nicht alle Meinungsführer über ein hohes Klimawissen verfügen, ist ihre Rolle auch kritisch zu sehen, denn somit verbreiten sie potenziell auch falsche Informationen weiter. Gerade im Rahmen aktueller Debatten rund um „alternative Fakten" zeigt sich, dass sich die (gezielte) Verbreitung fehlerhafter Informationen negativ auf das Diskussionsklima der gesamten Gesellschaft auswirken kann. Um genauer in den Blick zu nehmen, inwiefern Klimawandel-Meinungsführer falsche Tatsachenbehauptungen verbreiten, wäre eine Untersuchung der genaueren Abläufe und Inhalte der interpersonellen Kommunikation hilfreich.

Meinungsführer sind als überdurchschnittlich aktive Rezipienten besonders an weiteren Informationen zu ihrem Themengebiet interessiert. Zudem sind sie durch ihre Fähigkeit, einen besonderen Einfluss auf ihr persönliches Umfeld nehmen zu können, wichtige Ansprechpersonen für Aufklärungskampagnen rund um Klimawandel und Klimaschutz. Von diesen würden vor allem die unwissenden/nichtwissenden Meinungsführer unmittelbar profitieren, und insgesamt könnten die Meinungsführer derartige Informationen als Multiplikatoren in der Gesellschaft verbreiten.

Zur weiteren Untersuchung der Meinungsführer wäre es interessant, ob sich in dieser durchaus heterogenen Gruppe eindeutige Typen von Klimawandel-Meinungsführern identifizieren lassen, etwa im Rahmen von qualitativen Typologien oder Cluster-Analysen. Die Kenntnis dieser Typen könnte dann eine gezieltere Ansprache ermöglichen, bei der Charakteristika der einzelnen Typen zu Wissensstand und Mediennutzung berücksichtigt werden, etwa über welche Medien sie am besten zu erreichen sind.

Eine Untersuchung der Merkmale der Meinungsführer im Zeitvergleich könnte ebenfalls aufschlussreiche Ergebnisse bringen. In der vorliegenden Untersuchung mit dem Erhebungszeitraum 2013 war die Bedeutung der Nutzung von Online-Medien zur Interaktion und Diskussion im Internet noch deutlich geringer und die Vermutung ist naheliegend, dass die Bedeutung in den vergangenen Jahren gewachsen ist. Hier wäre auch eine genauere Analyse der von den Meinungsführern genutzten Angebote hilfreich. Zudem stellt sich die Frage, ob die untersuchten „Offline-Meinungsführer" ihre Rolle auch online erfüllen, oder die Online-Meinungsführer andere Personen sind, etwa ‚expert bloggers' (siehe dazu auch Taddicken und Trümper in diesem Band, Kap. 10).

Literatur

Ahrens, G. & Dressler, M. (2011). *Online-Meinungsführer im Modemarkt. Der Einfluss von Web 2.0 auf Kaufentscheidungen*. Wiesbaden: Gabler.

Bonfadelli, H. & Friemel, T. N. (2012). Learning and Knowledge in Political Campaigns. In H. Kriesi (Hrsg.), *Political Communication in Direct Democratic Campaigns. Enlightening or Manipulating?* (S. 168–187). Basingstoke, Hampshire/New York: Palgrave Macmillian.

Chen, Y., Wang, X., Tang, B., Xu Ruifeng, Y. B., Xiang, X. & Bu, J. (2014). Identifying Opinion Leaders from Online Comments. In H. Huang, T. Liu, H. P. Zhang & J. Tang (Hrsg.), *Social Media Processing* (S. 231–239). Communications in Computer and Information Science, vol 489. Berlin/Heidelberg: Springer.

Childers, T. L. (1986). Assessment of the psychometric properties of an opinion leadership scale. *Journal of Marketing Research* 23, 84–188.

Dressler, M. & Telle, G. (2009). *Meinungsführer in der interdisziplinären Forschung. Bestandsaufnahme und kritische Würdigung.* Wiesbaden: Gabler Verlag.

Jacoby, J. & Hoyer, W. D. (1981). What if Opinion Leaders Didn't Know More? A Question of Nomological Validity. *Advances in Consumer Research* 8 (1), 299–303.

Katz, E. (1957). The Two-Step Flow of Communication: An Up-To-Date Report on an Hypothesis. *Public Opinion Quarterly* 21 (1, Anniversary Issue), 61–78.

Katz, E. & Lazarsfeld, P. F. (1955). *Personal Influence. The Part Played by People in the Flow of Mass Communication.* Glencoe, Illinois: Free Press.

Kingdon, J. W. (1970). Opinion Leaders in the Electorate. *Public Opinion Quarterly* 34 (2), 256–261.

Lazarsfeld, P. F., Berelson, B. & Gaudet, H. (1944). *The people's choice. How the voter makes up his mind in a presidential campaign.* New York, NY: Columbia University Press.

Nisbet, E. C. (2006). The Engagement Model of Opinion Leadership: Testing Validity Within a European Context. *International Journal of Public Opinion Research* 18 (1), 3–30.

Noelle-Neumann, E. (1999). Die Wiederentdeckung der Meinungsführer und die Wirkung der persönlichen Kommunikation im Wahlkampf. In E. Noelle-Neumann, H. M. Kepplinger & W. Donsbach (Hrsg.), *Kampa. Meinungsklima und Medienwirkung im Bundestagswahlkampf 1998* (S. 181–214). Freiburg: Albe.

Robinson, J. P. (1976). Interpersonal Influence in Election Campaigns: Two Step-Flow Hypotheses. *Public Opinion Quarterly* 40 (3), 304–319.

Rössler, P. (1998). Information und Meinungsbildung am elektronischen „Schwarzen Brett". Kommunikation via Usenet und mögliche Effekte im Licht klassischer Medienwirkungsansätze. In E. Prommer & G. Vowe (Hrsg.), *Computervermittelte Kommunikation. Öffentlichkeit im Wandel* (S. 113–139). Konstanz: UVK Medien.

Rössler, P. & Scharfenberg, N. (2004). Wer spielt die Musik? Kommunikationsnetzwerke und Meinungsführerschaft unter Jugendlichen – eine Pilotstudie zu Musikthemen. *Kölner Zeitschrift für Soziologie und Sozialpsychologie* 56 (3), 490–519.

Schäfer, M. S. & Taddicken, M. (2015). Mediatized Opinion Leaders: New Patterns of Opinion Leadership in New Media Environments? *International Journal of Communication* 9, 960–981.

Scheiko, L. (2016). *Meinungsführer in Online-Diskussionsforen.* Hohenheim: Kommunikations-, Informations- und Medienzentrum der Universität Hohenheim.

Schenk, M. (2007). *Medienwirkungsforschung.* 3. Aufl. Tübingen: Mohr Siebeck.

Schenk, M. & Scheiko, L. (2011). Meinungsführer als Innovatoren und Frühe Übernehmer des Web 2.0. Ergebnisse einer internetrepräsentativen Befragung. *media perspektiven* 42 (9), 423–431.

Taddicken, M. & Neverla, I. (2011). Klimawandel aus Sicht der Mediennutzer. Multifaktorielles Wirkungsmodell der Medienerfahrung zur komplexen Wissensdomäne Klimawandel. *Medien und Kommunikation* 59 (4), 505–525.

Taddicken, M. & Reif, A. (2016). Who Participates in the Climate Change Online Discourse? A Typology of Germans' Online Engagement. *Communications – the European Journal of Communication Research*, Special Issue on Scientific uncertainty in the Public Discourse 41 (3), 315–337.

Taddicken, M., Reif, A. & Hoppe, I. (2018a). Wissen, Nichtwissen, Unwissen, Unsicherheit: Zur Operationalisierung und Auswertung von Wissensitems am Beispiel des Klimawissens. In N. Janich & L. Rhein (Hrsg.), *Unsicherheit als Herausforderung für die Wissenschaft: Reflexion aus Natur-, Sozial- und Geisteswissenschaften. Reihe: Wissen – Kompetenz – Text* (S. 113–140). Berlin: Peter Lang.

Taddicken, M., Reif, A. & Hoppe, I. (2018b). What do people know about climate change — and how confident are they? On measurements and analyses of science related knowledge. *Journal of Science Communication* 17 (03), A01.

Tobler, C., Visschers, V. H. M. & Siegrist, M. (2012). Consumers'knowledge about climate change. *Climatic Change* 114 (2), 189–209.

Trepte, S. & Böcking, B. (2009). Was wissen die Meinungsführer? Die Validierung des Konstrukts Meinungsführerschaft im Hinblick auf die Variable Wissen. *Medien und Kommunikation* 57 (4), 443–463.

Troldahl, V. C. & van Dam, R. (1965). A New Scale for Identifying Public-Affairs Opinion Leaders. *Journalism & Mass Communication Quarterly* 42 (4), 655–657.

Tsang, A. S. L. & Zhou, N. (2005). Newsgroup participants as opinion leaders and seekers in online and offline communication environments. *Journal of Business Research* 58 (9), 1186–1193.

Weimann, G., Tustin, D. H., van Vuuren, D., Joubert, J. P. R. (2007). Looking for Opinion Leaders. Traditional vs. Modern Measures in Traditional Societies. *International Journal of Public Opinion Research* 19 (2), 173–190.

Erwartungen an und Bewertungen der medialen Berichterstattung über den Klimawandel aus Rezipierendenperspektive

Monika Taddicken und Nina Wicke

Zusammenfassung

Massenmediale Berichterstattung ist hinsichtlich der Verbreitung und Vermittlung von Informationen über wissenschaftliche Forschung und ihre Erkenntnisse entscheidend. Sie bildet eine wichtige Grundlage für alltägliche Entscheidungen von Medienrezipierenden. Wie Menschen mediale Darstellungen eines Wissenschaftsthemas wie den Klimawandel rezipieren, welche Erwartungen sie an die Berichterstattung haben und wie sie sie bewerten, ist bislang jedoch kaum empirisch untersucht. Der vorliegende Beitrag greift diese Thematik im Rahmen von Gruppendiskussionen (n = 26) auf.

Die Ergebnisse zeigen, dass die Rezipierenden den Klimawandel als ein komplexes, abstraktes sowie medial konstruiertes Thema wahrnehmen, über das häufig sensationalistisch, wenig innovativ und einseitig berichtet wird. In der Kritik steht insbesondere, dass die Berichterstattung zu wenig Hintergründe und Zusammenhänge aufgreift. Die Rezipierenden sind des Themas überdrüssig und erwarten von den Medien beispielsweise klare Empfehlungen für klimafreundliches Handeln und eine umfassendere Aufarbeitung des Klimawandels. Hinsichtlich der Darstellungsformen herrscht Uneinigkeit – eine sachlich-wissenschaftliche Aufbereitung, eine Präsentation konfligierender Erkenntnisse und eine humorvoll-satirische Art werden konträr evaluiert.

M. Taddicken (✉) · N. Wicke
Kommunikations- und Medienwissenschaften, Technische Universität Braunschweig, Braunschweig, Deutschland
E-Mail: m.taddicken@tu-braunschweig.de

N. Wicke
E-Mail: n.wicke@tu-braunschweig.de

© Springer Fachmedien Wiesbaden GmbH, ein Teil von Springer Nature 2019
I. Neverla et al. (Hrsg.), *Klimawandel im Kopf,*
https://doi.org/10.1007/978-3-658-22145-4_6

6.1   Einleitung

Massenmedien und ihre Berichterstattung spielen eine relevante Rolle hinsichtlich der Verbreitung und Vermittlung von Informationen über wissenschaftliche Forschung und ihre Erkenntnisse, die eine wichtige Grundlage für alltägliche Entscheidungen von Medienrezipierenden darstellen. Auch im Fall des Klimawandels ist davon auszugehen, dass das Wissen in der Bevölkerung über Klimawissenschaft und -politik überwiegend aus den Medien stammt.

Themen und Ausmaß der massenmedialen Berichterstattung über Wissenschaftsthemen wie den Klimawandel sind bereits vielfach erforscht worden (z. B. Schäfer 2016; Boykoff 2010; Boykoff und Boykoff 2007, 2004; Doulton und Brown 2009). Publikumsvorstellungen und journalistische Rollenbilder sowie Diskussionen über die Qualität und Funktionen von Wissenschaftsjournalismus aus Kommunikatorperspektive stellen ebenfalls einen häufigen Untersuchungsgegenstand dar (Blöbaum 2008). Über die Wahrnehmung und Bewertung medialer Darstellungen wie auch Erwartungen von Medienrezipierenden hingegen ist wenig bekannt. Dabei beeinflusst die Bewertung der Medienberichterstattung, wie Medien genutzt werden und welche Wirkungen Medienangebote entfalten (Taddicken 2013).

Der Klimawandel bietet sich als Untersuchungsgegenstand besonders an, da davon auszugehen ist, dass für den Umgang mit dem komplexen Thema die Aufbereitung und Darstellung durch die Medien von großer Bedeutung ist (Neverla und Taddicken 2012, S. 215f.). Bisherige Studien zeigen einen Zusammenhang zwischen Mediennutzung und individuellem Problembewusstsein, Wissen und Einstellungen bezüglich des Klimawandels auf (z. B. Taddicken 2013; Arlt et al. 2011; Sampei und Aoyagi-Usui 2009; Cabecinhas et al. 2008). Dass eine als dramatisierend wahrgenommene Berichterstattung zu einem höheren Problembewusstsein – und nicht zu Ablehnung – bei Rezipierenden führen kann, zeigt beispielsweise Taddicken (2013) in einer quantitativen Untersuchung zur Mediennutzung zum Klimawandel.

Die Berichterstattung wirkt sich also auf die Wahrnehmung des Klimawandels sowie die individuelle und soziale Aushandlung der Thematik aus, sie ist eine wichtige Ressource im Prozess der Bedeutungszuschreibung und Aneignung (Ryghaug et al. 2010). Am Beispiel des Klimawandels wird daher in diesem Beitrag die mediale Berichterstattung aus Rezipierendenperspektive untersucht.

Der Beitrag gliedert sich in folgende Bereiche: Einer Darstellung bisheriger empirischer Befunde und theoretischer Vorüberlegungen zur Wahrnehmung der Klimawandelberichterstattung folgt die Erläuterung des methodischen Designs und dessen Umsetzung. Dem schließt sich eine Ergebnispräsentation an. Eine Zusammenfassung und Reflexion enden die Darlegung.

6.2 Klimawandel in den Medien

Die massenmediale Berichterstattung über wissenschaftliche Themen hat sich seit den 1990er Jahren intensiviert (Meier und Feldmeier 2005; Bauer 2012; Elmer et al. 2008) und findet nicht nur im Rahmen von Wissenschaftsressorts statt (Schäfer 2007; Blöbaum 2008). Eines der wissenschaftlichen Themen, das über große gesellschaftliche Relevanz verfügt und konstant seit den 2000er Jahren auf der globalen, öffentlichen Medien-Agenda zu finden ist, ist hierbei der Klimawandel (Schmidt et al. 2013; Schäfer 2016). Da Klimawandel kein direkter Bestandteil der alltäglichen Lebenswelt und biografischer Erfahrungen ist (Moser 2010; Neverla und Schäfer 2012), sondern ein „wissenschaftliches Konstrukt" (Taddicken und Neverla 2011, S. 505), wird dementsprechend Wissen über den Klimawandel überwiegend mithilfe öffentlicher Kommunikation verbreitet. Medien sind somit zentrale Akteure, um ein Bewusstsein für den Klimawandel zu schaffen, Informationen zu verbreiten, politische Diskurse zu beeinflussen und die öffentliche Meinung zu prägen. Zugleich sind wissenschaftliche Erkenntnisse über den Klimawandel oftmals hoch komplex und dabei sehr abstrakt, unsicher und teilweise konfligierend (Taddicken und Neverla 2011; van der Sluijs 2012), sodass Medien eine bedeutende Rolle bei der Konstruktion und Kommunikation der klimawissenschaftlichen Erkenntnisse gegenüber der Öffentlichkeit spielen (von Storch 2009). Dabei haben die Rezipierenden vermutlich spezifische Erwartungen und Bewertungen an die Darstellung.

In der kommunikationswissenschaftlichen Forschung ist die mediale Berichterstattung über den Klimawandel überwiegend mithilfe von Inhaltsanalysen dokumentiert (bspw. Boykoff 2008, 2010; Boykoff und Boykoff 2004, 2007; Doulton und Brown 2009; Olausson 2009; Sampei und Aoyagi-Usui 2009; Neverla und Schäfer 2012). Im Fokus bisheriger Untersuchungen standen dabei u. a. Inhalte, Themen und Aspekte der Berichterstattung zum Klimawandel sowie die Art und Weise des journalistischen Umgangs mit wissenschaftlichen Erkenntnissen. Die Berichterstattung hat über die vergangenen Jahre hinweg insgesamt zugenommen, schwankt aber ereignisabhängig, wie beispielsweise bezüglich der Weltklimagipfel (Schmidt et al. 2013). Die mediale Aufmerksamkeit ist hierbei in Ländern wie Deutschland, die das Kyoto-Protokoll ratifiziert haben, intensiver als in anderen (ebd.). Wissenschaft bzw. wissenschaftliche Erkenntnisse sind ein zentraler Gegenstand der medialen Berichterstattungsformen über den Klimawandel

(Peters und Heinrichs 2008). In ihrer Berichterstattung fokussieren die deutsch-sprachigen Massenmedien hierbei häufig wissenschaftliche Argumente; beispiels-weise greifen sie Inhalte und Positionen des IPCC-Berichts auf (Engesser und Brüggemann 2015; Peters und Heinrichs 2008) und unterstreichen die Evidenz wissenschaftlicher Befunde (Maurer 2011), obwohl Klimawandel ein Themenfeld mit „fragilem, im wissenschaftlich strengen Sinn unsicherem Wissen" (Taddicken und Neverla 2011, S. 505) darstellt. Medien schildern in Zusammenhang mit der Berichterstattung über die seit 1979 abgehaltenen Weltklimakonferenzen dramati-sche Folgen des Klimawandels für die Menschheit, kennzeichnen jedoch nicht die Ungewissheit der wissenschaftlichen Befunde (Ashe 2013; Cooper et al. 2012; Stocking und Holstein 2009). Stattdessen vermittelt die Berichterstattung in der Regel, dass beispielsweise die prognostizierten Veränderungen zum Temperatur-anstieg sicher eintreten würden, obwohl die wissenschaftlichen Erkenntnisse über die Folgen des Klimawandels nicht frei von Unsicherheiten sind (Maurer 2011). Deutsche Massenmedien stellen den Klimawandel zudem nahezu aus-nahmslos als vom Menschen verursacht dar und betonen die humanitäre Ver-antwortung, was in der Öffentlichkeit wiederum kaum angezweifelt wird (Peters und Heinrichs 2008; Brüggemann und Engesser 2014; Engels et al. 2013; Hansen et al. 2011). Über Klimawandel-Skepsis wird kritisch oder gar nicht berichtet (Brüggemann und Engesser 2014). Im Vergleich zu anderen Ländern fällt die Dis-kussion über klimawissenschaftliche Inhalte insgesamt vergleichsweise knapp aus und wendet sich stark der Diskussion über angemessene politische Lösungen zu (Schäfer 2016). Zudem hat sich der mediale Diskurs über Klimawandel inhaltlich ausdifferenziert – neben dem wissenschaftlichen und politischen Diskurs findet das Thema auch Eingang in andere Lebensbereiche wie beispielsweise Öko-nomie, Populärkultur, Recht und Lifestyle (Peters und Heinrichs 2005; inter-national: Olausson und Berglez 2014).

Die Inhalte der Berichterstattung, also *worüber* berichtet wird, sind demnach bereits ein gut beforschter Untersuchungsgegenstand – lückenhaft ist dagegen die Aufarbeitung, *wie* berichtet wird und wie Berichterstattungsmuster und Dar-stellungsformen von Rezipierenden *wahrgenommen* und *beurteilt* werden.

6.2.1 Erwartungen und Bedürfnisse Rezipierender an journalistische Berichterstattung über wissenschaftliche Themen

Um sich der Mediennutzung aus Rezipierendenperspektive anzunehmen, scheint es lohnenswert, Annahmen aus dem uses-and-gratifications-Ansatz (Katz et al.

1974) und dem Erwartungs-/Bewertungs-Modell (Palmgreen 1984) zu folgen. Hiernach wenden sich Rezipierende aufgrund unterschiedlicher Bedürfnisse und Erwartungen sowie erhaltener Gratifikationen zielgerichtet, bedürfnisorientiert und selektiv Medieninhalten wie dem Klimawandel zu. Das Publikum gilt als aktiv handelnd. Die Selektivität beruht auf den subjektiven Erwartungen, die Rezipierende an Medien bzw. die Darstellung von Klimawandel richten, ihren individuellen Bedürfnissen sowie der Einschätzung, welches Medium/Format ihnen die bestmögliche Gratifikation liefern kann. Die Nutzung von Wissenschaftskommunikation wie Mediennutzung generell stellt hierbei nur eine ‚funktionale Alternative', eine mögliche Quelle der Bedürfnisbefriedigung dar. Die Erwartungen können, müssen aber nicht auf bisherigen Erfahrungen beruhen und wandeln sich gegebenenfalls durch die Mediennutzung bzw. deren Bewertung. Palmgreen, Wenner und Rayburn (1980) differenzieren hierbei zwischen gesuchten und erhaltenen Gratifikationen (gratifications sought/gratifications obtained). In einem zirkulären Prozess beeinflusst der Abgleich zwischen gesuchten Gratifikationen und Gratifikationen, die Rezipierender erhalten bzw. zu erhalten glauben, die Erwartungen der Rezipierenden und damit letztlich die Zuwendung zu Medienangeboten.

Der uses-and-gratifications-Ansatz ist u. a. der Kritik ausgesetzt, sich nicht mit konkreten Medieninhalten zu befassen. Diese sollten aber einbezogen werden, wenn Erklärungen gefunden werden wollen, warum Rezipierende bestimmte Gratifikationen bei bestimmten Angeboten suchen (Blumler 1979; Swanson 1987). Dessen nimmt sich die Theorie der subjektiven Qualitätsauswahl (Wolling 2004, 2009) an und integriert eine rezipierenden- und eine inhaltsorientierte Perspektive. Sie beschäftigt sich mit der Rolle und den Funktionen von Qualitätserwartungen und -wahrnehmungen auf den Rezeptionsprozess, deren Wechselwirkung sich auf das Qualitätsurteil auswirkt. Haben Rezipierende Erwartungen hinsichtlich spezifischer Qualitätsmerkmale und nehmen sie diese dann bei einem medialen Angebot wahr, fällt ihre Bewertung positiv aus. Der Qualitätsbegriff wird hier im Sinne von Eigenschaften eines medialen Angebotes gefasst, bei denen es sich um keine objektiven Merkmale, sondern relationale, subjektive Zuschreibungen der Rezipierenden handelt. Neben Erwartungen an die Medienqualität sind das Angebot und die Wahrnehmung der entsprechenden Medieneigenschaften für Nutzungsentscheidungen relevant. Zu untersuchen ist demnach, welche individuellen Erwartungen Nutzende an die mediale Berichterstattung über den Klimawandel haben und wie die entsprechende Medienrezeption wahrgenommen und beurteilt wird – was auch aus medienpraktischer Sicht relevant ist.

Im Folgenden werden kurz bisherige Erkenntnisse zu Erwartungen und Bedürfnissen Rezipierender an Medien bzw. Journalismus sowie an die Darstellung von Wissenschaftsthemen und auf den Klimawandel bezogen vorgestellt.

In der Langzeitstudie Massenkommunikation wurde beispielsweise als stärkstes Nutzungsmotiv von Fernsehen, Tageszeitung sowie Internet das Informationsbedürfnis identifiziert, gefolgt von Spaß und Entspannung (Breunig und Engel 2015). Gleichzeitig ordnen die Rezipierenden „die Medien in ihrem Image aber als gar nicht so informativ ein" (Scholl et al. 2014, S. 17). Studien, die ihre Aufmerksamkeit auf die öffentliche Wahrnehmung des Journalismus gerichtet haben, halten auch hier ein eher negatives Bild fest: Journalistinnen und Journalisten erfüllen grundsätzliche Erwartungen der Öffentlichkeit nur unzureichend (Donsbach et al. 2009). Rezipierende fordern ausführlichere Hintergrundinformationen, einen neutraleren Faktenjournalismus, Nachrichteninhalte zur Wissensvermittlung, eine Darstellung kontroverser Meinungen und kritisieren subjektive und emotionalisierende Darstellungsweisen. Die Unzufriedenheit mit der medialen Berichterstattung führt zu einer gewissen ‚Medienverdrossenheit' und einem Vertrauensverlust (ebd.).

Das Publikum des Journalismus – in der Regel wissenschaftliche Laien – muss aber auf mediale Berichterstattung und damit auf die Leistung von Journalistinnen und Journalisten vertrauen (können), wenn es sich über wissenschaftliche Erkenntnisse informiert. Das Publikumsinteresse an Wissenschaftsthemen steigt seit den 1990er Jahren. Eine mögliche Ursache dieser Entwicklung ist, dass wissenschaftliche Themen zunehmend auf gesellschaftlich zentrale Lebensprozesse einwirken, den Alltag betreffen und Emotionen hervorrufen (Meier und Feldmeier 2005). Gleichzeitig stellen sie aufgrund ihrer Abstraktheit und Komplexität eine besondere Herausforderung für die mediale Vermittlung dar. Was aber erwarten die Medienrezipierenden von der medialen Berichterstattung zu Wissenschaft?

Maier et al. (2016) widmen sich dieser Frage im Kontext nanotechnologischer Forschung. Hierfür wenden sie ein Mehrmethodendesign an: In zwei quantitativen Telefonumfragen befragen sie Wissenschaftlerinnen und Wissenschaftler sowie Journalistinnen und Journalisten, mit Medienrezipierenden führen sie qualitative Tiefeninterviews. Einen Fokus legen die Autoren dabei auf die Frage nach der Darstellung von wissenschaftlicher Unsicherheit in der Fernsehberichterstattung. Die Befragten der Telefonumfragen sind sich weitestgehend einig, dass wissenschaftliche Unsicherheit medial kommuniziert werden sollte. Insbesondere auf Wissenslücken sollte hingewiesen werden. Für die teilnehmenden Rezipierenden dieser Studie hingegen ist vordergründig, dass Informationen bzw. Forschungserkenntnisse aktuell, akkurat und vertrauenswürdig sind und

Transparenz über Forschungsinstitute und ihre Geldgeber herrscht. Hinsichtlich der Darstellung wissenschaftlicher Unsicherheit sind sie sich uneinig: Ein Teil der Rezipierenden möchte verschiedene Perspektiven und damit auch Unsicherheiten deutlich dargestellt bekommen. Manche Rezipierende indes sehen unsichere Erkenntnisse als ein Zeichen eines nicht abgeschlossenen Forschungsprozesses, die deshalb nicht veröffentlicht werden sollten. Sie erwarten von den Medien vertrauenswürdige Informationen, die ihnen bei Alltagsentscheidungen weiterhelfen. Wiederum andere sind der Ansicht, dass unsichere Erkenntnisse unter bestimmten Bedingungen berichtet werden sollten, z. B. wenn es sich um akademische Kontroversen handelt (ebd.).

Im Unterschied zur Nanotechnologie, die sich mit Materialien und Strukturen auseinandersetzt, stellt das Wissenschaftsthema Klimawandel eine globale Entwicklung dar, die mit dem Alltag von Menschen eng verbunden ist und viele Lebensbereiche betrifft, gleichzeitig aber als wissenschaftlich generierte Hypothese schwer für das Individuum wahrnehmbar ist. Wissen über Klimawandel kann nicht über eigene Erfahrungen gesammelt werden, sondern wird über (Massen-)Medien vermittelt. Die Erforschung ist von kontroversen Erkenntnissen und ungesicherten Zukunftsfolgen geprägt – eine Eindämmung des Klimawandels erfordert aber gegenwärtig gesellschaftliche, politische Entscheidungen und individuelles Handeln. Daher ist von besonderem Interesse, wie Menschen Klimawandel wahrnehmen und Medieninhalte rezipieren.

Olausson (2011) nimmt sich dieses Themas an und analysiert explizit das Verhältnis der medialen Darstellung von Klimawandel und den Vorstellungen von schwedischen Rezipierenden. Sie thematisiert drei Problembereiche: (1) Die emotionale Berichterstattung, die häufig das Gefühl von Angst hervorruft und vermittelt, dass dringend Maßnahmen gegen den Klimawandel ergriffen werden müssen, führt bei den Rezipierenden zu einer gewissen Müdigkeit und Verdrossenheit hinsichtlich Klimaberichterstattung und nicht zu erhöhter Umweltaktivität. Außerdem wird (2) der kommerzielle Hintergrund der Medien kritisiert, der sich in sensationalistischen Darstellungsformen äußert und einen Vertrauensverlust zur Folge hat. Zudem (3) fordern die Rezipierenden eine kontinuierliche und integrative Berichterstattung über Umweltthemen wie den Klimawandel (Olausson 2011, S. 291ff.).

Eine weitere Untersuchung zur Wahrnehmung der Berichterstattung zum Klimawandel und zur Domestizierung von Klimawissen haben Ryghaug et al. (2010) vorgelegt. Sie untersuchten im Rahmen von Gruppendiskussionen, wie sich norwegische Rezipierende Inhalte der Medienberichterstattung zum Klimawandel aneignen. Sie identifizieren fünf verschiedene Muster der Bedeutungszuschreibung zum Klimawandel. Darunter zählt der Eindruck der Rezipierenden, dass die globale Erwärmung durch das Wetter widergespiegelt wird („Nature Drama"), die Wahrnehmung, dass Experten sich uneinig sind („Science Drama"), kritische Haltungen gegenüber den Medien, Beobachtungen einer politischen Inaktivität sowie Bezugnahmen auf eigenes Handeln im Alltag. Anhand dieser verschiedenen Prozesse der Bedeutungszuschreibung leiten Ryghaug et al. (2010) vier Domestizierungskategorien ab, in die sie die Teilnehmenden eingruppieren: Die Akzeptierenden („acceptors"), die gemäßigten Akzeptierenden („tempered acceptors"), die Unsicheren („the uncertain") sowie die Skeptiker („the sceptics").

6.2.2 Das Beziehungsverhältnis von Journalismus und seinem Publikum

Das Beziehungsverhältnis von Journalismus und seinem Publikum nimmt in der Journalismusforschung großen Raum ein, bleibt in der Rezeptionsforschung jedoch meist unreflektiert. Während das Publikum Journalistinnen und Journalisten als wichtigste Referenzgröße dient und auch aus wirtschaftlicher Perspektive von großem Belang ist, was es einfordert und ablehnt (Donsbach et al. 2009), wird andersherum aus Nutzungs- und Wirkungsperspektive weniger erforscht, was das Publikum von Journalismus erwartet und welches Berufs- und Rollenbild hier existiert. Dabei kann man argumentieren, dass beide Perspektiven zur Erforschung von Mediennutzung und -wirkung bedeutsam sind. Nach den Annahmen des dynamisch-transaktionalen Ansatzes von Früh und Schönbach (1982) beeinflussen jeweils Para-Feedback-Prozesse die Vorstellung voneinander, sodass die Bedeutung einer Medienbotschaft erst aus dem Aushandlungsprozess zwischen Kommunikator und Rezipient folgt. Erst aus dem Zusammenspiel von Medienaussagen und Rezipierendenerwartungen und daraus erfolgter Aktivität ergeben sich demnach Medienwirkungen. Insofern soll an dieser Stelle zumindest kurz auf die Beziehung von Journalismus und seinem Publikum eingegangen werden.

Auf normativer Ebene wird von Journalismus erwartet, dass er sich am Publikum orientiert, um Inhalte zu produzieren, die wahrgenommen und genutzt werden, und so seine Leistung – die Vermittlung gesellschaftlich relevanter Informationen, wie es wissenschaftliche Erkenntnisse sind – erfüllt. Somit ist eine gewisse Vorstellung des jeweiligen Publikums für das tägliche redaktionelle Entscheidungs- und Veröffentlichungshandeln relevant (Hohlfeld 2005). Die Rezipierendenperspektive wird in der Journalismusforschung häufig nur anhand des Publikumsbildes von Journalisten thematisiert (Lueginger und Thiele 2016). Dabei ist das Verhältnis von Journalisten und ihrem Publikum meist als imaginäre Beziehung beschrieben und orientiert sich an der Idee, dass Rezipierende und Journalisten wechselseitige Vorstellungen voneinander haben.

Dieses psychologisch begründete parasoziale Beziehungsverhältnis ist jedoch nicht empirisch belegt. Bisherige Studien, die sich mit der Kommunikator-Rezipierender-Beziehung beschäftigen, zeigen vielmehr, dass Journalisten punktuell Publikumskonstruktionen vornehmen, beispielsweise bezogen auf einen konkreten Artikel, nicht aber *ein* Bild des Publikums vorherrscht (Meusel 2014). Das erscheint auch angesichts der Heterogenität der journalistischen Publika und den eher selektiven Individualkontakten plausibel. Journalistische Vorstellungen basierten bislang selten auf direkten Interaktionen und persönlichen Erfahrungen, sondern eher auf indirekten und gefilterten Eindrücken, beispielsweise Erkenntnissen aus der Markt- und Publikumsforschung und Gesprächen mit Kollegen (Loosen und Schmidt 2012; Hohlfeld 2005). Dass es dennoch einen Zusammenhang zwischen dem journalistischen Publikumsbild, ihren Vorstellungen von und ihrem Wissen über ihre Publika und der Inhalts- und Aussagenproduktion online wie offline gibt, konnte bereits nachgewiesen werden (Hohlfeld 2013).

So war das Verhältnis von Journalismus bzw. Journalistinnen und Journalisten zum Publikum häufig Gegenstand wissenschaftlicher Untersuchungen zum Selbst- und Rollenverständnis von Journalistinnen und Journalisten, über das Haltungen, Einstellungen und Bereitschaft in Bezug auf bestimmte Rollen, Funktionen und Aufgaben ermittelt wurden und die zu divergenten Erkenntnissen gelangt sind. Es zeigt sich, dass der Großteil der Journalisten sein Publikum neutral, präzise und möglichst schnell informieren möchte und beabsichtigt, im Sinne eines „public understanding of science" (Bodmer 1985), komplexe Sachverhalte zu vermitteln und zu erklären; Journalistinnen und Journalisten verstehen sich nicht als Entertainer (Blöbaum 2008; Weischenberg et al. 2006). Entgegengesetzt ihrer eigenen Haltung ordnen sie jedoch ihr Publikum als weniger stark informations-, sondern vielmehr unterhaltungsorientiert ein (Scholl et al. 2014). Sie unterschätzen meist das politische, wirtschaftliche und kulturelle Informationsbedürfnis, im Gegenzug überschätzen sie das Interesse an leichten und unterhaltenden Medieninhalten (Hohlfeld 2005). Die Selbst- und Publikumswahrnehmungen von Journalistinnen und Journalisten unterscheiden sich demnach von denen der Rezipierenden. Inwiefern sie sich auf die Berichterstattung zum Klimawandel auswirken und dadurch den Erwartungen von Rezipierenden (nicht) gerecht werden, ist noch zu beforschen.

6.2.3 Forschungsfragen

Klimawandel wird in den Medien konstant thematisiert (Schäfer 2016). Die deutschsprachige Berichterstattung präsentiert klimawissenschaftliche Erkenntnisse, ohne auf deren Unsicherheiten einzugehen, und weist auf die humanitäre

Verantwortung hin (u. a. Peters und Heinrichs 2008; Brüggemann und Engesser 2014). Dass die Art und Weise der Berichterstattung Wirkungen auf Wahrnehmungen und Einstellungen haben kann, ist bereits gezeigt worden (Taddicken 2013). Deshalb ist im Rahmen dieser Untersuchung auch von Interesse, wie das Thema Klimawandel von Rezipierenden wahrgenommen und konstruiert wird sowie welche Bedeutung sie ihm zuschreiben. Ebenso ist relevant, inwiefern und welche Medien sie zur Information über den Klimawandel nutzen (zum Forschungsstand hierzu siehe Kap. 3), auch, um ihre Erwartungen und Bewertungen der Klimawandelberichterstattung einordnen zu können.

Bisherige Erkenntnisse zur Rezeption und Beurteilung von Wissenschaftsjournalismus zeigen, dass Rezipierende ausführliche Hintergrundinformationen fordern und es ihnen wichtig ist, dass Informationen bzw. Forschungserkenntnisse aktuell, akkurat und vertrauenswürdig sind sowie dass Transparenz über Forschungsinstitute und ihre Geldgeber herrscht. Sie sind sich aber beispielsweise bezogen auf das Thema Nanotechnologie uneinig, wie Journalistinnen und Journalisten mit kontroversen, unsicheren Erkenntnissen umgehen sollten. Konkret bezogen auf die Berichterstattung zum Klimawandel kritisieren Rezipierende die emotionale, sensationalistische Berichterstattung (Olausson 2011; Maier et al. 2016). Insgesamt zeigt sich, dass bislang wenige empirische Erkenntnisse explizit zu Erwartungen und Bewertungen von Rezipierenden an die mediale Berichterstattung von Wissenschaftsthemen wie dem Klimawandel vorliegen, weder aus der Perspektive der Rezeptions- noch aus der Journalismusforschung. Um diese aufgezeigte Forschungslücke zu bearbeiten, leiten folgende Forschungsfragen die empirische, explorativ angelegte Untersuchung an:

FF1: Wie nehmen Rezipierende den Klimawandel wahr?

FF2: Inwiefern informieren sich Rezipierende anhand der medialen Berichterstattung über Klimawandel?

FF3: Welche Erwartungen haben Rezipierende an die mediale Darstellung des Klimawandels?

FF4: Wie wird die mediale Berichterstattung über den Klimawandel von Rezipierenden wahrgenommen und bewertet?

6.3   Methodisches Vorgehen

Methodisch wurde die Untersuchung von Erwartungen und Bewertungen an die Berichterstattung zum Klimawandel mithilfe von vier Gruppendiskussionen umgesetzt, die im Mai 2011 an der Universität Hamburg im Rahmen des DFG-Projekts „Klimawandel aus Sicht der Medienrezipienten" stattfanden. Da es bis dahin kaum Befunde zur Publikumsperspektive auf die mediale Bericht-erstattung gab (und auch bis heute kaum gibt) und es sich hierbei um subjektive, individuelle Sichtweisen handelt, fiel die Wahl auf diese explorierende, qualita-tive Herangehensweise.

Das Verfahren der Gruppendiskussion gehört zum traditionellen Methoden-repertoire der Kommunikationswissenschaft. Als zentrales Merkmal von Gruppendiskussionen gilt die Natürlichkeit der Erhebungssituation (Lamnek 2005). Lamnek beschreibt hierzu, dass „die Untersuchungssituation ‚Gruppen-diskussion' [...] den Diskussionsteilnehmenden aus vielen alltäglichen Lebens-bezügen (Schule, Beruf, Fernsehen etc.) sehr wohl geläufig" (ebd., S. 51) ist und „als angenehm empfundener Kommunikationsaustausch mit fast optimalem Alltäglichkeitscharakter" (ebd.) gilt. Sie erschien für dieses Forschungsprojekt als angemessene Erhebungsmethode, da die erhöhte soziale Interaktion im Rah-men einer Gruppendiskussion dazu dient, gedankliche Prozesse anzuregen, sich gegenseitig Gesprächsanreize und Impulse zu liefern und Reflexionen hervorzu-rufen, die in einem Einzelinterview eventuell nicht aktiviert werden würden. Ein vielfältigeres Meinungsspektrum kann so abgebildet werden. Unterschiedliches Mediennutzungsverhalten, verschiedene Wahrnehmungen der Berichterstattung sowie individuelle Erwartungen und Bewertungen veranlassten Reflexionsprozesse und Interaktionen (gruppenbezogene Interaktionen, Gesprächsdynamiken und -prozesse sind allerdings nicht explizit Gegenstand der vorliegenden Analyse).

Die Gruppendiskussionen fanden im Mai 2011 an der Universität Hamburg statt und dauerten zwischen 90 und 120 min. Nach einem in die Auswertung ein-geflossenen positiv verlaufenen Pretest wurden drei weitere Diskussionen mit jeweils 6–7 Probanden im Alter von 21–69 Jahren durchgeführt, die sich unter-einander nicht kannten. Die 26 Teilnehmenden – 11 Männer und 15 Frauen – wurden über verschiedene Kanäle akquiriert, u. a. über lokale Zeitungsannoncen, Ansprache auf Veranstaltungen von Umweltorganisationen wie Greenpeace, Verteilung von Flyern, Postwurfsendungen und Beiträgen in Internetforen mit Bezug zu Hamburg. Als Incentive erhielten alle Teilnehmenden eine Aufwands-entschädigung in Höhe von 20,00 €.

Damit sich unter den Diskussionsteilnehmenden sowohl Experten, Semi-Experten sowie Laien mit geringem bis hohem Klimawandelbewusstsein befanden, wurden vorab in einem standardisierten Kurzfragebogen neben soziodemografischen Daten Wissen zum Klimawandel, Verantwortungsbewusstsein sowie Handlungsbereitschaft abgefragt.

Entsprechend dem Standardisierungsgrad von Leitfadeninterviews strukturierte ein Gesprächsleitfaden die Diskussionen, der sicherstellte, dass „im Vorfeld als wichtig erachtete Themen und Fragestellungen während der Gruppendiskussion berücksichtigt werden" (Kühn und Koschel 2011). Der Leitfaden setzte sich zusammen aus Themenblöcken zur Wahrnehmung des und Einstellung zum Klimawandel, zur klimawandelspezifischen Mediennutzung, zu interpersonalen Kommunikationsaspekten und zur Bewertung der Mediendarstellungen. Außerdem wurden drei audiovisuelle Stimuli in Form von realen Beitragsausschnitten von öffentlich-rechtlichen Sendern in allen Diskussionsrunden nach ca. 45–60 min Diskussionszeit in einem letzten Gesprächsblock eingesetzt, um den Austausch über die Art und Weise der medialen Berichterstattung und Erwartungen seitens der Nutzenden noch einmal zu intensivieren. Um die beschriebenen Herausforderungen bei der Darstellung klimawissenschaftlicher Erkenntnisse im Stimuli-Material aufzugreifen, variierten zwei Fernsehbeiträge hinsichtlich der dargestellten Komplexität und Widersprüchlichkeit der Befunde, die jeweils sehr sachlich präsentiert wurden. Beide Ausschnitte stammten aus dem auf ZDF ausgestrahlten Nachrichtenmagazin *heute-journal* und dauerten rund 90 s. Im ersten Beitrag wurden von einem Paleo-Ozeanograph aktuelle Forschungserkenntnisse zur Erderwärmung vorgestellt, der dabei die verwendete Messmethodik näher erläuterte. Der weitere Beitrag hatte ebenfalls Erderwärmung zum Thema. Hier kamen zwei Klimaforscher zu Wort, die gegensätzlicher Ansicht waren, wie Klimaentwicklungen zu deuten sind. Ein dritter Beitrag, ein Auszug aus dem NDR-Magazin *extra 3*, hob sich von der typischen Berichterstattung ab und beleuchtete den Klimawandel aus einer satirischunterhaltenden Perspektive. Mögliche negative Folgen des Klimawandels wie die Erderwärmung wurden überspitzt und als positive Entwicklungen dargestellt.

Die Auswertung der transkribierten Gruppendiskussionen erfolgte mithilfe einer qualitativen Inhaltsanalyse, angelehnt an Mayring (2015). Für die vorgenommene inhaltlich strukturierende Auswertung wurde als Analyseinstrument ein Kategoriensystem verwendet, das sowohl auf den theoretischen Vorüberlegungen aufbaute als auch aus dem Material heraus induktiv entwickelt wurde. Neben Kategorien zur Wahrnehmung des Klimawandels und Einstellungen ihm gegenüber sind auch die Bereiche Mediennutzung sowie Beurteilung der medialen Darstellung des Klimawandels Bestandteile.

6.4 Die mediale Konstruktion des Themas Klimawandel

Wahrnehmung des Klimawandels

Mit dem Thema Klimawandel verbinden die Teilnehmenden überwiegend Naturphänomene bzw. auf Klimawandel zurückzuführende Naturkatastrophen. Als Assoziationen werden häufig (vermeintliche) Folgen des Klimawandels genannt wie Erderwärmung und schmelzende Gletscher, Ausdehnung der Wüsten und Überschwemmungen. Die Veränderungen des Wetters, starke Temperaturschwankungen sowie der Eindruck, keine vier abgrenzbaren Jahreszeiten mehr zu haben, sind ebenso gedankliche Verknüpfungen wie der schädigende menschliche Umgang mit der Natur. Deutlich wird hierbei, dass die Rezipierenden teilweise unsicher sind, welche Phänomene Klimawandel zuzuordnen sind bzw. was genau Klimawandel eigentlich ist. Gleichzeitig – oder möglicherweise auch dem geschuldet – erkennen sie die Multidimensionalität des komplexen Themas Klimawandel und thematisieren beispielsweise auch wissenschaftliche und politische Aspekte wie Klimakonferenzen, IPCC-Berichte und Klimaflüchtlinge. Generell lässt sich bei den Teilnehmenden eine geringe Trennschärfe zwischen Themen wie Klimawandel, Klimaschutz, Umweltschutz und Nachhaltigkeit feststellen, was daran liegen mag, dass Klimawandel eben als diffuses Phänomen und als etwas, was nicht konkret im Alltag erfahrbar ist, wahrgenommen wird. Die Rezipierenden stellen nicht grundsätzlich infrage, ob der Klimawandel anthropogen ist, diskutieren aber die Problematik, dass es keine eindeutige Ursachenzuweisung gibt, und vermuten teilweise, dass die Wissenschaft die menschliche Schuld überhöht darstellt (siehe dazu auch Lörcher in diesem Band, Kap. 3).

Relevanter als Diskussionen darüber, wer bzw. was den Klimawandel verursacht, sehen viele der Teilnehmenden die Bekämpfung der bisherigen und möglichen zukünftigen Folgen. Es zeigt sich eine gewisse Angst davor, welche konkreten Auswirkungen Klimawandel auf das eigene Leben haben kann. Sie machen deutlich, dass sie ein gesellschaftliches Umdenken und Verhaltensänderungen in der Bevölkerung als notwendig erachten. Dies sei mit Verzicht, Einschränkungen und Verantwortungsübernahme verknüpft, wie beispielsweise der Umstieg vom Automobil auf das Fahrrad, und sei deshalb schwer zu realisieren. Einige der Rezipierenden geben an, sich im Alltag um eine ‚nachhaltige‘ Lebensweise zu bemühen, merken aber zugleich an, dass Einzelne nur wenig zur Veränderung des Klimas beitragen könne. Diesbezüglich wird ein Gefühl der Machtlosigkeit formuliert. Politik und Wirtschaft stünden in der globalen Verantwortung, verfolgten jedoch eigene Interessen, die nicht immer mit der Eindämmung des Klimawandels vereinbar seien. Außerdem kritisieren zahlreiche Teilnehmende bisherige politische Bestrebungen wie die ihrer Ansicht nach ergebnis- bzw. folgenlosen Klimagipfel, insbesondere den COP15 in Kopenhagen. Eine gewisse Verdrossenheit in Bezug auf das (unterlassene) Handeln anderer schwingt in den Aussagen mit.

Komplexität und Abstraktheit

Die Rezipierenden beschreiben Klimawandel vielfach als ein komplexes und abstraktes Thema, das mit großer Unsicherheit behaftet ist – *„Die können doch nicht mal das Wetter für übermorgen voraussagen"* (GD2, M23)[1]. Das machen sie auch daran fest, dass Klimawandel ein langsam fortschreitender Prozess ist, der lange Zeiträume betreffe und schwer überschaubar sei. Die fehlende Vorstellung von konkreten Auswirkungen – Was bedeutet es, wenn sich die Erde um 2°C erwärmt? Welche Veränderungen treten auf globaler und individueller Ebene ein? – trägt zudem dazu bei, dass Klimawandel als abstrakt wahrgenommen wird. Das Thema lässt sich nach Meinung der Rezipierenden schwer bebildern, da es wenige Aspekte gibt, die fotografisch festgehalten werden könnten – Versuche, des Klimawandels bildlich habhaft zu werden, würden immer wieder in denselben Darstellungen münden, wie beispielsweise dem Eisbären auf der Eisscholle, qualmenden Schornsteinen, schmelzenden Gletschern und Bildern von Naturkatastrophen. Die empfundene Abstraktion führt u. a. bei den meisten Teilnehmenden dazu, dass sie kein weiteres Interesse an dem Thema entwickeln.

Weiterhin stellten die Teilnehmer auf die Wissenschaftlichkeit des Themas und die damit verbundene Komplexität ab. Die wissenschaftlichen Erkenntnisse seien nicht immer verständlich und nachvollziehbar. Unterschiedliche Perspektiven und Positionen von Forschenden, die Revision von Erkenntnissen, die Publikation vorläufiger Ergebnisse sowie Intransparenz hinsichtlich Finanzierungsquellen und Abhängigkeiten wissenschaftlicher Institutionen sind Aspekte, die es ihnen erschweren, sich eine Meinung zum Klimawandel zu bilden. Sie empfinden sich selbst überwiegend als fachliche Laien, insbesondere im Gegensatz zu Wissenschaftlerinnen und Wissenschaftlern. Aufgrund ihres als so gering wahrgenommenen individuellen Fachwissens könnten sie medial vermittelte Inhalte des Klimawandels hinsichtlich ihrer Korrektheit kaum beurteilen – *„deswegen finde ich es auch ganz schwierig für mich, [...] mir eine Meinung ganz fest zu*

---

[1]Alle vier Gruppendiskussionen wurden transkribiert und die Teilnehmenden anonymisiert, indem ihnen die jeweilige Diskussionsrunde, ihr Geschlecht und eine individuelle ID zugeordnet wurden.

bilden, weil ich verlasse mich ja letzten Endes auf Forschungsergebnisse, die ich ja in der Zeitung lese" (GD1, W13). Erschwerend kommt hinzu, dass der wissenschaftliche Erkenntnisgewinn ein langwieriger Prozess sei (GD4, W44), der beim Klimawandel noch nicht abgeschlossen ist und auch

> ein wissenschaftlicher Beweis [nicht] bedeutet [...], dass es nicht einen Wissenschaftler gibt, der etwas ganz anderes beweist und das ist das, was mich immer sehr verunsichert, nervös macht... Ich bin kein Wissenschaftler, ich werde mich nie im Leben so weit [in die Thematik] hineinbegeben (GD2, W21).

Dementsprechend sehen sich die Rezipierenden abhängig von dem, was die Medien über Klimawandel berichten.

6.5   Mediennutzung zum Klimawandel

Medien werden als wichtige Quelle zur Informationsbeschaffung und Meinungsbildung wahrgenommen. Generell findet jedoch eine gezielte Nutzung von Medien, um sich über Klimawandel zu informieren, nach Aussagen aller Teilnehmenden vergleichsweise selten statt – ein Befund, der Erkenntnisse von Ryhaug et al. (2010) bestätigt. Die Rezipierenden treffen eher zufällig im Rahmen ihres üblichen Medienkonsums auf entsprechende Inhalte, so auch bei der Fernsehnutzung zum Klimawandel, die noch am häufigsten stattzufinden scheint (siehe dazu auch Lörcher in diesem Band, Kap. 3).

> Nein, wenn dann nur zufällig und wenn es dann gerade interessant gemacht wird, dann bleibt man vielleicht auch mal kurz dabei. Aber eigentlich selten, dass ich sage: Oh ja super, ich will mir jetzt wieder etwas über den Klimawandel angucken (GD1, W11).

Öffentlich-rechtliche Sender werden für glaubwürdiger gehalten als privatrechtliche Sender und Dokumentationen meist auf Kanälen wie ARD, ZDF, Arte, 3Sat, N24, N-TV und Phoenix angesehen. Inwieweit diese Wahrnehmung der höheren Glaubwürdigkeit vom öffentlich-rechtlichen Rundfunk sich im tatsächlichen Mediennutzungsverhalten niederschlägt, wird aus den Aussagen der Teilnehmenden jedoch nicht ersichtlich.

Die Nutzung von Fernsehen hat bei den meisten Rezipierenden allerdings das Ziel, zur Unterhaltung und Entspannung nach Feierabend beizutragen, wozu Klimawandel nicht als geeignetes Thema eingestuft wird. Dass das Informationsbedürfnis ausgeprägter als das Unterhaltungsbedürfnis ist (Breunig und Engel 2015), scheint sich bei den Teilnehmenden der Diskussionsrunden nicht zu bestätigen. Außerdem verbinden die Teilnehmenden mit Klimawandel häufig eine tendenziell negative Berichterstattung, da er im Fernsehen überwiegend im Zusammenhang mit Naturkatastrophen besprochen werde. Die bereits erwähnte Abstraktheit des Klimawandels spielt beim Rundfunk zudem eine besondere Rolle – die Visualisierung, die für das individuelle Verständnis vom Klimawandel wichtig und im Fernsehen unumgänglich ist, ist beim Radio hingegen nicht möglich:

> Es gibt durchaus auf NDR INFO, das hab ich auch manchmal am Rande, wenn ich Auto fahre oder so, auch mal gehört, dass da Diskussionsrunden stattfinden. Also das ist allerdings auch immer sehr sperrig. Auch das Medium eignet sich nicht so richtig zur Vermittlung des Themas. Aber mir fällt da irgendetwas ein, was ich neulich gerade gehört habt habe, im Zusammenhang mit dem Ausbau der erneuerbaren Energien in Deutschland, dass es da eine Diskussionsrunde gab und dass man da darüber gesprochen hat, dass die Netze erweitert werden müssen und so, dass es, ich weiß nicht, das hab ich dann auch lieber visualisiert (GD1, M11).

Dieser Wunsch nach Visualisierung spiegelt die Annahme wider, dass Laien ein wissenschaftliches Thema wie den Klimawandel mit einer höheren Wahrscheinlichkeit verstehen, wenn es optisch aufbereitet ist (Leiserowitz 2006; Maier et al. 2016).

Im Hinblick auf Onlinenutzung verlassen die Rezipierenden auch hier selten ihre ‚gewohnten Pfade‘ und recherchieren nicht gezielt nach Klimawandel, da das Interesse und die Motivation häufig nicht ausgeprägt genug bzw. nur phasenweise vorhanden ist: *„Also ich glaube, mein Interesse ist auch mittlerweile ziemlich abgestumpft"* (GD1, W13). Problematisch sei, dass es zwar zahlreiche Online-Angebote zu dem Thema gebe, aber Klimawandel selten auf der ersten Seite prominent erscheine, sondern oft nur ein Randthema darstelle, nach dem dann wiederum aktiv gesucht werden müsse. Informationsbeschaffung, die nicht im Rahmen habitueller Mediennutzung stattfindet, wird also mit einem größeren bzw. letztlich häufig zu großem Aufwand verbunden. Außerdem kann im Internet jeder Nutzer zu einem Kommunikator werden, was Fragen der Glaubwürdigkeit und Wahrhaftigkeit aufwirft und eher negativ von den Rezipierenden gewertet wird. Es sei schwierig und erfordere viel Engagement, inhaltlich korrekte von falschen Aussagen zu differenzieren und eine wissenschaftliche Beweisführung nachzuvollziehen. Außerdem gebe es zahlreiche Websites, beispielsweise Online-Auftritte von Umweltorganisationen, die womöglich nicht neutral über den Klimawandel berichten würden, sondern eine interessengeleitete Kommunikation verfolgen. Online werden allerdings auch gegenteilige Meinungen sowie Quellen wahrgenommen, die eine kritische Perspektive beleuchten. Das Internet biete die Möglichkeit, dass man nicht *„blind auf irgendwelche Medien ver-trauen"* müsse, sondern selbst recherchieren könne, wenn man *„wirklich gewillt ist, dazu eine Meinung sich bilden zu wollen"* (GD4, M41). Dies wird von eini-gen Rezipierenden genutzt, um in anderen Medien genannten Wissenschaftlern und ihren Hintergründen sowie möglichen Auftraggebern von Studien nachzu-spüren. Die Möglichkeit, sich informieren zu können – wenn man denn wolle – gibt den Teilnehmenden ein Gefühl der Sicherheit und erhöht damit auch zugleich die Erwartungen gegenüber dem Journalismus.

Klimawandel scheint kein Thema zu sein, das in Gesprächen mit Familie und Bekannten präsent ist – eher im Gegenteil, die Rezipierenden beschreiben es als ein schwieriges Thema, das gemieden werde und zu dem keine bewusste Aus-einandersetzung oder Diskussionen stattfänden. Das liegt offenbar u. a. daran, dass es wie beschrieben ein abstrakter, komplexer Gesprächsgegenstand ist, zu dem viele nur eine *„diffuse Meinung"* (GD1, M11), aber keine konkreten Argu-mente einbringen könnten. Anstoß für Gespräche liefern zwar medial vermittelte, unterhaltsame Inhalte wie Talkshows, Literatur wie Frank Schätzings „Der Schwarm" oder Kinofilme wie „An inconvenient truth" von Al Gore und „The day after tomorrow" von Roland Emmerich. Diesem Teil der Medienbranche wird allerdings auch unterstellt, dass sie aus dem Thema Klimawandel nur Pro-fit schlage und nicht zur Verantwortungs- oder Bewusstseinsschaffung beitrage (GD4, M41), was empirische Befunde jedoch widerlegen (Leiserowitz 2006; Lowe et al. 2006; siehe dazu auch Lörcher in diesem Band, Kap. 3).

6.6 Erwartungen, Wahrnehmungen und Bewertungen hinsichtlich der medialen Berichterstattung zum Klimawandel

Erwartungen an die mediale Berichterstattung zum Klimawandel
Hinsichtlich der medialen Darstellung des Klimawandels äußern die Rezipieren-den verschiedene Vorstellungen dazu, was die Berichterstattung ihrer Meinung nach leisten sollte. So erwarten sie beispielsweise, dass Medien transparente Hintergrundinformationen zu wissenschaftlichen Erkenntnissen aufbereiten, aktuelle Prozesse erläutern und objektiv Fakten und Auswirkungen des Klima-wandels präsentieren. Ziel müsse es sein, ein erhöhtes Problembewusstsein in der Bevölkerung zu schaffen. Hierfür sei eine erzieherisch wirkende mediale Dar-stellung nötig, um eine Reflexion über – insbesondere menschenverursachte – Folgen des Klimawandels zu befördern. Die Rezipierenden fordern, dass die Medien die Bevölkerung mit klaren Empfehlungen für ein individuelles,

klimafreundlicheres Handeln unterstützen und eine Rolle als Vermittler und Aufklärer einnehmen. Dieses Wunsches scheinen sich Wissenschaftsjournalistinnen und -journalisten schon bewusst zu sein – Meier und Feldmeier (2005) ermittelten, dass diese zwar Faktenermittlung ebenfalls als ihre Hauptaufgabe benennen, aber auch Anregung und Unterhaltung sowie praktische Orientierungshilfe in ihrer Verantwortung sehen. Damit dies möglich ist, schlagen einzelne Teilnehmenden vor, dass die Darstellungsformen zwar wissenschaftlich fundiert, aber dabei auch allgemein verständlich und unterhaltsam sein sollen, sodass mehr Rezipierende angesprochen werden. Ein Rezipierender ergänzt, dass eine ausführliche, mehrseitige Berichterstattung aber auch nicht unbedingt erwünscht ist – *„Wenn ich mir die ZEIT angucke, da ist dann über Klimawandel fünf Seiten und irgendwann höre ich auf zu lesen, weil mir das dann zu viel wird oder vielen Leuten zu viel wird"* (GD2, M21). Generell müsse die Qualität der Informationen erhöht, die neusten Erkenntnisse zur Klimawandelforschung aufgegriffen, Transparenz hinsichtlich Erkenntnisgewinnung und Auftraggebern geschaffen sowie verschiedene Perspektiven und Experten repräsentiert werden.

Die Rezipierenden haben teilweise konkrete Vorstellungen, wie die mediale Berichterstattung verändert werden könnte. Spezifisch auf die Wetterberichterstattung bezogen sollte hier beispielsweise erläutert werden, welche Ursachen Wetterveränderungen haben und welche Rolle Klimawandel dabei spielt: *„Die tun immer so, als ob sie gar nicht wüssten, wo das [Wetterveränderung] herkommt und sagen dann, das ist ja total ungewöhnlich, dass es jetzt kalt ist"* (GD3, W34). Rezipierende könnten so mehr Orientierung und Kontextwissen erhalten. Des Weiteren sollen mehr Inhalte präsentiert werden, die Optimismus und Vertrauen in die Zukunft vermitteln, beispielsweise über das Porträtieren von Einzelpersonen, die sich erfolgreich für die Bekämpfung des Klimawandels einsetzen. Informationssendungen im Fernsehen im Anschluss an Nachrichten, in denen Hintergründe erläutert werden, Thementage sowie kindgerechte Aufbereitungen sind weitere Vorschläge. Die globale Bedeutung von Aspekten des Klimawandels sollte insgesamt deutlicher herausgestellt und Lösungsvorschläge berichtet werden.

Wahrnehmung der medialen Berichterstattung zum Klimawandel
Die Rezipierenden empfinden die Berichterstattung in den Medien zum Klimawandel als sensationalistisch. Ihrer Meinung nach wird über Klimawandel besonders häufig im Kontext von dramatischen Ereignissen wie (Natur-)Katastrophen berichtet, wenn *„möglichst viele Tote zu beklagen sind"* (GD3, W33) und über Schreckensbilder zumindest kurzzeitig Aufmerksamkeit generiert werden

kann. Das führt zu einem gewissen Verdruss und mindert das Interesse am Klimawandel:

> Das finde ich auch, dass gerade bei diesem Thema irgendwie, also mit Klimawandel geht es so einher, dass immer sensationalisiert werden muss. Es gibt also kein Framing, in dem man das sonst stattfinden lassen kann, es muss immer mit irgendeinem dramatischen Ereignis verknüpft sein und ich finde, also bei mir zumindest ganz persönlich, ist es so, dass sich das Thema damit abnutzt, dass man diese ewige Sensationsberichterstattung zu diesem Thema irgendwie Leid ist (GD1, M11).

Mitschuld daran hätten mediale Logiken, die laut Ansicht der Rezipierenden nur schwer zu überwinden sind: Medien müssten tagesaktuell und quoten- bzw. gewinnorientiert berichten und dementsprechend das Thema Klimawandel aufbereiten. Das spiegele sich unter anderem auch in den ungünstigen Sendezeiten im Fernsehen wider.

Die Rezipierenden kritisieren inhaltlich teilweise, dass Zusammenhänge und Auswirkungen zu wenig dargestellt werden und die Medien meist eher deskriptiv und oberflächlich berichten. Sie vermuten teilweise, dass die Recherche häufig nicht besonders umfangreich ablaufe, Journalisten verschiedener Zeitungen dieselben Quellen verwenden bzw. Inhalte voneinander kopieren und übernehmen würden. Der Neuigkeitswert wird meist als eher gering wahrgenommen, Themen wie der prognostizierte Temperaturanstieg wiederholten sich. Die Berichterstattung erscheint wenig innovativ und einseitig, es herrscht *„keine Kreativität in der Bearbeitung von Themen"* (GD1, W12). Wissenschaftler und Skeptiker, die den Klimawandel infrage stellen, kämen laut einem Diskutierenden in der deutschen Berichterstattung nicht zu Wort, was auch das Ergebnis von Medieninhaltsanalysen ist (Maurer 2011; Brüggemann und Engesser 2014): bitte das folgende Zitat direkt anschließen und keinen neuen Absatz damit beginnen

> *Es gibt genauso Wissenschaftler, die sagen etwas ganz anderes. Nur veröffentlichte Meinung bei uns ist immer nur die eine. Das wundert mich. Das macht mich auch stutzig. Warum kommen die anderen nie zu Wort oder zur Schreibe?* (GD2, M23).

Generell fände die Berichterstattung in einem zu geringen Ausmaß statt. Die Rezipierenden fordern eine kontinuierlichere und stärkere Aufmerksamkeit der Medien auf den Klimawandel. Ihre Einschätzungen widersprechen teilweise dem Rollenverständnis und der Selbstwahrnehmung von (Wissenschafts-)Journalistinnen und Journalisten, die Informationsvermittlung und Einordnung von wissenschaftlichen Erkenntnissen als ihre primären Aufgaben begreifen (Blöbaum 2008). Ein Teil der Diskussionsrunden mindert die geäußerte Kritik etwas ab und erkennt an, *„insgesamt finde ich das gar nicht so schlecht, wie das die Medien* *machen"* (GD1, M12), da die mediale Aufarbeitung auch undankbar sei aufgrund der Multidimensionalität, Abstraktheit und Komplexität des Themas Klimawandel. Zudem seien auch Journalistinnen und Journalisten selten fachliche Experten.

Gleichzeitig kritisieren manche der Rezipierenden auch das von ihnen als uninteressiert und ungebildet wahrgenommene Publikum – viele seien wissenschaftlichen Inhalten abgeneigt und informierten sich lieber über Medien wie die BILD-Zeitung, die wenig anspruchsvolle Inhalte leicht begreifbar vermittele. Qualitativ hochwertigere Berichterstattung von öffentlich-rechtlichen Sendern wie Arte beispielsweise werde zu selten genutzt. Klimawandel erreiche so, wenn überhaupt, nur ein bestimmtes Publikum und nicht die breite Masse. Hierbei wird auch deutlich, dass die Teilnehmenden auf bekannte, konventionelle Stereotype zurückgreifen, wenn sie Medien und ihre Rezipierenden kategorisieren.

Bewertung der drei unterschiedlichen Formen medialer Berichterstattung zum Klimawandel

Hinsichtlich der medialen Darstellungsformen des Klimawandels sind sich die Rezipierenden uneinig und bewerten die drei in die Gruppendiskussionen einbezogenen audiovisuellen Stimuli sehr unterschiedlich.

1) *Stimulus Komplexität*

   Die Inhalte des Beitrags, der die Komplexität des Klimawandels behandelt, werden als sehr wissenschaftlich und glaubwürdig wahrgenommen, was die Rezipierenden unter anderem darauf zurückführen, dass die Messmethode vorgestellt wird, die zur Ergebnisermittlung geführt hat. Die Rezipierenden sind sich jedoch uneinig, inwiefern die Erläuterung des Verfahrens nötig gewesen ist und ob nicht nur die Vorstellung des Ergebnisses ausreichend gewesen wäre, da *„das [...] für mich keinen Nutzen [hat], diese Information, weil ich sie nicht verwerten kann"* (GD1, W13). Stattdessen fehlt einigen eine Erklärung, was die Ursache für das vorgefundene Phänomen ist und welche Konsequenz das Ergebnis für das Individuum hat. Zugleich wird der Beitrag als zu sehr am Fachpublikum orientiert eingestuft, da viele Fremdwörter verwendet werden und es Laien daher schwer fällt, das Thema zu durchdringen. Dennoch wird der Beitrag auch als faszinierend und spannend wahrgenommen und der Wunsch nach Berichten über weitere Ergebnisse geäußert.

2) *Stimulus konfligierende klimawissenschaftliche Erkenntnisse*

   Die Präsentation unsicherer oder konfligierender Ergebnisse wissenschaftlicher Klimaforschung empfinden die Rezipierenden überwiegend als unangenehm, diskutieren aber auch hierüber kontrovers (vgl. zu einem ähnlichen

Befund zu Nanotechnologie Maier et al. 2016). Zwei widersprüchliche Meinungen darzustellen, wird zwar als wissenschaftlich korrekt und auch interessant wahrgenommen, aber die Ausgewogenheit erhöhe die Schwierigkeit, sich ein eigenes Urteil zu bilden, da Laien die notwendige Fachkompetenz fehle. Die Darstellung verstärkt die wahrgenommene Komplexität des Themas, trägt zu Verunsicherung bei und erweckt laut einem Rezipierenden sogar den Eindruck, dass einer der beiden Experten nicht die Wahrheit kommuniziert – *„Einer von beiden lügt"* (GD2, M21) – und dass Wissenschaftler nicht mit-, sondern gegeneinander arbeiten. Gleichzeitig schwächt die zweite berichtete Meinung die Dramatik des Klimawandels ab, was einerseits den Rezipierenden etwas von der aufkeimenden Zukunftsangst nimmt, andererseits aber auch dazu führt, dass Zweifel an der Ernsthaftigkeit der Situation aufkommen und Unwissende überzeugt werden könnten, dass der Mensch keinerlei Schuld am Klimawandel trägt. Die Teilnehmenden diskutieren, welche Interessen die jeweiligen Experten vertreten und welche Geldgeber wohl die jeweilige Forschung finanzieren. Zudem erweckt die Form der Berichterstattung Skepsis bezogen auf die Glaubwürdigkeit. In dem verwendeten Beitrag wurde keine wissenschaftliche Methodik vorgestellt, sodass die Zuschreibung von Glaubwürdigkeit und Expertentum nicht auf der wahrgenommenen Wissenschaftlichkeit beruht, sondern, so ein Teilnehmender, *„absurde"* Kriterien wie Attraktivität, Kleidung, Auftreten (GD1, M11) herangezogen werden.

Positiv wird die Darstellung unterschiedlicher Meinungen dahin gehend bewertet, dass es Rezipierende anrege, sich selbst weitergehend zu informieren und darüber zu reflektieren, dass es in der Wissenschaft nicht immer einen absoluten, endgültigen Erkenntnisstand gebe und wie damit umgegangen werden könne. Außerdem sollte sich jeder, unabhängig von der medialen Darstellung, selbst ein Urteil bilden:

> Es gibt keinen, der einem das eigene Denken abnimmt, kein Medium. Also da muss ich schon möglichst viele Medien dazu ziehen und wenn ich jetzt sage, dieser Beitrag reicht mir nicht aus, um mir eine Meinung zu bilden, dann muss ich eben auch lesen und im Internet gucken, was ist das für ein Mann, was hat der untersucht. Also mich selber schlau machen (GD3, W33).

Wünschenswert ist aus Sicht mehrerer Rezipierenden, dass Medien als Aufklärer fungieren und im Anschluss an einen solchen kurzen Beitrag eine ausführliche Informationssendung zu dem Thema gesendet werde, in der widersprüchliche Aspekte aufgegriffen, tiefer gehend erläutert und so die Unsicherheit bei den Rezipierenden wieder gemindert würde.

3) *Stimulus satirische Darstellung*

Auch eine satirisch-humorvolle Art der Berichterstattung wird konträr evaluiert. Für dieses Aufbereitungsformat spricht, dass durch solche unterhaltsamen
Beiträge das Interesse am Thema Klimawandel (wieder) geweckt werden
könne und auch Rezipierende erreicht würden, die keinen Zugang zu wissenschaftlicher Berichterstattung haben. Durch die überzogene Darstellung könnten sich Inhalte besser einprägen und zum Nachdenken anregen, inwiefern
die fiktiven Ideen zu Auswirkungen der Erderwärmung tatsächlich eintreffen.
Die Überspitzung könne indes mit sich bringen, dass der Klimawandel nicht
in seiner Problematik erkannt und gewissermaßen „*verniedlicht*" (GD3, M21)
wird. Das Thema sei zu ernst und relevant, sodass darüber mit Witz und
Humor zu berichten von einem Teil der Rezipierenden als nicht angemessen
empfunden wird. Außerdem fehlten die inhaltliche Fundierung sowie Hintergrundinformationen, sodass die Teilnehmenden den Beitrag als unseriös und
unglaubwürdig (GD1, M11) einstufen.

6.7   Fazit und Ausblick

Die Rezipierenden reflektieren Klimawandel als ein medial konstruiertes Thema,
dessen Darstellung vielfach sensationalistisch empfunden wird. In der Kritik an
der Berichterstattung stehen insbesondere die geringe Kontextualisierung und fehlende Darstellung von Zusammenhängen, aus denen sich ein impliziter Wunsch
nach Orientierung und Erklärung herauslesen lässt. Es spiegeln sich die von
Olausson (2011) identifizierten Problematiken hinsichtlich der Klimawandelberichterstattung: Die Rezipierenden beklagen eine gewisse Klimawandel- und
Medien-Verdrossenheit, die Intensität der oftmals negativ bewerteten Darstellung
des Klimawandels fördert nicht das Problembewusstsein, sondern führt zu einer
gewissen Frustration und die Aufmerksamkeit für das Thema lässt nach. Insofern
werden hier also auch negative Wirkungen der Medienberichterstattung über den
Klimawandel deutlich. Die Teilnehmenden kritisieren konkret die emotionale, dra-
matisierende Berichterstattung und äußern Misstrauen in die Medien: Ihnen wird
vorgeworfen, zu sehr an finanziellen Gesichtspunkten bzw. der Einschaltquote
orientiert zu sein. Die Rezipierenden fordern hier eine umfassendere Aufarbeitung
des Klimawandels, mehr Fakten und die Erläuterung konkreter Folgen des Klimawandels. Die Rezipierenden scheinen gleichzeitig von der Informationsfülle über-
fordert und nehmen sich selbst als zu unwissend, als Laien wahr, um mediale,
wissenschaftliche Inhalte verorten zu können. Ähnliche Aussagen lassen sich bei
den Teilnehmenden der Studie von Maier et al. (2016) finden. Auch hier möchten

die Rezipierenden keine unsicheren Erkenntnisse, sondern verlässliche Informationen vermittelt bekommen, die ihnen das Treffen von Alltagsentscheidungen ermöglichen. Die Rezipierenden machen demnach die Medien verantwortlich dafür, die Öffentlichkeit über Klimawandel zu informieren, reflektieren dabei aber nicht über ihr eigenes Mediennutzungs- und Informationsverhalten und inwiefern ihre Forderungen realistisch und angemessen sind. Insgesamt betrachtet liegt eine Vielfalt an Erwartungen und Bewertungen vor, die Rezipierende bezüglich der medialen Berichterstattung äußern – als relevante Dimensionen hierbei lassen sich Verständlichkeit und Komplexität der medialen Darstellung, Neutralität bzw. Ausgewogenheit der Berichterstattung, Ausmaß der dargestellten Unsicherheit wissenschaftlicher Erkenntnisse, Neuigkeits- und Unterhaltungswert, Einbettung in die persönliche Lebenswelt der Rezipierenden, (Audio-)Visualisierung des Themas, Transparenz über Quellen und Glaubwürdigkeit von Experten zusammenfassen. Dennoch ist zu berücksichtigen, dass Aussagen zur Wahrnehmung und Beurteilung der medialen Berichterstattung überwiegend durch die drei Fernsehbeiträge initiiert getroffen wurden, d. h. die Teilnehmenden haben sich nicht ausschließlich auf ihre tatsächliche Mediennutzung bezogen. Aussagen darüber, inwiefern die allgemeine Wahrnehmung der Medienberichterstattung zum Klimawandel mit der tatsächlichen Mediennutzung der Rezipierenden zusammenhängt und ihre Erwartungen darauf zurückzuführen sind, haben sich auf Basis des vorliegenden Untersuchungsmaterials nicht treffen lassen.

Was bedeuten diese Erkenntnisse für den (Wissenschafts-)Journalismus? Laut der Beurteilung der Rezipierenden dieser Studie sollte er sich inhaltlich sowie in seinen Darstellungsformen verändern und die als einseitig kritisierte Berichterstattung innovativer gestalten. Dazu sind sicherlich jedoch nicht nur Veränderungen in Bezug auf mediale Formate, sondern auch hinsichtlich struktureller Rahmenbedingungen im Journalismus notwendig, wie beispielsweise die Aufrechterhaltung von Wissenschaftsressorts und entsprechende Bereitstellung finanzieller Ressourcen. Es stellt sich zudem die generelle Frage, welche Aufgaben und Funktionen Journalismus zukünftig übernehmen sollte, welche Verantwortung und Kompetenzen ihm obliegen können. Dabei ist auffällig, dass überzogene Erwartungen und Anforderungen an den Journalismus seitens der Rezipierenden gestellt werden, was auf eine mangelnde Transparenz hinweist. Offenbar haben die Rezipierenden zu wenig Einblick in konkrete Aufgaben, Prozesse und Zielsetzungen von Journalismus.

Öffentliche Kommunikation über Wissenschaft und Technologie findet nach wie vor überwiegend massenmedial vermittelt statt (Peters 2014) und auch Wissenschaftler sehen trotz der neuen Medien und damit verbundenen differenzierten Kommunikationsmöglichkeiten journalistische Medien wie Zeitungen und

Zeitschriften, Radio und Fernsehen und die jeweiligen Online-Ableger als die wesentlichen Kommunikationskanäle (Allgaier et al. 2013). Das Verhältnis und der Austausch von Publikum und Journalismus könnte also intensiviert werden, wie auch der Einbezug der Wissenschaft.

In zukünftigen kommunikationswissenschaftlichen Forschungsarbeiten gilt es, die Perspektive des Publikums weiter in den Blick zu nehmen und beispielsweise spezifische Darstellungsformate und deren Nutzung, Wahrnehmung, Bewertung sowie Effekte auf Wissen und Einstellungen zu betrachten. Dies sollte in Zusammenhang mit der individuellen Mediennutzung Gegenstand weiterer Analysen sein. Hier hat es sich als hilfreich erwiesen, mithilfe von Typologien spezifische Prozesse der Mediennutzung, -aneignung und -wirkung zu beleuchten (siehe dazu auch Lörcher in diesem Band, Kap. 3; Metag et al. 2017; Taddicken und Reif 2016).

Da (mangelnde) Visualisierung mehrfach thematisiert wurde, ist es auch interessant im Kontext komplexer, abstrakter Themen wie Klimawandel die visuelle mediale Konstruktion zu untersuchen (bspw. zum Klimawandel Grittmann 2012; Metag et al. 2016a; Metag et al. 2016b) und das Zusammenspiel multimedialer Darstellungsformen, insbesondere im Bereich der Onlinekommunikation, zu erforschen.

Auch ein Vergleich mit der Wahrnehmung und Bewertung anderer wissenschaftlicher Themen, bei denen die Stimme von Skeptikern in den Medien stärker vertreten ist, kann dazu beitragen, die Erwartungen und Bewertungen wissenschaftsjournalistischer Berichterstattung aus Rezipierendenperspektive weiter zu ergründen.

Literatur

Allgaier, J., Dunwoody, S., Brossard, D., Lo, Y.-Y. & Peters, H. P. (2013). Journalism and Social Media as Means of Observing the Contexts of Science. *BioScience* 63, 284–287.

Arlt, D., Hoppe, I. & Wolling, J. (2011). Climate change and media usage: Effects on problem awareness and behavioural intentions. *International Communication Gazette* 73, 45–63.

Ashe, T. (2013). *How the media report scientific risk and uncertainty: A review of the literature.* Oxford: Reuters Institute for the Study of Journalism.

Bauer, M. W. (2012). Public attention to science, 1820–2010 – a 'longue duree' picture. In S. Rodder, M. Franzen & P. Weingart (Hrsg.), *The Sciences' Media Connection: Public Communication and Its Repercussions* (S. 35–38). Springer: London.

Blöbaum, B. (2008). Wissenschaftsjournalisten in Deutschland. Profil, Tätigkeiten und Rollenverständnis. In H. Hettwer, M. Lehmkuhl, H. Wormer & F. Zotta (Hrsg.), *Wissens-Welten. Wissenschaftsjournalismus in Theorie und Praxis* (S. 245–260). Gütersloh: Bertelsmann Stiftung.

Blumler J.G. & Katz, E. (1974). *The uses of mass communications: Current perspectives on gratifications research.* Beverly Hills, CA: Sage.

Blumler, J. G. (1979). The Role of Theory in Uses and Gratifications Studies. *Communication Research,* 6(1), 9–36.

Bodmer, W. (1985). *The public understanding of science.* London: The Society.

Boykoff, M. T. (2008). The Cultural Politics of Climate Change Discourse in UK Tabloids. *Political Geography,* 27(5), 549–569.

Boykoff, M. T. (2010). Indian Media Representations of Climate Change in a Threatened Journalistic Ecosystem. *Climate Change,* 99, 17–25.

Boykoff, M. T. & Boykoff, J. M. (2004). Balance as Bias: Global Warming and the US Prestige Press. *Global Environmental Change,* 14(2), 125–136.

Boykoff, M. T. & Boykoff, J. M. (2007). Climate Change and Journalistic Norms: A Case-Study of US Mass-Media Coverage. *Geoforum,* 38(6), 1190–1204. Verfügbar unter: http://sciencepolicy.colorado.edu/admin/publication_files/resource-2746-2007.40.pdf [19.07.2016].

Breunig, C., Engel, B. (2015). Massenkommunikation 2015: Funktionen und Images der Medien im Vergleich. *Media Perspektiven,* 7(8), 323–341.

Brüggemann, M. & Engesser, S. (2014). Between consensus and denial: Climate journalists as interpretive community. *Science Communication,* 36(4), 399–427.

Cabecinhas, R., Lázaro, A. & Carvalho, A. (2008). Media uses and social representations of climate change. In A. Carvalho (Hrsg.), *Communicating climate change: Discourses, mediations and perceptions* (S. 170–189). Braga: Centro de Estudos de Comunicação e Sociedade, Universidade do Minho.

Cooper, B. E. J., Lee, W. E., Goldacre, B. M. & Sanders, T. A. (2012). The quality of the evidence for dietary advice given in UK national newspapers. *Public Understanding of Science* 21(6), 664–673.

Donsbach, W., Rentsch, M., Schielicke, A.-M. & Degen, S. (2009). *Entzauberung eines Berufs. Was die Deutschen vom Journalismus erwarten und wie sie enttäuscht werden.* UVK: Konstanz.

Doulton, H. & Brown, K. (2009). Ten years to prevent catastrophe? Discourses of climate change and international development in the UK press. *Global Environmental Change – Human and Policy Dimensions* 19, 191–202.

Elmer, C., Badenschier, F. & Wormer, H. (2008). Science for Everybody? How the Coverage of Research Issues in German Newspapers has Increased Dramatically. *Journalism & Mass Communication Quarterly* 85(4), 878–893.

Engels, A., Hüther, O., Schäfer, M. & Held, H. (2013). Public climate-change scepticism, energy preferences and political participation. *Global Environmental Change* 23(5), 1018–1027.

Engesser, S. & Brüggemann, M. (2015). Mapping the minds of the mediators: The cognitive frames of climate journalists from five countries. *Public Understanding of Science* 25 (7), 825–841.

Früh, W. & Schönbach, K. (1982). Der dynamisch-transaktionale Ansatz. Ein neues Paradigma der Medienwirkungen. *Publizistik* 27(1/2), 74–88.

Grittmann, E. (2012). Visuelle Konstruktionen von Klima und Klimawandel in den Medien. Ein Forschungsüberblick. In I. Neverla & M. S. Schäfer (Hrsg.), *Das Medien-Klima* (S. 171–196). Wiesbaden: Springer VS.

Hansen, A., Arlt, D., Vicente, M., Tong, J. & Wolling, J. (2011). *Framing and Cultural Resonances in Television News Coverage of COP15 United Nations Climate Change Conference.* Vortrag bei der IAMCR-Jahrestagung, 13.-17. Juli 2011 in Istanbul.

Hohlfeld, R. (2013). Journalistische Beobachtungen des Publikums. In K. Meier & C. Neuberger (Hrsg.), *Journalismusforschung: Stand und Perspektiven* (S. 135–146). Nomos: Baden-Baden.

Hohlfeld, R. (2005). „Der missachtete Leser revisited". Zum Wandel von Publikumsbild und Publikumsorientierung im Journalismus. In B. Blöbaum & A. Scholl (Hrsg.), *Journalismus und Wandel. Analysedimensionen, Konzepte, Fallstudien* (S. 195–224). Wiesbaden: Verlag für Sozialwissenschaften.

Kühn, T. & Koschel, K.-V. (2011). *Gruppendiskussionen. Ein Praxis-Handbuch.* Wiesbaden: VS-Verlag.

Lamnek, S. (2005). *Qualitative Sozialforschung.* Weinheim: Beltz.

Leiserowitz, A. A. (2006). Climatic change risk perception and policy preferences: The role of affect, imagery and values. *Climatic Change* 77, 45–72.

Loosen, W. & Schmidt, J.-H. (2012). (Re-)Discovering the audience. *Information, Communication & Society* 15(6), 867–887.

Lowe, T., Brown, K., Dessai, S., de França Doria, M., Haynes, K. & Vincent, K. (2006). Does tomorrow ever come? Disaster narrative and public perceptions of climate change. *Public Understanding of Science* 15(4), 435–457.

Lueginger, E. & Thiele, M. (2016). Die Publika des Journalismus. In M. Löffelholz & L. Rothenberger (Hrsg.), *Handbuch Journalismustheorien* (S. 565–583). Springer VS: Wiesbaden.

Maier, M., Milde, J., Post, S., Guenther, L., Ruhrmann, G. & Barkela, B. (2016). Communicating scientific evidence: Scientists', journalists' and audience expectations and evaluations regarding the representation of scientific uncertainty. *Communications – The European Journal of Communication Research* 41(3), 239–264.

Maurer, M. (2011). Wie Journalisten mit Ungewissheit umgehen: Eine Untersuchung am Beispiel der Berichterstattung über die Folgen des Klimawandels. *Medien und Kommunikationswissenschaft* 59(1), 60–74.

Mayring, P. (2015). *Qualitative Inhaltsanalyse. Grundlagen und Techniken.* Weinheim und Basel: Beltz Verlag.

Meier, K. & Feldmeier, F. (2005). Wissenschaftsjournalismus und Wissenschafts-PR im Wandel. *Publizistik* 50(2), 201–224.

Metag, J., Füchslin, T. & Schäfer, M. S. (2017). Global Warming's Five Germanys. A Typology of Germans' Views on Climate Change and their Patterns of Media Use and Information. *Public Understanding of Science* 26(4), 434–451.

Metag, J., Schäfer, M. S., Barsuhn, T., Füchslin, T. & Kleinen-von Königslöw, K. (2016a). Perceptions of Climate Change Imagery: Evoked Salience and Self-Efficacy in Germany, Switzerland and Austria. *Science Communication* 38, 197–227.

Metag, J., Schäfer, M. S. & Kleinen-von Königslöw, K. (2016b). Eisbär, Gletscher und Windräder – Die Wahrnehmung von Klimawandel-Bildern in Deutschland. In G. Ruhrmann, S. H. Kessler & L. Guenther (Hrsg.), *Wissenschaftskommunikation zwischen Risiko und (Un)Sicherheit* (S. 143–170). Köln: Herbert von Halem.

Meusel J. (2014). Die Beziehung zwischen Journalisten und ihrem Publikum. In W. Loosen & M. Dohle (Hrsg.), *Journalismus und (sein) Publikum* (S. 53–69). Wiesbaden: Springer VS.

Moser, S. C. (2010). Communicating climate change: history, challenges, process and future directions. *WIREs Climate Change* 1, 31–53.

Neverla, I. & Schäfer, M. S. (2012). Einleitung: Der Klimawandel und das Medien-Klima. In I. Neverla & M. S. Schäfer (Hrsg.), *Das Medien-Klima. Fragen und Befunde der kommunikationswissenschaftlichen Klimaforschung* (S. 9–25). Wiesbaden: Springer VS.

Neverla, I. & Taddicken, M. (2012). Der Klimawandel aus Rezipientensicht: Relevanz und Forschungsstand. In I. Neverla & M. S. Schäfer (Hrsg.), *Das Medien-Klima. Fragen und Befunde der kommunikationswissenschaftlichen Klimaforschung* (S. 215–232). Wiesbaden: Springer VS.

Olausson, U. (2011). "We're the ones to blame": Citizens' Representations of Climate Change and the Role of the Media. *Environmental Communication: A Journal of Nature and Culture* 5(3), 281–299.

Olausson, U. (2009). Global warming – global responsibility? Media frames of collective action and scientific certainty. *Public Understanding of Science* 18, 421–436.

Olausson, U. & Berglez, P. (2014). Media and Climate Change: Four Long-standing Research Challenges Revisited. *Environmental Communication: A Journal of Nature and Culture* 8(2), 249–265.

Palmgreen, P. (1984). Der "Uses and Gratifications Approach": theoretische Perspektiven und praktische Relevanz. *Rundfunk und Fernsehen* 32(1), S. 51–62.

Palmgreen, P., Wenner, L. A. & Rayburn, J. D. (1980). Relations between Gratifications Sought and Obtained. *Communication Research* 7(2), 161–192.

Peters, H. P. (2014). The two cultures: Scientists and journalists, not an outdated relationship. *Métode* 80, 49–44.

Peters, H. P. & Heinrichs, H. (2008). Legitimizing Climate Policy: The "Risk Construct" Of Global Climate Change In The German Mass Media. *International Journal of Sustainability Communication* 3, 14–36.

Peters, H. P. & Heinrichs, H. (2005). *Öffentliche Kommunikation über Klimawandel und Sturmflutrisiken. Bedeutungskonstruktion durch Experten, Journalisten und Bürger.* Jülich: Forschungszentrum Jülich.

Ryghaug, M., Sørensen, K. H. & Næss, R. (2010). Making sense of global warming: Norwegians appropriating knowledge of anthropogenic climate change. *Public Understanding of Science* 20(6), 1–18.

Sampei, Y. & Aoyagi-Usui, M. (2009). Mass-media coverage, its influence on public awareness of climate-change issues, and implications for Japan's national campaign to reduce greenhouse gas emissions. *Global Environmental Change* 19, 203–212.

Schäfer, M. S. (2016, Online First). Climate Change Communication in Germany. In M. Nisbet, S. Ho, E. Markowitz, S. O'Neill, M. S. Schäfer & J. Thaker (Hrsg.) (2018), *Oxford Encyclopedia of Climate Change Communication.* New York: Oxford University Press.

Schäfer, M. S. (2007). Wissenschaft in den Medien. *Die Medialisierung naturwissenschaftlicher Themen.* Wiesbaden: Verlag für Sozialwissenschaften.

Schmidt, A., Ivanova, A. & Schäfer, M. S. (2013). Media attention for climate change around the world: A comparative analysis of newspaper coverage in 27 countries. *Global Environmental Change 23*(5), 1233–1248.

Scholl, A., Malik, M. & Gehrau, V. (2014). Journalistisches Publikumsbild und Publikumserwartungen. Eine Analyse des Zusammenhangs von journalistischen Vorstellungen über das Publikum und Erwartungen des Publikums an den Journalismus. In W. Loosen & M. Dohle (Hrsg.). *Journalismus und (sein) Publikum. Schnittstellen zwischen Journalismusforschung und Rezeptions- und Wirkungsforschung* (S. 17–33). Springer VS: Wiesbaden.

Stocking, S. H. & Holstein, L. W. (2009). Manufacturing doubt: Journalists' roles and the construction of ignorance in a scientific controversy. *Public Understanding of Science* 18, 23–42.

Swanson, D. L. (1987). Gratification seeking, media exposure, and audience interpretations. Some directions for research. *Journal of Broadcasting & Electronic Media* 31(3), 237–254.

Taddicken, M. (2013). Climate Change From the User's Perspective: The Impact of Mass Media and Internet Use and Individual and Moderating Variables on Knowledge and Attitudes. *Journal of Media Psychology* 25(1), 39–52.

Taddicken, M. & Neverla, I. (2011). Klimawandel aus Sicht der Mediennutzer: Multifaktorielles Wirkungsmodell der Medienerfahrung zur komplexen Wissensdomäne Klimawandel. *Medien & Kommunikationswissenschaft* 59, 505–525.

Taddicken, M. & Reif, A. (2016). Who Participates in the Climate Change Online Discourse? A Typology of Germans' Online Engagement. *Commnications- the European Journal of Communication Research,* Special Issue on Scientific uncertainty in the Public Discourse 41(3), 315–337.

van der Sluijs, J. P. (2012). Uncertainty and Dissent in Climate Risk Assessment: A Post-Normal Perspective. *Nature and Culture* 7(2), 174–195.

von Storch, H. (2009). Climate research and policy advice: Scientific and cultural constructions of knowledge. *Environmental Science & Policy* 12(7), 741–747.

Weischenberg, S., Malik, M. & Scholl, A. (2006). Journalismus in Deutschland 2005. *Media Perspektiven* 7, 346–361.

Wolling, J. (2004). Qualitätserwartungen, Qualitätswahrnehmungen und die Nutzung von Fernsehserien. *Publizistik 49* (2), 171–193.

Wolling, J. (2009). The effect of Subjective Quality Assessments on Media Selection. In T. Hartmann (Hrsg.), *Media choice. A theoretical and empirical overview* (S. 84–101). New York: Routledge.

Teil III
Klimawandel Online

Online-Öffentlichkeitsarenen. Ein theoretisches Konzept zur Analyse verschiedener Formen öffentlicher Onlinekommunikation am Fallbeispiel Klimawandel

Ines Lörcher und Monika Taddicken

Zusammenfassung

Öffentliche Onlinekommunikation ist sehr vielfältig. Allerdings mangelt es bislang an einer systematischen Untersuchung der unterschiedlichen Formen. Ziel des Beitrags ist es daher, einen theoretischen Rahmen zu entwickeln, der die unterschiedlichen Formen öffentlicher Onlinekommunikation bündelt, und dessen empirische Anwendbarkeit am Onlinediskurs zum Klimawandel zu überprüfen. Dafür wird Schmidts (2013) öffentlichkeitstheoretisches Konzept der Kommunikationsarenen herangezogen und weiterentwickelt. Insgesamt unterscheiden wir sieben Online-Öffentlichkeitsarenen, die sich in unterschiedlichen Dimensionen wie etwa Kommunikationshürden, intendiertes Publikum oder Ziel der Kommunikation unterscheiden: *Massenmediale Arena, Expertenarena, kollaborative Arena, persönliche Arena, Diskussionsarena, massenmedial-induzierte Diskussionsarena* und *Organisations- und Werbearena*. Die Ergebnisse einer quantitativen Online-Inhaltsanalyse zeigen, dass sich die

I. Lörcher (✉)
Journalistik und Kommunikationswissenschaft, Universität Hamburg, Hamburg, Deutschland
E-Mail: ines.loercher@uni-hamburg.de

M. Taddicken
Kommunikations- und Medienwissenschaften, Technische Universität Braunschweig, Braunschweig, Deutschland
E-Mail: m.taddicken@tu-braunschweig.de

© Springer Fachmedien Wiesbaden GmbH, ein Teil von Springer Nature 2019
I. Neverla et al. (Hrsg.), *Klimawandel im Kopf*,
https://doi.org/10.1007/978-3-658-22145-4_7

Online-Öffentlichkeitsarenen mit Blick auf Inhalte, Aufmerksamkeitsdynamik und Form der Kommunikation stark unterscheiden. So' ist die Kommunikation in der Diskussionsarena und der massenmedial-induzierten Diskussionsarena deutlich pluraler, was sich sowohl in der Vielfalt an Themen und Bewertungen als auch der stärkeren Variation der Ausdrucksformen zeigt. Diese Arenen haben zudem größere Aufmerksamkeitsamplituden, wohingegen in der massenmedialen Arena kontinuierlicher kommuniziert wird. In der Expertenarena beteiligen sich die Akteure häufiger als in der massenmedial-induzierten Diskussionsarena.

7.1   Einleitung

Seit Anbeginn sind mit dem Internet große Hoffnungen auf einen demokratischeren öffentlichen Diskurs verbunden (Freelon 2015; Goldberg 2011; Papacharissi 2002, 2004) – vor allem in der politischen Kommunikation, aber auch in der Wissenschaftskommunikation (Scheloske 2012): Durch niedrige Zugangshürden können prinzipiell fast alle Menschen am öffentlichen Diskurs teilnehmen, es gibt beständig neue Interaktionsmöglichkeiten und eine unüberschaubare Fülle und Vielfalt an Informationen, Akteuren und Kommunikationsmodi (Emmer et al. 2012; O'Neill und Boykoff 2011; Papacharissi 2002).

Aktuell widmen sich zahlreiche Studien der Frage, wer online worüber und wie über wissenschaftliche oder politische Themen kommuniziert. Durch die Untersuchung der aktiven Kommunikation verschiedener Akteursgruppen kann offen gelegt werden, wie diese bestimmte Themen konstruieren und sich Informationen aneignen. Nach wie vor ist in diesem weiten Feld jedoch noch vieles unerforscht. Zudem fehlt es bislang an geeigneten theoretischen Konzepten, um die Vielfalt an Onlinekommunikation zu systematisieren und angemessen zu untersuchen. Der Begriff Onlinekommunikation beschreibt eine Vielzahl unterschiedlicher Kommunikationsformen. Im Internet hat sich die Dichotomie zwischen öffentlicher einseitiger asynchroner Massenkommunikation an ein disperses Publikum (Maletzke 1963) und privater interpersonaler Kommunikation an ein bekanntes Publikum aufgelöst (Brosius 2013). Kommunikation auf Facebook kann beispielsweise dialogische Züge aufweisen, ist aber in der Regel asynchron, persistent und teils öffentlich sichtbar. Das Spektrum von Onlinekommunikation reicht also von absoluter Privatheit zu einer Öffentlichkeit mit großer Reichweite. Angelehnt an Fraas, Meier und Pentzold (2011) fallen unter Onlinekommunikation alle interpersonalen, gruppenbezogenen und öffentlichen Kommunikationsformen, die über vernetzte Geräte vermittelt werden. Dazu gehört beispielsweise Kommunikation via E-Mail, in Foren, Weblogs, Online-Massenmedien oder auf sozialen Netzwerkplattformen (Fraas et al. 2011).

Trotz der beschriebenen Vielfalt an Kommunikationsformen wird Online-Kommunikation in vielen Forschungsbeiträgen nicht weiter differenziert. So wird Online-Kommunikation entweder global erfasst oder es werden ausgewählte Plattformen (z. B. soziale Netzwerkplattformen wie Facebook oder der Microbloggingdienst Twitter) oder Gattungen (z. B. Blogs) untersucht, ohne dass ihre Relevanz und Übertragbarkeit auf den gesamtgesellschaftlichen Diskurs klar würden. Es erscheint allerdings häufig nicht sinnvoll, zwischen Plattformen zu differenzieren; so können auf *einer* Plattform unterschiedliche Formen von Onlinekommunikation parallel existieren, genauso wie auf verschiedenen Geräten oder Plattformen die gleichen Inhalte distribuiert werden können. Auf Facebook kann beispielsweise sowohl privat gechattet werden als auch ein Medienunternehmen einen journalistischen Artikel mit einer große Zahl an Followern teilen. Auch das Denken in Gattungen unterliegt Problemen: Eine konsequente systematische Trennung von Gattungen ist kaum möglich, da einzelne kommunikative Prinzipien und Funktionalitäten in unterschiedlichen Gattungen ähnlich (bis identisch) sind (Taddicken und Schmidt 2016), beispielsweise bei Blogs und journalistischen Nachrichtenseiten. Ziel des Beitrags ist es daher, auf Basis von Öffentlichkeitstheorien ein übergeordnetes Modell zu entwickeln, um die Vielfalt von Onlinekommunikation zu systematisieren. Wir lehnen uns dabei an Schmidt (2013) an und führen seine Idee der Online-Arenen fort. Mit dem Modell sollen Unterschiede in Inhalt und Form zwischen verschiedenen öffentlichen Onlinekommunikationen herausgearbeitet und erklärt werden können. Dabei zielen wir insbesondere auf die Anwendbarkeit des Modells für die empirische Untersuchung wissenschaftlicher oder politischer Themen ab. Am Beispiel des Onlinediskurses zum Klimawandel wurde das Konzept in verschiedenen Teilstudien des DFG-Projekts „Klimawandel aus Sicht der Rezipienten" empirisch untersucht. Dieser Beitrag stellt die zentralen Befunde dieser Studien zu arenenspezifischen Unterschieden hinsichtlich Inhalten und Formen öffentlicher Klimawandelkommunikation online überblicksartig vor.

7.2 Forschungsstand: Onlineklimakommunikation

Onlinekommunikation spielt beim Fallbeispiel Klimawandel eine wichtige Rolle. Das Internet gilt als wichtige Informationsquelle, die überdies Wissen, Einstellungen und das Informationsbedürfnis zu Wissenschaft und dem Klimawandel beeinflusst (Eurobarometer 2011; Robelia et al. 2011; Synovate 2010; Taddicken 2013; Zhao 2009). In den vergangenen Jahren hat zudem die reine Menge an Onlinekommunikation zum Klimawandel stark zugenommen (O'Neill und Boykoff 2011). Bei englischsprachigen Blogs und Twitter gehört der Klimawandel sogar zu den Top 5 Schlagwörtern (PEW 2011a, 2011b, 2011c, 2012; Schäfer 2012). Generell findet sich das Thema in verschiedenen Formen von Onlinekommunikation wie journalistischen Online-Nachrichten, Wissenschaftsblogs, Userkommentaren, sozialen Netzwerkplattformen oder Webseiten von zivilgesellschaftlichen oder politischen Akteuren (Schäfer 2012). Insbesondere Userkommentare stellen einen großen Anteil der Kommunikation dar. Klimawissenschaftlerinnen und Klimawissenschaftler selbst kommunizieren online vergleichsweise wenig (Schäfer 2012), indem sie etwa bloggen (Ashlin und Ladle 2006; Trench 2012; Wilkinson und Weitkamp 2013) oder twittern (Bonetta 2009; Pearce et al. 2014).

Zudem gibt es eine große Themenvielfalt (Koteyko et al. 2010), wobei vorwiegend Klimawandel als Wissenschaftsthema diskutiert wird (Ladle et al. 2005; Newman 2016; O'Neill et al. 2015; Pearce et al. 2014; Sharman 2014). Die Ergebnisse zur Bewertung des Klimawandels online sind widersprüchlich. Im Vergleich zu traditionellen Massenmedien finden zahlreiche Studien ein hohes Maß an Klimaskeptizismus: Sowohl in holländischen (De Kraker et al. 2014) und britischen (Collins und Nerlich 2015; Jaspal et al. 2013; Koteyko et al. 2012) Userkommentaren zu journalistischen Onlinenachrichten, in englischsprachigen Webfeeds (Gavin und Marshall 2011; Koteyko 2010; Koteyko et al. 2010; Ladle et al. 2005), in Blogs (Lockwood 2008; Sharman 2014) als auch im englischsprachigen (Porter und Hellsten 2014) und deutschen (Tereick 2011) YouTube-Diskurs. Zwei Studien zum englischsprachigen Twitter-Diskurs rund um den IPCC Report 2013 finden hingegen, dass die meisten Beiträge von der Existenz des Klimawandels ausgehen (O'Neill et al. 2015; Pearce et al. 2014). Diese widersprüchlichen Ergebnisse lassen sich – unter anderem – darauf zurückführen, dass unterschiedliche und vereinzelte Plattformen oder Gattungen untersucht wurden. Somit können weder allgemeine Aussagen über die Onlinekommunikation zum Klimawandel getroffen noch die Unterschiede zwischen den verschiedenen Formen von Onlineklimakommunikation erklärt werden. Das in der Einleitung bereits angesprochene Problem zeigt sich also auch speziell beim Forschungsstand zu Onlineklimakommunikation. Es bedarf daher einer systematischen und theoriegeleiteten Untersuchung der Vielfalt an Onlineklimakommunikation. Dementsprechend wird ein übergeordnetes theoretisches Modell zur Analyse öffentlicher Onlinekommunikation entwickelt.

7.3   Online-Öffentlichkeitsarenen

Es gibt bereits verschiedene Ansätze, die Vielfalt an Onlinekommunikation zu systematisieren (bspw. Haas und Brosius 2011; Hepp 2013; Hepp und Hasebrink 2013).

Hepp (2013) und Hepp und Hasebrink (2013) unterscheiden zwischen *direct communication, reciprocal media communication, produced media communication* und *virtualized media communication.* *Direct communication* entspricht dabei der klassischen interpersonalen Kommunikation und *produced media communication* massenmedialer Kommunikation – die neuen „dialogischen" Online-Kommunikationsformen verbergen sich hinter dem Begriff *reciprocal media communication.* Unter *virtualized media communication* verstehen sie die Kommunikation „interaktiver Systeme" wie Computerspiele oder Roboter. Sie systematisieren Kommunikation dabei entlang folgender Unterscheidungsmerkmale: Verfasstheit von Zeit und Raum, Spektrum symbolischer Ausdrucksmöglichkeiten, Handlungsorientierung, d. h. welches Publikum intendiert ist, Kommunikationsmodus (z. B. dialogisch) und Form der Konnektivität.

Eine andere Unterscheidung wählen Haas und Brosius (Brosius 2013; Haas und Brosius 2011), die O'Sullivans (2003) Konzept von *masspersonal communication* als Mischform zwischen interpersonaler und massenmedialer Kommunikation erweitern: Sie identifizieren neben *Massenkommunikation* und *interpersonaler Kommunikation* auch *interpersonal-öffentliche Kommunikation,* als die sich etwa Forenkommunikation bezeichnen lässt, sowie *individualisierte Massenkommunikation.* Diese Kommunikationsformen unterscheiden sich ihnen zufolge hinsichtlich der Glaubwürdigkeit und Reichweite der Kommunikation sowie der Möglichkeit, die Rollen zu tauschen, die Inhalte selektiv zu nutzen und selbst Inhalte einzubringen. Wie sehr die Identifikation unterscheidender Merkmale von der jeweiligen Forschungsfrage abhängt, zeigt sich dadurch, dass die Autoren in einem anderen Beitrag (Haas et al. 2010) größtenteils andere Unterscheidungsdimensionen wählen: Asynchronität, Beständigkeit der Kommunikation, Anonymität, Wissen über Empfänger, Rollentausch und Interaktion.

Bei beiden vorgestellten Systematisierungen von Onlinekommunikation werden die Mischformen zwischen massenmedialer und interpersonaler Kommunikation, die sich online herausgebildet haben, berücksichtigt. Sie werden entweder als *reciprocal media communication* (Hepp 2013) bzw. *masspersonal communication* oder *interpersonal-öffentliche Kommunikation* (Brosius 2013; Haas und Brosius 2011) bezeichnet. Es erfolgt jedoch keine weitere Differenzierung, sodass eine Fülle an ganz unterschiedlichen Onlinekommunikationsformen darunter zu fassen ist. In unserem Falle, der Online-Wissenschaftskommunikation, zählen dazu etwa Blogposts von Wissenschaftlerinnen und Wissenschaftlern oder anderen Fachexperten, Leserkommentare zu Online-Artikeln, Userkommentare in Sozialen Netzwerkplattformen oder auch Wikipedia-Einträge. Um diese Vielfalt weiter zu differenzieren, berücksichtigen wir weiterhin eine zentrale Dimension, die diese Mischformen zwischen massenmedialer und interpersonaler Kommunikation unterscheidet: der Art der Öffentlichkeit.

Wir fokussieren bei unserer Systematisierung auf Formen von Onlinekommunikation, bei denen ein gewisses Maß an Öffentlichkeit hergestellt ist. Dies begründet sich nicht nur in der großen Relevanz dieser Onlinekommunikationsformen aufgrund ihrer Reichweite und der (potenziellen) Wirkung auf das Publikum, sondern auch damit, dass öffentliche Kommunikation nach wie vor als zentraler Gegenstandsbereich der Kommunikationswissenschaft gilt (Brosius 2013).

Dabei eignen sich vor allem Öffentlichkeitstheorien, um die Vielfalt öffentlicher Onlinekommunikation zu fassen. Zunächst einmal stellt sich die Frage, was überhaupt unter Öffentlichkeit verstanden werden kann und ab wann wir von einer Öffentlichkeit sprechen. Öffentlich bedeutet generell, dass etwas prinzipiell für alle sichtbar ist (Brosius 2013). Nach Habermas (1962) kann Öffentlichkeit als offen zugänglicher Raum und als soziales Forum bezeichnet werden, in dem sich Bürgerinnen und Bürger über gesellschaftlich relevante Probleme verständigen. Darauf aufbauend definieren wir, dass sich eine Online-Öffentlichkeit konstituiert, sobald zumindest theoretisch alle Personen mit Internetzugang den Inhalt rezipieren könnten.

Dabei ist zu beachten, dass es nicht *die eine* Öffentlichkeit gibt. Zieht man Gerhards und Neidhardt (1993) heran, so hat sich Öffentlichkeit in modernen Gesellschaften in verschiedene Ebenen von Teilöffentlichkeiten ausdifferenziert: 1) die *Encounter-Öffentlichkeit* mit überwiegend interpersonaler Kommunikation auf öffentlichen Plätzen wie der Straße. Diese bildet sich heraus, sobald Unbekannte aufeinander treffen und miteinander kommunizieren (Gerhards und Neidhardt 1990; Luhmann 1975). 2) Weiterhin unterscheiden sie die *Versammlungsöffentlichkeit,* die bei öffentlichen Reden, Sitzungen und Veranstaltungen entsteht, sowie 3) die *massenmediale Öffentlichkeit* mit den höchsten Kommunikationshürden, die zudem zwingend technisch vermittelt ist.

Gerhards und Schäfer (2010) übertragen das Konzept zwar auf das Internet und identifizieren die vorgestellten Teilöffentlichkeitsebenen auch online, bestimmte Öffentlichkeiten und Aspekte werden jedoch vor dem Hintergrund der neuen Teilnahmebedingungen noch nicht ausreichend differenziert (Klaus und Drüke 2012; Schmidt 2013), bspw. die Frage des Zutritts. Insgesamt ist die Konstitution von Öffentlichkeit sowohl von der Kommunikationstechnologie als auch den Kommunikationsmodi abhängig (Schmidt 2013). Wie eingangs beschrieben, finden sich online neue Kommunikationsmodi mit Merkmalen von klassisch interpersonaler und massenmedialer Kommunikation. Somit gibt es online teilweise eine Vermischung oder es koexistieren auf ein und derselben Plattform unterschiedliche Teilöffentlichkeiten. Auf der Webseite von Spiegel Online findet sich etwa nicht nur die klassische massenmediale Öffentlichkeit, bei der sich eine Journalistin oder ein Journalist an ein weitgehend anonymes und großes Publikum richtet, sondern ebenfalls die reziproke Kommunikation unter Usern auf dem Spiegel Online Forum.

Das Konzept der onlinebasierten Öffentlichkeiten (Schmidt 2013) berücksichtigt diese Veränderungen. Laut Schmidt (2013) existieren im Internet Kommunikationsarenen mit eigenen Praktiken, die eigene Formen von Öffentlichkeit hervorbringen. Als Arena beschreibt Neidhardt (1994) einen offenen Kommunikationsraum, in dem sich Akteurinnen und Akteure öffentlich äußern und dabei von einem mehr oder weniger großen Publikum von einer Galerie aus beobachtet werden können. Ihm zufolge sind also die Arena mit den Kommunikatoren[1] und die Galerie mit dem Publikum zwar nicht räumlich voneinander getrennt, ein „Seitenwechsel" ist aber nicht unmittelbar möglich und ggf. sogar mit Hindernissen verbunden. Schmidt (2013) integriert im Gegensatz dazu auch das Publikum in sein Verständnis einer Arena; „Seitenwechsel" sind dabei je nach Art der Arena möglich. Damit geht er auch über die von Gerhards und Schäfer (2010) vorgestellte „openness for participation" hinaus. Schmidt (2013, S. 41) definiert eine Kommunikationsarena als „spezifische Konstellation von Akteuren (Kommunikator und Publikum) […], die auf Grundlage jeweils eigener Selektions- und Präsentationsregeln sowie spezifischer Software-Architektur Informationen bereitstellen". Unter Software-Architektur versteht Schmidt (2013) den Software-Code, der die Kommunikation auf verschiedene Weisen beeinflusst: durch Algorithmen, Art der Funktionen, Einstellungen und Optionen (z. B. Bewertungssysteme wie „likes" oder die Möglichkeit Informationen zu „teilen" etc.), Design, Benutzerführung und nicht zuletzt auch die Offenheit und Kompatibilität der Plattformen gegenüber anderen Anwendungen (Schmidt 2013).

Dabei gibt es laut Schmidt (2013) auch Eigenschaften in der Softwarearchitektur, die alle Online-Öffentlichkeiten aufweisen und für deren Konstitution von

---

[1]Im Folgenden werden zulasten einer gendergerechten Sprache die von Schmidt etablierten Begriffe übernommen (bspw. Kommunikator oder Expertenarena); gemeint sind aber jeweils alle Geschlechter.

Öffentlichkeit wichtig sind: Persistenz, Duplizierbarkeit und Durchsuchbarkeit von Informationen sowie Skalierbarkeit, d. h. eine prinzipiell uneingeschränkte Reichweite.

Des Weiteren geht Schmidt (2013) über die Überlegungen von Gerhards und Neidhardt (1993) sowie von Gerhards und Schäfer (2010) hinaus, indem er auch andere Kommunikationsarenen identifiziert (siehe Schmidts Arenen inklusive unserer Weiterentwicklungen in Tab. 7.1 am Ende des Unterkapitels). Insgesamt unterscheidet Schmidt (2013) vier Kommunikationsarenen, die sich ihm zufolge in verschiedenen Dimensionen unterscheiden: 1) Zutrittshürden für Kommunikatoren (wie auch bei Gerhards und Neidhardt (1993) sowie Gerhards und Schäfer (2010) Teilöffentlichkeiten – allerdings unter Berücksichtigung weiterer Zutrittshürden wie Expertiselevel), 2) das beabsichtigte Publikum (d. h. die Zielgruppe), 3) die spezifischen Selektions- und 4) Präsentationsregeln sowie generell die Softwarearchitektur.

In der *massenmedialen Arena* sind vor allem journalistisch-publizistische Online-Angebote angesiedelt, deren Ziel die Vermittlung gesellschaftlich relevanter Themen ist. Selektionskriterien sind entsprechend die etablierten Nachrichtenfaktoren. Für Kommunikatoren besteht aufgrund professioneller Standards und der notwendigen Affiliation eine hohe Zutrittshürde. Das Publikum ist anonym und dispers, und die Kommunikation ist nicht reziprok. Interaktion zwischen Kommunikator und Publikum ist also kaum möglich. Bei den Kommunikatoren handelt es sich meistens um Journalistinnen und Journalisten oder externe Autorinnen und Autoren, die von den Verlegern engagiert wurden.

In der *Expertenarena* finden sich fachlich spezialisierte Diskurse. Schmidt (2013) nennt beispielhaft wissenschaftliche Fachjournale, in denen wissenschaftliche Erkenntnisse verbreitet und diskutiert werden. Die Selektion beruht in der Regel auf Peer-Reviewing-Verfahren, die Informationen werden intersubjektiv nachvollziehbar dargestellt. Für Kommunikatoren bestehen hohe Zutrittshürden. Beim Publikum handelt es sich um eine mehr oder weniger anonyme Fachgemeinschaft, die teilweise mit den Kommunikatoren in einen Dialog treten kann.

Die *kollaborative Arena:* Beispielhaft für diese Arena kann die Öffentlichkeit auf Wikipedia genannt werden, deren Ziel die gemeinsame Erarbeitung neuer Inhalte ist. Als Selektionskriterium gilt die enzyklopädische Relevanz. Die Zutrittshürden für Kommunikatoren sind zwar niedrig, es gibt aber faktisch wenige Autoren und ein großes anonymes und passives Publikum.

In der *persönlichen Arena* werden persönlich relevante Themen mit dem (erweiterten) sozialen Netzwerk verhandelt. Das kann beispielsweise auf Weblogs, sozialen Netzwerkplattformen wie Facebook oder Microbloggingdiensten wie Twitter geschehen. Die Kommunikationshürden sind niedrig.

Es ist allerdings diskussionswürdig, inwieweit man hier tatsächlich von einer Öffentlichkeit sprechen kann, da diese Kommunikationen häufig nicht für alle Internetnutzenden öffentlich zugänglich sind, sondern wirklich nur vom persönlichen sozialen Netzwerk gesehen werden können (beispielsweise auf Facebook). Schmidt (2013) nennt „Skalierbarkeit" – d. h. eine prinzipiell uneingeschränkte Reichweite – als ein wichtiges Merkmal von Online-Öffentlichkeiten, d. h. er teilt unsere Definition von Öffentlichkeit, dass etwas prinzipiell für alle zugänglich sein muss. Insofern können nur Kommunikationen der persönlichen Arena zugeordnet werden, die prinzipiell allen Internetnutzenden zugänglich sind.

Um Unklarheiten dieser Art zu vermeiden, verwenden wir daher anstelle von „Kommunikationsarena" den Terminus „Online-Öffentlichkeitsarena".

Zudem erweitern wir Schmidts Konzept, da wir das Ziel verfolgen, ein theoretisches Modell zur Systematisierung öffentlicher Onlinekommunikation zu entwickeln, das sich insbesondere für die empirische Untersuchung eines wissenschaftlichen und politischen Themas wie Klimawandel eignet. Mit dem Modell sollen inhaltliche und formale Unterschiede in der Kommunikation verschiedener Online-Öffentlichkeitsarenen beschrieben und erklärt werden können, z. B. hinsichtlich Themen und Bewertungen oder Emotionalität und Unhöflichkeit der Sprache.

Wir erweitern zum einen die *Expertenarena* und schließen auch Öffentlichkeiten ein, in denen die Kommunikationshürden zwar nicht durch äußere Vorgaben wie etwa Peer-Reviewing-Verfahren hoch sind, aber de facto bestehen. Auf Expertenblogs diskutieren und verbreiten etwa überwiegend wissenschaftliche Expertinnen und Experten ihr Fachwissen. Zudem sind die Beiträge dort häufig durch die redaktionelle Linie der Administrierenden sowie wissenschaftliche Prinzipien bestimmt. Die Kommunikationshürden sind hier also nicht technisch, sondern vor allem mit Blick auf die Inhalte der Kommunikation hoch, da sie beispielsweise ein bestimmtes Expertiselevel voraussetzen.

Ebenso erweitern wir das theoretische Konzept um weitere Arenen. Schmidt (2013) erklärt selbst, dass seine Arenen nicht vollständig sind – diesen Anspruch erheben auch wir nicht in unserer Weiterentwicklung. Dennoch fallen in politischen oder wissenschaftlichen Onlinediskursen noch weitere wichtige Öffentlichkeiten auf, in denen persönlich relevante Themen und Meinungen diskutiert werden, die aber im Gegensatz zur persönlichen Arena eine größere Reichweite haben und nicht nur das eigene soziale Netzwerk einschließen. Insofern erweitern wir das Konzept von Schmidt (2013) um 5. die *Diskussionsarena* und 6. die *massenmedial-induzierte Diskussionsarena*.

In der *Diskussionsarena* werden Wissen und Meinungen zu persönlich relevanten Themen zum Ausdruck gebracht und ausgetauscht, beispielsweise in

Diskussionsforen. Interaktionen zwischen Kommunikatoren und Publikum sind möglich. Die Zutrittshürden für Kommunikatoren sind sowohl technisch als auch inhaltlich niedrig, sie können daher sehr heterogen sein. Ebenso gibt es kein spezifisches Publikum.

Die *massenmedial-induzierte Diskussionsarena* stellt eine spezielle Form der Diskussionsarena dar. Diese Online-Öffentlichkeitsarena ist unmittelbar an die massenmediale Arena gekoppelt, da die Kommunikation durch einen massenmedialen Input ausgelöst wird. Beispiele für die *massenmedial-induzierte Diskussionsarena* sind etwa Kommentarräume von Online-Nachrichtenportalen. Diese Unterscheidung erscheint notwendig, da diese Online-Öffentlichkeitsarena sich im Gegensatz zu den anderen nicht selbstständig konstituieren kann, sondern von der massenmedialen Arena abhängig ist. Die Kommunikation, die in dieser Arena stattfindet, wird in der Kommunikationswissenschaft als Anschlusskommunikation verstanden. Sie kann aber auch darüber hinausgehen, indem die Diskussion immer mehr vom ursprünglichen Thema abschweift. Anschlusskommunikation generell kann allerdings nicht nur in der *massenmedial-induzierten Diskussionsarena* stattfinden, sondern auch in den anderen Arenen.

Darüber hinaus fallen gerade im Kontext von politischen und wissenschaftlichen Themen Online-Öffentlichkeiten auf, die in einigen Dimensionen wie Kommunikationshürden, Anonymität des Publikums und Interaktionsmöglichkeiten der massenmedialen Arena stark ähneln, sich aber im Ziel der Kommunikation und den Selektions- und Darstellungsregeln unterscheiden: die öffentliche Kommunikation auf Webseiten von Stiftungen, Organisationen, Universitäten und Ministerien oder anderen politischen oder wissenschaftlichen Institutionen sowie von Unternehmen. Dementsprechend kann man bei Bedarf weiterhin eine 7. *Organisations- und Werbearena* unterscheiden.

Unsere Weiterentwicklung von Schmidts Konzept beschränkt sich nicht nur auf die Einführung dreier weiterer Arenen, sondern reflektiert und erweitert auch dessen Unterscheidungsmerkmale der Online-Öffentlichkeitsarenen. Für ihn sind die oben bereits erläuterte Akteurskonstellation von Kommunikatorinnen und Kommunikatoren und Publikum, die spezifischen Selektions- und Präsentationsregeln sowie die spezifische Software-Architektur[2] zentral.

Es gibt zusätzlich noch weitere Dimensionen, in denen sich die Arenen unterscheiden. Zunächst wäre das *Ziel der Kommunikation* und auch das Maß der *Interaktion* in der jeweiligen Öffentlichkeitsarena zu nennen. Beide Dimensionen

---

[2]Allerdings geht er nicht darauf ein, in welchen Funktionalitäten sich die Arenen diesbezüglich unterscheiden.

werden von Schmidt (2013) nicht ausdrücklich genannt, aber zur Beschreibung seiner Arenen bereits herangezogen. Diese implizite Verwendung liegt vermutlich an der engen Verknüpfung mit seinen anderen Dimensionen: Das *Ziel der Kommunikation* ist dafür ausschlaggebend, welche Selektions- und Darstellungsregeln gelten. Das Maß an *Interaktion* hingegen ist ein Unterscheidungsmerkmal, das sich aus seinen spezifischen „Akteurskonstellationen zwischen Kommunikator und Publikum" ableiten lässt.

Wir nehmen außerdem an, dass noch weitere Eigenschaften von Kommunikator und Publikum zentral für die Konstitution von Öffentlichkeit sind: die *Anonymität des Kommunikators und des Publikums,* die *Expertise des Kommunikators,* die im Zusammenhang mit den Zutrittshürden steht, sowie die *(erwartete) Reichweite* der Kommunikation. Die Reichweite ist überdies auch ein Unterscheidungsmerkmal der Teilöffentlichkeiten von Gerhards und Neidhardt (1993). In der massenmedialen Öffentlichkeit ist sie am höchsten, in der Encounter-Öffentlichkeit am niedrigsten. In Online-Öffentlichkeiten ist dieses Unterscheidungsmerkmal allerdings uneindeutiger. Häufig ist zwar die Reichweite von journalistischen Onlinenews – d. h. einer massenmedialen Öffentlichkeit – faktisch höher als die Reichweite eines Userkommentars in einem Diskussionsforum oder Blog. Doch onlinebasierte Öffentlichkeiten eint – wie oben beschrieben – unter anderem ihre Skalierbarkeit, die prinzipiell uneingeschränkte Reichweite. Insofern können mitunter auch einzelne Blogposts oder andere Userkommentare hohe Reichweiten erzielen – und damit sozialen Einfluss ausüben.

Die Darstellung der Online-Öffentlichkeitsarenen kann entsprechend um die hinzugefügten Merkmale ergänzt werden: Die Expertise der Kommunikatoren in der *massenmedialen Arena* ist in der Regel hoch und die Kommunikatoren sind in den meisten Fällen nicht anonym. Die Reichweite der Kommunikation ist meistens hoch. In der *Expertenarena* ist die Expertise der Kommunikatoren ausgesprochen hoch und auch hier sind sie nur selten anonym. Die Reichweite ist in der Regel niedriger als in der massenmedialen Arena. In der *kollaborativen Arena,* der *Diskussionsarena* und der *massenmedial-induzierten Diskussionsarena* können die Anonymität und Expertise der Kommunikatoren stark variieren. Die Reichweite der Kommunikation variiert in der *kollaborativen Arena* ebenfalls, in der *Diskussionsarena* und der *massenmedial-induzierten Diskussionsarena* ist sie hingegen meistens niedrig. In der *persönlichen Arena* sind die Anonymität des Kommunikators und seine Reichweite eher niedrig, seine Expertise kann variieren. In der *Werbe- und Organisationsarena* – wie auch in der massenmedialen Arena – sind die Kommunikatoren in der Regel nicht anonym und besitzen eine hohe Expertise.

Tab. 7.1 Online-Öffentlichkeitsarenen in Anlehnung an Schmidt, 2013. (grau markierte Zellen von Schmidt, 2013)

Dimensionen	Massenmediale Arena	Expertenarena	Kollaborative Arena	Persönliche Arena	Diskussionsarena	Massenmedial-induzierte Diskussionsarena	Organisations- und Werbearena
Kommunikationshürden	Hoch	(Sehr) hoch	Niedrig	Niedrig	Niedrig	Niedrig	Hoch
Intendiertes Publikum	Dispers, unbekannt, unverbunden	Fachcommunity	Nicht spezifiziert	Erweitertes soziales netzwerk	Nicht spezifiziert	Nicht spezifiziert	Dispers, anonym
Selektionsregeln	Nachrichtenwerte bzw. -faktoren	Thematisch eingeschränkt; peer review	Enzyklopädische Relevanz	Persönliche Relevanz	Persönliche Relevanz	Persönliche Relevanz	Abhängig von Kommunikator: Nachrichtenwerte bis Vermarktung; interessengeleitet
Präsentationsregeln	Journ. Gattungen	Intersubjektiv nachvollziehbar, falsifizierbar	Neutraler Standpunkt	Authentizität	Authentizität	Authentizität	Nicht spezifiziert, u. a. Werbe- und PR-Kommunikationsregeln
Ziel der Kommunikation	Vermittlung gesellschaftlich relevanter Themen	Diskussion von Fachwissen, wiss. Erkenntnisgewinn	Gemeinsame Erarbeitung neuer Inhalte	Ausdruck persönlich relevanter Themen	Ausdruck persönlich relevanter Themen	Ausdruck persönlich relevanter Themenfacetten zu vorgegebenen Themen	Abhängig von Kommunikator: Vermittlung gesellschaftlich relevanter Themen bis Vermarktung; interessengeleitet
Interaktion	Nicht möglich	Nicht möglich/möglich	Möglich	Möglich	Möglich	Möglich	Nicht möglich

(Fortsetzung)

Tab. 7.1 (Fortsetzung)

Dimensionen	Massenmediale Arena	Expertenarena	Kollaborative Arena	Persönliche Arena	Diskussionsarena	Massenmedial-induzierte Diskussionsarena	Organisations- und Werbearena
Anonymität Kommunikator	Nicht anonym	Nicht spezifiziert	Nicht spezifiziert	Nicht anonym	Nicht spezifiziert	Nicht spezifiziert	Nicht anonym
Expertise Kommunikator	Hoch	Sehr hoch	Niedrig/hoch	Niedrig/hoch	Niedrig/hoch	Niedrig/hoch	Hoch
(Erwartete) Reichweite	Sehr hoch	Niedrig bis hoch	Niedrig bis hoch	Sehr niedrig	Niedrig	Niedrig/hoch	Hoch
Beispiele	Journalistische Nachrichten	Wissenschaftliche Journals, Expertenblogs	Wikipedia	Netzwerkseiten	Diskussionsforen	Leserkommentare Online-Nachrichten	Webseiten aus der Politik, Zivilgesellschaft, Wissenschaft, Wirtschaft Quelle: Eigene Darstellung

Die vorgestellten Online-Öffentlichkeitsarenen halten wir im Diskurs von wissenschaftlichen und politischen Themen für relevant. Die Arenen könnten aber je nach Thema noch weiter ausdifferenziert werden, da viele neue Formen von Öffentlichkeit entstanden sind oder gerade entstehen. Generell sind die Online-Öffentlichkeitsarenen als idealtypische Konstrukte zu verstehen, die nicht überschneidungsfrei und häufig auch untereinander verknüpft sind. Informationen können also zwischen Arenen wandern, ergänzt und neu gedeutet werden.

7.4 Empirische Anwendung auf Klimawandel-Kommunikation: Hypothesen

Es ist anzunehmen, dass sich sowohl Inhalte als auch Form der Kommunikation zwischen den verschiedenen Online-Öffentlichkeitsarenen aufgrund ihrer spezifischen Merkmale unterscheiden. Daher werden im Folgenden Hypothesen formuliert, die sich aus den arenenspezifischen Merkmalen ergeben, und die am Beispiel des Onlinediskurses zum Klimawandel empirisch überprüft werden. Da der Fokus unserer Forschung im DFG-Projekt „Klimawandel aus Sicht der Medienrezipienten" auf der Rezeption von Klimawandel als Wissenschaftsthema liegt und daher vor allem die Kommunikation der Wissenschaft, Medien und Laien relevant ist, gehen wir auf vier der vorgestellten Online-Öffentlichkeitsarenen ein: *massenmediale Arena, Expertenarena, Diskussionsarena* und *massenmedial-induzierte Diskussionsarena.*

7.4.1 Hypothesen zu arenenspezifischen Unterschieden bei Themen und Bewertungen

In der Forschung über die Auswirkungen des Internets auf den öffentlichen Diskurs taucht oft – teilweise auch implizit – eine Annahme auf, die auch bei der Analyse verschiedener Formen von Online-Öffentlichkeit eine Rolle spielt. Es ist die Annahme, dass das Internet aufgrund der niedrigen Zugangsschwellen eine größere (1) Pluralität an Themen und Meinungen ermöglicht als die traditionelle massenmediale Öffentlichkeit offline (Gerhards und Schäfer 2010). Da online ganz unterschiedliche Akteurinnen und Akteure kommunizieren, findet sich dort vermutlich ein breites Spektrum aller Themenaspekte und Meinungen, die in der Gesellschaft zum Klimawandel kursieren. Dennoch kann angenommen

werden, dass das Ausmaß an Pluralität stark von der Höhe der Kommunikationshürden abhängt. Insofern erscheint eine größere Pluralität an Inhalten, Themen
und Bewertungen (bspw. des Klimawandels oder der Klimawissenschaft) in der
Diskussionsarena und der *massenmedial-induzierten Diskussionsarena* plausibel.
In diesen Arenen könnten dementsprechend eher Positionen vertreten werden, die
keinen Eingang in die *massenmediale Arena* oder *Expertenarena* finden – wie in
Deutschland etwa klimaskeptische Positionen. Für die *Expertenarena* hingegen
lassen sich „special-interest"-Themen vermuten. In der *massenmedialen Arena*
werden aufgrund des Auftrags, gesellschaftlich relevante Informationen zu vermitteln, vor allem auch politische Aspekte erwartet. Aus demselben Grund wird
in der massenmedialen Arena mehr Kommunikation über Ursachen, Folgen und
Klimaschutz- bzw. Anpassungsmaßnahmen angenommen. Entsprechend werden
folgende Hypothesen aufgestellt:

H1: In den beiden Diskussionsarenen ist die Pluralität an Themen höher als in
anderen untersuchten Online-Öffentlichkeitsarenen.

H2: In der massenmedialen Arena werden Ursachen, Folgen und Klimaschutz-
bzw. Anpassungsmaßnahmen häufiger kommuniziert als in den anderen untersuchten Online-Öffentlichkeitsarenen.

H3: In den beiden Diskussionsarenen gibt es mehr klimaskeptische Kommunikation als in den anderen untersuchten Online-Öffentlichkeitsarenen.

H4: In den beiden Diskussionsarenen wird Klimawissenschaft als unsicherer und
unglaubwürdiger dargestellt als in den anderen untersuchten Online-Öffentlichkeitsarenen.

7.4.2 Hypothesen zu arenenspezifischen Unterschieden bei der Aufmerksamkeitsdynamik

Weiterhin nehmen wir an, dass es je nach Online-Öffentlichkeitsarena unterschiedliche Aufmerksamkeitsdynamiken gibt. In der Diskussionsarena und der
massenmedial-induzierten Diskussionsarena wird eine größere Vielfalt an Meinungen erwartet als in den anderen analysierten Arenen. Daher wird dort eine
größere Kontroverse angenommen, was wiederum die Aufmerksamkeit erhöhen
(Kriesi 2003; Nisbet und Huge 2006) und zu einer sprunghaften Aufmerksamkeitsdynamik führen kann. Somit stellen wir die Hypothese auf:

H5: In den beiden Diskussionsarenen gibt es mehr Kommunikationsbeiträge als in der massenmedialen Arena und der Expertenarena, aber weniger kontinuierliche Aufmerksamkeit für das Thema Klimawandel.

Zudem erwarten wir Unterschiede zwischen der massenmedialen Arena und der Expertenarena mit Blick auf die Intensität und Kontinuität der Aufmerksamkeit. Da das Thema Klimawandel in der massenmedialen Arena mit anderen gesellschaftlich relevanten Themen im Wettbewerb steht, wird hier weniger Kontinuität erwartet als in der Expertenarena, in der lediglich wissenschaftliches Fachwissen zum Klimawandel diskutiert wird und keine Konkurrenz mit anderen Themen existiert.

H6: In der Expertenarena gibt es eine kontinuierlichere Aufmerksamkeit für das Thema Klimawandel als in der massenmedialen Arena.

7.4.3 Hypothesen zu arenenspezifischen Unterschieden bei der Form der Kommunikation

Außerdem ist anzunehmen, dass sich auch die Form der Kommunikation unterscheidet. Es wird erwartet, dass die Kommunikation in den Diskussionsarenen aufgrund der niedrigen Zugangshürden und dadurch vermutlich schwierigeren (sozialen) Kontrolle sowie dem höheren Anteil an anonymen Kommunikatoren im Gegensatz zu der massenmedialen Arena und der Expertenarena am unhöflichsten ist. In den Diskussionsarenen wird zudem eine emotionalere Kommunikation als in den anderen Arenen erwartet: Zum einen aufgrund der niedrigen Zugangshürden in den beiden Diskussionsarenen, die eine große Heterogenität an Kommunikatoren und damit ein großes Konfliktpotenzial erlauben. Zum anderen aufgrund des Ziels der Kommunikation, nämlich dem Austausch von Wissen und Meinungen zu persönlich relevanten Themen. Im Gegensatz dazu werden in der massenmedialen Arena gesellschaftlich relevante Informationen vermittelt und in der Expertenarena Fachwissen diskutiert. Weiterhin wird angenommen, dass sich die Form der Interaktivität zwischen Online-Öffentlichkeitsarenen, in denen es die Möglichkeit zur Interaktion gibt, unterscheidet. So beteiligen sich in der Expertenarena, die sich durch gemeinsame fachspezifische Interessen auszeichnet, zwar vermutlich weniger Akteure als in der massenmedial-induzierten

Diskussionsarena, aber dafür häufiger innerhalb einer Diskussion und seltener anonym.

H7: In den beiden Diskussionsarenen ist die Kommunikation unhöflicher als in den anderen untersuchten Online-Öffentlichkeitsarenen.

H8: In den beiden Diskussionsarenen ist die Kommunikation emotionaler als in den anderen untersuchten Online-Öffentlichkeitsarenen.

H9: In der Expertenarena sind weniger Akteure beteiligt, die sich jedoch seltener anonym und insgesamt viel häufiger in Diskussionen einbringen als Kommunikatoren in der massenmedial-induzierten Diskussionsarena.

Die Hypothesen und Fragestellungen wurden zum Großteil bereits an anderer Stelle untersucht (für H1–H4 siehe Lörcher und Taddicken 2017, 2015; für H5–H6: Lörcher und Neverla 2015; für H7 und H8: Lörcher und Kießling 2016; H9: Hoppe et al. 2018). Die hier vorgestellten Hypothesen stellen dabei eine Auswahl dar. An dieser Stelle soll lediglich überblicksartig auf die Ergebnisse abgestellt werden, da die eigentliche Zielsetzung die Anwendung des übergeordneten theoretischen Modells zur Systematisierung öffentlicher Onlinekommunikation ist, um damit die Tauglichkeit der theoretischen Online-Arenen-Annahme für die empirische Analyse zu prüfen.

7.5 Empirische Untersuchung mithilfe einer automatischen Online-Inhaltsanalyse

Zur Beantwortung der Hypothesen zu den verschiedenen Online-Öffentlichkeitsarenen wurde eine quantitative Online-Inhaltsanalyse durchgeführt.

Dafür wurde an zwei verschiedenen Erhebungszeiträumen eine Vollerhebung mittels unterschiedlicher klimabezogener Schlagwörter durchgeführt. Die erste Erhebung fand vom 16.09.–07.10.2013, d. h. eine Woche vor bis eine Woche nach dem wissenschaftlichen Ereignis „Veröffentlichung des IPCC-Berichts" (AR5 WG1) statt. Die zweite Erhebung erstreckte sich vom 04.–29.11.2013 und damit eine Woche vor bis eine Woche nach dem vorwiegend politischen Ereignis COP19 (Weltklimakonferenz) in Warschau.

Die Analyseeinheit wurde theoriegeleitet bestimmt, indem für jede der vier ausgewählten Online-Öffentlichkeitsarenen mindestens ein Fallbeispiel ausgewählt wurde: *Spiegel Online* und *Welt Online* für die massenmediale Arena, die

Wissenschaftsblogs *Klimazwiebel* und *Klimalounge* für die Expertenarena, das *Wetteronline-Klimaforum,* die Facebookseite *Klimaschützer* und die Webseite des *Europäischen Instituts für Klima und Energie (EIKE)* für die Diskussionsarena sowie die *Leserkommentare* zu klimabezogenen Artikeln bei *Spiegel Online* und *Welt Online* für die massenmedial-induzierte Diskussionsarena. Zentrale Kriterien für die Auswahl waren regelmäßige Aktivität bzw. „traffic" auf den jeweiligen Plattformen sowie für jede Arena Beispiele mit möglichst unterschiedlichen Positionen zum Klimawandel oder zur Rolle der Klimawissenschaft.

Das Datenmaterial wurde mithilfe einer Software archiviert, die eigens für die Online-Inhaltsanalyse entwickelt wurde. In einem ersten Schritt wurde eine systematische Stichprobe der Daten manuell codiert. In einem zweiten Schritt wurde auf Basis dieser manuellen Codierungen mithilfe von maschinellem Lernen eine automatische Inhaltsanalyse durchgeführt (für eine detailliertere Beschreibung der Methode siehe Lörcher und Neverla 2015; Lörcher und Taddicken 2017, 2015).

7.6   Ergebnisse

Die Ergebnisse aus verschiedenen Teilstudien werden hier synoptisch vorgestellt (siehe Überblick in Tab. 7.2). Es zeigt sich, dass tatsächlich erhebliche Unterschiede zwischen den ausgewählten Online-Öffentlichkeitsarenen mit Blick auf Inhalte, Aufmerksamkeitsdynamik und Form der Kommunikation über den Klimawandel bestehen.

So ist die Kommunikation in Online-Öffentlichkeitsarenen mit niedrigen Zutrittshürden wie der Diskussionsarena und der massenmedial-induzierten Diskussionsarena deutlich pluraler. Dies zeigt sich nicht nur inhaltlich in einer größeren Themenvielfalt (H1, H2) und Diversität an Bewertungen des Klimawandels und der Klimawissenschaft (H3, H4), sondern auch in einer stärkeren Variation der Ausdrucksformen wie unhöfliche (H7) oder emotionale (H8) Sprache. Ebenfalls zeigen sich in den Online-Arenen mit niedrigen Kommunikationshürden größere Amplituden der Aufmerksamkeit, wohingegen in der massenmedialen Arena eher kontinuierlich kommuniziert wird (H5, H6). Auch die Formen der Interaktivität unterscheiden sich zwischen den Arenen, in denen Interaktion grundsätzlich möglich ist (H9): So beteiligen sich in der Expertenarena zwar weniger Akteure als in der massenmedial-induzierten Arena, aber dafür häufiger innerhalb einer Diskussion. Möglicherweise tragen die faktisch höheren Kommunikationshürden und die dadurch übersichtlichere Diskussionsgruppe dazu bei, dass sich Kommunikatoren häufiger zu Wort melden.

Tab. 7.2 Überblick über arenenspezifische Unterschiede am Fallbeispiel Online-Klimakommunikation

Hypothesen	Ergebnisse	Quelle
H1 Pluralität an Themen: ✔	In den beiden Diskussionsarenen gibt es eine größere Pluralität an Themen als in den anderen untersuchten Online-Öffentlichkeitsarenen	(Lörcher und Taddicken 2017, 2015)
H2 Thematisierung Ursachen, Folgen und Klimaschutz- sowie Anpassungsmaßnahmen: ✔	In der massenmedialen Arena gibt es mehr Kommunikation über Ursachen, Folgen und Klimaschutz- bzw. Anpassungsmaßnahmen als in den anderen untersuchten Online-Öffentlichkeitsarenen	(Lörcher und Taddicken 2017, 2015)
H3 Klimaskeptizismus: ✔	In den beiden Diskussionsarenen gibt es mehr klimaskeptische Kommunikation als in den anderen untersuchten Online-Öffentlichkeitsarenen	(Lörcher und Taddicken 2017, 2015)
H4 Unsicherheit/Glaubwürdigkeit Klimawissenschaft: ✔	In den beiden Diskussionsarenen wird Klimawissenschaft als unsicherer und unglaubwürdiger dargestellt als in den anderen untersuchten Online-Öffentlichkeitsarenen	(Lörcher und Taddicken 2017, 2015)
H5 Aufmerksamkeitsdynamik in Diskussionsarenen: ✔	In den beiden Diskussionsarenen gibt es mehr Kommunikationsbeiträge als in der massenmedialen Arena und der Expertenarena, aber weniger kontinuierliche Aufmerksamkeit für das Thema Klimawandel	(Lörcher und Neverla 2015)
H6: Aufmerksamkeitsdynamik in massenmedialer und Expertenarena: ✗	In der Expertenarena gibt es *keine* kontinuierlichere Aufmerksamkeit für das Thema Klimawandel als in der massenmedialen Arena – im Gegenteil	(Lörcher und Neverla 2015)

(Fortsetzung)

Tab. 7.2 (Fortsetzung)

Hypothesen	Ergebnisse	Quelle
H7 *Unhöflichkeit:* ✔	In den beiden Diskussionsarenen ist die Kommunikation unhöflicher als in den anderen untersuchten Online-Öffentlichkeitsarenen	Bislang unveröffentlicht
H8 *Emotionalität:* ✔	In den beiden Diskussionsarenen ist die Kommunikation emotionaler als in den anderen untersuchten Online-Öffentlichkeitsarenen	(Lörcher und Kießling 2016)
H9 *Interaktivität:* (teilweise ✔)	In der Expertenarena gibt es eine andere Form der Interaktivität als in der massenmedial-induzierten Diskussionsarena: In der Expertenarena sind weniger Akteure beteiligt, die seltener anonym kommunizieren und sich (zumindest bei bestimmten Ereignissen) häufiger zu Wort melden	(Hoppe et al. 2018)

Quelle: Eigene Darstellung

Für das Fallbeispiel Onlinekommunikation zum Klimawandel lässt sich zusammenfassen, dass der Diskurs vielfältig und ausdifferenziert, aber nicht fragmentiert ist. Die Bedeutung journalistischer Medien ist trotz anderer Kommunikationskanäle, die als Alternativmedium dienen können, hoch – ihre Themen und Deutungen werden auch in anderen Öffentlichkeitsarenen verhandelt.

7.7 Diskussion

Ziel des Beitrags war es, ein übergeordnetes theoretisches Modell zur Systematisierung öffentlicher Onlinekommunikation zu entwickeln, und dieses am Fallbeispiel Klimawandel anzuwenden und damit auf seine empirische Anwendbarkeit zu prüfen. Dafür wurde der öffentlichkeitstheoretische Ansatz der Online-Kommunikationsarenen von Schmidt (2013) herangezogen und weiterentwickelt, indem neue Arenen und weitere zentrale öffentlichkeitskonstituierende Dimensionen identifiziert wurden. Ebenfalls wurden Hypothesen zu arenenspezifischen Charakteristika formuliert, und empirisch an Online-Kommunikation zum Klimawandel überprüft. Die Ergebnisse zeigen, dass es tatsächlich Unterschiede je nach Online-Öffentlichkeitsarena gibt. Insbesondere Diskussionsarenen mit niedrigen Zutrittshürden unterscheiden sich von der massenmedialen und Expertenarena: Die Kommunikation dort ist sowohl inhaltlich in Bezug auf Themen und Deutungen als auch in ihrem Ausdruck (etwa hinsichtlich Emotionalität oder Unhöflichkeit) pluraler und diverser und unterliegt in ihrer Aufmerksamkeitsdynamik größeren Schwankungen.

Insgesamt erweist sich das theoretische Modell der Online-Öffentlichkeitsarenen als tragfähig und für empirische Untersuchungen geeignet. Durch die Integration öffentlichkeitskonstituierender Dimensionen vermag das Modell im Gegensatz zu bisherigen Systematisierungen von Onlinekommunikation Unterschiede zwischen verschiedenen Formen von öffentlicher Onlinekommunikation zu identifizieren und zu erklären, ohne dabei auf konkrete Plattformen oder Anwendungen zu fokussieren. Da es sich um ein übergeordnetes Modell handelt, das sich der Online-Kommunikation auf Meso- bzw. Makro-Ebene nähert, gehen allerdings Informationen auf Nutzenden-, Plattform- und Gattungsebene verloren. Bei zahlreichen Fragestellungen stehen diese jedoch auch nicht im Fokus des Erkenntnisinteresses.

Trotzdem – oder gerade deswegen – müssen einige Aspekte des Konzepts kritisch reflektiert werden. Zunächst soll noch einmal festgehalten werden, dass sich das Modell auf *öffentliche* Onlinekommunikation beschränkt, private

Kommunikationsformen werden ausgeblendet. Zudem wurde das Modell der Online-Öffentlichkeitsarenen hier auf politische und wissenschaftliche Themen ausgerichtet. Es wurden also relevante Online-Arenen identifiziert, die sich bei diesen Themen konstituieren. Möglicherweise ergeben sich bei anderen Themenkomplexen aber noch weitere relevante Online-Öffentlichkeiten oder die bisherigen Arenen müssen weiter differenziert werden. Inwieweit das theoretische Modell also generalisierbar ist, sollte anhand weiterer Thematiken untersucht werden – beispielsweise anhand von Lifestyle-Themen, die anders als der Klimawandel dicht am Alltag der Menschen sind und bei denen die journalistischen Medien daher möglicherweise eine andere Bedeutung haben.

Zudem sind die Online-Öffentlichkeitsarenen, wie bereits angesprochen, idealtypisch. In der (Online-)Forschungspraxis gibt es aber nicht nur Reinformen, sondern es kann teilweise nicht trennscharf identifiziert werden, welche Online-Öffentlichkeitsarena sich konstituiert hat. So ist beispielsweise die Kommunikation auf dem Expertenblog „Klimazwiebel" noch relativ leicht unserer Definition einer Expertenarena zuzuordnen, da dort hauptsächlich Wissenschaftlerinnen und Wissenschaftler verschiedener Disziplinen über den Klimawandel diskutieren. Schwieriger fällt die Zuordnung etwa bei dem Expertenblog „Klimalounge", da der Blogbetreiber und Klimawissenschaftler Stephan Rahmstorf häufig mit Laien, d. h. Personen ohne klimawissenschaftlichen, -politischen oder -journalistischen Expertenstatus, interagiert. Es gibt also häufig graduelle Unterschiede und Mischformen, weswegen die Zuordnung zu einer bestimmten Arena herausfordernd ist und intersubjektiv nachvollziehbar dargestellt werden sollte. Gerade am Beispiel der Blogs lässt sich auch eine weitere Schwäche des Konzepts erkennen. So fällt der Kommentarraum von Blogs unserer Meinung nach (zumindest bei unserer Auswahl) in dieselbe Arena wie die Blogbeiträge selbst, während die Userkommentare der journalistischen Beiträge der massenmedialen Arena aufgrund ihrer Charakteristika eine eigene und diskussionsbetonte Arena bilden. Je nach Ausgestaltung und Nutzung der Kommentarräume von Blogs und anderen Online-Angeboten ergeben sich hier jedoch unter Umständen auch nur geringfügige Unterschiede bezüglich Zielsetzung, Kommunikationshürden, Selektions- und Präsentationsregeln etc. Aufgrund dieser mangelnden Trennschärfe entlastet das Online-Arenen-Modell also nicht von begründeten Einzelfallentscheidungen.

Nicht zuletzt ist das Modell nicht abgeschlossen. Aufgrund der rasanten und stetigen Entwicklung neuer Formen von Onlinekommunikation muss es immer wieder neu auf seine Tragfähigkeit geprüft und angepasst werden, bietet aufgrund seiner höheren Abstraktion als beispielsweise der Gattungsbegriff aber ein höheres Potenzial zur Integration neu entstandener Online-Kommunikationsformen.

Seine Anwendbarkeit ist zudem vom Forschungsinteresse und Erkenntnisziel abhängig. Dennoch erweist sich der öffentlichkeitstheoretische Ansatz für viele Fragestellungen als fruchtbarer als die Unterscheidung in Gattungen (wie Blogs, Diskussionsforen etc.), Plattformen oder Endgeräte, deren Eigenschaften und Nutzungsweisen sich kontinuierlich verändern und weiterentwickeln.

Durch unsere Untersuchungen konnten arenenspezifische Unterschiede in Inhalten und Form der Kommunikation beschrieben werden. Zukünftige Forschung sollte darüber hinaus der Frage nachgehen, welche der Dimensionen der jeweiligen Online-Öffentlichkeitsarenen wie bspw. niedrige Zutrittshürden oder Anonymität der Kommunikatoren im Gegensatz zu anderen tatsächlich Unterschiede in Inhalten und Formen der Kommunikation erklären können. Nachdem das Modell bisher nur beleuchtet, inwiefern die Online-Öffentlichkeitsarenen spezifische Inhalte und Formen der Kommunikation bedingen, sollte im nächsten Schritt untersucht werden, ob die Arenen ein spezifisches Wirkungspotenzial entfalten. Dabei sollen die Wirkungen auf individueller Ebene – d. h. auf die kommunizierenden und rein konsumierenden Nutzenden – sowie auf sozialer Ebene, bspw. der Einfluss auf den Verlauf des gesellschaftlichen Diskurses, integriert werden. Hier erscheinen verschiedene Dimensionen wie die Reichweite, Präsentations- und Selektionsregeln sowie Expertise und Zielsetzungen relevant. Ebenfalls sollte tiefergehend geprüft werden, inwieweit die verschiedenen Softwarearchitekturen mit ihren Funktionalitäten (z. B. Veröffentlichen, Annotieren, Teilen) in das Modell integriert werden können.

Literatur

Ashlin, A. & Ladle, R. J. (2006). Environmental Science Adrift in the Blogosphere. *Science* 312(5771), 201. https://doi.org/10.1126/science.1124197

Bonetta, L. (2009). Should You Be Tweeting? *Cell* 139(3), 452–453. doi: http://dx.doi.org/10.1016/j.cell.2009.10.017

Brosius, H.-B. (2013). Neue Medienumgebungen. Theoretische und methodische Herausforderungen. In O. Jandura, A. Fahr & H.-B. Brosius (Hrsg.), *Theorieanpassung in der digitalen Medienwelt* (S. 13–29). Baden-Baden: Nomos Verlagsgesellschaft.

Collins, L. & Nerlich, B. (2015). Examining User Comments for Deliberative Democracy: A Corpus-driven Analysis of the Climate Change Debate Online. *Environmental Communication – A Journal of Nature and Culture* 9(2), 189–207.

De Kraker, J., Kuijs, S., Corvers, R. & Offermans, A. (2014). Internet public opinion on climate change: a world views analysis of online reader comments. *International Journal of Climate Change Strategies and Management* 6(1), 19–33.

Emmer, M., Wolling, J. & Vowe, G. (2012). Changing political communication in Germany: Findings from a longitudinal study on the influence of the internet on political information, discussion and the participation of citizens. *Communications – The European Journal of Communication Research* 37(3), 233–252.

Eurobarometer. (2011). *Special Eurobarometer 364 – Public Awareness and Acceptance of CO_2 capture and storage*. Brüssel: European Commission.

Fraas, C., Meier, S. & Pentzold, C. (2011). *Online-Kommunikation: Grundlagen, Praxisfelder und Methoden*. München: Oldenbourg Wissenschaftsverlag.

Freelon, D. (2015). Discourse architecture, ideology, and democratic norms in online political discussion. *New Media & Society* 17(5), 772–791. https://doi.org/10.1177/1461444813513259

Gavin, N. T. & Marshall, T. (2011). Mediated climate change in Britain: Scepticism on the web and on television around Copenhagen. *Global Environmental Change* 21(3), 1035–1044. doi: http://dx.doi.org/10.1016/j.gloenvcha.2011.03.007

Gerhards, J. & Neidhardt, F. (1990). *Strukturen und Funktionen moderner Öffentlichkeit. Fragestellungen und Ansätze* (WZB Discussion Paper FS III 90–101). Berlin: Wissenschaftszentrum Berlin für Sozialforschung.

Gerhards, J. & Neidhardt, F. (1993). Strukturen und Funktionen moderner Öffentlichkeit. In W. Langenbucher (Hrsg.), *Politische Kommunikation* (S. 52–88). Wien: Braumüller.

Gerhards, J. & Schäfer, M. S. (2010). Is the Internet a better public Sphere? Comparing old and new media in Germany and the US. *New Media and Society* 12(1), 143–160.

Goldberg, G. (2011). Rethinking the public/virtual sphere: The problem with participation. *New Media & Society* 13(5), 739–754. https://doi.org/10.1177/1461444810379862

Haas, A. & Brosius, H.-B. (2011). Interpersonal-öffentliche Kommunikation in Diskussionsforen – Strukturelle Äquivalenz mit der Alltagskommunikation. In J. Wolling, A. Will & C. Schumann (Hrsg.), *Medieninnovationen. Wie Medienentwicklungen die Kommunikation in der Gesellschaft verändern* (S. 103–119). Konstanz: UVK.

Haas, A., Keyling, T. & Brosius, H.-B. (2010). Online-Diskussionsforen als Indikator für interpersonale (Offline-) Kommunikation? Methodische Ansätze und Probleme. In N. Jackob, T. Zerback, O. Jandura und M. Maurer (Hrsg.), *Das Internet als Forschungsinstrument und -gegenstand in der Kommunikationswissenschaft* (S. 246–267). Köln: Herbert Halem.

Habermas, J. (1962). *Strukturwandel der Öffentlichkeit*. Frankfurt a.M.: Suhrkamp Verlag.

Hepp, A. (2013). *Cultures of mediatization*. Cambridge: Polity Press.

Hepp, A. & Hasebrink, U. (2013). Human interaction and communicative figurations. The transformation of mediatized cultures and societies. *Communicative Figurations Working Paper No. 2*.

Hoppe, I., Lörcher, I., Neverla, I. & Kießling, B. (2018). Gespräch zwischen vielen oder Monologe von einzelnen? Das Konzept „Interaktivität" und seine Eignung für die inhaltsanalytische Erfassung der Komplexität von Online-Kommentaren. In C. Pentzold & C. Katzenbach (Hrsg.), Neue Komplexitäten für Kommunikationsforschung und Medienanalyse: Analytische Zugänge und empirische Studien (S.236). Reihe: *Digital Communication Research* 4, (S. 207–233).

Jaspal, R., Nerlich, B. & Koteyko, N. (2013). Contesting science by appealing to its norms: readers discuss climate science in the daily mail. *Science Communication* 35(3), 383–410. https://doi.org/10.1177/1075547012459274

Klaus, E. & Drüeke, R. (2012). Öffentlichkeit in Bewegung? In T. Maier, M. Thiele & C. Linke (Hrsg.), *Medien, Öffentlichkeit und Geschlecht in Bewegung* (S. 51–70). Bielefeld: transcript.

Koteyko, N. (2010). Mining the internet for linguistic and social data: An analysis of 'carbon compounds' in Web feeds. *Discourse & Society* 21(6), 655–674. https://doi.org/10.1177/0957926510381220

Koteyko, N., Jaspal, R. & Nerlich, B. (2012). Climate change and 'climategate' in online reader comments: a mixed methods study. *The Geographical Journal* 179(1), 74–86. https://doi.org/10.1111/j.1475-4959.2012.00479.x

Koteyko, N., Thelwall, M. & Nerlich, B. (2010). From carbon markets to carbon morality: creative compounds as framing devices in online discourses on climate change mitigation. *Science Communication* 32(1), 25–54. https://doi.org/10.1177/1075547009340421

Kriesi, H. (2003). Strategische politische Kommunikation: Bedingungen und Chancen der Mobilisierung öffentlicher Meinung im internationalen Vergleich. In F. Esser & B. Pfetsch (Hrsg.), *Politische Kommunikation im internationalen Vergleich. Grundlagen, Anwendungen, Perspektiven* (S. 208–239). Wiesbaden: Westdeutscher Verlag.

Ladle, R. J., Jepson, P. & Whittaker, R. J. (2005). Scientists and the media: the struggle for legitimacy in climate change and conservation science. *Interdisciplinary Science Reviews* 30(3), 231–240.

Lockwood, A. (2008). Seeding doubt: how sceptics use new media to delay action on climate change. Vortrag: Association for Journalism Education (AJE) Annual Conference 'New Media, New Democracy.

Lörcher, I. & Kießling, B. (2016). Hitziges Klima oder abgekühlte Debatte? Bei welchen Themen und Akteuren die Klimawandelkommunikation online emotional verläuft. Vortrag: Jahrestagung der Fachgruppen „Kommunikation und Politik" der DGPuK, des Arbeitskreises „Politik und Kommunikation" der DVPW und der Fachgruppe „Politische Kommunikation" der Schweizerischen Gesellschaft für Kommunikations- und Medienwissenschaft (SGKM), München.

Lörcher, I. & Neverla, I. (2015). The Dynamics of Issue Attention in Online Communication on Climate Change. *Media and Communication* 3(1), 17–33. https://doi.org/10.17645/mac.v3i1.253

Lörcher, I. & Taddicken, M. (2015). „Let's talk about... CO2-Fußabdruck oder Klimawissenschaft?" Themen und ihre Bewertungen in der Onlinekommunikation in verschiedenen Öffentlichkeitsarenen. In M. S. Schäfer, S. Kristiansen & H. Bonfadelli (Hrsg.), *Wissenschaftskommunikation im Wandel* (S. 258–286). Köln: Herbert von Halem.

Lörcher, I. & Taddicken, M. (2017). Discussing climate change online. Topics and perceptions in online climate change communication in different online public arenas. *Journal of Science Communication* 16(2), A03.

Luhmann, N. (1975). Einfache Sozialsysteme. In N. Luhmann (Hrsg.), *Soziologische Aufklärung* (S. 21–38). Opladen: Westdeutscher Verlag.

Maletzke, G. (1963). *Psychologie der Massenkommunikation. Theorie und Systematik.* Hamburg: Verlag Hans-Bredow-Institut.

Neidhardt, F. (1994). Öffentlichkeit, öffentliche Meinung, soziale Bewegungen. In F. Neidhardt & M.R. Lepsius (Hrsg.), *Öffentlichkeit, öffentliche Meinung, soziale Bewegungen* (Vol. 34, S. 7–41). Opladen: Westdeutscher Verlag.

Newman, T. P. (2016). Tracking the release of IPCC AR5 on Twitter: Users, comments, and sources following the release of the Working Group I Summary for Policymakers. *Public Understanding of Science* 26(6), 815–825. https://doi.org/10.1177/0963662516628477

Nisbet, M. C. & Huge, M. (2006). Attention cycles and frames in the plant biotechnology debate: managing power and participation through the press/policy connection. *The Harvard International Journal of Press/Politics* 11(2), 3–40.

O'Neill, S., Williams, H. T. P., Kurz, T., Wiersma, B. & Boykoff, M. (2015). Dominant frames in legacy and social media coverage of the IPCC Fifth Assessment Report. *Nature Climate Change* 5(4), 380–385. https://doi.org/10.1038/nclimate2535

O'Neill, S. & Boykoff, M. (2011). The role of new media in engaging the public with climate change. In L. Whitmarsh, I. Lorenzoni & S. O'Neill (Hrsg.), *Engaging the Public With Climate Change: Behaviour Change and Communication* (S. 236–250): Routledge.

O'Sullivan, P. (2003). Masspersonal communication: An integrative model bridging the mass-interpersonal divide. Vortrag: International Communication Association's annual conference. San Diego.

Papacharissi, Z. (2002). The virtual sphere: The internet as a public sphere. *New Media & Society* 4(1), 9–27. https://doi.org/10.1177/14614440222226244

Papacharissi, Z. (2004). Democracy online: civility, politeness, and the democratic potential of online political discussion groups. *New Media & Society* 6(2), 259–283. https://doi.org/10.1177/1461444804041444

Pearce, W., Holmberg, K., Hellsten, I. & Nerlich, B. (2014). Climate change on twitter: topics, communities and conversations about the 2013 IPCC working group 1 report. *PLOS ONE* 9(4), 1–11.

PEW, R. C. (2011a). Angry Bloggers Ask, 'Where's the Money?' PEJ New Media Index (Vol. June 13–17).

PEW, R. C. (2011b). Japan and Global Warming Top the Bloggers' Agenda. *PEJ New Media Index* (Vol. April 4–8).

PEW, R. C. (2011c). Social Media Users Debate a Tea Party Favorite. *PEJ New Media Index* (Vol. June 27).

PEW, R. C. (2012). Bloggers Debate Global Warming and Scientific Ethics. *PEJ New Media Index* (Vol. February 20–24).

Porter, A. J. & Hellsten, I. (2014). Investigating participatory dynamics through social media using a multideterminant "frame" approach: the case of climategate on You-Tube. *Journal of Computer-Mediated Communication* 19(4), 1024–1041. https://doi.org/10.1111/jcc4.12065

Robelia, B. A., Greenhow, C. & Burton, L. (2011). Environmental learning in online social networks: adopting environmentally responsible behaviors. *Environmental Education Research* 17(4), 553–575. https://doi.org/10.1080/13504622.2011.565118

Schäfer, M. S. (2012). Online communication on climate change and climate politics: a literature review. *Wiley Interdisciplinary Reviews: Climate Change* 3(6), 527–543. https://doi.org/10.1002/wcc.191

Scheloske, M. (2012). Bloggende Wissenschaftler – Pioniere der Wissenschaftskommunikation 2.0. In B. Dernbach, C. Kleinert & H. Münder (Hrsg.), *Handbuch Wissenschaftskommunikation* (S. 267–274). Wiesbaden: VS Verlag für Sozialwissenschaften.

Schmidt, J.-H. (2013). Onlinebasierte Öffentlichkeiten: Praktiken, Arenen und Strukturen. In C. Fraas, S. Meier & C. Pentzold (Hrsg.), *Online-Diskurse. Theorien und Methoden transmedialer Online-Diskursforschung* (S. 35–56). Köln: Herbert von Halem Verlag.

Sharman, A. (2014). Mapping the climate sceptical blogosphere. *Global Environmental Change* 26, 159–170. doi: http://dx.doi.org/10.1016/j.gloenvcha.2014.03.003

Synovate (2010). *Climate Change Global Study 2010 Deutsche Welle Global Media Forum.* Bonn: Deutsche Welle Global Media Forum.

Taddicken, M. (2013). Climate change from the user's perspective: The impact of mass media and internet use and individual and moderating variables on knowledge and attitudes. *Journal of Media Psychology: Theories, Methods, and Applications* 25(1), 39–52. https://doi.org/10.1027/1864-1105/a000080

Taddicken, M. & Schmidt, J.-H. (2016). Entwicklung und Verbreitung sozialer Medien. In J.-H. Schmidt & M. Taddicken (Hrsg.), *Handbuch Soziale Medien* (S. 1–20). Wiesbaden: Springer Fachmedien Wiesbaden.

Tereick, J. (2011). YouTube als Diskurs-Plattform. Herausforderungen an die Diskurslinguistik am Beispiel ‚Klimawandel'. In J. Schumacher & A. Stuhlmann (Hrsg.), *Videoportale: Broadcast Yourself? Versprechen und Enttäuschung* (S. 59–68). Hamburg: IMK.

Trench, B. (2012). Scientists' blogs. In S. Rödder, M. Franzen & P. Weingart (Hrsg.), *The Sciences' Media Connection–Public Communication and Its Repercussions* (S. 273–289). Dordrecht: Springer.

Wilkinson, C. & Weitkamp, E. (2013). A Case Study in Serendipity. *PLOS ONE* 8(12), e84339. https://doi.org/10.1371/journal.pone.0084339

Zhao, X. (2009). Media use and global warming perceptions – A snapshot of the reinforcing spirals. *Communication Research* 36(5), 698–723.

Und die Welt schaut (wieder) hin? Agenda-Setting-Effekte klimabezogener Ereignisse in zwei Online-Öffentlichkeitsarenen

Imke Hoppe, Ines Lörcher und Bastian Kießling

Zusammenfassung

Die UN-Klimakonferenzen (COP) sowie die Bekanntgabe der IPCC-Reports motivieren einen Großteil der Berichterstattung über den Klimawandel. Doch was folgt daraus – erreicht das Thema Klimawandel die Menschen? Vor dem theoretischen Hintergrund des Agenda Settings (i. S. von Salience) untersucht dieser Artikel die Themensetzungsfunktion der beiden Ereignisse, und zwar innerhalb von zwei Online-Öffentlichkeitsarenen (Spiegel Online und Welt Online). Konkret wird untersucht, ob eine höhere Anzahl journalistischer Artikel (insgesamt: n = 116) dazu führt, dass die User die erschienenen Artikel häufiger kommentieren (Online-Kommentare: n = 12.160). Die Ergebnisse zeigen für IPCC (AR5) sowie die COP 19 unterschiedliche Effekte. Anlässlich der IPCC-Berichterstattung (AR5) beteiligten sich durchschnittlich mehr User pro Artikel und kommentierten einen Artikel häufiger, als sie es für Artikel über die UN-Klimakonferenz (COP 19) taten. In diesem Sinne rief der

I. Hoppe (✉) · I. Lörcher
Journalistik und Kommunikationswissenschaft, Universität Hamburg,
Hamburg, Deutschland
E-Mail: Imke.Hoppe@uni-hamburg.de

I. Lörcher
E-Mail: ines.loercher@uni-hamburg.de

B. Kießling
Fakultät Design, Medien und Information, HAW Hamburg, Hamburg, Deutschland
E-Mail: Bastian.Kiessling@haw-hamburg.de

© Springer Fachmedien Wiesbaden GmbH, ein Teil von Springer Nature 2019
I. Neverla et al. (Hrsg.), *Klimawandel im Kopf*,
https://doi.org/10.1007/978-3-658-22145-4_8

IPCC-Bericht 2013 eine verhältnismäßig höhere Themenwichtigkeit (i. S. von Salienz) bei den untersuchten Online-Publika hervor als die COP 19. Dieser Befund zeigt folglich, dass es nicht nur die Medienberichterstattung als solche ist, die einen Themensetzungseffekt bewirken kann, sondern dass das Ereignis selbst ein spezifisches Agenda-Setting Potenzial mitbringt.

8.1   Einleitung

Eines der prominentesten kommunikationswissenschaftlichen Theoriekonzepte zur Medienwirkung auf das Publikum ist das „Agenda-Setting". Zahlreiche empirische Ergebnisse zeigen, dass die Medienagenda ganz wesentlich darüber entscheidet, welche Themen gesellschaftlich als relevant bewertet werden, das heißt einen hohen Rangplatz auf der Publikumsagenda einnehmen (bspw. Hasebrink 2006; Holbach und Maurer 2014a). Wie es dazu kommt, dass ein Thema auf der Medienagenda präsent ist, wird unter dem Begriff des „Agenda Buildings" (und/oder „Intermedia-Agenda-Setting") untersucht. Im Fall des Klimawandels triggern insbesondere zwei Ereignisse die Medienaufmerksamkeit, wie international vergleichende Inhaltsanalysen gezeigt haben (Schäfer et al. 2014). Das sind einerseits die Sachstandsberichte des IPCC (Intergovernmental Panel on Climate Change) und andererseits die UN-Klimakonferenzen (Conference of the Parties, COP). Wenn der IPCC („Weltklimarat") alle fünf bis sieben Jahre den aktuellen Erkenntnisstand der Klimaforschung in seinem Report veröffentlicht, berichten Medien auf der gesamten Welt darüber (Painter 2013). Die jährlich stattfindenden COP-Klimakonferenzen dienen dem politischen Ziel, CO_2-Emissionsziele zwischen den UN-Staaten zu verhandeln, und sind ebenso hochgradig mediatisierte Ereignisse (Wozniak et al. 2014).

Doch während die Bedeutung dieser beiden Ereignisse für das Agenda Building der Massenmedien im kommunikationswissenschaftlichen Forschungsstand (Painter 2013; Schäfer 2012; Schäfer et al. 2014, 2014; Wozniak et al. 2014; Wozniak et al. 2016) untersucht wurde, ist bisher offen, ob sich damit auch gleichermaßen ein Themensetzungs-Effekt beim Publikum ergibt. Auch ist in der Agenda-Setting-Forschung insgesamt bisher erst anhand weniger, herausragender Schlüsselereignisse (wie z. B. der Nuklearkatastrophe in Fukushima) untersucht worden, welchen Agenda-Setting-Effekt Einzelereignisse auf das Publikum haben (Craft und Wanta 2004; Maurer 2010). Gelangen manche Ereignisse eher auf die

Publikumsagenda als andere, selbst wenn sie auf der Medienagenda verhältnismäßig weniger Beachtung erfahren?

Im vorangegangenen Kapitel zu „Online-Öffentlichkeiten in der Klimakommunikation" ist deutlich geworden, dass es insbesondere für Online-Medien nicht „das" (eine) Publikum gibt, sondern viele teils sehr heterogene Publika (McCombs 2005). Inhalte können individuell ausgewählt werden und darüber hinaus kann das „Publikum" selbst zum Kommunikator im öffentlichen Diskurs werden. Agenda-Setting-Effekte von Einzelereignissen zu untersuchen ist deswegen gerade für den Bereich der Onlinekommunikation eine spannende Herausforderung.

In diesem Kapitel werden unsere Befunde dazu vorgestellt, wie das stärker wissenschaftlich geprägte Ereignis IPCC und das stärker politisch geprägte Ereignis COP 19 auf die Themenagenda von Online-Publika wirkt – wobei es hier nicht nur um die „Stärke" des Einflusses geht, sondern insbesondere um die jeweils ereignisspezifischen Aufmerksamkeitsdynamiken (Lörcher und Neverla 2015). Damit wird sowohl ein Desiderat in der Agenda-Forschung allgemein bearbeitet als auch eine Wissenslücke in der Forschung zu onlinebezogener Klimakommunikation. Entsprechend dem in Kap. 7 vorgestellten Arenen-Modell werden wir dazu zwei aufs engste miteinander verknüpfte Arenen öffentlicher Kommunikation in der Nahaufnahme betrachten: zum einen die massenmediale Arena, in der journalistische Artikel veröffentlicht werden (Medienagenda), und zum anderen die massenmedial-induzierte Diskussionsarena mit den dazugehörigen User-Kommentaren (im Sinne einer Online-„Publikumsagenda"). Als User-Kommentar verstehen wir dabei jeden einzelnen öffentlich zugänglichen Beitrag, der in einem Leserforum von journalistischen Online-Nachrichten erscheint. Zunächst wird jedoch der Forschungsstand zu Agenda-Setting-Effekten in Online-Diskursen allgemein vorgestellt und diskutiert.

8.2 Agenda-Setting in Online-Öffentlichkeitsarenen

Klassisch werden nach Shaw und McCombs (1977) drei Formen von Agenda-Setting unterschieden: Das (1) Awareness-Modell untersucht, inwieweit das Publikum durch die Medienagenda auf Themen aufmerksam wird. Das (2) Salience-Modell untersucht, ob die Wichtigkeit, die einem Thema auf der Medienagenda zugewiesen wird, sich darin niederschlägt, wie wichtig das Thema vom Publikum wahrgenommen wird. Das (3) Priorities-Modell betrachtet schließlich, ob

die Themen-Rangfolge der Medienagenda die Themenrangfolge der Publikumsagenda beeinflusst. Bei der Anwendung des traditionellen Agenda-Setting-An-
satzes auf die digitale Kommunikation gilt es jedoch einige grundsätzliche und
strukturelle Veränderungen zu bedenken, sodass deutlich wird, dass diese Modelle
nicht ohne eine jeweils passende Adaptionsstrategie angewandt werden können.

Ein erster, wichtiger Unterschied zur klassischen und massenmedialen
Kommunikationssituation ist, dass sich in der Onlinewelt die Rollen von Kom-
mentierenden und Rezipierenden dynamisch abwechseln. So sind Medienagenda und Publikumsagenda oft nicht mehr leicht zu unterscheiden, denn
neben den journalistischen Medien können potenziell auch ihre Rezipierenden
eine eigenständige Themenagenda setzen, indem sie öffentlich kommunizieren, beispielsweise auf Blogs oder in sozialen Netzwerkplattformen. Empirische
Studienzeigen, dass es in Online-Medien komplexe wechselseitige Agenda-Setting-Effekte zwischen journalistischen Medien und Blogs (bspw. Cornfield et al.
2005; Lee 2007; Wallsten 2007) und Social Media gibt (Russell Neuman et al.
2014). Russell Neuman et al. (2014) zeigen beispielsweise, dass es hier eine ganz
eigene Aufmerksamkeitslogik und teils autonome Themensetzungen gibt. So werden sozial bedeutsame Themen wie Abtreibung, gleichgeschlechtliche Ehe etc.
umfassender diskutiert. Allerdings beeinflussen insgesamt betrachtet die journalistischen Medien nach wie vor häufiger die Agenda anderer Online-Medien als
umgekehrt (Russell Neuman et al. 2014). Auf Basis des Forschungsstandes kann
dennoch nicht davon ausgegangen werden, dass alle Themen in den Online-Nachrichten gleichermaßen mittels eines bestimmten Formats (wie der Tagesschau) ihr
Publikum erreichen, denn die selektive und individualisierte Mediennutzung ist
im Online-Bereich wesentlich stärker ausgeprägt. Als Folge finden Diskussionen
um politisches oder wissenschaftliches Geschehen in ganz unterschiedlichen
Online-Arenen statt, sodass als weitreichende Konsequenz stark fragmentierte
Öffentlichkeiten entstehen können (Sunstein 2001). Ein zweiter Unterschied im
Vergleich zu den Grundbedingungen des Agenda Settings in den klassischen
Massenmedien ist folglich, dass journalistische Online-Nachrichten individueller
ausgewählt werden.

Ob es Agenda-Setting-Effekte auch in der Online-Kommunikation über den
Klimawandel gibt, wurde bisher noch nicht explizit untersucht. Allerdings gibt
es einige Studien, die die Fragmentierung öffentlicher Klimakommunikation auf
Twitter untersucht haben. Die Ergebnisse sind dabei widersprüchlich. Sowohl
Williams et al. (2015) als auch Pearce et al. (2014) fanden einen eher fragmen-
tierten Twitter-Diskurs mit mehreren homogenen Communitys, in denen nur die

eigenen politischen Interessen widergespiegelt werden und keine Informationen außerhalb des eigenen Themenfokus eindringen. Communitys, in denen konträre Einstellungen diskutiert wurden, gab es hingegen nur wenige. Andere Twitter-Studien zum Klimawandeldiskurs ergaben, dass journalistische Massenmedien die meisten Retweets generieren (Kirilenko und Stepchenkova 2014), der wichtigste Auslöser für Tweets sind, am meisten verlinkt werden (Kirilenko und Stepchenkova 2014) und die wichtigste Quelle für Tweets sind (Newman 2016; Veltri und Atanasova 2015; Taddicken et al. in diesem Band, Kap. 9). Insofern kann gefolgert werden, dass journalistische Massenmedien zumindest im Klimawandeldiskurs auf Twitter einen Agenda-Setting-Effekt haben, selbst wenn sich homogene User-Communitys herausbilden.

Zwei Studien (Lörcher und Neverla 2015), die im Rahmen der Online-Inhaltsanalyse aus KlimaRez durchgeführt wurden (siehe Kap. 7), geben weitere Hinweise auf Agenda-Setting-Effekte in Online-Umgebungen. In diesen Studien wird nicht nur eine einzelne Plattform wie Twitter fokussiert, sondern es werden verschiedene Online-Öffentlichkeitsarenen (massenmediale Arena, Expertenarena, Diskussionsarena, massenmedial-induzierte Diskussionsarena; für eine ausführliche Darstellung siehe Kap. 7) zum Klimawandel untersucht, darunter Kommunikation in journalistischen Online-Nachrichten, dazugehörigen LeserInnen-Kommentaren, Expertenblogs, Diskussionsforen und einer Facebook-Gruppe. Die Studie von Lörcher und Taddicken 2015 zeigt, dass die Themen und Bewertungen des Klimawandels in den verschiedenen Online-Öffentlichkeitsarenen überlappen; zumindest teilweise finden sich also dieselben Themen und Deutungsmuster auf den Agenden der Öffentlichkeitsarenen. Die Studie von Lörcher und Neverla (2015) untersucht die Aufmerksamkeitsdynamiken im Zuge dieser beiden Ereignisse in den unterschiedlichen Online-Öffentlichkeitsarenen. Die Ergebnisse zeigen, dass COP19 in allen untersuchten Arenen insgesamt mehr Aufmerksamkeit erhält und es weniger extreme Aufmerksamkeitspeaks gibt als während der Veröffentlichung des IPCC-Berichts. Offen ist jedoch, ob und inwiefern es zu Agenda-Setting-Effekten kommt.

Der vorliegende Beitrag legt den Fokus daher auf Agenda-Setting-Prozesse zwischen der Agenda journalistischer Online-Nachrichten und der Agenda ihres „Publikums". Als Publikumsagenda werden dabei die dazugehörigen User-Kommentare im Leserforum verstanden. Im nächsten Schritt wird dafür zunächst diskutiert, inwiefern Online-Kommentare als Indikatoren für die Publikumsagenda herangezogen werden können.

8.3   Online-Kommentare als Indikatoren für die Publikumsagenda?

In der Tradition der Agenda-Setting-Forschung stand lange die Verknüpfung von Inhaltsanalysen und Befragungsdaten auf Aggregatdatenebene im Vordergrund: Mit der Inhaltsanalyse wird die Medienagenda gemessen, mit der Befragung die Publikumsagenda (Schweiger und Fahr 2013). Seit der Verbreitung von digitaler Kommunikation sowie ihrer Analyse werden vermehrt digitale Indikatoren genutzt, um die Publikumsagenda zu untersuchen. In den folgenden Abschnitten erörtern wir, inwiefern diese digitalen Indikatoren auch für unser Forschungsinteresse hilfreich sein können, um die Publikumsagenda zu messen.

Ein Grund, User-Kommentare oder andere digitale Spuren zu nutzen, ist sicherlich deren schlichte Präsenz und Verfügbarkeit. Ebenso sind sie ein interessanter Indikator, weil sie die direkte Beobachtung von Kommunikationsprozessen ermöglichen, ohne reaktiv zu sein. Hinzu kommt, dass man für die Realisierung von Befragungen der jeweiligen Online-Publika zunächst einmal an eine ausreichend große Anzahl an Online-Usern für den betreffenden Untersuchungszeitraum herankommen müsste. Neben eines schwierigen Feldzugangs wäre man hier außerdem mit den typischen Problemen des Online-Samplings (Taddicken 2008; Welker 2014) konfrontiert. So gibt es beispielsweise keine vollständige Liste aller Online-User eines zu untersuchenden Mediums, aus der heraus das Ziehen einer Zufallsstichprobe möglich wäre. Die Herstellung einer repräsentativen Stichprobe wäre insgesamt wohl kaum zu gewährleisten.

Doch worüber genau können Online-Kommentare Aufschluss geben? Kommentieren Online-Zeitungsleser einen Beitrag, kann vorausgesetzt werden, dass sie dem Thema Aufmerksamkeit schenken (Awareness-Modell) und es darüber hinaus wichtig finden (Salience-Modell), denn ein Kommentar erfordert ein gewisses Engagement (ebenso wie z. B. Tweets oder blog posts, Neumann et al., 2016). Fraglich ist jedoch, wie eindeutig dieser Indikator für die Themenwichtigkeit ist: wird über die Kommentarhäufigkeit tatsächlich die Themenwichtigkeit gemessen, und nicht das eng verwandte Konstrukt des Themeninteresses? Eine ähnliche Problematik geht mit der Verwendung der Häufigkeit von Suchanfragen (z. B. über Google) als Indikator für die Publikumsagenda einher (Vogelgesang und Scharkow 2011; Holbach und Maurer 2014b). Andererseits begleitet diese Überschneidung zwischen Themenaufmerksamkeit, -interesse und -wichtigkeit die Agenda-Setting-Forschung auch methodisch seit ihrem Beginn (Rössler 1997) und nicht erst seit der Anwendung auf den Bereich der digitalen Kommunikation, denn auch für Befragungen gilt diese Unschärfe. Fragt man Menschen, wie wichtig sie ein Thema finden, gibt ihre Antwort möglicherweise sehr viel stärker auch Aufschluss über ihr Interesse an einem Thema. Vogelgesang und Scharkow (2011) schlagen deswegen beispielsweise vor, hier theoretisch nochmals genauer zu verorten, in welchem zeitlichen Ablauf diese Teilprozesse des Agenda-Settings stattfinden. Herauszustellen ist auch, dass „Themenwichtigkeit" – gerade wenn sie über die Kommentarhäufigkeit gemessen wird – nicht bedeutet, dass Menschen das Thema als ein wichtiges gesellschaftliches Problem verstehen. Im Gegenteil, gerade Klimaskeptiker werden das Thema in dem Sinne wichtig finden, als dass sie es wichtig finden ihre eigene und vom allgemeinen Medientenor abweichende Meinung auszudrücken (und andere von dieser Meinung zu überzeugen). Der Indikator „Kommentarhäufigkeit" zur Messung der Publikumsagenda bringt eine weitere methodische Einschränkung mit, und zwar in Bezug auf die Übertragbarkeit der Ergebnisse auf die größere Gruppe der Online-User des jeweiligen Medienangebotes insgesamt: Nur eine verhältnismäßig kleine Minderheit der Leserinnen und Leser von Online-Medien schreibt auch selbst Kommentare (Birch und Weitkamp 2010; Richardson und Stanyer 2011; Slavtcheva-Petkova 2015) und drückt die Themenwichtigkeit auf diese Weise aus. Deswegen kann nicht davon ausgegangen werden, dass diese aktiven Online-Kommentierenden repräsentativ für alle Online-User eines Medienangebotes sind. Sie sind dennoch ein wichtiger Teil des Online-Publikums, denn sie beeinflussen mit ihrer Position wiederum die Wahrnehmung des Themas (Anderson et al. 2013) und die der öffentlichen Meinung (Lee und Jang 2010). Deswegen liegt auch ein Schwerpunkt kommunikationswissenschaftlicher Forschung insgesamt auf dieser Gruppe (Ziegele und Quiring 2013).

Weiterhin gilt zu bedenken, dass ein Teil der Online-User auch aus Routine oder Gewohnheit kommentiert – und so beispielsweise eine prominente Platzierung viel eher dazu führt, dass Artikel von routinierten „Gewohnheitsusern" kommentiert werden, und nicht, weil User das Thema selbst wichtig finden. Ein weiterer Einflussfaktor auf die Kommentarhäufigkeit ist die Platzierung eines Artikels auf dem jeweiligen Medienangebot.

Als letzter Punkt einer kritischen Methodenreflexion soll hier angeführt werden, dass Online-Diskussionen auch durch andere Faktoren befeuert werden als durch die wahrgenommene Wichtigkeit eines Themas. Neben unterschiedlichen Faktoren wie der Platzierung eines Artikels hängt der Umfang, in dem sich User an einer Diskussion beteiligen, auch davon ab, wie hoch der „Diskussionswert" der anderen Kommentare ist – also wie „spannend" die Online-Diskussion insgesamt verläuft. Ziegele et al. (2014) zeigen, dass dabei jene Kommentare andere User zum Kommentieren anregen, die bestimmte Nachrichtenwerte

(„discussion values") – wie Konfliktbezug, Verständlichkeit, Negativität oder Personalisierung – aufweisen. Nicht zuletzt ist auch die Softwarearchitektur des Online-Nachrichtenmediums zu bedenken (siehe dazu auch Kap. 7), die die Menge und Art der Kommunikation durch eine redaktionelle Zensur oder den Grad der Anonymität der User beeinflussen können. Dennoch: Auch wenn diese Motivationslage hinzukommt, ist davon auszugehen, dass die an der Diskussion beteiligten User dieses Thema wichtig finden. Um einen zweiten Indikator hinzuzuziehen, der den Einfluss der diskussionsimmanenten Faktoren stärker minimiert, werden wir nicht nur betrachten, wie viele Kommentare zu einem Artikel verfasst wurden, sondern auch, wie viele Personen sich an den Online-Diskussionen beteiligten. So kann besser kontrolliert werden, ob sich möglicherweise nur einige wenige User in einer Diskussion verstrickt haben.

Insgesamt ist festzuhalten, dass wir anhand der User-Kommentare das Salience-Modell prüfen, das annimmt, dass die Themenwichtigkeit der Medienagenda sich auch auf die Themenwichtigkeit bei den Online-Usern durchschlägt. Verglichen wird dabei die Wirkung der beiden klimapolitischen Ereignisse IPCC und COP im Jahr 2013. Um die Themenwichtigkeit in der Online-Publikumsagenda zu messen, nutzen wir zwei Indikatoren: erstens die *Anzahl der Kommentare,* die sich insgesamt auf *einen* journalistischen Artikel beziehen, sowie zweitens die *Anzahl an Online-Usern,* die einen journalistischen Artikel diskutieren. Diese Variablen ergeben sich aus der Vollerhebung von Online-Artikeln und den dazugehörigen Kommentaren, die mithilfe einer Software gespeichert wurden (siehe dazu bspw. Lörcher & Neverla, 2015).

8.4   Gegenstand der Analyse: die Ereignisse „IPCC-Bericht AR 5" und die „COP-19" im Jahr 2013

Mit den beiden Zentralgestirnen IPCC und die UN-Klimakonferenzen (COP) liegen zwei verschiedenartige Ereignisse vor, die im gleichen Themenfeld liegen – dem Klimawandel. Beide Ereignisse unterscheiden sich vor allem durch ihre inhaltlichen Zielsetzung: Im IPCC-Report geht es um die Synthese und Bewertung des klimawissenschaftlichen Forschungsstandes (Hulme 2009; IPCC 2014b). Bei dem Ereignis selbst geht es dann um die Veröffentlichung dieses Reports sowie noch vordringlicher um den „Summary for Policymakers" – also um die Zusammenfassung des Forschungsstandes für politische Entscheidungsträger, dessen exakter Wortlaut dann von allen beteiligten Ländern Zeile für Zeile ausgehandelt und abschließend verabschiedet wird. In den COP-Konferenzen geht es hingegen um die politischen Konsequenzen aus den wissenschaftlichen Erkenntnissen zum anthropogenen Klimawandel, dessen Ursachen sowie Folgen. Beide Ereignisse finden in unterschiedlicher Frequenz statt. Die IPCC-Reports werden deutlich seltener, nämlich alle fünf bis sieben Jahre veröffentlicht, während die COP jährlich stattfinden. Allerdings muss bedacht werden, dass die Teilberichte der drei Arbeitsgruppen des IPCC (WG I, WG II und WG III), der Synthesis Report sowie die Special Reports (z. B. zum aktuell beschlossenen „1.5-Grad-Ziel") gestaffelt bekannt gegeben werden, sodass zwischen der Veröffentlichung der Teilberichte nur einige Monate liegen können.

Neben der für beide Ereignisse charakteristischen Interaktion zwischen Klimawissenschaft und Politik verbindet IPCC und COP, dass die daran beteiligten Länder im Wesentlichen den United Nations (UN) angehören, die Ereignisse an wechselnden Veranstaltungsorten der UN-Mitgliedsländer stattfinden, zahlreiche Medienvertreter präsent sind und diverse öffentlichkeitsbezogene Veranstaltungen (wie Pressekonferenzen) durchgeführt werden. Wozniak et al. (2014) diagnostizieren dazu, dass es sich bei den COP um Ereignisse handelt, die zumindest kurzfristig eine globale („transnationale") Öffentlichkeit herstellen können; das ist ebenso für die Veröffentlichung des IPCC anzunehmen. Beide Ereignisse sind für die breite Öffentlichkeit nicht direkt zugänglich, sondern werden über Medien vermittelt. Die Medienagenda hat daher vermutlich eher einen Effekt auf die Publikumsagenda als andere Ereignisse (Meraz 2009) zum Thema Klimawissenschaften, die vom Publikum direkt erfahrbar sind – bspw. populärwissenschaftliche Veranstaltungen wie Science Slams, Podiumsdiskussionen etc. Tab. 8.1 zeigt im Überblick, wie die beiden Ereignisse charakterisiert werden können, und zwar im Hinblick auf deren Unterschiede sowie Gemeinsamkeiten.

Der zurzeit aktuellste IPCC-Bericht ist – neben den Sonderberichten – der fünfte Sachstandsbericht, der sogenannte „AR5" („Assessment Report 5"), der 2013 veröffentlicht wurde. Der Bericht der Arbeitsgruppe WG I („The Physical Science Basis") beschäftigt sich mit den naturwissenschaftlichen Grundlagen des Klimawandels, seinen Ursachen und aktuellen Entwicklungen (IPCC 2014a). Dieser Report gilt bislang als Herzstück der IPCC-Berichte, dem die größte Medienaufmerksamkeit zuteil wird. Das von uns betrachtete Ereignis beginnt mit dem Treffen der Arbeitsgruppe WGI vom 23.09.–27.09.2013, bei dem sich eine Delegation der am Bericht beteiligten Wissenschaftler mit den politischen Vertretern der beteiligten Länder in Stockholm getroffen haben, um die „Summary for Policymakers" auszuhandeln und der Weltöffentlichkeit den aktuellen Bericht der Arbeitsgruppe I (WGI) vorzustellen. Im Vorfeld des Treffens in Stockholm wurde eine von Klimaskeptikern sowie von den Erdöl fördernden Staaten befeuerte Debatte begonnen,

Tab. 8.1 Unterschiede und Gemeinsamkeiten zwischen den Medienereignissen IPCC und COP

Charakteristikum	Veröffentlichung des IPCC-Reports	UN Weltklimakonferenz
Unterschiede		
Frequenz	• Alle fünf bis sieben Jahre • Gestaffelte Veröffentlichung der Reports der Arbeitsgruppen WG I, WG II, WG III sowie des dazugehörigen Syntheseberichts und des Summary Report for Policymakers (SPM); Sonderberichte	• Jährlich
Zielsetzung	• Verabschiedung von klimawissenschaftlichen Entwicklungen und Verabschiedung des Summary for Policymakers (SPM)	• Vereinbarung zur Begrenzung von CO_2-Emissionen („1,5 Grad-Ziel/Grenze") • Selbstverpflichtung der Vertragsstaaten zur CO_2-Reduktion
Gemeinsamkeiten		
Themenfeld	• Klimawandel	• Klimawandel
Veranstaltungsort	• wechselnd	• wechselnd
Beteiligte Länder	• Mitgliedsstaaten aus der UN sowie der WMO (World Meteorological Organization)	• Vertragsstaaten aus der UN-Klimarahmenkonvention sowie des Kyoto-Protokolls
Beteiligung der medialen Öffentlichkeit	• hochgradig mediatisiert	• hochgradig mediatisiert
Beteiligte, gesellschaftliche Bereiche	• Interaktion zwischen Politik und Wissenschaft für das Scoping (Themensetzung)	• Verschiedene nationale und internationale politische Organisationen, ebenso: wissenschaftliche Organisationen (wie der IPCC)

Quelle: Eigene Darstellung

die sich um den Umgang des IPCC mit dem sogenannten „Hiatus" („Klimapause") drehte (Medhaug et al. 2017). Der Begriff „Hiatus" wird häufig von Klimaskeptikern verwendet und bezeichnet die Beobachtung, dass über einen Zeitraum von ca. 15 Jahren (bis 2013/14) der von den Klimamodellen projizierte Anstieg der globalen Lufttemperatur ausgeblieben ist (Medhaug et al. 2017). Die Frage war,

Tab. 8.2 Untersuchungszeitraum in 2013

1 Woche vorher	IPCC	1 Woche nachher	1 Woche vorher	COP	1 Woche nachher
16.09.–22.09.	23.09.–30.09.	28.09.–07.10.	04.11.–10.11.	11.11.–22.11.	23.11.–29.11.

Quelle: Eigene Darstellung

ob und wie sich der IPCC-Report dazu äußern solle, obwohl zum damaligen Zeitpunkt keine Konsensposition zu dessen Erklärung vorlag. Am 27.09.2013 wurde die „Summary for Policymakers" bekannt gegeben und am 30.09.2013 endet das Ereignis mit der Veröffentlichung des vollständigen Sachstandsberichts der Arbeitsgruppe I (WGI).

Zwei Monate später fand die UN-Weltklimakonferenz (COP 19) in Warschau statt, und zwar vom 11.11.–22.11.2013 – der als gescheitert geltende Klimagipfel in Kopenhagen lag damals vier Jahre zurück. In den Warschauer Verhandlungen sollte vor allem der Nachfolge-Vertrag des Kyoto-Protokolls vorbereitet werden, um dann zwei Jahre später beim Weltklimagipfel in Paris beschlossen werden zu können. Die Verhandlungen zwischen den beteiligten Ländern gerieten ins Stocken, als die Verantwortung der sogenannten „Industrieländer" versus der „Entwicklungsländer" diskutiert wurde. Dieser Konflikt spitzte sich während der Konferenz zu, und am 21.11. verließen die NGOs (Non-Governmental Organizations) die Verhandlungen aus Protest. Ein weiterer Diskussionspunkt war die Frage nach Entschädigungszahlungen an die vom Klimawandel betroffenen Länder. Auf der abschließenden Pressekonferenz konnte ein Kompromiss vorgestellt werden, der eine Reihe von Hilfsfonds vorsieht, um ärmeren Ländern die Anpassungen an den Klimawandel sowie das Auffangen von klimabedingten Verlusten und Schäden zu ermöglichen. Die Tab. 8.2 zeigt abschließend den Untersuchungszeitraum beider Ereignisse im Vergleich.

8.5   Hypothesen

Zunächst wollen wir untersuchen, ob die Häufigkeit der Online-Berichterstattung über eines der beiden Ereignisse (Online-Medienagenda) überhaupt einen Einfluss auf die Agenda des Online-Publikums hat. Wie in Kap. 2 erörtert, ist auf Grundlage des empirischen Forschungsstands offen, ob journalistische Online-Nachrichten einen klassischen Agenda-Setting-Effekt auf entsprechende

User-Kommentare haben. Abb. 8.1 verdeutlicht, dass im ersten Schritt zunächst der Einfluss der Online-Medien-Agenda auf die Publikumsagenda untersucht wird, und die Relevanz der Einzelereignisse erst in der darauf folgenden, zweiten Hypothese fokussiert wird (Abb. 8.2). Wir formulieren dazu die folgende Hypothese:

H1 Je häufiger ein Online-Nachrichtenmedium über ein Ereignis berichtet, desto wichtiger ist das Thema auch den Online-Usern dieses Mediums (Publikumsagenda).

Im zweiten Schritt geht es darum zu prüfen, ob beide Ereignisse einen unterschiedlichen Agenda-Setting-Effekt entfalten. Aus bisherigen Studien, die Einflussfaktoren auf die Medienaufmerksamkeit untersuchen, ist bekannt, dass Ereignisse und Themen, bei denen die beteiligten Akteure einen Konflikt austragen und die Fronten polarisiert sind, besonders viel Medienaufmerksamkeit erhalten (Kriesi 2003; Waldherr 2012). Wie bereits oben beschrieben wurde, gibt es bei beiden Ereignissen Konflikte zwischen den beteiligten Akteuren: Die Veröffentlichung des IPCC-Berichts (AR5, WG1) zeichnete sich unter anderem durch die Frage aus, ob und wie der IPCC mit der sogenannten „Klimapause" umgeht. Dabei besteht der Konflikt insbesondere zwischen den beteiligten WissenschaftlerInnen und VertreterInnen aus der Politik. Die COP 2013 zeichnete sich ebenso durch Spannungen aus, etwa aufgrund der gescheiterten Vorgänger-Konferenz in Kopenhagen und dem Handlungsdruck durch das auslaufende Kyoto-Protokoll. Wie bereits oben beschrieben, eskalierte hier ein Konflikt zur Klimaverantwortung und -gerechtigkeit zwischen Vertretern von

Abb. 8.1 Hypothese (H1) zum Effekt der (Online-)Medien-Agenda. (Quelle: Eigene Darstellung)

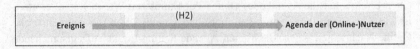

Abb. 8.2 Hypothese H2 zum Effekt der Ereignisse selbst. (Quelle: Eigene Darstellung)

Industrie- und Entwicklungsländern sowie NGOs, indem letztere aus Protest die Verhandlungen verließen. In der Studie von Lörcher und Neverla (2015) zur Aufmerksamkeitsdynamik konnte festgestellt werden, dass während des Ereignisses COP 2013 in sämtlichen Online-Arenen mehr über den Klimawandel kommuniziert wurde als während des IPCC-Berichts, was zum einen mit der ausgeprägten Konflikthaftigkeit, zum anderen aber auch mit der etwas längeren Dauer des Ereignisses erklärt werden kann. Dennoch lässt sich daraus nur schwer eine gerichtete Hypothese ableiten, welches der beiden Ereignisse einen stärkeren Effekt auf die Publikumsagenda haben könnte. Daher soll eine offene Frage gestellt werden:

FF1: Welchem der beiden Ereignisse – dem stärker wissenschaftlich geprägten Ereignis IPCC oder dem stärker politisch geprägten Ereignis COP – wird auf der Publikumsagenda (unabhängig von der Medienagenda) eine größere Themenwichtigkeit beigemessen?

Im letzten Schritt interessiert uns, ob sich die Ereignisse durch eine jeweils charakteristische Aufmerksamkeitsdynamik beschreiben lassen – also beispielsweise das eine Ereignis eher durch eine zunehmende Themenwichtigkeit gekennzeichnet ist. Denkbar ist in Bezug auf die COP, dass hier durch zähe und wenig Erfolg versprechende Verhandlungen eine gewisse Themenverdrossenheit (Kuhlmann, Schumann und Wolling 2014; Fischer und Leinen 2010) entsteht, die sich in weniger Kommunikation über das Thema niederschlagen könnte. Vor allem soll hier jedoch noch mal dezidiert geprüft werden, ob ein Artikel, der zeitlich genau während eines Ereignisses veröffentlicht wird, ein höheres Publikumsinteresse hervorruft als zeitlich davor oder danach. Es wird also untersucht, ob das Ereignis selbst bzw. dessen zeitliche Dramaturgie Agenda-Setting-Effekte mitbringt:

H2 Artikel, die zeitlich genau während des Ereignisses (COP oder IPCC) veröffentlicht werden, haben einen stärkeren Effekt auf die Themenwichtigkeit der Online-User als Artikel, die zeitlich vor oder nach dem Ereignis zum Thema publiziert werden.

8.6   Methodisches Design und Stichprobe

Die Forschungsfragen und Hypothesen wurden mithilfe der in Kap. 7 beschriebenen Online-Inhaltsanalyse untersucht. Dafür wurden die journalistischen Artikel (n = 116) sowie die dazugehörigen User-Kommentare von Spiegel

Online und Welt Online (n = 12.160) in deutscher Sprache herangezogen. Diese beiden Online-Medienangebote eignen sich für die Frage des Agenda-Settings besonders gut, da sie eine hohe Verbreitung haben (IVW 2016) und klassische Nachrichtenmedien im Online-Bereich sind. Spiegel Online kann dabei als digitales Leitmedium betrachtet werden und wird deutschlandweit im Nachrichtensektor am häufigsten aufgerufen. Auch Welt Online verfügt über eine hohe Reichweite (Alexa 2018) und wurde als zweites Online-Nachrichtenmedium in das Untersuchungssample aufgenommen, weil es im Gegensatz zu anderen deutschen Qualitätszeitungen häufig eine klimaskeptische Position einnimmt (Lörcher und Neverla 2015). Damit kann eine „Verzerrung" der Ergebnisse durch ein möglicherweise überdurchschnittlich klimabewusstes und eher liberales Spiegel-Online Publikum ausgeglichen werden. Beide Medienangebote verfügen zudem im Vergleich zu anderen deutschsprachigen Nachrichtenangeboten im Internet über eine aktive Community, die eine Vielzahl an Nutzerkommentaren verfasst (Lörcher und Tadicken 2015) und sich daher insbesondere für die vorliegende Erhebung anbieten. Bei der Interpretation der Daten muss deswegen berücksichtigt werden, dass zwar beide Medienangebote ein sehr großes und aktives Online-Publikum haben, das Thema Klimawandel aber aufgrund unterschiedlicher redaktioneller Prägungen ganz unterschiedlich dargestellt wird. Bedacht werden sollte bei der Interpretation der User-Kommentare außerdem, dass auch das Publikum vermutlich bei Welt Online dem Thema Klimawandel anders gegenübersteht als das Publikum von Spiegel Online. Als Konsequenz daraus analysieren wir die Ergebnisse jeweils getrennt nach Medienangebot (Spiegel Online versus Welt Online).

8.7 Ergebnisse

In diesem Kapitel werden die aufgestellten Hypothesen geprüft und die Ergebnisse abschließend im Kontext der aktuellen Agenda-Setting-Forschung sowie der Bedeutung für das Forschungsfeld Klimakommunikation erörtert.

Prüfung der Hypothese (H1)
Um die erste Hypothese zu prüfen – also inwiefern die Medienagenda tatsächlich die Themenwichtigkeit der Publikumsagenda beeinflusst – wird für die Medienagenda die Anzahl der journalistischen Artikel als Indikator herangezogen und für die Publikumsagenda sowohl die Anzahl der User-Kommentare als auch die Anzahl der User, die diese Kommentare verfasst haben.

Die Bedingungen für die Prüfung dieser klassischen Agenda-Setting-Hypothese (H1) sind gut, denn über eines der beiden Ereignisse – die Weltklimakonferenz COP 2013 – sind deutlich mehr Artikel publiziert worden als zum anderen Ereignis, dem IPCC-Report 2013 (Tab. 8.1). Somit hat man einen guten Vergleichswert, um zu prüfen, ob sich daraus auch eine höhere Themenwichtigkeit beim Publikum ergeben hat.

Blickt man zunächst auf die Medienagenda, wurden in beiden untersuchten Angeboten rund ein Drittel (32 % Spiegel Online, 38 % Welt Online) aller erschienen Artikel zum IPCC publiziert und entsprechend 68 % (Spiegel Online) und 62 % (Welt Online) zur COP (siehe Tab. 8.1). Bei Spiegel Online wurden 23 Artikel zum IPCC und 49 zur COP veröffentlicht, bei Welt Online sind es mit 15 Artikeln zum IPCC und 29 zur COP deutlich weniger. Der Hypothese entsprechend müsste dieses Verhältnis auch für die Anzahl der User-Kommentare sowie die Anzahl der beteiligten User auftreten, also zwischen 30-40 % der Kommentare auf den IPCC entfallen, und 60–70 % auf die COP.

Besonders deutlich findet sich dieses Verhältnis auf der Publikumsagenda bei Spiegel Online wieder: rund 61 % aller erfassten Kommentare wurden während der Weltklimakonferenz gepostet, und 39 % während des IPCC. Bei Welt Online fällt das Verhältnis hingegen genau umgekehrt aus, denn hier erschienen mehr als doppelt so viele Online-Kommentare während des IPCC (70 %) als während der COP (30 %). Auch die Anzahl der beteiligten User auf Spiegel Online und Welt Online bestätigen dieses Bild: bei Spiegel Online entspricht das Verhältnis der beteiligten User dem Verhältnis der Medienagenda, bei Welt Online hingegen hat sich das Verhältnis umgekehrt.

Die Daten zeigen nicht nur, dass das Verhältnis zwischen Medien- und Publikumsagenda ähnlich ist – also mit der Zahl der Artikel auch die Zahl der Kommentare ansteigt – sondern auch, dass ein Artikel auf Spiegel Online durchschnittlich deutlich mehr User-Kommentare als ein Artikel auf Welt Online erhält sowie mehr User aktiv sind[1] (Tab. 8.3 und 8.4; Abb. 8.3 und 8.4). Dies lässt sich vermutlich vor allem auf eine höhere Reichweite der Spiegel Online Webseite (Alexa 2018) sowie deren Forenstruktur zurückführen.

---

[1]Die beträchtlichen Unterschiede hinsichtlich der Zahl der User sind zum Teil dem Umstand zuzuschreiben, dass bei Spiegel Online die Registrierung mit Nutzernamen und E-Mail-Adresse zum Zeitpunkt der Untersuchung eine zwingende Voraussetzung war, während bei Welt Online auch unter dem Pseudonym *Gast* (n = 52) Kommentare verfasst werden konnten. Diese lassen sich später keinem User mehr zuordnen, weshalb sie für die Berechnung der besprochenen Ergebnisse keine Berücksichtigung fanden.

Tab. 8.3 Artikel, Kommentare und User im Vergleich zwischen Bekanntgabe IPCC (WG1) und COP 2013

	IPCC	COP
Artikel (n = 116)		
Spiegel Online	23 (32 %)	49 (68 %)
Welt Online	15 (38 %)	29 (62 %)
Kommentare (n = 12.160)		
Spiegel Online	4158 (39 %)	6520 (61 %)
Welt Online	1041 (70 %)	441 (30%)
User (n = 3583)		
Spiegel Online	1237 (44 %)	1574 (56 %)
Welt Online	515 (68 %)	257 (32 %)

Quelle: Eigene Darstellung

Schaut man nur auf die Gesamtzahlen, bestätigt sich die Hypothese (H1) durch unsere Daten: Berichten Online-Medien häufiger über ein Ereignis, kommentieren die User es auch wesentlich häufiger, und mehr User beteiligen sich an den Diskussionen dazu. Allerdings wird auf den zweiten Blick deutlich, dass das Verhältnis von Medienagenda (Anzahl veröffentlichter Artikel) und Publikumsagenda (Anzahl an Kommentaren und Anzahl beteiligter User) nur bei Spiegel Online ähnlich ist. Bei Welt Online hingegen ist das Verhältnis von Medien- zu Publikumsagenda genau umgekehrt. Ebenso ist in beiden Medienangeboten eine leichte Präferenz der User für die Artikel zum IPCC festzustellen. Hier gab es eine etwas höhere Userbeteiligung als es die jeweilige Medienagenda nahegelegt hätte. Die Agenda-Setting-Hypothese (H1) kann also nur teilweise bestätigt werden. Es ist festzuhalten, dass es in Online-Medien durchaus Dynamiken gibt, die zeigen, dass User eine eigenständige Agenda entwickeln und Themen eine unterschiedliche Wichtigkeit beimessen. Offen bleibt zunächst, wodurch das insbesondere für die Kommentare auf Welt Online genau erklärt werden kann.

Prüfung der Frage (F1)
Der vorher genutzte Indikator (absolute Anzahl der Online-Kommentare im Ereigniszeitraum) ist für die Prüfung der Frage (F1), welchem Ereignis unabhängig von der Medienagenda eine größere Themenwichtigkeit auf der Publikumsagenda beigemessen wird, nur begrenzt aussagekräftig, weil beide Ereignisse und damit auch beide Untersuchungszeiträume unterschiedlich lang sind. Der IPCC 2013 dauerte acht Tage, und die COP 19 zehn Tage. Folglich

Tab. 8.4 Kommentare und User pro Artikel im Vergleich zwischen Bekanntgabe IPCC (WG1) und COP 2013

	IPCC	COP
a) Kommentare pro Artikel (M)		
Spiegel Online	181	133
Welt Online	58	15
b) User pro Artikel (M)		
Spiegel Online	70	54
Welt Online	38	12

Quelle: Eigene Darstellung

werden zwei zusätzliche, zeitrobustere Indikatoren zur Prüfung der Hypothesen hinzugezogen, die die Anzahl der Kommentare und sowie die Anzahl der User ins Verhältnis zu den erschienen Artikeln setzen (Anzahl der Kommentare pro erschienenem Artikel; Anzahl der User pro erschienenem Artikel). Hierdurch ergeben sich also zwei Indikatoren, die a) die durchschnittliche Anzahl der User-Kommentare pro Artikel sowie b) die durchschnittliche Anzahl der User pro Artikel abbilden.

Bei einem Blick auf die absolute Zahl der Kommentare zeigt sich zunächst, dass während der COP mehr kommentiert wurde als während des IPCC (Tab. 8.3). Schaut man sich allerdings den Indikator durchschnittliche Anzahl der „Kommentare pro Artikel" (Tab. 8.4, a)) an, wird deutlich, dass ein Artikel in beiden untersuchten Medienangeboten während des IPCC deutlich häufiger kommentiert wurde als ein Artikel während der COP. Am deutlichsten wird dies erneut bei Welt Online (IPCC: im Durchschnitt 58 Kommentare/Artikel; COP: im Durchschnitt 15 Kommentare/Artikel). Aber auch die User von Spiegel Online kommentieren einen Artikel zum IPCC durchschnittlich wesentlich häufiger als einen Artikel zur COP (181 Kommentare/Artikel zum IPCC; 133 zur COP). Auch der Indikator durchschnittliche Anzahl der „User pro Artikel" (Tab. 8.4, b)) zeichnet ein komplementäres Bild. Hier verzeichnet der IPCC ebenso die wesentlich höhere User-Beteiligung als die COP.

Für die Interpretation der Befunde zur Frage (F1) sollen abschließend nochmals die verwendeten Indikatoren bedacht werden. Die Prüfung der Hypothese (H1) hat mit dem Indikator der gesamten Anzahl der Kommentare in den Ereigniszeiträumen deutlich gemacht, dass insgesamt mehr Kommentare und mehr User bei der COP als beim IPCC zu verzeichnen sind. Betrachtet man hingegen, wie häufig ein Artikel durchschnittlich kommentiert wurde, hat sich gezeigt, dass Artikel zum IPCC durchschnittlich wesentlich mehr Kommentare erhalten und sich durchschnittlich mehr User an den Diskussionen zum IPCC beteiligt haben. Welches Ereignis hat also den höheren Agenda-Setting-Effekt? Blendet man die Medienagenda (im Sinne der gesamten Anzahl veröffentlichter Artikel) tatsächlich vollständig aus, ist aufgrund unserer Daten davon auszugehen, dass der IPCC als Ereignis ein höheres Publikumsinteresse hervorgerufen hat als die COP – zumindest in 2013. Deutlich wird durch die synoptische Betrachtung der Indikatoren zudem, dass die Medien jedoch eine entscheidende Verstärkerwirkung auf die Publikumsagenda haben, und damit ein Ereignis (nämlich die COP) zum insgesamt häufiger kommentierten Ereignis in der öffentlichen Online-Klimakommunikation gemacht haben.

Prüfung der Hypothese (H2)

Die Hypothese (H2) untersucht, ob einem Ereignis unabhängig von der Medienagenda eine größere Themenwichtigkeit beim Publikum beigemessen wird, während es stattfindet, als vor oder nach dem Ereignis. Auch zur Prüfung dieser Hypothese werden die Mittelwerte bzw. die durchschnittliche Anzahl der Kommentare und User im Verhältnis zu den erschienenen Artikeln herangezogen, da so die Auswirkungen der Berichterstattung über die Ereignisse untersucht werden, und nicht die Wirkung der Häufigkeit der Berichterstattung (wie es bei einem einfachen Summenindex über die Gesamtzahl der User-Kommentare der Fall wäre).

Tab. 8.5 zeigt die Anzahl der Artikel sowie die dazugehörigen Kommentare und interagierenden Nutzer in den verschiedenen Untersuchungsphasen. Dabei wird zeitlich eine Unterscheidung zwischen der Woche vor dem Ereignis (1W), dem Ereignis selbst (IPCC & COP) und der Woche nach dem Ereignis getroffen

Tab. 8.5 Anzahl der Artikel, Kommentare pro Artikel sowie User pro Artikel im Ereignisverlauf

		1W	IPCC	1W	1W	COP	1W
Spiegel Online	Artikel	7	10	6	11	25	13
	Kommentare pro Artikel (M)	118	238	158	193	134	81
	User pro Artikel (M)	48	93	58	65	57	38
Welt Online	Artikel	4	10	4	10	11	8
	Kommentare pro Artikel (M)	94	52	37	19	16	10
	User pro Artikel (M)	61	36	20	13	13	9

Quelle: Eigene Darstellung

(1W). Es wird deutlich, dass in nur einem Fall Artikel während des Ereignisses durchschnittlich am meisten Userkommentare erhielten, nämlich bei Spiegel Online während des IPCC (238 Kommentare pro Artikel). In den anderen Fällen hingegen wurden Artikel, die vor dem Ereignis publiziert wurden, am häufigsten kommentiert und dementsprechend beteiligten sich auch die meisten User.

Blickt man auf die Rangliste der meistkommentierten Artikel auf Spiegel-Online wird deutlich, dass der hohe Durchschnittswert während des IPCC vor allem aus einem einzigen Artikel mit 1006 User-Kommentaren resultiert. Einzelne Artikel haben folglich das Potenzial, einen besonders starken Effekt auf das Online-Publikum auszuüben. Eine derart starke Amplitude in der Themenwichtigkeit des Publikums, d. h. ein solcher Aufmerksamkeitspeak, findet sich nur beim IPCC (Abb. 8.3 und 8.4). Die Themenwichtigkeit während des COP scheint vergleichsweise kontinuierlicher. Bei der COP ist hingegen – mehr als beim IPCC – ein Rückgang der Themenwichtigkeit im Zeitverlauf festzustellen.

Dieses Beispiel macht deutlich, dass neben dem zeitlichen Verlauf des Ereignisses andere Erklärungsfaktoren hinzugenommen werden müssen, die jedoch eng an die (medial inszenierte) Dramaturgie der Ereignisse gekoppelt sind: Der IPCC- Artikel „Uno-Bericht: Klimawandel ändert unsere Welt grundlegend" ist direkt nach der zentralen Presseerklärung als eine der Top-Nachrichten auf Spiegel-Online erschienen. Er ist damit extrem prominent platziert und hat zudem einen hohen Nachrichtenwert (Aktualität). Unabhängig davon kann aufgrund unserer Ergebnisse davon ausgegangen werden, dass ein Ereignis eher vor dem tatsächlichen Start einen hohen, positiven Einfluss auf die Themenagenda des Publikums hat als während des Ereignisses selbst. Die Hypothese (H2) wird daher wie folgt angepasst: Artikel, die zeitlich unmittelbar *vor dem Ereignis* (COP oder IPCC) veröffentlicht werden, haben einen stärkeren Effekt auf die Themenwichtigkeit der Online-User als Artikel, die zeitlich während oder nach dem Ereignis publiziert werden (Abb. 8.5 und 8.6).

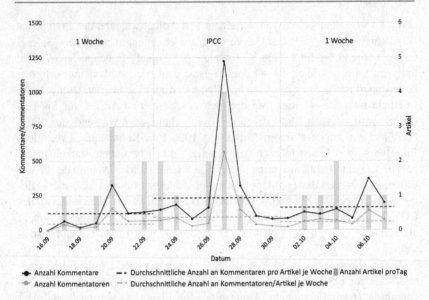

Abb. 8.3 Berichterstattung und Anzahl der zugehörigen Kommentare zum IPCC 2013 in Spiegel-Online

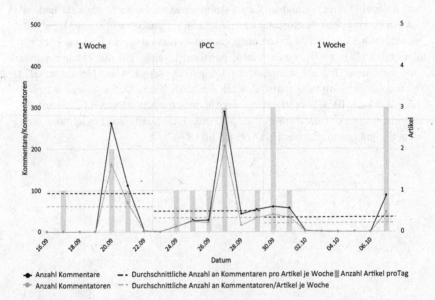

Abb. 8.4 Berichterstattung und Anzahl der zugehörigen Kommentare zum IPCC 2013 in Welt Online

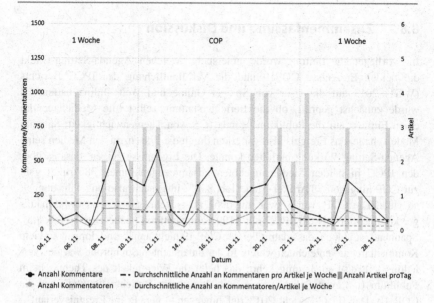

Abb. 8.5 Berichterstattung und Anzahl der zugehörigen Kommentare zur COP 2013 in Spiegel-Online

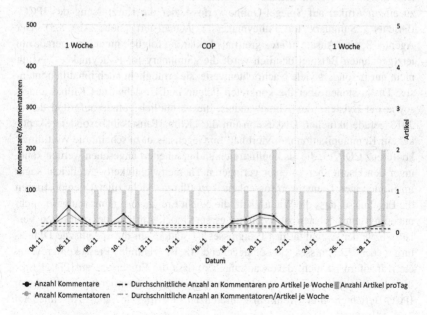

Abb. 8.6 Berichterstattung und Anzahl der zugehörigen Kommentare zur COP 2013 in Welt Online

8.8   Zusammenfassung und Diskussion

Im vorliegenden Beitrag wurde untersucht, welchen Agenda-Setting-Effekt die beiden Ereignisse COP19 und die Veröffentlichung des IPCC Berichts (WG1) 2013 auf die User von Spiegel Online und Welt Online hatten. Es wurde zunächst geprüft, ob die Berichterstattung selbst (die Medienagenda) einen Einfluss auf die Publikumsagenda (i. S. von Themenwichtigkeit, Salienz-Modell) hatte, das Ereignis also vor allem durch die Präsenz in den Medien seine Agenda-Setting Wirkung entfalten konnte. Die Ergebnisse zeigen, dass es über den IPCC in beiden Medienangeboten zusammengenommen 38 Artikel gab, zur COP hingegen 78 Artikel (siehe Tab. 8.3) – insgesamt also ungefähr doppelt so viele. Die COP wurde zwar mit 6961 Posts dementsprechend etwas häufiger kommentiert als der IPCC mit 5199 Kommentaren (siehe ebenso Tab. 8.3). Spannend ist jedoch, dass damit bei der COP 19 nicht annähernd doppelt so viele Kommentare zu verzeichnen waren. In der untersuchten Stichprobe war das Verhältnis teilweise sogar umgekehrt, das heißt die Wichtigkeit des Themas beim Publikum (i. S. von Salienz) sank trotz konstanter Berichterstattung über die COP 19. Der IPCC-Bericht 2013 rief hingegen – gerade im Ereignisverlauf – eine höhere Themenwichtigkeit beim Publikum (i. S. von Salienz) hervor. Die meisten Userkommentare im gesamten Untersuchungszeitraum wurden zu einem Artikel auf Spiegel-Online verfasst, der die Kurzfassung des IPCC-Berichts („Summary for Policymakers") thematisiert (siehe Abb. 8.3). Der Agenda-Setting Ansatz *alleine* greift als Erklärung folglich nicht, was gerade am letztgenannten Beispiel deutlich wird: die „Summary for Policymakers" erfüllt nicht nur besonders viele Nachrichtenwerte, sie ermöglicht auch inhaltlich intensive Diskussionen über die konkreten Folgen und Ursachen des Klimawandels sowie die Existenz des Klimawandels, die vermutlich gerade aufgrund der in 2013 gerade aktuellen Diskussion um die „Klima-Pause" insbesondere Skeptiker zur Kommunikation motiviert hat. Im Gegensatz dazu scheint die Weltklimakonferenz COP 19, die als konfliktreich und gescheitert angesehen werden kann, unter den Usern eher zu einer geringeren Themenwichtigkeit – vielleicht sogar im Sinne einer Themenverdrossenheit – zu führen. Nicht zuletzt demonstrieren die Ergebnisse, dass die Wichtigkeit, die einem Ereignis beigemessen wird, nicht unbedingt am höchsten ist, während es stattfindet. Anstelle des zeitlichen Verlaufs bzw. der Aktualität des Ereignisses ist stattdessen die spezifische Dramaturgie des Ereignisses ausschlaggebend (z. B. zentrale Pressekonferenzen, etc.). Insofern ist nicht davon auszugehen, dass die Ergebnisse aus dieser Studie ohne weiteres auf die Berichterstattung und Kommentierung von anderen IPCC-Berichten und Weltklimakonferenzen übertragbar sind. Abschließend sind einige methodische Unschärfen zu konstatieren, die mit der Verwendung von User-Kommentaren als Indikatoren für die Publikumsagenda (Salienz-Modell) einhergehen. Die aus unserer Sicht wichtigste Frage ist dabei, inwiefern Themen*wichtigkeit* und Themen*interesse* in der empirischen Realität weitgehend deckungsgleich sind – also beide Motivlagen zusammenfallen, wenn User einen Kommentar verfassen (Diskussion dazu in Kap. 9). Eine zweite Einschränkung betrifft die Erklärungskraft der unabhängigen Variable, die wir herangezogen haben, nämlich die Medienagenda: hier ist deutlich geworden, dass weitere Erklärungsansätze hinzugezogen werden müssten, insbesondere Nachrichtenfaktoren, formale Aspekte (wie z. B. die Platzierung eines Artikels) sowie diskussionsimmanente Faktoren (wie z. B. die Emotionalität der Debatte). Mit einem solchen integrativen Theorierahmen könnte besser als bisher verglichen werden, welche Rolle die Medienagenda im Zusammenspiel mit Ereignissen sowie im Vergleich zu anderen Einflussfaktoren (wie eben Nachrichtenfaktoren) spielt.

Literatur

Alexa trafic rank (2018), online siehe https://www.alexa.com/siteinfo/reichweite.de, zuletzt abgerufen am 17.10.2018.

Anderson, A. A., Brossard, D., Scheufele, D. A., Xenos, M. A. & Ladwig, P. (2013). The "Nasty Effect:" Online Incivility and Risk Perceptions of Emerging Technologies. *Journal of Computer-Mediated Communication*, n/a-n/a. https://doi.org/10.1111/jcc4.12009

Birch, H. & Weitkamp, E. (2010). Podologues: conversations created by science podcasts. *New Media & Society*, 12, 889–909. https://doi.org/10.1177/1461444809356333

Cornfield, M., Carson, J., Kalis, A. & Simon, E. (2005). Buzz, blogs, and beyond: The Internet and the national discourse in the fall of 2004. Online verfügbar: http://www.pewinternet.org/ppt/BUZZ_BLOGS_BEYOND_Final05-16-05.pdf

Craft, S. & Wanta, W. (2004). Women in the newsroom. Influences of female editors and reporters on the news agenda. *Journalism & Mass Communication Quarterly* 81(1), 124–138.

Fischer, S. & Leinen, J. (2010). Zwischen Führungsrolle und Sprachlosigkeit: Europas Lehren aus dem Klimagipfel in Kopenhagen. *integration* 33, 117–130.

Hasebrink, U. (2006). Agenda-Setting. In Hans-Bredow-Institut (Hrsg.), *Medien von A bis Z* (S. 19–21). Wiesbaden: VS Verlag für Sozialwissenschaften.

Holbach, T., Maurer, M. (2014a). News worth knowing. *Publizistik* 59 (1), 65–81.

Holbach, T., Maurer, M. (2014b). Wissenswerte Nachrichten. Agenda-Setting-Effekte zwischen Medienberichterstattung und Online-Informationsverhalten am Beispiel der EHEC-Epidemie. *Publizistik* 59 (1), 65–81.

Hulme, M. (2009). Mediated messages about climate change: Reporting the IPCC fourth assessment in the UK print media. In T. Boyce & J. Lewis (Hrsg.), *Climate Change and the Media* (S. 117–128). New York: Peter Lang.

IPCC (2014a). Fifth Assessment Report (AR5). Online verfügbar http://ipcc.ch/index.htm

IPCC (2014b). Organization. Online verfügbar http://ipcc.ch/organization/organization.shtml

IVW (2016). Online-Nutzungsdaten. ivw.eu. Online verfügbar http://ausweisung.ivw-online.de/index.php?i=10&mz_szm=201603&pis=0&az_filter=0&kat1=0&kat2=0&kat3=0&kat4=0&kat5=0&kat6=0&kat7=0&kat8=0&sort=vgd&suche=

Kirilenko, A. P., Stepchenkova, S. O. (2014). Public microblogging on climate change. *Global Environmental Change* 26, 171–182.

Kriesi, H. (2003). Strategische politische Kommunikation: Bedingungen und Chancen der Mobilisierung öffentlicher Meinung im internationalen Vergleich. In F. Esser & B. Pfetsch (Hrsg.), *Politische Kommunikation im internationalen Vergleich. Grundlagen, Anwendungen, Perspektiven* (S. 208–239). Wiesbaden: Westdeutscher Verlag.

Kuhlmann, C., Schumann, C. & Wolling, J. (2014). „Ich will davon nichts mehr sehen und hören!" Exploration des Phänomens Themenverdrossenheit. *Medien & Kommunikationswissenschaft* 62, 5–24.

Lee, J. K. (2007). The Effect of the Internet on Homogeneity of the Media Agenda: A Test of the Fragmentation Thesis. *Journalism & Mass Communication Quarterly* 84, 745–760.

Lee, E.-J. & Jang, Y. J. (2010). What Do Others' Reactions to News on Internet Portal Sites Tell Us? Effects of Presentation Format and Readers' Need for Cognition on Reality Perception. *Communication Research* 37, 825–846. https://doi.org/10.1177/0093650210376189

Lörcher, I. & Neverla, I. (2015). The Dynamics of Issue Attention in Online Communication on Climate Change. *Media and Communication* 3 (1), 17. https://doi.org/10.17645/mac.v3i1.253

Lörcher, I. & Taddicken, M. (2017). Discussing climate change online. Topics and perceptions in online climate change communication in different online public arenas. *Journal of Science Communication*, 16(2). https://jcom.sissa.it/sites/default/files/documents/JCOM_1602_2017_A03.pdf

Lörcher, I. & Taddicken, M. (2015). „Let's talk about... CO2-Fußabdruck oder Klimawissenschaft?" Themen und ihre Bewertungen in der Onlinekommunikation in verschiedenen Öffentlichkeitsarenen. In M. S. Schäfer, S. Kristiansen & H. Bonfadelli (Hrsg.), *Wissenschaftskommunikation im Wandel* (S. 258–286). Köln: Herbert von Halem.

Maurer, M. (2010). *Agenda-Setting*. 1. Aufl. Baden-Baden: Nomos (Konzepte, 1).

McCombs, M. (2005). A Look at Agenda-setting: past, present and future. *Journalism Studies* 6, 543–557.

Medhaug, I., Stolpe, M. B., Fischer, E. M. & Knutti, R. (2017). Reconciling controversies about the 'global warming hiatus'. *Nature* 545 (7652), 41–47.

Meraz, S. (2009). Is There an Elite Hold? Traditional Media to Social Media Agenda Setting Influence in Blog Networks. *Journal of Computer-Mediated Communication* 14, 682–707.

Newman, T. P. (2016). Tracking the release of IPCC AR5 on Twitter. *Public Understanding of Science* 26 (7), 815-825.

Painter, J. (2013). Climate change in the media. Reporting risk and uncertainty: I.B.Tauris & Co Ltd (RISJ challenges).

Pearce, W., Holmberg, K., Hellsten, I. & Nerlich, B. (2014). Climate change on twitter: topics, communities and conversations about the 2013 IPCC working group 1 report. *PLOS ONE* 9, 1–11.

Richardson, J. E. & Stanyer, J. (2011). Reader opinion in the digital age: Tabloid and bro-adsheet newspaper websites and the exercise of political voice. *Journalism* 12, 983–1003. https://doi.org/10.1177/1464884911415974

Rössler, P. (1997). *Agenda-Setting. Theoretische Annahmen und empirische Evidenz einer Medienwirkungshypothese.* Wiesbaden: VS Verlag für Sozialwissenschaften (27).

Russell Neuman, W., Guggenheim, L., Mo Jang, S. & Bae, S. Y. (2014). The Dynamics of Public Attention: Agenda-Setting Theory Meets Big Data. *J Commun* 64 (2), 193–214.

Schäfer, M. S. (2012). Online communication on climate change and climate politics: a literature review. *WIREs Climate Change (Wiley Interdisciplinary Reviews: Climate Change)* 3 (6), 527–543.

Schäfer, M. S., Ivanova, A. & Schmidt, A. (2014). What drives media attention for climate change? Explaining issue attention in Australian, German and Indian print media from 1996 to 2010. *International Communication Gazette* 76 (2), 152–176.

Schweiger, W. & Fahr, A. (Hrsg.) (2013). *Handbuch Medienwirkungsforschung.* Wies-baden: Springer VS.

Shaw, D. & McCombs, M. (1977). *The emerge of American political issues. The agen-da-setting function of the press.* West: St. Paul.

Slavtcheva-Petkova, V. (2015). Are Newspapers' Online Discussion Boards Democratic Tools or Conspiracy Theories' Engines? A Case Study on an Eastern European "Media War". Journalism & Mass Communication Quarterly. Pubblicazione anticipata online. https://doi.org/10.1177/1077699015610880

Sunstein, C. (2001). *Republic.com.* Princeton & London: Princeton University Press.

Taddicken, M. (2008). *Methodeneffekte bei Web-Befragungen. Einschränkungen der Datengüte durch ein „reduziertes Kommunikationsmedium"?* (Neue Schriften zur Online-Forschung, 5). Köln: Herbert von Halem.

Veltri, G. A. & Atanasova, D. (2015). Climate change on Twitter. *Public Understanding of Science* 26(6), 721–737.

Vogelgesang, J. & Scharkow, M. (2011). Messung der Publikumsagenda mittels Nutzungs-statistiken von Suchmaschinenanfragen. In O. Jandura, T. Quandt & J. Vogelgesang (Hrsg.), *Methoden der Journalismusforschung* (S. 299–313). Wiesbaden: VS Verlag für Sozialwissenschaften.

Waldherr, A. (2012). *Die Dynamik der Medienaufmerksamkeit: Ein Simulationsmodell.* Baden-Baden: Nomos Verlagsgesellschaft.

Wallsten, K. (2007). Agenda Setting and the Blogosphere: An Analysis of the Relationship between Mainstream Media and Political Blogs. *Review of Policy Research* 24, 567–587.

Welker, M. (Hrsg.) (2014). *Handbuch Online-Forschung. Sozialwissenschaftliche Daten-gewinnung und -Auswertung in digitalen Netzen* (Neue Schriften zur Online-Forschung, 12). Köln: Herbert von Halem.

Williams, H. T. P., McMurray, J. R., Kurz, T. & Hugo Lambert, F. (2015). Network analysis reveals open forums and echo chambers in social media discussions of climate change. *Global Environmental Change* 32, 126–138.

Wozniak, A., Lück, J. & Wessler, H. (2014). Frames, Stories, and Images: The Advan-tages of a Multimodal Approach in Comparative Media Content Research on Climate Change. *Environmental Communication* 9 (4), 469-490.

Wozniak, A., Wessler, H. & Lück, J. (2016). Who Prevails in the Visual Framing Contest about the United Nations Climate Change Conferences? *Journalism Studies* 18 (11), 1433–1452.

Ziegele, M. & Quiring, O. (2013). Conceptualizing Online Discussion Value. In E. L. Cohen (Hrsg.), *Communication Yearbook 37* (S. 125–153). New York: Routledge.

Ziegele, M., Breiner, T. & Quiring, O. (2014). What Creates Interactivity in Online News Discussions? An Exploratory Analysis of Discussion Factors in User Comments on News Items. *Journal of Communication* 64, 1111–1138. https://doi.org/10.1111/jcom.12123

Beteiligung und Themenkonstruktion zum Klimawandel auf Twitter

Monika Taddicken, Laura Wolff, Nina Wicke und Daniel Götjen

Zusammenfassung

Anlässlich wissenschaftspolitischer Großereignisse wie den UN-Klima-konferenzen zeigt sich, dass die Beteiligung über soziale Medien wie Twitter für die gegenwärtige Wissenschaftskommunikation immer wichtiger wird. In Anbetracht der für den Klimawandel charakteristischen Komplexität wirft dies speziell die Frage auf, wie der abstrakte Gegenstand in den dynamischen, non-linearen und vielfach auf Reduktion zielenden Kommunikationsumgebungen kommuniziert resp. konstruiert wird. Die vorgestellte Mixed-Methods-Studie erforscht Prozesse der Beteiligung und Themenkonstruktion daher unter einer umfassenden Fragestellung: *Wer beteiligt sich **warum** und **wie** im Twitterdiskurs zum Klimawandel?*

Die Ergebnisse zeigen, dass auf Twitter überwiegend Laien zum Klimawandel kommunizieren. Es handelt es sich hierbei allerdings um hochgebildete und gut informierte Vielnutzende. Insgesamt überwiegen

M. Taddicken (✉) · L. Wolff · N. Wicke
Kommunikations- und Medienwissenschaften, Technische Universität Braunschweig,
Braunschweig, Deutschland
E-Mail: m.taddicken@tu-braunschweig.de

L. Wolff
E-Mail: laura.wolff@tu-braunschweig.de

N. Wicke
E-Mail: n.wicke@tu-braunschweig.de

D. Götjen
Teach4TU, Technische Universität Braunschweig, Braunschweig, Deutschland
E-Mail: d.goetjen@tu-braunschweig.de

informationsorientierte und reaktive, auf Kommentierung zielende Beweggründe gegenüber proaktiven, interaktionsorientierten Nutzungsmustern. Hinsichtlich der kommunikativen Konstruktion des komplexen Wissenschaftsthemas wird deutlich, dass die medientechnischen Funktionalitäten des Microbloggingdienstes eine entscheidende Rolle dabei spielen, dass der Klimawandel auf Twitter als multidimensionales Thema kommuniziert und im Rahmen unterschiedlicher gesellschaftlicher Kontexte verhandelt wird.

9.1   Soziale Medien und der Wandel von Wissenschaftskommunikation,

Bei Wissenschaftsthemen wie dem Klimawandel handelt es sich um hochgradig komplexe, mehrdimensionale und häufig mit Unsicherheiten behaftete Themen, welche für den Einzelnen kaum direkt erfahrbar sind. Die Medien erbringen in dieser Hinsicht eine entscheidende Vermittlungsleistung, indem sie abstrakte wissenschaftliche Erkenntnisse für die breite Öffentlichkeit zugänglich machen (Schmidt et al. 2013; Taddicken 2013). Infolgedessen tritt der Klimawandelkomplex den Menschen als soziales Konstrukt im doppelten Sinne entgegen, „als von der Wissenschaft generierte, hypothetische Konstrukte, die von den Medien noch einmal, nach deren eigenen Regeln, re-konstruiert werden" (Neverla und Taddicken 2012, S. 216). Das Diskurs- und Informationsmonopol ist dabei jedoch längst nicht mehr den Massenmedien vorbehalten, da das Internet und die sozialen Medien für gesellschaftlich relevante Diskurse, wie die über Wissenschaftsthemen, immer mehr an Bedeutung gewinnen. Die mediale Konstruktion und Vermittlung solcher Themen folgt im Internet jedoch anderen ‚Regeln' bzw. einer veränderten „neuen Online Medien Logik" (Oblak 2005, S. 88), die sich durch neue Möglichkeiten zur Wissensorganisation, des Informationszugangs bzw. -verbreitung sowie zur Interaktion und Beteiligung auszeichnet.

Diese Entwicklungen werden im Bereich der Wissenschaftskommunikation(sforschung) hinsichtlich veränderter Formen der Beteiligung sowie Konstruktion und Vermittlung von Wissenschaftsthemen in Online-Umgebungen reflektiert. Auch hier schlägt sich die allgemeine, normative Debatte um die „gesellschaftsverändernde Kraft" (Emmer und Wolling 2010, S. 36) des Internets nieder. Unter dem Label *Public Engagement with Science (and Technology)* wird Wissenschaftskommunikation aktuell zunehmend als zweiseitiger und vielgestaltiger Prozess betrachtet, „der unter bestimmten Bedingungen zwar auch popularisierend sein kann, in anderen Kontexten aber dialogisch-partizipativ oder konfrontativ und kontrovers ablaufen kann" (Schäfer et al. 2015, S. 19). In diesem Zusammenhang erörtern Schäfer, Kristiansen und Bonfadelli (2015) Vor- und

Nachteile onlinebasierter Wissenschaftskommunikation, wobei Demokratisierungs- und Segmentierungstendenzen einander gegenübergestellt werden. Positiv erscheinen hierbei die neuen Möglichkeiten zur Vernetzung und Partizipation, die insbesondere über soziale Medien realisiert werden. In der bislang eher elitären Wissenschaftskommunikation gewinnt das Internet nicht nur als Informationsquelle immer weiter an Bedeutung (Brossard und Scheufele 2013), sondern die neuen partizipatorischen und dialogischen Kommunikationsformate ermöglichen der Öffentlichkeit – insbesondere Laien (Lörcher und Taddicken 2015, 2017) – nun weiterhin eine Teilhabe an wissenschaftlichen Diskursen bzw. Diskursen über Wissenschaft, die dadurch stärker als bisher Einfluss auf die kommunikative Konstruktion dieser Themen nimmt.

Insbesondere populär geworden sind Online-Angebote, die sich unter dem Begriff *soziale Medien* zusammenfassen lassen und bei denen es sich allgemein um „diejenigen digital vernetzten Medientechnologien [handelt], die es Nutzern auch ohne professionelle Kenntnisse erlauben, Informationen aller Art (teil-) öffentlich zugänglich zu machen und soziale Beziehungen aufzubauen und zu pflegen" (Schmidt und Taddicken 2017, S. 24). Die zentralen Nutzungsoptionen des *Erstellens* und *Veröffentlichens* eigener und fremder Inhalte sowie des *Kommentierens*, des *Annotierens*, des *Weiterleitens*, des *Abonnierens* und des *Vernetzens* werden dabei durch die Bereitstellung vielfältiger neuer interaktiver, koordinierender und selektierender medientechnischer Funktionen unterstützt. Klassische Rollendifferenzierungen werden in diesem Zuge zugunsten einer Nutzungsweise, die *produzierende* und *rezipierende* Aktivitäten vereint, aufgehoben – was mit dem Konzept „Produsage" (Bruns 2009) beschrieben wird. Neben etablierten Akteuren und Institutionen können auf diesem Wege auch ‚normale' Bürgerinnen und Bürger Öffentlichkeit herstellen und verstärkten Einfluss auf gesellschaftlich relevante Diskurse nehmen (Dang-Anh et al. 2013). So sind die Nutzenden auch an der kommunikativen Konstruktion von (Wissenschafts-) Themen *produzierend* wie *rezipierend* beteiligt: Einerseits, wenn sie selbst Inhalte erstellen und publizieren, zur Informationsdiffusion fremder Inhalte beitragen oder aber Verbindungen zwischen Inhalten, z. B. per Verlinkung herstellen. Andererseits sind Nutzende dazu angehalten, die im Internet vorgefundenen Informationen einzuordnen und eigenständig oder im Austausch mit anderen Bezüge herzustellen, um Schlüsse aus den rezipierten Inhalten zu ziehen. Bisher werden in diesem Kontext vor allem der Umgang mit dem gesteigerten Informationsangebot sowie die Vor- und Nachteile medientechnologischer Selektionsmechanismen problematisiert (Schäfer et al. 2015).

In den immer stärker ausdifferenzierten und konvergierten Kommunikationsumgebungen kommt den innovativen medientechnischen Funktionalitäten somit insgesamt eine zunehmende Bedeutung für die Themenkommunikation zu. Der Microbloggingdienst Twitter besitzt in diesem Zusammenhang exemplarischen Charakter, weil zentrale Merkmale sozialer Medien, wie die vielfach anzutreffende verdichtete Kommunikationskultur des Instantmessagings sowie ausdifferenzierte Funktionalitäten zur Ausgestaltung der Kommunikation in einer dynamisch vernetzten und multimedial hoch verdichteten Medienumgebung hier in Form einer expliziten Zeichenbegrenzung und spezifischen Kommunikationsoperatoren widergespiegelt werden. Im Kontext der Themenkonstruktion ermöglicht die für Online-Kommunikation generell und speziell für Twitter als „multireferenzielles Verweissystem" (Thimm et al. 2011, S. 269) charakteristische Hypertextualität, Dynamik und Interaktivität eine Flexibilisierung (d. h. eine gleichzeitige Ausdifferenzierung und Integration) von Informationen, die prinzipiell das Potenzial birgt, gerade komplexe Zusammenhänge adäquater zu organisieren, zu repräsentieren und zu vermitteln (Iske 2001). Gleichzeitig gehen hiermit aber auch gesteigerte Anforderungen an die Nutzenden einher: So wird die Interaktivität der Nutzenden vorausgesetzt, wodurch sich die Herstellung inhaltlicher Kohärenz stärker als bisher auf die individuelle Konstruktionsleistung der Nutzenden bzw. Rezipierenden verlagert (Ballstaedt 2004; Warnick 2007).

Insgesamt bestehen allerdings erst wenige Erkenntnisse dazu, wie sich die Kommunikation und Rezeption gesellschaftlich relevanter Wissenschaftsthemen wie dem Klimawandel in den sozialen Medien konkret gestalten d. h. welche neuen Kommunikationspraktiken aus der Nutzung innovativer Medientechnologien zu Wissenschaftsthemen entstehen (Koteyko et al. 2013). Daher fällt das Fazit zur Bedeutung von Online-Medien in der Wissenschaftskommunikation laut Schäfer (2014) derzeit noch ambivalent aus. Weitere empirische Erkenntnisse sind erforderlich, um ein übergreifendes Bild zur Wissenschaftskommunikation online zu zeichnen und eine umfassende Bewertung zu erlauben. Somit soll die hiesige Untersuchung der Klimawandelkommunikation auf Twitter mit Blick auf *Beteiligungsaspekte* dazu beitragen, tiefer gehende Erkenntnisse über die am Diskurs beteiligten Akteure, ihre Beteiligungsmotive und Nutzungsverhalten zu gewinnen und in diesem Kontext das Zusammenspiel inhaltlicher und medientechnischer Aspekte im Prozess der *Themenkonstruktion* zu erfassen. Dabei gilt es besonders zu reflektieren, wie das komplexe Thema Klimawandel in den dynamischen und hoch verdichteten Kommunikationsumgebungen, die bei Twitter durch die Begrenzung auf ursprünglich 140 Zeichen[1] und das spezifische Operatorenset in besonderer Ausprägung vorliegt, kommuniziert und rezipiert wird.

---

[1]Mittlerweile wurde das Zeichenkontigent auf 280 Zeichen (Stand: November 2018) erhöht, was unter den Twitternutzerinnen und -nutzern auch negativ diskutiert wurde.

9.2   Twitter: Fakten, Strukturen & Operatoren

In der Internetnutzung nehmen soziale Medien seit Jahren vor allem in jüngeren Zielgruppen eine entscheidende Rolle ein. Der 2006 gegründete Microbloggingdienst Twitter verzeichnet dabei gegenüber anderen etablierten Plattformen wie Facebook zwar eine deutlich geringere jedoch über Jahre stabil bleibende Nutzung. So zeigt der Vergleich der ARD/ZDF Onlinestudien aus den Jahren 2016 und 2018 (Koch und Frees 2016, 2018), dass die mindestens wöchentliche Nutzung von Twitter in der Altersgruppe der 14 bis 29-Jährigen (von 8 % auf 7 %) sowie den Altersgruppen der 30 bis 49-Jährigen und 50 bis 69-Jährigen (unverändert bei 5 % bzw. 3 %) langfristig etabliert bleibt, wobei die jüngste Altersgruppe der 14 bis 19-Jährigen 2018 mit 9 % die „intensivste" mindestens wöchentliche Twitternutzung aufweist.

Nichtsdestotrotz stellt Twitter ein einflussreiches soziales Medium dar, was an seiner spezifischen Kommunikationsarchitektur, vor allem aber an seinem öffentlichkeitsinduzierenden Charakter (Bruns und Burgess 2012; Sonnenfeld 2011; Thimm et al. 2011) sowie der Nutzung durch etablierte und einflussreiche Kommunikatorinnen und Kommunikatoren und der damit einhergehenden Nähe zu den Massenmedien liegt. So finden Tweet-Inhalte regelmäßig Eingang in die journalistische Berichterstattung, auch – aber nicht nur – auf speziell hierfür erschaffenen Sendeplätzen. Darüber hinaus hat sich die Verwendung von Hashtags auf die Nutzung in allen großen sozialen Medien und deutlich das Web hinaus in die massenmediale Öffentlichkeit ausgeweitet (Caleffi 2015).

Die spezifische Art, auf Twitter zu kommunizieren, ist dabei derart prägend, dass sie als „twittern" (Englisch für „zwitschern") bezeichnet wird. Die Kommunikationseinheiten sind Tweets, die eine Länge von ehemals 140 Zeichen grundsätzlich nicht überschreiten konnten[2]. Die Tweets sind potenziell allen Nutzenden des Dienstes, auch ohne Registrierung, zugänglich; also per se öffentlich. Eine Vernetzung der Nutzenden untereinander erfolgt über den „Folgen"-Button. Twitter bietet mit seinen vier spezifischen Operatoren *(@, #, Retweet, http://)* eine Bandbreite an kommunikativen Handlungsoptionen an, die dem Dienst trotz seines limitierten Zeichenraums eine qualitativ vielfältige Ausgestaltung der

---

[2]Allerdings finden bei den zentralen Twitterfunktionen immer wieder Modifikationen statt, sodass derzeit (Stand: November 2018) z. B. für integrierte URLs nur maximal 23 Zeichen berechnet werden, während angehängte Fotos, GIFs, Umfragen und geteilte Standorte sich gar nicht auf die limitierte Zeichenanzahl auswirken.

Tab. 9.1 Übersicht twitterspezifischer Kommunikationsoperatoren

Hyperlink *(http://)*	Der Operator *http://* ermöglicht es, in einen Tweet Hyperlinks und damit Inhalte von Websites einzubetten
@-reply-Funktion **@-mention-Funktion**	Über die @-reply-Funktion können Nutzende im eigenen Twitter-Stream Bezug auf Tweets und deren Autorinnen und Autoren nehmen, wodurch ein „kommentarähnlicher Bezugsrahmen" (Schmidt und Taddicken 2017, S. 26) entsteht. Über die @-Funktion kann neben der inhaltlichen Bezugnahme auch eine interpersonale Vernetzung erfolgen, indem in Tweets gezielt oder indirekt Empfangende, d. h. andere Accounts, adressiert werden (sog. ‚Mentions')
Hashtag (#)	Ordnungsmuster, auch Folksonomies genannt (Schmidt und Taddicken 2017), entstehen durch die Verschlagwortung mittels „(Hash)tags" über das #- Symbol, über das die Nutzenden Inhalte miteinander vernetzen und kontextualisieren können. Durch diese technische Verknüpfung werden sie aggregierbar sowie durchsuchbar gemacht
Retweet & Favorit	Das Zitieren, Weiterverbreiten und Empfehlen veröffentlichter Tweets wird innerhalb der Plattform über die Retweet- und Favoriten-Funktion ermöglicht

Quelle: Eigene Darstellung

interaktiven Bezugnahmen zwischen Akteuren und Inhalten ermöglichen (siehe Tab. 9.1).

Gleichzeitig strukturieren diese die kommunikativen Beziehungen und funktionalisieren die Twitterkommunikation. Basierend auf hypertextuellen Strukturen können hier mannigfache Bezüge zwischen Inhalten, Kontexten und Personen (Akteuren) hergestellt werden. Aufgrund seiner komplexen Kommunikationsstrukturen, die sich mehrdimensional über Themen- und Akteursnetzwerke hinweg artikulieren, erscheint Twitter als ein multifunktionales Medium, das sich durch die „Mischung aus Nachrichten, synchroner interpersonaler Kommunikation und sozialer Gruppenbildung auszeichnet" (Thimm et al. 2012, S. 300). Sonnenfeld (2011, S. 13) sieht hierin die Konstitution eines „völlig neuen Öffentlichkeitstypus".

Bezogen auf die *Akteurskonstellation* lässt sich hingegen feststellen, dass sich die Kommunikationsbeziehungen in diesem „hybridisierten" (Sonnenfeld 2011, S. 15) Kommunikationssystem nicht zwangsläufig wechselseitig gestalten (Plotkowiak et al. 2012). Thimm et al. (2011) bestätigen, dass bereits frühe Typologien soziale

Muster erkennen lassen. Es handelt sich insgesamt um ein „soziales Netzwerk mit gerichteten Beziehungen" (Plotkowiak et al. 2012, S. 108), in dem Follower und Followees in einem asymmetrischen, gar hierarchischen Verhältnis zueinander stehen. Dieses Ungleichgewicht kommt auch in der kleinen Anzahl an Nutzenden zum Ausdruck, die einen Großteil der Kommunikationsaktivitäten bei Twitter ausmachen (z. B. Bruns und Stieglitz 2012; Cha et al. 2012; Pearce et al. 2014).

Hinsichtlich der *Themenstrukturen* kommt Twitter ein herausragender Status bei der Induzierung von öffentlichen Diskursen zu. Insbesondere Hashtags haben sich dabei „als erfolgreiches Mittel bewährt, um Mikro-Netzwerke zu einem bestimmten Ereignis zu erstellen" (Plotkowiak et al. 2012, S. 108). Dabei entstehen neuartige themenzentrierte Interaktionsräume, in denen Interessengemeinschaften schnell und in Echtzeit Informationen und Meinungen austauschen können. Es formieren sich netzbasierte Versammlungs- und Themenöffentlichkeiten, die sich insbesondere um politische und öffentlichkeitsrelevante Ereignisse arrangieren (Sonnenfeld 2011; Thimm et al. 2011). Die Möglichkeit, sich sofort während oder unmittelbar nach einem Ereignis mit anderen darüber austauschen zu können, zeichnet soziale Medien gegenüber den Massenmedien aus, die im Normalfall nur ‚post hoc' (Bruns und Burgess 2012) darüber berichten können.

Allerdings geht die für Twitter charakteristische Ereigniskonzentration über die Funktion als „digitaler Backchannel" (Sonnenfeld 2011, S. 2) hinaus. Längst stellt Twitter nicht mehr nur eine Plattform der Anschlusskommunikation dar, sondern öffentliche Diskurse werden auch hier initiiert. Insofern sind Prozesse der Themensetzung und -konstruktion auf bzw. ausgehend von Twitter als wichtige Aspekte der Beteiligung in öffentlichen Diskursen anzusehen. Hierin begründet sich – trotz vergleichsweise geringer Nutzendenzahlen – schließlich auch die Relevanz von Twitter als einflussstarkes soziales Medium.

9.3 Wissenschaftskommunikation & Klimawandeldiskurs auf Twitter

Bislang wurde Twitter vorwiegend im Rahmen politischer Kommunikation, insbesondere zu Wahlkämpfen (z. B. Jürgens und Jungherr 2011; Thimm et al. 2012) oder Krisenkommunikation (z. B. Bruns et al. 2012) untersucht. Außerdem wurde Twitter während der Proteste im Nahen Osten (z. B. Howard et al. 2011; Ketzer et al. 2011; Wessler und Brüggemann 2012) im Zusammenhang mit der Verbreitung von Informationen und Nachrichten Aufmerksamkeit zuteil.

Da sowohl die Nutzung von sozialen Medien wie Twitter und Facebook als auch die Verwendung von Internetplattformen als Informationsquelle zu wissenschaftlichen Themen insgesamt zunehmen (z. B. Cody et al. 2015; Lörcher und

Neverla 2015), wird mittlerweile gemeinhin anerkannt, dass die Untersuchung der Kommunikation in sozialen Medien für die Erforschung öffentlicher Diskurse zum Klimawandel immer mehr an Bedeutung gewinnt (z. B. Kiriłenko und Stepchenkova 2014; Newman 2016; Veltri und Atanasova 2015; Williams et al. 2015). Der Klimawandeldiskurs artikuliert sich zusehends online-offline übergreifend (Williams et al. 2015). Weil der Microbloggingdienst mitunter sogar der massenmedialen Berichterstattung vorgezogen wird, kommt Twitter hier besondere Bedeutung zu, z. B. wenn in der Online-Ausgabe der *taz* nach Ende der COP 21 verlautet wird: „Wer aktuelle News zum Klimagipfel erfahren wollte, musste schon auf Twitter schauen." (Kreutzfeldt 2015). In Folge solcher Einsichten nimmt auch die Erforschung der Kommunikation wissenschaftlicher Gegenstände auf Twitter zu.

Während einige Arbeiten dabei längerfristige Diskursentwicklungen (Cody et al. 2015; Kirilenko und Stepchenkova 2014) oder kürzere, zufällig gewählte Kommunikationsausschnitte (Veltri und Atanasova 2015; Williams et al. 2015) fokussieren, ist vielen anderen Studien gemein, dass sie den Twitterdiskurs ereignisorientiert untersuchen (z. B. Newman 2016; Pearce et al. 2014; Segerberg und Bennett 2011). Im Zusammenhang mit Anlässen wie den Veröffentlichungen der IPCC-Berichte sowie den UN-Klimakonferenzen wird dabei von einer erhöhten öffentlichen Aufmerksamkeit und Diskursaktivität ausgegangen. Für den Klimawandeldiskurs zeigen Cody et al. (2015), dass Ereignisse – positive wie negative – die Aktivität von Twitter-Nutzenden anzuregen vermögen und sich in solch ereignisspezifischen Zusammenhängen Einstellungen und Meinungen zu einem Thema verändern können (An et al. 2014).

Öffentliche Diskurse zum Klimawandel anhand von Twitter zu untersuchen, wird neben der charakteristischen ereigniszentrierten Kommunikation, die das Beobachten öffentlicher Meinungs- und Gemeinschaftsbildungsprozesse ermöglicht (z. B. Pearce et al. 2014; Williams et al. 2015), des Weiteren mit der spezifisch verdichteten Kommunikationsstruktur des Microbloggingdienstes (Kirilenko und Stepchenkova 2014) und der damit einhergehenden Reichhaltigkeit dieser Daten (Veltri und Atanasova 2015) begründet. Diese erlauben es, vielfältige technische, thematische und strukturell-konversatorische Dimensionen der Kommunikation zu erforschen, weshalb viele Studien multiperspektivisch mehrere unterschiedliche Aspekte gleichzeitig fokussieren (Veltri und Atanasova 2015).

Bezüglich Aspekten der Themenkonstruktion zeigt der bisherige Forschungsstand, dass gegenüber der massenmedialen Berichterstattung in der Online-Kommunikation generell stärker wissenschaftliche Aspekte Gegenstand der Diskurse zum Klimawandel sind (z. B. Lörcher und Neverla 2015; Lörcher und Taddicken 2015). Die Twitterkommunikation präsentiert in dieser Hinsicht einen „multidimensionalen Diskurs" (Veltri und Atanasova 2015, S. 1), in dem unterschiedliche Aspekte und Perspektiven im Zusammenhang mit dem Klimawandel und seinen Auswirkungen kommuniziert werden (hierzu auch Newman 2016; Pearce et al. 2014). Ferner wirken sich bestimmte externe Faktoren und Ereignisse, wie z. B. Naturkatastrophen, Wahlkampagnen und politische Großereignisse auf lokale und globale Themenkonstruktionsprozesse (Kirilenko und Stepchenkova 2014) sowie unterschiedliche Wahrnehmungen und Meinungen in der Konversationen über den Klimawandel auf Twitter aus (An et al. 2014; Cody et al. 2015).

Die Beteiligung im Twitterdiskurs zum Klimawandel betreffend zeigen die Untersuchungen von Segerberg und Bennett (2011) zur Protestkommunikation und -organisation via Twitter während der COP15 sowie von Pearce et al. (2014) zur Twitter-Nutzung nach der Veröffentlichung des 5. IPCC-Sachstandsberichts, dass sich online auch Laien bzw. Nicht-Elite-Akteure, wie individuelle Bloggerinnen und Blogger, Aktivistinnen und Aktivisten und besorgte Bürgerinnen und Bürger (Newman 2016) zu Themen des Klimawandelkomplexes äußern (hierzu auch Lörcher und Taddicken 2015). Bezüglich der aktuell diskutierten emanzipatorischen Erwartungen, dass durch soziale Medien eine breitere Beteiligung und intensivere Einflussnahme unterschiedlicher Akteure – insbesondere von Bürgerinnen und Bürgern – in Wissenschaftsdiskursen stattfindet, zeichnen bisherige Analysen der Quellen und Dynamiken geteilter Informationen jedoch kein durchweg einheitliches Bild: So kommen Kirilenko und Stepchenkova (2014) sowie Veltri und Atanasova (2015) zu dem Schluss, dass Informationsflüsse zum Klimawandel auf Twitter insgesamt zentralisiert verlaufen und sich Diskussionen hinsichtlich referenzierter Quellen um wenige etablierte bzw. traditionelle Medienorganisationen und prominente Kommunikatorinnen und Kommunikatoren arrangieren. Newmans Untersuchungen der Twitterkommunikation anlässlich der Veröffentlichung des 5. IPCC-Berichts (Newman 2016) sprechen angesichts der vergleichsweise hohen Kommunikationsaktivität von Nicht-Elite-Akteuren hingegen dafür, dass die Informationsflüsse im Microbloggingdienst stärker als bisher durch eine Bandbreite verschiedener, dezentralisierter Akteure geprägt sind. Zudem demonstrieren seine Ergebnisse, dass traditionelle ‚Mainstream'-Medien zwar immer noch die am meisten diskutierten Quellen im analysierten Twitterdiskurs darstellen, diese allerdings zunehmend mit diversen neueren Medienquellen wie Blogs, reinen Online-Medienorganisationen, speziellen Wissenschaftsmedien und traditionellen Wissenschaftsmagazinen um Aufmerksamkeit konkurrieren.

Bisherige Forschungsergebnisse führen somit vor Augen, dass relevante Themen rund um den Komplex Klimawandel zu einem bedeutenden Anteil auch in sozialen Medien verhandelt werden. Die Twitterforschung stellt in diesem

Zusammenhang ein dynamisches und hoch diverses Forschungsfeld dar, in dem bisherige Arbeiten noch keine durchgehend einheitlichen Erkenntnisse zeitigen und allgemeingültige Schlüsse zulassen.

9.4   Erkenntnisinteresse & Forschungsfragen

Die Untersuchung der *Beteiligung* und *Themenkonstruktion* in der Klimawandelkommunikation auf Twitter erscheint aus Rezipierenden- bzw. Nutzendenperspektive besonders relevant, weil Nutzende in den Online-Umgebungen der sozialen Medien selbst maßgeblich an der Themenkonstruktion beteiligt sind. Hieraus resultiert also ein doppeltes, *akteurs-* wie auch *inhaltsorientiertes* Erkenntnisinteresse, welches sich auf folgende Kernaspekte fokussieren lässt: **Wer** *beteiligt sich* **warum** *und* **wie** *im Twitterdiskurs zum Klimawandel?*

Ebenso wie einige der im Forschungsstand angeführten Studien ist somit auch die hiesige Untersuchung multiperspektivisch angelegt. Ergänzend zu diesen Arbeiten stehen hier indes stärker die Nutzung der medientechnischen Funktionalitäten, also die Verwendung der twitterspezifischen Operatoren sowie die Frage nach Motiven und Interaktionsmodi im Zentrum der Analyse von Beteiligungs- und Themenkonstruktionsprozessen. Entlang der benannten Kernaspekte (*Wer, Warum, Wie*) lassen sich hierzu folgende Forschungsfragen ableiten und ausdifferenzieren:

FF1: Wer beteiligt sich im Twitter-Diskurs zum Klimawandel?

Da auf Twitter ein Netzwerk zwischen Akteuren und den von ihnen geteilten Inhalten entsteht, ist im Hinblick auf Prozesse der Beteiligung und Themenkonstruktion zunächst zu erheben, wer sich an diesen Diskursen beteiligt. Weiterhin sind möglichst differenzierte Aufschlüsse über diese Nutzenden zu gewinnen: Neben demografischen Merkmalen ist hier z. B. auch relevant, welche Akteure vertreten sind bzw. in welcher Funktion getwittert wird und wie gut sich die Nutzenden mit den Themen Klimawandel und Klimapolitik auskennen.

FF2: Warum und **wie** wird sich im Twitter-Diskurs zum Klimawandel beteiligt?

Für die Untersuchung der Beteiligung ist überdies zentral, möglichst viel über die Nutzungsmotive sowie das Nutzungsverhalten zu erfahren, z. B. in welchem Umfang die Plattform genutzt wird, welche Nutzungsmotivationen entscheidend dafür sind, ob die Art der Nutzung stärker informationsorientiert oder dialogisch ausgeprägt ist und wie die medientechnischen Funktionalitäten dementsprechend verwendet werden.

FF3: Wie wird der Klimawandel kommunikativ konstruiert – unter besonderer Berücksichtigung der Komplexität des Themas?

In Anbetracht der für Wissenschaftsthemen wie den Klimawandel charakteristischen Komplexität gilt es zu hinterfragen, wie dieser abstrakte Gegenstand in den dynamischen, non-linearen und vielfach auf Reduktion zielenden Kommunikationsumgebungen der sozialen Medien kommunikativ konstruiert und bewältigt wird.

Diesbezüglich ist zu untersuchen, wie die medientechnischen Funktionen eingesetzt werden, um Informationen und den sozialen Austausch zum Klimawandel zu organisieren, d. h. diesbezügliche Inhalte auf engem Raum zu integrieren und zu verknüpfen. Schließlich wirkt sich dies unmittelbar auf die inhaltliche Themenkonstruktion und damit darauf aus, wie der Klimawandel auf Twitter kommuniziert und rezipiert wird.

9.5 Methodentriangulation

Um dem doppelten – *akteurs-* wie *inhaltsorientierten* – Erkenntnisinteresse gerecht zu werden, wird hier eine *Methodentriangulation* in Form einer standardisierten Online-Inhaltsanalyse plus einer standardisierten Online-Befragung umgesetzt (siehe Tab. 9.2).

Tab. 9.2 Forschungsdesign

Methodentriangulation	
Online-Inhaltsanalyse (standardisiert)	Online-Befragung (standardisiert)
Erhebung 19.UN-Klimakonferenz Warschau 2013 (02.11.-29.11.2013)	Erhebung 21.UN-Klimakonferenz Paris 2015 (02.12.-20.12.2015)
n=159 Tweets aus 1.605 Tweets zum #Klimawandel (per Crawler)	n=108 (Rekrutierung per direkter Ansprache und Schneeballprinzip)

Quelle: Eigene Darstellung

Beide Teilstudien schließen inhaltlich und ereignisspezifisch aneinander an. So werden mit der Online-Inhaltsanalyse schwerpunktmäßig Aspekte der *Themenkonstruktion* untersucht, während bei der Online-Befragung Aspekte der *Beteiligung* stärker im Vordergrund stehen, alle Kernaspekte *(Wer, Warum, Wie)* sind jedoch in beiden methodischen Modulen – mit unterschiedlichen Ausprägungen – integriert. Zudem wird die klimawandelbezogene Twitterkommunikation in beiden Teilstudien parallel zu einer UN-Klimakonferenz untersucht. Die Online-Inhaltsanalyse bezieht sich auf die Kommunikation unter dem Hashtag #Klimawandel parallel zur UN-Klimakonferenz in Warschau 2013, die Online-Befragung wurde im Zeitraum der UN-Klimakonferenz 2015 in Paris durchgeführt.

9.5.1 Methodisches Vorgehen: Online-Inhaltsanalyse

Die allgemeine Erforschung von Twitter ist mittlerweile stark ausdifferenziert und konzentriert sich sowohl auf inhaltliche als auch akteursorientierte Kommunikationsaspekte. Methodisch haben sich hierbei quantitative und zunehmend automatisierte Verfahren etabliert. So werden z. B. (soziale) Netzwerkanalysen angewendet (z. B. Bruns und Stieglitz 2012; Cheong und Cheong 2011), um Verbindungen zwischen Tweetautorinnen und -autoren wie auch Tweets zu ermitteln. In Online-Inhaltsanalysen hingegen werden vermehrt dialogische und interaktive Kommunikationsmuster oftmals an der Anzahl von @-Tweets und Retweets gemessen, also auf quantitativer Basis ermittelt (z. B. Elter 2013; Thimm et al. 2012). Qualitative Betrachtungen der Kommunikationsmuster fehlen bislang weitestgehend.

Diese Lücke wird mit der hiesigen Online-Inhaltsanalyse insofern aufgegriffen, als dass sich den Aspekten der *Beteiligung* und *Themenkonstruktion* mit einem deduktiv-induktiv gebildeten Kategoriensystem genähert wird. Dieses erfasst schwerpunktmäßig Angaben zu den twitternden Akteuren, den Verwendungsweisen der spezifischen Kommunikationsoperatoren (@, #, RT, http://), den inhaltlichen Themen der Tweets sowie zu den kommunikativen Handlungsdimensionen im Konstruktionsprozess. Bei der Entwicklung des Kategoriensystems wurde sich an dem Codebuch zur Online-Inhaltsanalyse aus Phase III des DFG-Projektes „Klimawandel aus Sicht der Medienrezipienten" orientiert und an inhaltliche Variablen zu Themen, Darstellungen des Klimawandels, Akteuren, Formen der Kommunikation und Bewertungen angelehnt. Ergänzend dazu wurden induktive Kategorien zu den twitterspezifischen technischen Aspekten und Handlungsdimensionen der Kommunikation gebildet (siehe Tab. 9.3 sowie Auszug des Codebuchs im Anhang).

Tab. 9.3 Untersuchungskomplexe der standardisierten Online-Inhaltsanalyse

Standardisierte Online-Inhaltsanalyse
Untersuchungskomplexe

Akteure	Entsprechend FF1 (***Wer beteiligt sich im Twitter-Diskurs zum Klimawandel?***) wurden Tweetautorinnen und -autoren auf Basis ihrer *Selbstbeschreibungen* im Twitterprofil als *Akteure* kategorisiert[1], z. B. ob es sich um *Bürgerinnen und Bürger*, *zivilgesellschaftliche*, *politische* oder *mediale* Akteure handelt
Inhalte	Um die inhaltliche Konstruktion des Themas gemäß FF3 (***Wie wird der Klimawandel kommunikativ konstruiert?***) zu erschließen, wurden die Tweetinhalte über die Variable des *Hauptthemas* erhoben
Operatoren	Da sich auf Basis des Einsatzes der twitterspezifischen Operatoren (@, #, RT, http://) sowohl Erkenntnisse über *Interaktionsmodi* als auch die *inhaltliche Konstruktion des Themas* gewinnen lassen, zielte die Untersuchung ihrer Verwendungsweisen gleichermaßen auf die Beantwortung von FF2 (***Warum und wie wird sich im Twitter-Diskurs zum Klimawandel beteiligt?***) als auch auf FF3 (***Wie wird der Klimawandel kommunikativ konstruiert?***). Angelehnt an das funktionale Operatorenmodell von Thimm et al. (2012) sind die medientechnischen Funktionalitäten sowohl auf Operatoren-, Text- und Handlungsebene detailliert betrachtet worden. Neben der Häufigkeit des Einsatzes der Operatoren wurde in diesem Zuge z. B. auch erfasst, *wer* mit dem Operator @ adressiert wurde, welchen *Inhalt* der jeweilige Hashtag hatte, Tweets welcher *Akteure retweetet* wurden oder auf welchen *Inhalt* eingefügte Links verwiesen
Handlungen	Zur Beantwortung von FF2 (***Warum und wie wird sich im Twitter-Diskurs zum Klimawandel beteiligt?***) lässt die Inhaltsanalyse zwar keine direkten Rückschlüsse auf Motive zu, sie erlaubt es jedoch, die kommunikativen Handlungen im Gesamtkontext der Tweets zu identifizieren. So wurde z. B. erhoben, ob die *Äußerung der eigenen Meinung* im Vordergrund steht, *Kritik* geübt oder eine *Frage* gestellt wird, was wichtige Einsichten über Beteiligungsarten und -formen beisteuert

Quelle: Eigene Darstellung

[1]Da die Selbstbeschreibungen der Twitterautorinnen und -autoren bei der Archivierung der Tweets nicht erfasst wurden, wurden die entsprechenden Informationen während des Analysevorgangs erhoben und codiert. Die Selbstbeschreibungen und damit die Rolle, in der die Akteure auf Twitter aktiv gewesen sind, können zum Veröffentlichungs- und Analysezeitpunkt des Tweets unterschiedlich formuliert gewesen sein, wovon aber nicht prinzipiell auszugehen ist.

Die empirische Grundlage der inhaltsanalytischen Untersuchungen stellt die Twitterkommunikation rund um die 19. UN-Klimakonferenz in Warschau vom 11. bis 23. November 2013 dar. Mit dem Crawler Facepager konnten in diesem Zeitraum 1605 Tweets zum Hashtag #Klimawandel erfasst werden.

Für die Untersuchung wurde aus diesen Tweets per systematischer Zufallsauswahl eine Stichprobe von 159 Tweets herangezogen. Der vergleichsweise geringe Stichprobenumfang lässt sich vor allem aus forschungspragmatischen Gründen der manuell durchgeführten Codierung erklären. So wurden mit dem detaillierten Kategoriensystem nicht nur die reinen Tweet-Texte, sondern auch jegliche referenzierten Objekte analytisch erfasst. Jeder Tweet wurde so einer Analyse von insgesamt 67 Variablen unterzogen. Die Analyse wurde von zwei Codiererinnen durchgeführt. Die Intercoder-Reliabilitäten nach Holsti lagen zwischen 0,8 und 1.

9.5.2 Methodisches Vorgehen: Standardisierte Online-Befragung

Die standardisierte Online-Befragung konzentriert sich stärker auf die Untersuchung der *Beteiligung*. Hierfür wurden vor allem Angaben zu den sich am Klimawandeldiskurs beteiligenden *Akteuren,* ihrem *Nutzungsverhalten, Informiertheit, Nutzungsmotivation* sowie den *Inhalten* ihrer Twitternutzung untersucht (siehe Tab. 9.4 sowie Auszug des Fragebogens im Anhang). Die Befragung wurde im Zeitraum der UN-Klimakonferenz 2015 vom 02.12.– 20.12.2015 durchgeführt. Die Rekrutierung erfolgte via Twitter per Schneeballprinzip, indem der Link zur Online-Befragung in den durch entsprechende Hashtags, wie z. B. #COP21, gekennzeichneten Themenöffentlichkeiten verbreitet wurde sowie über die direkte Ansprache von Nutzenden, die aktiv zur UN-Klimakonferenz twitterten – eine Rekrutierungspraxis, die insgesamt für eine thematische Nähe zum Untersuchungsgegenstand sorgte (Eble et al. 2014). Insgesamt nahmen 108 Twitter-Nutzende an der Befragung teil. Es handelt sich hierbei um eine selbst rekrutierte und keineswegs repräsentative Stichprobe, die jedoch trotzdem interessante Einblicke erlaubt.

Tab. 9.4 Untersuchungskomplexe der standardisierten Online-Befragung

Standardisierte Online-Befragung Untersuchungskomplexe
Akteure Entsprechend FF1 (*Wer beteiligt sich im Twitter-Diskurs zum Klimawandel?*) wurden Erkenntnisse über die teilnehmenden Nutzenden durch *demografische Merkmale* (Alter, Geschlecht, Tätigkeit und Bildungsgrad), Angaben zu ihrer *generellen Nutzungshäufigkeit (rezipierend* und *produzierend),* der Funktion, in der sie Twitter nutzen sowie ihrer *Informiertheit* über die Themen Klimawandel und Klimapolitik gewonnen
Motive Zur Beantwortung von FF2 (***Warum* und *wie* wird sich im Twitter-Diskurs zum** *Klimawandel beteiligt?*) wurde die Nutzungsmotivation erhoben, wobei die einzelnen Fragen entlang der Motivkomplexe *Links teilen (Informationsverbreitung), Meinungsäußerung, Diskussion* und *Mobilisierung* gruppiert sind
Inhalte Der Aspekt der Themenkonstruktion wurde entsprechend FF3 (*Wie wird der Klimawandel kommunikativ konstruiert?*) durch Fragen danach aufgegriffen, zu welchen *Themenaspekten* von Klimawandel und Klimapolitik Tweets gelesen und selbst verfasst werden. Hier wird z. B. zwischen *wissenschaftlichen, wirtschaftlichen, politischen* und *ereignisspezifischen* Aspekten unterschieden

Quelle: Eigene Darstellung

9.6 Ergebnisse

9.6.1 FF1: Wer beteiligt sich? Akteure im Twitterdiskurs zum Klimawandel

Die standardisierte Online-Inhaltsanalyse zeigt, dass aktive Tweetautorinnen und -autoren mehrheitlich Bürgerinnen und Bürger (57 %) sowie andere zivilgesellschaftliche Akteure (23 %) sind. Politische (6 %), wirtschaftliche (3 %) und wissenschaftliche (2 %) Akteure partizipieren hingegen erwartungsgemäß selten am Twitterdiskurs zum Klimawandel. Auch als Medienvertreterinnen und -vertreter eingeordnete Akteure wie Journalistinnen und Journalisten oder Twitteraccounts von Medien wie dem *Spiegel* konnten demgegenüber nur in vergleichsweise geringem Ausmaß von 7 % identifiziert werden. Diese Feststellung

Tab. 9.5 Charakteristika der befragten Twitternutzenden (standardisierte Online-Befragung)

Beteiligte Akteure (standardisierte Online-Befragung)	
Alter	**Große Spannweite** M (SD) = 37,1 Jahre (12,4) 34 % sind jünger als 30 Jahre, 16 % sind älter als 50 Jahre
Geschlecht	**Ungleichgewicht** 74 % der Befragten sind Männer, „nur' 24 % sind Frauen
Bildung	**Hochgebildete** 73 % sind Akademikerinnen und Akademiker, 16 % verfügen über Hochschulreife
Nutzung	**Vielnutzende** 38 % lesen und schreiben mehrmals täglich Tweets, „nur' 7 % twittern überhaupt nicht selbst
Informiertheit	**Gut Informierte** Informiertheit Klimawandel M (SD) = 3,98 (,907) Informiertheit Klimapolitik M (SD) = 3,69 (1,063) Skala: 1 – 5 = sehr schlecht – sehr gut

Quelle: Eigene Darstellung

korrespondiert weitestgehend mit den Ergebnissen vorangegangener Untersuchungen, die eine mehrheitliche Beteiligung von Laien befunden haben (z. B. Lörcher und Taddicken 2015; Newman 2016).

Die grobe Differenzierung nach Akteursgruppen konnte durch die *standardisierte Online-Befragung* noch weiter ergänzt werden: Bei den Befragten handelt es sich auch hier um Menschen, die überwiegend „als Privatpersonen" (66 %) Twitter nutzen. Mit einer Spanne von 16 bis 71 Jahren sind die befragten Twitternutzenden zumindest hinsichtlich ihres Alters von einer Diversität geprägt, die weitestgehend mit der generellen Altersstruktur der Nutzerschaft des Microbloggingdienstes korrespondiert (siehe Abschnitt 9.2, S. 235). Obgleich sich eine relativ weite Altersspanne aufzeigt, weist diese Nutzendengruppe andererseits eine ausgeprägte Homogenität auf, die sich in einem *Ungleichgewicht der Geschlechterverteilung,* einem *überdurchschnittlichen Bildungsniveau,* einer nach Selbsteinschätzung *hohen Informiertheit über die Themen Klimawandel und Klimapolitik* und einer *intensiven Twitternutzung* ausdrückt (siehe Tab. 9.5).

Die homogenen Ausprägungen dieser Variablen zeigen, dass die Klimawandelkommunikation auf Twitter im Wesentlichen durch eine spezifische Gruppe erfolgt. Insbesondere das überdurchschnittliche Bildungsniveau legt dabei den Eindruck nahe, dass es sich hierbei um einen Elitendiskurs handelt, was unter Bezug auf bestehende Studien allerdings tiefergehend zu diskutieren ist (siehe Abschn. 9.7 *Diskussion und Fazit*).

9.6.2 FF2: Warum und wie wird sich beteiligt? Nutzungsmotive, kommunikative Handlungsdimensionen und Interaktionsmodi im Twitterdiskurs zum Klimawandel

Bei den durch die Online-Befragung ermittelten *Nutzungsmotiven* steht das Teilen von Links, z. B. zu journalistischer Berichterstattung deutlich im Vordergrund: 48 der 79 Nutzenden (61 %), die zu klimabezogenen Themen getwittert haben, nennen dieses Motiv. Das Twittern von Links zu eigenen Veröffentlichungen wie Blogeinträgen oder Podcasts wird 23-mal genannt (29 %). Auch der Bereich der Meinungsäußerung nimmt bei den Nutzungsmotiven eine besondere Rolle ein: 35 Nutzende (44 %) geben an, allgemein Meinungen und Gefühle geäußert zu haben, jeweils 32 (41 %) üben via Twitter aktiv Kritik an der Konferenz oder der Klimapolitik allgemein und reagieren auf die mediale Berichterstattung. Mobilisierung und klimabezogenes Engagement sind mit 33 Nennungen (42 %) ebenfalls von Bedeutung, die konkrete Mitarbeit an oder Koordination von Protesten spielt aber bei nur sieben Befragten (9 %) eine Rolle. Die Diskussion mit anderen Nutzenden, Journalistinnen und Journalisten, Politikerinnen und Politikern oder Wissenschaftlerinnen und Wissenschaftlern fällt deutlich ab: Mit anderen Personen, die eine ähnliche Position vertreten wie die eigene, tauschen sich immerhin 14 der 79 aktiven Befragten aus (18 %); mit Wissenschaftlerinnen und Wissenschaftlern nur sechs (8 %). Die Ergebnisse unterstreichen also vor allem die Bedeutung der Äußerung von Meinungen und Gefühlen als Nutzungsmotivation: Rund drei Viertel aller Nutzenden, die selbst zu klimabezogenen Themen twittern, tun dies (unter anderem), um ihre Position oder Einstellung zu veröffentlichen, politische Aspekte zu kritisieren oder auf die mediale Berichterstattung zu reagieren.

Die Ergebnisse der Online-Befragung zu den Nutzungsmotiven korrespondieren überwiegend mit den im Rahmen der Online-Inhaltsanalyse ermittelten *kommunikativen Handlungsdimensionen*. Am häufigsten werden in den Tweets Warnungen (42 % der 146 codierten Handlungsdimensionen) formuliert bzw. weitergeleitet:

Der **#Klimawandel trifft uns alle** http://t.co/iCcftev2aA Schön gemachtes Video von Germanwatch. #Klimagerechtigkeit

Überdies kommt – ebenso wie in der Online-Befragung – Meinungs- und Kritikäußerungen (30 %; 29 %) ein zentraler Stellenwert zu. Gleichzeitig sind auch hier interaktionsorientierte Dimensionen wenig ausgeprägt; unter der Kategorie „Mobilisierung" wurden Tweets codiert, die u. a. einen Aufruf beinhalteten, sich

z. B. für den Klimaschutz zu engagieren. Das kommt in nur 9 % der codierten Dimensionen vor. Auch kommunikative Handlungen wie Diskussionen oder Provokationen (jeweils mit 3 %) finden so gut wie gar nicht im Rahmen der Twitterkommunikation statt.

Die Analyse der *Interaktionsmodi* auf Basis der Verwendungsweisen der Operatoren unterstützt den Befund, dass zum Thema Klimawandel wenig Interaktion oder Vernetzung auf Twitter stattfindet. Die interaktionsorientierten Operatoren Retweet (RT) und @ werden vergleichsweise selten eingesetzt. Bei nur 30 % aller Tweets handelte es sich um einen Retweet. Unter den kategorisierten Akteuren sind 37 % Medien bzw. Medienvertreterinnen und -vertreter:

> **RT @zeitonline**: Der Anstieg des Meeresspiegels macht Sturmfluten zu einer größeren Gefahr für Küstenbewohner. #Klimawandel #un http://t.co/...

Entsprechend der allgemein asymmetrisch ausgeprägten Follower-Followees Strukturen (Plotkowiak et al. 2012) überrascht es des Weiteren nicht, dass Bürgerinnen und Bürger zwar die größte Gruppe der Twitterautorinnen und -autoren zum *#Klimawandel* stellen, ihre Tweets aber mit nur 13 % vergleichsweise selten retweetet werden. Noch seltener kommt der Operator @ zum Einsatz. Er wird in nur 17 % aller Tweets verwendet, um überwiegend Medien bzw. Medienvertreterinnen und -vertreter (61 %) zu adressieren. Dies diente jedoch in den wenigsten Fällen dazu, in einen Dialog zu treten, sondern wurde als Form der indirekten Zitation oder Referenzierung (sog. ‚Mentions') angewendet, beispielsweise, um die Herkunft eines Links deutlich zu machen:

> #Uno-Entwurf: #Klimawandel verschärft #weltweite #Nahrungsnot http://t.co/ Sw901IZW0A **via @SPIEGELONLINE**

Für die Frage, *warum* sich im Twitterdiskurs zum Klimawandel beteiligt wird, lässt sich somit festhalten, dass hier informationsorientierte und reaktive, auf Kommentierung zielende Beweggründe gegenüber proaktiven, interaktionsorientierten Motiven insgesamt überwiegen.

9.6.3 FF3: Wie wird sich beteiligt? Die kommunikative Konstruktion des Klimawandels im Twitterdiskurs

Hinsichtlich der in der Online-Inhaltsanalyse durchgeführten Untersuchungen der *Verwendungsweisen der Operatoren* zeigt sich, dass Hashtags und Hyperlinks eine zentrale Rolle in der kommunikativen Konstruktion des Klimawandels zukommt.

Der Operator Hashtag (#) ist mit 396 Verwendungen (ca. 2,5 Hashtags pro Tweet) der mit Abstand am häufigsten verwendete Operator in den untersuchten Tweets. Neben dem Hashtag „Klimawandel" sind insgesamt noch 237 weitere Hashtags vergeben worden, wodurch das Thema in unterschiedliche Sinnkontexte gesetzt wird, u. a. durch die Verschlagwortung mit Begriffen aus dem Bereich Umwelt und Natur (20 %), mit der Nennung von politischen Akteuren (11 %) und dem Taggen von Orten (9 %):

> Nur 90 Konzerne verursachen 60 % aller Klimagase – und in **#Warschau** gibts keine Ergebnisse **#COP19 #Klima #Klimawandel** http://t.co/B1I2Rg1P6K

Begriffe, die als politische Ereignisse codiert werden konnten, werden in 7 % der Fälle verschlagwortet. Inhaltlich ist das auch damit zu begründen, dass die Erhebungsphase der Tweets im Rahmen der UN-Klimakonferenz stattfand und der thematische Bezug dadurch gegeben war.

Für die Integration und Verknüpfung von Inhalten ist außerdem der Operator Hyperlink wichtig, der fast in jedem untersuchten Tweet verwendet wird (87 %). Überwiegend werden dabei massenmediale Inhalte (60 %) und Inhalte aus Expertenarenen (34 %) geteilt, die auf politische wie (natur-)wissenschaftliche Informationen aus Online-Magazinen und Blogs wie *Klimaretter.info* und *Scilogs* oder Websites von NGOs wie *WWF* und *Greenpeace* verweisen[3]:

> RT **@WWF_Deutschland**: #Klimawandel konkret: der Siebenschläfer beendet Winterschlaf zu früh und frisst die Vogelbrut http://t.co/ugvoUPbIXb ...

Durch diese Formate hypertextueller Verweise – die Online-Kommunikation generell kennzeichnet – wird es also ermöglicht, unterschiedlichste Inhalte von verschiedenen Plattformen und Medien auf Twitter einzubinden, wodurch die Komplexität des Themas Klimawandel abgebildet wird.

Dass der Klimawandel in unterschiedlichen Facetten wahrgenommen und ver-handelt wird, zeigt sich überdies in der Verortung des Hashtags #Klimawandel innerhalb der Bereiche Politik (27 %), Wissenschaft (23 %), Naturthemen (18 %) und Umweltkatastrophen (12 %) sowie Wirtschaft (7 %) als Hauptthema der Tweets. Dies verdeutlicht, dass der Klimawandel nicht per se als politisches oder

---

[3]Anders als im Beitrag von Lörcher und Taddicken in diesem Band, Kap. 7 werden hier NGOs als Akteure der Expertenarena gefasst. Die spätere Weiterentwicklung des Arenen-konzepts, wie es in Kap. 7 von Lörcher & Taddicken vorgestellt wird, fand hier noch keine Anwendung.

wissenschaftliches Thema gilt, sondern in unterschiedlichen Zusammenhängen je spezifische Bedeutungszuschreibungen erfährt:

> Wann beginnen **unsere Politiker** endlich, statt krämerseelig um EEG-Cents zu feilschen, den #Klimawandel ernst zu nehmen #GroKo #climatechange

Dies wird auch durch die Befunde der Online-Befragung bekräftigt. Bei der Frage, zu welchen klimabezogenen Themen die Befragten während der Konferenz bevorzugt Tweets anderer Nutzenden gelesen bzw. selbst getwittert haben, zeigt sich, dass der Klimawandel differenziert rezipiert und kommuniziert wird. Im Ereigniskontext beschäftigt dabei einen Großteil der Befragten vor allem die Klimakonferenz selbst: 69 % geben an, Tweets zur COP21 gelesen zu haben. Die unmittelbar damit verbundenen Themen Klimapolitik und Klimawandel folgen mit 45 % (Klimapolitik) und 43 % (Klimawandel). Bemerkenswerterweise finden aber auch andere Aspekte rund um den Klimawandel relativ große Beachtung. So geben rund ein Drittel der Befragten an, auch Tweets zu wissenschaftlichen Erkenntnissen rund um den Klimawandel zu lesen (33 %) und auch wirtschaftliche Aspekte werden von immerhin 19 % der Befragten rezipiert.

Diese Einsichten bekräftigen nachdrücklich, dass es sich beim Klimawandel um ein kommunikativ konstruiertes Thema handelt, welches differenziert rezipiert und kommuniziert wird (hierzu auch Newman 2016; Pearce et al. 2014; Veltri und Atanasova 2015). Ebenso wird hierbei bestätigt, dass professionelle und etablierte Instanzen wie traditionelle Massenmedien einen einflussreichen Deutungsrahmen im Twitterdiskurs zum Klimawandel stiften (hierzu auch Kirilenko und Stepchenkova 2014; Veltri und Atanasova 2015).

9.7   Diskussion & Fazit

Mit der vorgestellten ‚Mixed-Methods-Studie' wurden Prozesse der *Beteiligung* und *Themenkonstruktion* unter der umfassenden Fragestellung: *Wer beteiligt sich **warum** und **wie** im Twitterdiskurs zum Klimawandel?* untersucht.

Die Ergebnisse sind allerdings unter Vorbehalt gewisser methodischer Einschränkungen zu betrachten: So kann einerseits angesichts der unterschiedlichen Erhebungszeitpunkte der Online-Inhaltsanalyse und Online-Befragung nicht von einer durchweg konsequenten Triangulation, sondern eher von perspektivisch aufeinander aufbauenden Untersuchungen gesprochen werden. Zudem muss die Aussagekraft der Ergebnisse entsprechend des Umfangs und der Qualität der zugrunde liegenden Stichproben der Online-Inhaltsanalyse und Online-Befragung relativiert werden. Trotz dieser Einschränkungen bestätigen sich die Ergebnisse beider Studien überwiegend gegenseitig und konnten insgesamt aufschlussreiche Erkenntnisse zur Beantwortung bestehender Fragen beitragen sowie zur weiteren Forschung anregen. So lässt sich auf Basis der Ergebnisse folgendes abschließendes Gesamtbild zeichnen:

I) Zur Frage danach, *wer sich am Klimawandeldiskurs auf Twitter beteiligt,* lässt sich festhalten, dass auf Twitter zwar überwiegend Laien zum Klimawandel kommunizieren, es sich aber um den Diskurs einer ausgesprochen homogenen Gruppe, nämlich von hochgebildeten und gut informierten Vielnutzenden handelt. Angesichts dessen liegt es nahe, den Twitterdiskurs einen Elitendiskurs zu nennen, wobei der ohnehin divers konzeptionierte Elitenbegriff (Kaina 2009) in diesem Zusammenhang einer präziseren Bestimmung bedarf. So rekurriert z. B. Newman (2016) auf einen tendenziell macht- bzw. politisch orientierten Elitenbegriff, indem er Nicht-Elite-Akteure als die Twitternutzerinnen und -nutzer klassifiziert, die keiner medialen, Non-Profit-, wissenschaftlichen oder Regierungsorganisation angehören. Dementsprechend kommt er angesichts einer hohen Beteiligung von individuellen Bloggerinnen und Bloggern, Aktivistinnen und Aktivisten sowie besorgten Bürgerinnen und Bürgern zu dem Schluss, dass die von ihm analysierte Twitterkommunikation vor allem durch die Aktivität von Nicht-Elite-Akteuren geprägt ist. Im Anschluss hieran müssten auch der hier untersuchte Klimawandeldiskurs auf Twitter als Nicht-Eliten-Diskurs gewertet werden. Vor dem Hintergrund der aktuell im Feld der Wissenschaftskommunikation(sforschung) intensiv verhandelten normativen Beteiligungsfragen sollte die bemerkenswerte Homogenität der Laien-Nutzenden jedoch differenzierter problematisiert werden. Das im hiesigen Kontext diagnostizierte Ungleichgewicht lässt auf normativer Ebene nur ein verhaltenes Fazit zur Beteiligungsfrage zu. Gerade mit Blick auf die traditionell bestimmten (Bildungs-)Eliten vorbehaltenen Wissenschaftsdiskurse (Weingart 2006) wird die mit den sozialen Medien verbundene Möglichkeit zu einer breiteren Beteiligung hier nicht merklich eingelöst. Die Beteiligung der gebildeten, gut informierten Vielnutzenden könnte vielmehr ein Hinweis auf den Diskurs einer spezifischen engagierten Bildungselite sein, was (anhand einer umfangreicheren Stichprobe) weitergehend zu untersuchen bleibt. Hierbei handelt es sich also weder um eine für den Klimawandeldiskurs noch die gegenwärtige Wissenschaftskommunikation abschließend generalisierbare Erkenntnis. Vielmehr muss die Beteiligung an unterschiedlichen wissenschaftlichen Diskursen bzw. Diskursen über Wissenschaft(sthemen) in ihren jeweils spezifischen Kommunikationskontexten und den damit verbundenen Akteurskonstellationen stets im konkreten Einzelfall untersucht werden.

II) Hinsichtlich der Frage danach, *warum und wie sich am Klimawandeldiskurs
     auf Twitter beteiligt wird*, gelangt die Untersuchung weitestgehend zu kon-
     firmierenden Einsichten. Denn die Erkenntnis, dass insgesamt informations-
     orientierte und reaktive, auf Kommentierung zielende Beweggründe
     gegenüber proaktiven, interaktionsorientierten Nutzungsmustern überwiegen,
     wurde bereits für andere Kommunikationszusammenhänge auf Twitter dia-
     gnostiziert. Der thematisch-informative Stil, den Thimm et al. (2012) im
     Bereich der politischen Twitterkommunikation identifizieren, lässt sich auch
     im hiesigen Twitterdiskurs zum Klimawandel erkennen. Die Kommunikation
     gestaltet sich faktenbasiert und orientiert sich überwiegend an der Medien-
     berichterstattung, wie bereits durch vorangegangene Studien diagnostiziert
     (z. B. Kirilenko und Stepchenkova 2014; Veltri und Atanasova 2015). Es
     finden sich kaum selbst erstellte Inhalte. Twitter wird überwiegend als Platt-
     form verwendet, um Angebots- und Darstellungsformen des Internets weiter-
     zugeben und mit anderen Nutzenden zu teilen. Möglichkeiten zur sozialen
     Interaktion, zum Dialog und Austausch werden folglich nicht in ihrer vollen
     Bandbreite ausgeschöpft.
     Obwohl unter dem Hashtag #Klimawandel überwiegend Bürgerinnen und
     Bürger kommunizieren, bleibt daher auf normativer Ebene weiterhin frag-
     lich, ob hier von einer partizipativen Beteiligung an der thematischen Konst-
     ruktion des Klimawandels gesprochen werden kann. Einerseits weil hier nur
     eine bestimmte Gruppe bzw. Elite kommuniziert, andererseits weil infor-
     matorische Beweggründe und Nutzungsweisen gegenüber dialogisch-inter-
     aktionistisch orientiert Beteiligungsformen überwiegen und es sich
     infolgedessen in erster Linie nicht um nutzergenerierte Inhalte, sondern eine
     unkommentierte Weitergabe professionell erstellter Inhalte handelt. Diese
     werden allerdings, z. B. durch die Vergabe mehrerer Hashtags, (weiter-)kon-
     textualisiert und verbreitet, wodurch die Nutzenden einen gewissen Einfluss
     auf die Konstruktion des Themenkomplexes Klimawandel nehmen.
III) So bestätigt sich hinsichtlich der Frage, *wie der Klimawandel inhaltlich
     konstruiert wird,* dass er durchaus als multidimensionales Thema rezipiert
     und kommuniziert wird (hierzu auch Newman 2016; Pearce et al. 2014;
     Veltri und Atanasova 2015). Hierbei ist vor allem die Bedeutung medien-
     technischer Funktionalitäten im Prozess der kommunikativen Konstruktion
     des komplexen Themas ersichtlich geworden. Diese ermöglichen es, Infor-
     mationen in dem auf damals 140 Zeichen verdichteten Kommunikations-
     raum zu integrieren und strukturieren. Allerdings wird dadurch ‚lediglich'
     beschrieben, wie die Komplexität des Klimawandels auf organisatorischer
     Ebene der (medientechnischen) Themenkonstruktion bewältigt wird.

Angesichts der Herausforderungen gegenwärtiger Wissenschaftskommunikation erscheint die Untersuchung der Komplexitätsbewältigung ausgehend von den Nutzenden bzw. Rezipierenden derzeit noch als relevante Forschungslücke. Schließlich werden wissenschaftliche Erkenntnislagen infolge des stetigen Wissenszuwachses zunehmend komplexer. Gleichzeitig stellt die Bewältigung dieser Komplexität aber eine zentrale Voraussetzung für individuelle Entscheidungen und gesellschaftliche Verständigung über Wissenschaftsthemen dar. Diesbezüglich liefern die hier präsentierten Analysen lediglich erste Ansatzpunkte, um Fragen der medialen Komplexitätsbewältigung zu bearbeiten.

Weiterführende Forschungen können hier ergänzend anschließen, die Komplexitätsbewältigung stärker inhaltlich zu erforschen, d. h. die Bedeutungszuschreibungen, welche Wissenschaftsthemen im Zuge der kommunikativen Themenkonstruktion und Rezeption durch die Nutzenden erfahren, tiefergehend zu untersuchen (siehe Forschungsansatz Wolff 2017). Die durch die vielfachen Referenzierungen auf Twitter eröffneten Sinnkontexte stellen dabei geeignete Ansatzpunkte dar, solche thematischen Aneignungsprozesse zu erschließen. Zudem sollten Muster von Komplexitätsbewältigung durch eine themen- und medienübergreifende Forschung grundlegender betrachtet werden.

Anhang

Kategorien der standardisierten Online-Inhaltsanalyse (Auszug)

Auszug Codebuch standardisierte Online-Inhaltsanalyse	
Akteure	
V7 **Akteur**	1 Akteur aus Politik
	2 Akteur: Weltklimarat/IPCC bzw. Beteiligte am IPCC-Bericht
	3 Akteur aus Wissenschaft
	4 Akteur aus Wirtschaft
	5 Akteur: Medien(-vertreter)/Journalistinnen
	6 Akteur: Stars/Künstler
	7 Akteur: Zivilgesellschaft (auch NGOs)
	8 Akteur: Bürger
	66 Sonstiges
	−99 Akteur nicht erkennbar
Operatoren	

V12–18 *(Auszug)* **Verwendungsweise Operator** **Hashtag (#)**	*V16 # Begriff/'normales Wort:* 0 kein Begriff 1 Begriff aus Politik 2 Begriff aus Wissenschaft 3 Begriff aus Wirtschaft 4 Begriff aus Energie/Technologie 5 Begriff aus Umwelt/Natur (z. B. chemische Elemente) 6 Begriff aus Gesellschaft 7 Begriff bezeichnet Ursachen des KW 8 Begriff bezeichnet Folgen des KW 9 Begriff aus Klimahandeln 66 Sonstiges *V17 # Akteur* 0 kein Akteur 1 Akteur aus Politik 2 Akteur: Weltklimarat/IPCC bzw. Beteiligte am IPCC-Bericht 3 Akteur aus Wissenschaft 4 Akteur aus Wirtschaft 5 Akteur: Medien(-vertreter)/JournalistInnen 6 Akteur: Stars/Künstler 7 Akteur: Zivilgesellschaft (auch NGOs) 8 Akteur: Bürger 66 Sonstiges *V18 # Anlass/Ereignis* 0 kein Anlass 1 Politisches Ereignis 2 Wissenschaftliches Ereignis 3 Wirtschaftliches Ereignis 4 Natur-/Umweltereignisse 5 Humanitäre und Umweltkatastrophen 66 Sonstiges *V19 # Ort* 0 kein Ort 1 Ort

V22–V27 (Auszug)
Verwendungsweise Operator
Adressierung/Referenzierung (@)
	V24 Inhalt (Kohärenz) des @
	An wen oder was ist das @ gerichtet?
	1 Akteur
	2 Anlass
	3 Ort
	4 Emoticon
	5 (Teile einer) E-Mail-Adresse
	66 Sonstiges
	−99 Nicht erkennbar
	V25 adressierter Akteur des @
	1 Akteur aus Politik
	2 Akteur: Weltklimarat/IPCC bzw.
	   Beteiligte am IPCC-Bericht
	3 Akteur aus Wissenschaft
	4 Akteur aus Wirtschaft
	5 Akteur: Medien(-vertreter)/JournalistIn-
	   nen
	6 Akteur: Stars/Künstler
	7 Akteur: Zivilgesellschaft (auch NGOs)
	8 Akteur: Bürger
	66 Sonstiges
	−99 Akteur nicht erkennbar
	V26 Art der Adressierung
	1 Direkte Adressierung
	2 Indirekte Erwähnung
	66 Sonstiges
	−99 Nicht erkennbar

| V28–V33 (Auszug)
Verwendungsweise des Operator Hyperlink (http://) | *V31 Arena von Link*
Aus welcher Arena stammt der Link?
1   Inhalt aus massenmedialer Arena
2   Inhalt aus Expertenarena
3   Inhalt aus Diskussionsarena (Laien)
4   Inhalt aus persönlicher Arena
66 Sonstiges
−99 Nicht erkennbar
V32 Inhalt des Links
Was ist der Hauptinhalt des 1. Links?
1   Inhalt aus Politik
2   Inhalt aus Wissenschaft
3   Inhalt aus Wirtschaft
4   Inhalt aus Medien
5   Inhalt aus Populärkultur
6   Inhalt aus (Zivil-)Gesellschaft
7   Inhalt aus persönlichem Raum (Bürger)
8   Naturthemen und Klimawandel
66 Sonstiges
−99 Nicht erkennbar |
| V34–V36 (Auszug)
Verwendungsweise des Operator Retweet (RT) | *V35 Akteur des RT*
1   Akteur aus Politik
2   Akteur: Weltklimarat/IPCC bzw. Beteiligte am IPCC-Bericht
3   Akteur aus Wissenschaft
4   Akteur aus Wirtschaft
5   Akteur: Medien(-vertreter)/JournalistInnen / Blogger
6   Akteur: Stars/Künstler
7   Akteur: Zivilgesellschaft (auch NGOs)
8   Akteur: Bürger
66 Sonstiges
−99 Akteur nicht erkennbar |

Thema	
V37–V42 (Auszug) **Thema des Tweets**	*V37 Hauptthema* Was ist das Hauptthema des Tweets? 1 Politik und Klimawandel 2 Wissenschaft und Klimawandel 3 Wirtschaft und Klimawandel 4 Medien(-vertreter) und Klimawandel 5 Populärkultur und Klimawandel 6 (Zivil-)Gesellschaft und Klimawandel 7 Naturthemen und Klimawandel 8 (humanitäre/Umwelt) Katastrophen und Klimawandel 66 Sonstiges −99 nicht erkennbar
Handlungsdimensionen	
V54–V66 (Auszug) **Handlungsdimensionen**	V54–V65 jeweils codiert mit: 0 Nein 1 Ja *V54 Informationsverbreitung* *V54 Informationssuche* *V56 Aufmerksamkeitserzeugung* *V57 Mobilisierung* *V58 Appell* *V59 Kritik äußern* *V60 Meinungsäußerung (z. B. Bewertung, Beurteilung)* *V61 Gefühlsäußerung* *V62 Provokation* *V63 Diskussion* *V64 Vergemeinschaftung/Networking* *V65 Warnung* *V66 sonstiges Handlungsmotiv* Freie Eingabe

Fragekomplexe der standardisierten Online-Befragung (Auszug)

Auszug Fragebogen standardisierte Online-Befragung	
Nutzungsverhalten & -frequenz	
F3 Wie häufig nutzen Sie Twitter, um Tweets anderer Nutzer zu lesen?	−9 nicht beantwortet −1 gar nicht" 1–5 selten – mehrmals täglich
F4 Wie häufig twittern Sie selbst?	−9 nicht beantwortet −1 „gar nicht" 1–5 selten – mehrmals täglich
F5 In welcher Funktion twittern Sie hauptsächlich?	−9 nicht beantwortet 1 als Privatperson 2 als Journalist/in 3 für eine Redaktion 4 als Politiker/in 5 für eine Nichtregierungsorganisation (NGO) 6 für eine Regierungseinrichtung 7 für einen Verband oder Verein 8 als Wissenschaftler/in 9 für eine Wissenschaftseinrichtung 10 für ein Wirtschaftsunternehmen 11 Sonstige
Informiertheit	
F6 Für wie gut informiert halten Sie sich über folgende Themen Klimawandel/ Klimapolitik	−9 „nicht beantwortet" 1–5 sehr schlecht – sehr gut

Nutzungsmotive	
F10 Aus welchen Gründen haben Sie während der Konferenz zu klimabezogenen Themen getwittert?	*Mehrfachantwortmöglichkeiten* *1 nicht gewählt* *2 ausgewählt* • Diskussion mit Nutzern, die ähnliche Positionen/Meinungen vertreten • Kritik an Klimapolitik oder Konferenz • Diskussion mit Politikern • Mobilisierung/klimabezogenes Engagement • Diskussion mit Wissenschaftlern • Links zu eigenen Veröffentlichungen twittern • Reaktion auf Berichterstattung durch Medien • Äußerungen von Meinungen und Gefühlen • Diskussion mit anderen Nutzern, die andere Position/Meinungen vertreten • Koordination von Mitarbeit/Protesten, Kundgebungen oder Demonstrationen • Links twittern, z. B. zu Nachrichtenartikeln • Diskussion mit Journalisten • Sonstiges
Inhalte der Twitternutzung	
F11 Zu welchen klimabezogenen Themen haben Sie während der Konferenz bevorzugt Tweets anderer Nutzer gelesen?	*Mehrfachantwortmöglichkeiten* *1 nicht gewählt* *2 ausgewählt* • Klimapolitik allgemein • Klimakonferenz COP21 • Klimawandel • Wirtschaftliche Aspekte des Klimawandels • Sicherheitslage in Paris während der Konferenz • Umweltschutz und Nachhaltigkeit • Wissenschaftliche Erkenntnisse/aktuelle Forschung • Allgemeine europäische oder internationale Politik • Sonstige

F12 Zu welchen klimabezogenen Themen haben Sie während der Konferenz bevorzugt selbst getwittert?	*Mehrfachantwortmöglichkeiten* *1 nicht gewählt* *2 ausgewählt* • Klimapolitik allgemein • Klimakonferenz COP21 • Klimawandel • Wirtschaftliche Aspekte des Klimawandels • Sicherheitslage in Paris während der Konferenz • Umweltschutz und Nachhaltigkeit • Wissenschaftliche Erkenntnisse/aktuelle Forschung • Allgemeine europäische oder internationale Politik • Sonstige
Soziodemografie	
F17 Wie alt sind Sie?	*freie Eingabe*
F18 Ihr Geschlecht	−9 nicht beantwortet 1 männlich 2 weiblich 3 keine Angabe
F20 Ihr höchster Bildungsabschluss	−9 nicht beantwortet 1 noch Schüler/in 2 Hauptschulabschluss 3 Mittlere Reife/Realschulabschluss 4 Fachhochschulreife 5 Abitur/Hochschulreife 6 Abgeschlossene Lehre oder Berufsausbildung 7 Abgeschlossenes Hochschulstudium 8 kein Abschluss 9 Sonstiges/keine Angabe

Literatur

An, X., Ganguly, A. R., Fang, Y., Scyphers, S. B., Hunter, A. M. & Dy, J. G. (2014). *Tracking Climate Change Options from Twitter Data*. New York: Workshop on Data Science for Social Good. Online verfügbar unter: http://cobweb.cs.uga.edu/~squinn/mmd_s15/papers/KDD_Twitter_ClimateChange.pdf. Zuletzt zugegriffen am 27.03.2017.

Ballstaedt, S.-P. (2004). Kognition und Wahrnehmung in der Informations- und Wissensgesellschaft. Konsequenzen gesellschaftlicher Veränderungen für die Psyche. In H.-D. Kübler & E. Elling (Hrsg.), *Wissensgesellschaft. Neue Medien und ihre Konsequenzen* (Medienpädagogik). Bonn: Bundeszentrale für politische Bildung, o. S. Online verfügbar unter: http://elearning.uni-kiel.de/de/moved/literatur/beitraege/wissensgesellschaft. Zuletzt zugegriffen am 27.03.2017.

Brossard, D. & Scheufele, D. A. (2013). Social science. Science, new media, and the public. *Science (New York, N.Y.) 339* (6115), 40–41. https://doi.org/10.1126/science.1232329

Bruns, A. (2009). *Blogs, Wikipedia, Second Life, and beyond. From production to produsage* (Digital formations, Bd. 45). New York, NY: Lang.

Bruns, A. & Burgess, J. (2012). The Use of Twitter Hashtags in the Formation of Ac Hoc Publics. Proceedings of the 6th European Consortium for Political Research, University of Iceland Reykjavik. http://eprints.qut.edu.au/46515/. Zuletzt zugegriffen am 01.04.2016.

Bruns, A., Burgess, J., Crawford, K. & Shaw, F. (2012). *#qldfloods and @QPSMedia: Crisis Communication on Twitter in the 2011 South East Queensland Floods*. Brisbane: ARC Centre of Excellence for Creative Industries and Innovation.

Bruns, A. & Stieglitz, S. (2012). Quantitative Approaches to Comparing Communication Patterns on Twitter. *Journal of Technology in Human Services 30* (3–4), 160–185. https://doi.org/10.1080/15228835.2012.744249

Caleffi, P.-M. (2015). The 'hashtag': A new word or a new rule? *SKASE Journal of Theoretical Linguistics 12* (2), 46–70.

Cha, M., Benevenuto, F., Haddadi, H. & Gummadi, K. (2012). The World of Connections and Information Flow in Twitter. *IEEE Transactions on Systems, Man, and Cybernetics 42* (4), 991–998. https://doi.org/10.1109/tsmca.2012.2183359

Cheong, F. & Cheong, C. (2011). Social Media Data Mining: A Social Network Analysis of Tweets during the 2010–2011 Australian Floods. *PACIS 2011 Proceedings 46*.

Cody, E. M., Reagan, A. J., Mitchell, L., Dodds, P. S. & Danforth, C. M. (2015). Climate Change Sentiment on Twitter: An Unsolicited Public Opinion Poll. *PloS one 10* (8), e0136092. https://doi.org/10.1371/journal.pone.0136092

Dang-Anh, M., Einspänner-Pflock, J. & Thimm, C. (2013). Kontextualisierung durch Hashtags. Die Mediatisierung des politischen Sprachgebrauchs im Internet. In H. Diekmannshenke & T. Niehr (Hrsg.), *Öffentliche Wörter. Analysen zum öffentlich-medialen Sprachgebrauch* (Perspektiven Germanistischer Linguistik – PGL, Bd. 9, S. 137–159). Stuttgart: ibidem.

Eble, M., Ziegele, M. & Jürgens, P. (2014). Forschung in geschlossenen Plattformen des Social Web. In M. Welker, M. Taddicken, J.-H. Schmidt & N. Jackob (Hrsg.), *Handbuch Online-Forschung. Sozialwissenschaftliche Datengewinnung und -auswertung in digitalen Netzen* (Neue Schriften zur Online-Forschung, Bd. 12, S. 123–149). Köln: Herbert von Halem Verlag.

Elter, A. (2013). Interaktion und Dialog? Eine quantitative Inhaltsanalyse der Aktivitäten deutscher Parteien bei Twitter und Facebook während der Landtagswahlkämpfe 2011. *Publizistik 58* (2), 201–220.

Emmer, M. & Wolling, J. (2010). Online-Kommunikation und politische Öffentlichkeit. In W. Schweiger & K. Beck (Hrsg.), *Handbuch Online-Kommunikation* (S. 36–58). Wiesbaden: VS Verl. für Sozialwiss.

Frees, B. & Koch, W. (2018). ARD/ZDF-Onlinestudie 2018: Zuwachs bei medialer Internetnutzung und Kommunikation. *Media Perspektiven* (9), 398–413.

Howard, P. N., Duffy, A., Freelon, D., Hussain, M. M., Mari, W. & Mazaid, M. (2011). Opening Closed Regimes. What Was the Role of Social Media During the Arab Spring? *SSRN Electronic Journal.* https://doi.org/10.2139/ssrn.2595096

Iske, S. (2001). Hypertext als Techologie des Umgangs mit Informationen. *Spektrum Freizeit 23* (1), 91–110.

Jürgens, P. & Jungherr, A. (2011). Wahlkampf vom Sofa aus: Twitter im Bundestagswahlkampf 2009. In E. J. Schweitzer & S. Albrecht (Hrsg.), *Das Internet im Wahlkampf. Analysen zur Bundestagswahl 2009* (S. 201–225). Wiesbaden: VS Verlag für Sozialwissenschaften.

Kaina, V. (2009). Eliteforschung. In V. Kaina & A. Römmele (Hrsg.), *Politische Soziologie. Ein Studienbuch* (1. Aufl., S. 385–419). Wiesbaden: VS Verlag für Sozialwissenschaften/GWV Fachverlage GmbH Wiesbaden.

Ketzer, C., Bredl, K. & Fleischer, J. (2011). Zwischen mobilem Zwitschern und belangloser Kommunikation. Selbstdarstellung, Netzwerken und Informationsverhalten auf Twitter. In A. Frotschnig & H. Raffaseder (Hrsg.), *Forum Medientechnik – Next generation, new ideas. Beiträge der Tagungen 2010 und 2011an der Fachhochschule St. Pölten* (S. 60–72). Boizenburg: Hülsbusch.

Kirilenko, A. P. & Stepchenkova, S. O. (2014). Public microblogging on climate change. One year of Twitter worldwide. *Global Environmental Change 26,* 171–182. https://doi.org/10.1016/j.gloenvcha.2014.02.008

Koch, W. & Frees, B. (2016). Dynamische Entwicklung bei mobiler Internetnutzung sowie Audios und Videos. *Media Perspektiven* (9), 418–437.

Koteyko, N., Jaspal, R. & Nerlich, B. (2013). Climate Change and "Climagate" in Online Reader Comments: A Mixed Methods Study. *The Geographical Journal 179* (1), 74–86.

Kreutzfeldt, M. (2015, 13. Dezember). Historisches als Randnotiz. Das Klimaabkommen in den Medien. *TAZ.* http://www.taz.de/Das-Klimaabkommen-in-den-Medien/!5261298/. Zuletzt zugegriffen am 01.04.2016.

Lörcher, I. & Neverla, I. (2015). The Dynamics of Issue Attention in Online Communication on Climate Change. *Media and Communication 3* (1), 17. https://doi.org/10.17645/mac.v3i1.253

Lörcher, I. & Taddicken, M. (2015). "Let's talk about ... CO2-Fußabdruck oder Klimawissenschaft?" Themen und ihre Bewertungen in der Online-Kommunikation in verschiedenen Öffentlichkeitsarenen. In M. S. Schäfer, S. Kristiansen & H. Bonfadelli (Hrsg.), *Wissenschaftskommunikation im Wandel* (S. 258–286). Köln: Herbert von Halem Verlag.

Lörcher, I. & Taddicken, M. (2017). Discussing climate change online. Topics and perceptions in online climate change communication in different online public arenas. *Journal of Science Communication* 16(2), A03.

Neverla, I. & Taddicken, M. (2012). Der Klimawandel aus Rezipientensicht: Relevanz und Forschungsstand. In I. Neverla & M. S. Schäfer (Hrsg.), *Das Medien-Klima. Fragen und Befunde der kommunikationswissenschaftlichen Klimaforschung* (S. 215–231). Wiesbaden: VS Verlag für Sozialwissenschaften.

Newman, T. P. (2016). Tracking the release of IPCC AR5 on Twitter: Users, comments, and sources following the release of the Working Group I Summary for Policymakers. *Public understanding of science (Bristol, England)* 26(7), 815–825. https://doi.org/10.1177/0963662516628477

Oblak, T. (2005). The Lack of Interactivity and Hypertextuality in Online Media. *International Communication Gazette 67* (1), 87–106. https://doi.org/10.1177/0016549205049180

Pearce, W., Holmberg, K., Hellsten, I. & Nerlich, B. (2014). Climate change on Twitter: Topics, Communities and Conversations about the 2013 IPCC Working Group 1 report. *PloS one 9* (4), 1–11. https://doi.org/10.1371/journal.pone.0094785

Plotkowiak, T., Stanoevska-Slabeva, K. & Ebermann, J. (2012). Netzwerk-Journalismus: Zur veränderten Vermittlerrolle von Journalisten am Beispiel einer Case Study zu Twitter und den Unruhen in Iran. *Medien- und Kommunikationswissenschaft 60* (1), 102–124.

Schäfer, M. S. (2014). Vom Elfenbeinturm in die Gesellschaft: Wissenschaftskommunikation im Wandel. http://nbn-resolving.de/urn:nbn:de:0168-ssoar-389155.

Schäfer, M. S., Kristiansen, S. & Bonfadelli, H. (2015). Wissenschaftskommunikation im Wandel: Relevanz, Entwicklung und Herausforderungen des Forschungsfeldes. In M. S. Schäfer, S. Kristiansen & H. Bonfadelli (Hrsg.), *Wissenschaftskommunikation im Wandel* (S. 10–42). Köln: Herbert von Halem Verlag.

Schmidt, A., Ivanova, A. & Schäfer, M. S. (2013). Media attention for climate change around the world. A comparative analysis of newspaper coverage in 27 countries. *Global Environmental Change 23* (5), 1233–1248. https://doi.org/10.1016/j.gloenvcha.2013.07.020

Schmidt, J.-H. & Taddicken, M. (2017). Soziale Medien: Funktionen, Praktiken, Formationen. In J.-H. Schmidt & M. Taddicken (Hrsg.), *Handbuch soziale Medien* (Springer Reference Sozialwissenschaften, S. 23–37). Wiesbaden: Springer VS.

Segerberg, A. & Bennett, W. L. (2011). Social Media and the Organization of Collective Action. Using Twitter to Explore the Ecologies of Two Climate Change Protests. *The Communication Review 14* (3), 197–215. https://doi.org/10.1080/10714421.2011.597250

Sonnenfeld, I. (2011). Twitter und das Kanzlerduell 2009. Ereignisorientierte Echtzeitkommunikation als neue Form der politischen Versammlung, Regierungsforschung.de – Das wissenschaftliche Online-Magazin der NRW School of Governance.

Taddicken, M. (2013). Climate Change From the User's Perspective. *Journal of Media Psychology 25* (1), 39–52. https://doi.org/10.1027/1864-1105/a000080

Thimm, C., Dang-Anh, M. & Einspänner-Pflock, J. (2011). Diskurssystem Twitter: Semiotische und handlungstheoretische Perspektiven. In M. Anastasiadis & C. Thimm (Hrsg.), *Social Media. Theorie und Praxis digitaler Sozialitaet* (Bonner Beiträge zur Medienwissenschaft, Bd. 10, S. 265–286). Frankfurt: Peter Lang.

Thimm, C., Einspänner-Pflock, J. & Dang-Anh, M. (2012). Twitter als Wahlkampf-medium: Modellierung und Analyse politischer Social-Media-Nutzung. *Publizistik 57* (3), 293–313.

Veltri, G. A. & Atanasova, D. (2015). Climate change on Twitter: Content, media ecology and information sharing behaviour. *Public understanding of science (Bristol, England)* 26(6), 721–737. https://doi.org/10.1177/0963662515613702

Warnick, B. (2007). *Rhetoric online. Persuasion and politics on the World Wide Web* (Frontiers in political communications, Bd. 12). New York NY: Lang.

Weingart, P. (2006). *Die Wissenschaft der Öffentlichkeit. Essays zum Verhältnis von Wissenschaft, Medien und Öffentlichkeit* (2. Aufl.). Weilerswist: Velbrück Wiss.

Wessler, H. & Brüggemann, M. (2012). Zukunftsperspektiven transnationaler Kommunikation. In H. Weßler & M. Brüggemann (Hrsg.), *Transnationale Kommunikation. Eine Einführung* (Studienbücher zur Kommunikations- und Medienwissenschaft, S. 179–196). Wiesbaden: Springer VS.

Williams, H. T.P., McMurray, J. R., Kurz, T. & Hugo Lambert, F. (2015). Network analysis reveals open forums and echo chambers in social media discussions of climate change. *Global Environmental Change 32,* 126–138. https://doi.org/10.1016/j.gloenvcha.2015.03.006

Wolff, L. (2017). Komplexitätsbewältigung und Hypertextualität. Systematisierung des Forschungsfelds und Entwurf eines aneignungstheoretischen Untersuchungsansatzes. *Medien & Kommunikationswissenschaft 65* (3), 517–533. https://doi.org/10.5771/1615-634x-2017-3-517

Vom Wissenschaftsskandal zum Glaubwürdigkeitsverlust?

10

Eine vergleichende Untersuchung der Darstellung von „Climategate" in deutschen journalistischen Online-Medien und der Blogosphäre

Monika Taddicken und Stefanie Trümper

Zusammenfassung

In der Wissenschaftskommunikation sind Blogs eine wichtige Alternative und Ergänzung zu den traditionellen Massenmedien. Sie ermöglichen einen Bottom-Up-Ansatz, ohne dabei von den Standards des professionellen Journalismus beschränkt zu sein. Dennoch gibt es bisher kaum Untersuchungen zur Darstellung und Bewertung von Wissenschaftsthemen in Blogs und professionellen journalistischen Online-Medien. Die Studie vergleicht, wie diese beiden Publikationsformen den Climategate-Skandal einordnen. Mittels einer manuellen quantitativen Inhaltsanalyse wurde die Berichterstattung von sechs professionellen Online-Medien (n=125 Artikel) und 21 Blogs (n=113 Einträge) von November 2009 bis Januar 2011 untersucht. Die Ergebnisse zeigen Ähnlichkeiten im Aufmerksamkeitsverlauf, mit der Ausnahme einer Erinnerungsphase in der Blogosphäre. Auch scheinen Bloggende ähnliche

M. Taddicken (✉)
Kommunikations- und Medienwissenschaften, Technische Universität Braunschweig, Braunschweig, Deutschland
E-Mail: m.taddicken@tu-braunschweig.de

S. Trümper
Deutsches Klimakonsortium, Berlin, Deutschland
E-Mail: stefanie.truemper@klima-konsortium.de

Praktiken anzuwenden, um auf wissenschaftliche Quellen zu verweisen. Während die professionellen Online-Medien eine neutrale Perspektive einnehmen, beurteilen Bloggende den Skandal und die generelle Glaubwürdigkeit der Klimaforschung explizit. Die Ergebnisse werden vor dem Hintergrund der allgemeinen Fragen diskutiert, inwieweit soziale Medien öffentliche Debatten über Wissenschaft ergänzen und transparenter machen.

10.1 Digitalisierung der Wissenschaftskommunikation

Wissenschaftskommunikation, die Berichterstattung über sowie die Darstellung von Wissenschaft in den Medien haben sich in den letzten Jahrzehnten auf vielerlei Weise verändert. Hintergrund sind einerseits allgemeine wirtschaftliche Entwicklungen in der Nachrichtenbranche und andererseits eine veränderte Online-Umgebung mit kollaborativen und partizipatorischen Publikationsformen und -formaten (Bell 2012; Brumfiel 2009; Colson 2011; Rensberger 2009; Schäfer 2011; Shanahan 2011; Trench 2009). So steht der ehemals privilegierten, aber auch durch implizite Konformitätszwänge geprägten Beziehung zwischen Wissenschaft und Journalismus im ‚digitalen Zeitalter' ein deutlich vielfältigeres Repertoire der Wissenschaftsberichterstattung gegenüber (Schäfer 2011). Neben dem herkömmlichen redaktionellen Journalismus gibt es nun persönliche Websites, Blogs oder andere Soziale Medien, und es beteiligen sich individuell Wissenschaftlerinnen und Wissenschaftler, freiberufliche (Wissenschafts-)Journalistinnen und -Journalisten sowie auch Laien am Diskurs über Wissenschaft.

Mit diesem bürgerjournalistischen Potenzial, das z. T. euphorisch als „Demokratisierung der Wissenschaft" (Scheloske 2012) gefeiert wurde (und immer noch wird), geht die Möglichkeit einher, die bisweilen eher wenig kritisch-reflexive Wissenschaftskommunikation aufzubrechen. Über Wissenschaft kann nunmehr deutlich vielfältiger debattiert werden. Ebenso können wissenschaftliche Befunde im Netz präsentiert, überprüft, diskutiert oder hinterfragt werden. Daraus leiten sich neue Möglichkeiten ab, wissenschaftliche Prozesse zu beobachten und wissenschaftliches Handeln zu kontrollieren und kritisch zu bewerten. All dies sind wissenschaftskommunikative Komponenten, die sich offenkundig nicht mit dem dominierenden Rollenselbstverständnis im professionellen Journalismus hierzulande decken. Dieses kennzeichnet sich vor allem dadurch, dass Journalistinnen und Journalisten (und dies gilt auch für Wissenschaftsjournalistinnen und -journalisten) ihr Publikum mehrheitlich so neutral und präzise wie möglich informieren und eher weniger Kontrolle und Kritik ausüben wollen (Weischenberg, Malik und Scholl 2006; Blöbaum 2008).[1]

Entsprechend widmet sich der vorliegende Beitrag der Frage, inwieweit soziale Medien hier eine Art Kontroll- und Kritikfunktion übernehmen und auf diese Weise die Wissenschaftsberichterstattung professioneller journalistischer Online Medien ergänzen.

Am Beispiel des Wissenschaftsskandals, der unter dem Namen „Climategate" bekannt wurde, wird untersucht, wie professionelle journalistische Onlinemedien und im Vergleich dazu Weblogs dieses Ereignis darstellen und einen potenziellen Glaubwürdigkeitsverlust der Klimawissenschaft thematisieren und bewerten. Climategate gilt als einer der größten wissenschaftlichen Skandale im vergangenen Jahrzehnt und ist daher ein angemessenes Fallbeispiel, um die angesprochenen Muster und Prozesse wie Transparenz, Skepsis, Kontrolle und Kritik in Bezug auf Wissenschaft und wissenschaftliches Handeln zu erforschen und in einem größeren Zusammenhang zwischen Wissenschaft, Medien und (digitaler) Öffentlichkeit empirisch zu untersuchen und zu diskutieren.

10.2   Wissenschaft, Medien und Öffentlichkeit in der Online-Umgebung

Nicht nur die Kommunikation *über* Wissenschaft hat sich im Zuge der Digitalisierung und der damit einhergehenden Beschleunigung alltäglicher Handlungen und Prozesse verändert, sondern auch die Wissenschaft selbst. Sie ist dahin gehend

---

[1]Blickt man hingegen in den anglo-amerikanischen Raum, kann man beobachten, dass die Rolle von Wissenschaftsjournalistinnen und -journalisten offenbar vielfältiger geworden ist. So hat eine qualitative Studie mit Wissenschaftsjournalisten aus Großbritannien und den Vereinigten Staaten ergeben, dass Wissenschaftsjournalistinnen und -journalisten dazu neigen, die Rolle von sowohl kritischen Überwachern als auch Kartografen zu übernehmen, um die wachsende Komplexität von Wissenschaft zu erfassen (Fahy & Nisbet 2011; Rensberger 2009). Darüber hinaus – so eine Bilanz der genannten Studien – sind Wissenschaftsjournalistinnen und -journalisten offenbar unabhängiger vom wissenschaftlichen Establishment und der bedingungslosen Anpassung an wissenschaftliche Werte geworden. Gleichzeitig ist aber auch zu bedenken, dass viele empirische Studien über den deutschen Wissenschaftsjournalismus mehr als zehn Jahre alt sind (Schäfer 2011). Daher ist eine breitere empirische Beschäftigung mit Wissenschaftsjournalismus und seiner Rolle vor dem Hintergrund des Wandels von Wissenschaftskommunikation und -journalismus, vor allem mit Blick auf die Online-Umgebung, dringend notwendig.

dynamischer und komplexer geworden, dass sie ihr eigenes Wissen in immer
kleineren Bereichen ausgebaut und sich spezialisiert hat. Gleichzeitig bilden
sich neue Forschungsfelder, was letztlich zu einer Fragmentierung der Wissenschaft führt (Leggewie & Welzer 2009; Weingart 2002). Hinzu kommt, dass
Wissenschaft die Gesellschaft heutzutage in einem viel größeren Ausmaß durch-
dringt. So stützen sich gesellschaftliche und politische Entscheidungen häufig
auf wissenschaftliche Argumente und Ergebnisse. Dementsprechend hat auch die
Frage der öffentlichen Vermittelbarkeit und Verständlichkeit komplexer wissenschaftlicher Phänomene sukzessive an Relevanz gewonnen (Bodmer 1985; Durant
1999; Irwin 2001; Mejlgaard & Stares 2010; Miller 1998; Lehmkuhl 2012).

Zugleich haben das Internet, die zunehmende Digitalisierung und die Sozialen
Medien unsere kommunikative Umgebung in den letzten zwei Jahrzehnten stark
geprägt. Für die Nutzerinnen und Nutzer haben sich dadurch vielfältige Wege
eröffnet, um sich über wissenschaftliche Themen zu informieren. Darüber hinaus
ermöglichen digitale Medienumgebungen, dass sich auch Laien, die früher als
passives Publikum betrachtet wurden, nunmehr aktiv an dem Produktions-, Dis-
tributions- und Konsumprozess von Neuigkeiten und Informationen beteiligen
(Bowman & Willis 2003; Weingart 2001). Gerade im Bereich der Wissenschaftskommunikation aber kann auch argumentiert werden, dass ein gewisses Maß an
thematischem Wissen nötig ist, um zu partizipieren. Wissenschaftliche Prozesse
und Themen sind durch ein hohes Level an Komplexität, Ungewissheit, Unsicherheit und Widersprüchen gekennzeichnet und daher oft für Laien schwierig zu
verstehen (Popper 1959; auch Maier und Taddicken 2013). Dies wirft einerseits
die Frage auf, ob die Laien-Kommunikatoren über eine ausreichende Expertise
verfügen, um sich überhaupt am Diskurs über Wissenschaft zu beteiligen. Daraus
folgt andererseits die Frage, inwiefern durch diese Hürde Laien, verstanden als
„wissenschaftsferne" Personen, de facto vom Diskurs ausgeschlossen werden und
sich in den sozialen Medien letztlich doch nur eine „Wissenselite" zum jeweiligen Thema austauscht (vgl. dazu die Studie zur Klimakommunikation via Twitter
von Taddicken et al. in diesem Band, Kap. 9)

Mit Blick auf die sich verändernde Beziehung zwischen Wissenschaft
und Öffentlichkeit in Richtung einer wissenschaftsmündigeren Gesellschaft
(Scheloske 2012) ist es daher plausibel, dass die Kommunikationswissenschaft
auch die traditionelle Sichtweise auf Wissenschaftsjournalistinnen und -journalisten
als primäre Gatekeeper wissenschaftlicher Informationen und Neuigkeiten hinterfragt. Blogs werden in diesem Zusammenhang als besonders bedeutsam erachtet,
weil sie im Vergleich zum professionellen Journalismus, der hinsichtlich seiner
Berichterstattung auch organisatorischen und wirtschaftlichen Logiken und Interessen folgen muss, deutlich unabhängiger sind (Kim 2012).

Das angesprochene partizipatorische Potenzial von Blogs trifft auf einen Wandel journalistischer Medien und damit des Wissenschaftsjournalismus. Letzterer steht – wie der Journalismus insgesamt – vor der Hausforderung, mit den veränderten Bedingungen der Online-Welt und den damit verbundenen kollaborativen und partizipativen Möglichkeiten für Nutzerinnen und Nutzer umzugehen. Die ökonomischen Rahmenbedingungen, etwa die sinkenden Einnahmen und Werbevolumina, verschärfen diese Aufgabe. Den Wissenschaftsjournalismus als stark spezialisiertes Ressort trifft es besonders hart. Hier ist insgesamt ein deutlicher Trend in Richtung Kosteneinsparungen, Outsourcing und beschleunigter Produktionszyklen zu beobachten (Bauer und Gregory 2007, S. 46).

In unterschiedlichen Publikationen wurde dieses Phänomen aus kommunikationswissenschaftlicher Sicht erörtert (z. B. Bell 2012; Brumfiel 2009; Colson 2011; Rensberger 2009; Schäfer 2011; Shanahan 2011; Trench 2009). Weniger intensiv untersucht und diskutiert wurde hingegen das Verhältnis zwischen professioneller Medienberichterstattung und bürgerjournalistischen Darstellungen zu Wissenschaftsthemen. Dies ist gerade für das Wissenschaftsthema Klimawandel interessant, da hier angenommen wird, dass das Internet für die Bevölkerung eine alternative Informationsplattform zu der vergleichsweise normativ ausgeprägten journalistischen Darstellung des Klimawandels bildet (Engesser & Brüggemann 2015; Maurer 2011; Peters & Heinrichs 2008; Taddicken 2013). Überdies bieten die sozialen Medien (darunter auch Blogs) sowohl für Expertinnen und Experten als auch für Laien eine Plattform, sich zu Wissenschaftsthemen (und damit auch zum Wissenschaftsthema Klimawandel) zu äußern. Aus der Möglichkeit, alternative oder gegensätzliche Meinungen zu denen von Massenmedien und/oder Wissenschaft im Netz artikulieren zu können, erwächst entsprechend ein Potenzial zur Korrektur und Kritik an wissenschaftlichen Prozessen und Ergebnissen – ein sogenanntes „science media ecosystem" (Fahy & Nisbet 2011, S. 778).

10.2.1 Ziel der Studie

Wie eingangs erwähnt, geht diese Studie am Beispiel des sogenannten Climategate-Skandals der forschungsleitenden Frage nach, inwiefern Blogs im Bereich der Wissenschaftskommunikation zu einer pluralistischen Darstellung und insbesondere zu einem höheren Grad an Kontrolle, Kritik und Transparenz beitragen. Gerade in Zeiten von Skandalen werden die journalistischen Funktionen von öffentlicher Kritik und Kontrolle sowie das Aufdecken von Missständen höchst wichtig (Kepplinger & Ehmig 2004, S. 364; Kepplinger 2012). Gleichzeitig belegt die repräsentative Journalistenbefragung von Weischenberg et al. (2006), dass sich deutsche Journalistinnen und Journalisten eher als neutrale Informationsvermittler verstehen, d. h. ein weniger aktives Rollenselbstverständnis im Sinne eines gesellschaftskritischen Journalismus vorherrscht (ebd., S. 102 ff.). Daraus folgt, dass am Beispiel von Skandalen entsprechend gut erforscht werden kann, ob Blogs die geforderte und bisweilen fehlende journalistische Kontroll- und Kritikfunktion übernehmen und auf diese Weise die Berichterstattung professioneller journalistischer Online-Medien ergänzen und womöglich bereichern.

10.2.2 Climategate: "The worst scientific scandal of our generation" (Brooker 2009)

Im November 2009 wurde ein Server der Universität von East Anglia in Großbritannien gehackt. Tausende von E-Mails und Computerdateien der Climate Research Unit (CRU) wurden online gestreut und als Beweis dafür herangezogen, dass der anthropogene Klimawandel das Ergebnis einer wissenschaftlichen Verschwörung sei. Der Weltklimarat (IPCC – Intergovernmental Panel on Climate Change; zu Deutsch: Zwischenstaatlicher Ausschuss für Klimaänderungen) habe in seinem vierten Sachstandsbericht von 2007 mehrere Fehler begangen und sein Vorsitzender, Rajendra Pachauri, sei in verschiedene Interessenskonflikte verstrickt (Leiserowitz et al. 2010). Es wurde ferner behauptet, dass Wissenschaftlerinnen und Wissenschaftler Klimadaten manipuliert haben, um Kritik zu unterdrücken. Die beschuldigten Forscherinnen und Forscher wiesen diese Anschuldigungen zurück. Nach ihren Aussagen seien die E-Mails aus dem Kontext herausgerissen worden und spiegelten lediglich einen ehrlichen Ideenaustausch wider.

Die geschilderten Vorwürfe wurden als erstes in der Blogosphäre diskutiert. Zudem brachte ein Blog den Begriff „Climategate" in Umlauf (Delingpole 2009). Auch die Massenmedien sprangen auf das Thema auf, insbesondere im Vorfeld des Klima-Gipfels in Kopenhagen, der am 7. Dezember 2009 begann (Hellsten & Vasileiadou 2015).

Verschiedene Ausschüsse untersuchten den Fall, ohne Beweise für Betrug oder wissenschaftliches Fehlverhalten zu finden. Dennoch riefen ihre Berichte die Wissenschaftlerinnen und Wissenschaftler dazu auf, sich redlicher zu verhalten und entsprechende Vorwürfe künftig zu vermeiden, um das öffentliche Vertrauen in ihre Arbeit zurückzugewinnen. Beispielsweise sollte der Zugang zu den zugrunde liegenden Daten und Bearbeitungsverfahren geöffnet werden und umgehend Anträge auf Informationsfreiheit akzeptiert werden (für eine Diskussion vor dem Hintergrund des Konzeptes „honest brokering in science policy interactions", siehe Grundmann 2012).

Christopher Brooker, ein Kolumnist der der britischen Zeitung *The Sunday Telegraph*, bezeichnete Climategate als den schlimmsten Wissenschaftsskandal unserer Generation (Brooker 2009). Die Debatte rund um den Skandal hatte tief greifende Auswirkungen auf die Glaubwürdigkeit der Klimaforschung (Leiserowitz et al. 2010), ebenso wie für die Darstellung und Verbreitung wissenschaftlicher Nachrichten und letztlich auch für die öffentliche Wahrnehmung der Klimawissenschaft (Holliman 2011, S. 832). Darüber hinaus hat Climategate auch die sogenannten Klimaskeptiker befeuert, also jene, die den anthropogenen Klimawandel leugnen (Koteyko et al. 2013, S. 84).

10.2.3 Untersuchungsfragen

Um die o. g. forschungsleitende Frage nach der ergänzenden Kontroll- und Kritikfunktion der Blogs im medialen und öffentlichen Diskurs über Wissenschaft in Onlineumgebungen diskutieren zu können, wird untersucht, wie Blogs und professionelle journalistische Online-Medien über Climategate berichtet haben. Kontroll- und Kritikfunktion werden anhand von fünf verschiedenen Themenfacetten untersucht. Dazu zählen 1) die Aufmerksamkeit und Aufmerksamkeitsverläufe, 2) die Verwendung wissenschaftlicher Quellen, 3) die Bewertung des Server-Hackings, 4) die Bewertung der mutmaßlichen Klimadatenfälschung und 5) die Bewertung der Klimawissenschaften generell. Nachfolgend werden diese Facetten vorgestellt und jeweils konkrete Untersuchungsfragen zu deren Ausprägung in Blogs und professionellen journalistischen Online-Medien formuliert.

Aufmerksamkeit und Aufmerksamkeitsverläufe
Skandale beziehen sich auf Ereignisse, in denen ein Vergehen gegen Normen vorliegt oder unterstellt wird (Maier 2003, S. 136). Und obwohl jeder von ihnen hinsichtlich seiner Dynamik einzigartig ist, haben alle Skandale gemeinsame Merkmale. Dazu gehören etwa die Akteure und Rollen der am Skandal Beteiligten (Skandalisierte, Skandalisierer und Öffentlichkeit) sowie die verschiedenen Phasen, die Skandale in der Regel durchlaufen. Zur systematischen Untersuchung von Skandalen hat sich die Einteilung in mehrere Skandalphasen etabliert (vgl. Thompson 2000; Kepplinger 2009; Burkhardt 2006, 2011). Der (mediale)Verlauf eines jeden Skandals kann zum Beispiel – ähnlich wie bei Dramen – in fünf Phasen eingeteilt werden (Burkhardt 2011, S. 141–144). In der

ersten Phase werden der Skandal aufgedeckt und die involvierten Akteure identifiziert, d. h. hier sind Skandalinhalt und skandalöse Handlungen zu verorten
(Latenzphase). In der zweiten Phase führt das jeweilige Ereignis zu einem Konflikt und es werden Details über die Umstände enthüllt und in den Medien veröffentlicht (Aufschwungsphase). Dann folgt Phase drei. Hier besteht der Skandal
bereits und ist bekannt. Aspekte wie Schuld und Unschuld sowie weitere Konsequenzen werden diskutiert und bewertet (Etablierungsphase mit Klimax). In der
vierten Phase steigt der öffentliche Druck und die involvierten oder beschuldigten
Akteure ziehen sich aus der Öffentlichkeit zurück (Abschwungphase). In der letzten Phase ist die vorherrschende Ordnung wiederhergestellt (Rehabilitierungs-
phase).

Journalistinnen und Journalisten übernehmen normalerweise die Rolle, den
Skandal der Öffentlichkeit vorzustellen, wobei sie ihn nicht zwangsweise auch
enthüllen müssen (Jansen & Maier 2012; Kepplinger 2009). Die kontrollie-
rende und kritische Haltung der journalistischen Berichterstattung ist in diesem
Zusammenhang von hoher Relevanz, denn Skandale weisen – auf breiter Ebene –
auf soziale Missstände hin und die journalistische Aufgabe besteht darin, die
Öffentlichkeit über diese zu informieren (Kepplinger & Ehmig 2004, S. 364).
Dennoch kann die mediale Darstellung von Skandalen nicht nur durch die zuvor
erwähnten Phasen charakterisiert werden. Betrachtet man die weitreichenden
Probleme eines Skandals, in diesem Fall die Glaubwürdigkeit von Klimawissenschaft, so ist zu fragen, ob und wie die öffentliche Aufmerksamkeit für Climategate über die Rehabilitationsphase hinaus aufrecht erhalten wird.

Bezieht man die zuvor genannten Konformitätszwänge und strukturellen
Abhängigkeiten des Wissenschaftsjournalismus in die Überlegungen ein und
betrachtet demgegenüber die Unabhängigkeit von Blogs sowie die Tatsache,
dass Blogs und nicht die journalistischen Medien den Skandal aufdeckten, ist zu
erwarten, dass die Logiken der Aufmerksamkeit für Climategate variieren. Jedoch
zeigen andere Studien, dass sich Blogs an der Themen-Agenda journalistischer
Medien orientieren (Eilders et al. 2010; Wallsten 2007; vgl. zum Thema Agenda-Setting von Klimawandel in verschiedenen Online-Arenen Hoppe et al. in
diesem Band, Kap. 8). Daher sind auch Ähnlichkeiten hinsichtlich der Aufmerk-
samkeitszuwendung zwischen Blogs und journalistischen Medien zu erwarten.
Die erste Forschungsfrage lautet demnach:

FF1: Wie viel Aufmerksamkeit widmen die professionellen journalistischen
Online-Medien und die Blogs dem Skandal, und welche Unterschiede oder
Gemeinsamkeiten sind in den Aufmerksamkeitsverläufen erkennbar?

Verwendung wissenschaftlicher Quellen
Bei der Selektion und Darstellung von Themen müssen sich Journalisten an professionelle Normen, Bearbeitungsstandards und ethische Richtlinien halten, während Bloggende diesbezüglich deutlich unabhängiger sind (Bowman & Willis 2003; Bruns 2006; Eilders et al. 2010). Wie zuvor dargelegt, können Blogs eine Nachrichtenberichterstattung betreiben, die dezentralisiert abläuft (Bottom-Up-Ansatz) (Gillmor 2004). Im Gegensatz zu professionellen Journalistinnen und Journalisten, die sich routinemäßig auf bewährte Quellen stützen müssen, um zuverlässige, glaubwürdige und berechenbare Informationen zu liefern, sind unabhängige Bloggende nicht an solche Recherche- und Darstellungsregeln gebunden (Meraz 2009). Sie können auf eine Vielzahl unterschiedlicher Quellen verlinken und auf dieser Basis die jeweiligen Themen kommentieren.

Dennoch spielen beim Publizieren von Themen in der Blogosphäre auch bestimmte Kompetenzen im Umgang mit und der Aufbereitung von Informationen eine Rolle. So etwa das weiter oben angedeutete Fachwissen, man könnte auch sagen, die Expertise bezüglich des jeweiligen Themas, über das publiziert wird. Gerade bei wissenschaftlichen Themen ist anzunehmen, dass hier ein Mindestmaß an fachlichem Wissen vorhanden sein muss, um die entsprechende Komplexität durchdringen, darstellen und diskutieren zu können. Und jenes Fachwissen drückt sich i. d. R. in dem Umgang mit wissenschaftlichen Quellen, wie etwa Zitationen von Expertinnen und Experten oder wissenschaftlichen Publikationen, aus. Daher wird in dieser Studie untersucht, wie oft Bloggende – im Vergleich zu Online-Journalistinnen und -journalisten – auf wissenschaftliche Quellen und Akteure verweisen. Obwohl technisch gesehen sehr niedrige Wissenshürden bestehen, um in der Blogosphäre teilzunehmen, werden Bloggende oft als eine Form von Wissenselite betrachtet. Es wird daher ebenfalls erwartet, dass zumindest die Bloggenden mit einem größeren Expertenniveau journalistische Logiken der Quellenarbeit, beispielsweise Forschung in ihren Artikeln zu präsentieren, übernehmen. Somit lautet die zweite Forschungsfrage:

FF2: Wie häufig beziehen sich die Blogs im Vergleich zu den journalistischen Online-Medien auf wissenschaftliche Quellen, und gibt es Unterschiede bezüglich des Expertenniveaus der Bloggenden?

Bewertung des Server-Hackings und der mutmaßlichen Klimadatenfälschung
Wie gesagt, sehen sich Wissenschaftsjournalisten in Deutschland hauptsächlich als neutrale Informationsvermittler. Blogs hingegen haben deutlich mehr

Möglichkeiten, persönliche Meinungen, Kommentare und Bewertungen auszudrücken (Meyers 2012). Es gibt entsprechende Anhaltspunkte, dass in der Blogosphäre mehr Stellungnahmen und Vermutungen bezüglich politischer Themen im Umlauf sind als in journalistischen Nachrichtenmedien (Eilders et al. 2010). Vor ebendiesem Hintergrund wird untersucht, wie die Blogosphäre Climategate im Vergleich zu professionellen Online-Medien bewertet. Das Interessante an dem Fall Climategate ist, dass er gleich zwei Normenverstöße beinhaltet: erstens den Akt des Server-Hackings und zweitens das Verhalten der Wissenschaftlerinnen und Wissenschaftler, welches auf eine mutmaßliche Fälschung von Klimadaten hindeutete. Es ist anzunehmen, dass Online-Journalistinnen und -Journalisten beide Normenverstöße zurückhaltender beurteilen, während Bloggende die ethischen Ausmaße des Hackens und die mutmaßliche Datenfälschung intensiver und bewertender diskutieren. Die dritte und vierte Forschungsfrage sind der Dimension des Bewertens gewidmet:

FF3: Wie wird in Blogs – im Vergleich zu den professionellen journalistischen Online-Medien – das Hacken des Servers im Climategate-Fall bewertet, und gibt es Unterschiede bezüglich des Expertenniveaus der Bloggenden?

FF4: Wie wird in Blogs – im Vergleich zu den professionellen journalistischen Online-Medien – das Verhalten der Wissenschaftlerinnen und Wissenschaftler bewertet, und gibt es Unterschiede bezüglich des Expertenniveaus der Bloggenden?

Bewertung der Klimaforschung
Wie zuvor angemerkt, hat Climategate die Zweifel an der Existenz des anthropogenen Klimawandels genährt und das Vertrauen in die Wissenschaft vermeintlich erschüttert – insbesondere in den USA (Leiserowitz et al. 2010). Bisher liegen hierzu keine vergleichbaren Daten für Deutschland vor. Um zumindest einen Eindruck davon zu gewinnen, welchen Effekt der Skandal auf die Bewertung der Klimaforschung hatte, wird analysiert, wie die professionellen journalistischen Online-Medien und Blogs im Kontext von Climategate über die Glaubwürdigkeit der Klimaforschung berichtet haben. Wenn man die vorher genannten Argumente ernst nimmt, dass Bloggende kaum professionell-journalistische Normen befolgen müssen und deutsche Journalistinnen und Journalisten ihre Aufgabe darin sehen, ihr Publikum möglichst neutral zu informieren, sind hier deutliche Unterschiede zu erwarten. Darüber hinaus werden auch in Bezug auf die

Bewertung der Klimaforschung Unterschiede zwischen den Blogs angenommen, die auf den jeweiligen Grad an Expertise bzw. Kenntnis von Wissenschaftsprozessen zurückzuführen sind. Somit lautet die fünfte und letzte Forschungsfrage:

FF5: Wie wird in Blogs – im Vergleich zu professionellen Online-Medien – die Glaubwürdigkeit von Klimaforschung im Allgemeinen bewertet, und gibt es Unterschiede bezüglich des Expertenniveaus der Bloggenden?

10.2.4 Forschungsdesign und Methodik

Zur Beantwortung der vorgestellten Forschungsfragen wurde eine manuelle Inhaltanalyse von Beiträgen professioneller journalistischer Online-Medien (Pom) und Blogs (Blogs) durchgeführt. Der Untersuchungszeitraum erstreckt sich von November 2009 (Start von Climategate) bis Januar 2011, um auch die potenziell längerfristige Thematisierung des Ereignisses erfassen zu können.

Für die Pom-Stichprobe wurden diejenigen Medienmarken ausgewählt, die als stellvertretend für den Qualitätsjournalismus in Deutschland gelten und über eigenständige Online-Redaktionen verfügen.[2] Die Pom-Stichprobe umfasst sechs verschiedene Nachrichtenseiten und 125 Artikel (siehe Tab. 10.1). Auswahlkriterium war, dass jeder Beitrag mindestens eines der folgenden Stichworte beinhalten musste: *Climategate, Universität East Anglia, E-Mail Affäre.* Die Artikel wurden mittels einer Volltextsuche in den elektronischen Datenbanken jeder Nachrichtenseite gesammelt und deren thematische Relevanz anschließend manuell überprüft. Während der Suche wurden die Operatoren UND/ODER genutzt und Variationen bei der Schreibweise berücksichtigt (z. B. Climategate ODER Climate Gate).

Für die Blog-Stichprobe wurde eine Google-Suche durchgeführt, die sich auf Blogs konzentriert hat und dieselben Stichwörter wie die beim zuvor genannten Pom-Stichprobenverfahren verwendet. Zudem wurde ein geografischer Filter angewendet, d. h. es kamen nur Seiten aus Deutschland (URL-Endung.de) in die

---

[2]Damit ist gemeint, dass der online dargestellte Inhalt hauptsächlich für die Online-Arena produziert wird und keine Reproduktion der Printausgabe darstellt. Dennoch stellt keine der ausgewählten Online-Nachrichtenseiten ihren Inhalt nur online zur Verfügung. Daher ist eine Mischung aus Online- und gedruckten Artikeln, die für die Website verfügbar sind, möglich, was den regulären Arbeitsprozess von deutschen Zeitungen widerspiegelt.

Tab. 10.1 Überblick über die PoM-Stichprobe

Markenname	Online Ausgabe	Art des Nachrichtenmediums	Anzahl der Artikel
Süddeutsche Zeitung	Sueddeutsche.de	Nationale Tageszeitung	11
Frankfurter Allgemeine Zeitung	Faz.net	Nationale Tageszeitung	16
Die Welt	Welt.de	Nationale Tageszeitung	34
Der Tagesspiegel	Tagesspiegel.de	Nationale Tageszeitung	13
Die Zeit	Zeit.de	Wochenzeitung	21
Der Spiegel	Spiegel.de	Wöchentliches Nachrichtenmagazin	30
Summe			**125**

Quelle: Eigene Darstellung

Auswahl. Blogs von professionellen Journalistinnen und Journalisten wurden ausgeschlossen. Die Einschätzung des Expertenniveaus eines jeden Blogs erfolgte auf Basis von Autor*innen-Selbstinformationen (z. B. zu Ausbildung, Beruf, institutionellen Anbindung) und den Gesamteindruck des Bloginhaltes (Themen, Aufbereitung, Darstellung, Inhalte, Sprache). Auf diese Weise wurden 21 verschiedene Blogs ausgewählt, die drei verschiedene Expertenniveaus repräsentieren. In die Stichprobe sind 113 Beiträge eingegangen (siehe Tab. 10.2).

Angelehnt an die oben skizzierten empirischen Phänomene, die Aufschluss über die Kontroll- und Kritikfunktion von Blogs und journalistischen Online-Medien geben sollen, wurden im Rahmen dieser Studie folgende Variablen ausgewertet: *Erscheinungsdatum, Thematisierung von Climategate, Verweise auf wissenschaftliche Quellen und Akteure, Bewertung des Server-Hackings, Bewertung der mutmaßlichen Datenfälschung* und *Bewertung der Glaubwürdigkeit der Klimaforschung.*

Das Material wurde von insgesamt drei geschulten Codiererinnen und Codierern bearbeitet. Unstimmigkeiten, die der Reliabilitätstest zum Vorschein brachte, ließen sich im Zuge einer Nachschulung beheben. Reliabilität und Validität wurden separat für die BLOG- und die PoM-Stichprobe gemessen. Für die Tests wurden per Zufallsstichprobe 10 % des jeweiligen Materials ausgewählt. Als Reliabilitätsmaß wurde Cohen's Kappa errechnet, ein vergleichsweise konservatives Maß, welches geeignet ist, um die Übereinstimmung zwischen zwei Codierenden zu ermitteln. Für die PoM-Stichprobe wurden Validität und Intercoder-Reliabilität ermittelt, da hier eine der Forscherinnen Teil des Codierteams

Tab. 10.2 Überblick über die BLOG-Stichprobe

Titel	URL	Expertenniveau	Artikel-anzahl
Climate Change Blog	http://www.climate-change-blog.de	niedrig	2
CO2 Luege	http://www.co2-luege.blogspot.com	niedrig	7
Dennis Knake Blog	http://www.dennis-knake.de	niedrig	2
Der Honigmann sagt	http://derhonigmannsagt.wordpress.com/	niedrig	4
Ecospin Blog	http://www.ecospin.wordpress.com[a]	niedrig	1
KulturBlogs	http://kulturblogs.de/	niedrig	1
Propagandafront	http://www.propagandafront.de/	niedrig	4
Quadratura Circuli	http://www.quadraturacirculi.de/ [a]	niedrig	8
Readers Edition	http://www.readers-edition.de/	niedrig	17
Rot steht uns gut	http://rotstehtunsgut.de/	niedrig	2
Sceptic Maniac	http://www.scepticmaniac.wordpress.com[a]	niedrig	2
Unzensiertinformiert	http://unzensiert.zeitgeist-online.de/	niedrig	2
Eigentümlich frei	http://ef-magazin.de/	mittel	11
Infokrieger Blog	http://infokrieger.blog.de/	mittel	11
Klima der Gerechtigkeit Blog	http://klima-der-gerechtigkeit.boellblog.org/	mittel	1
Klimakrise Blog	http://www.klimakrise.de[a]	mittel	8
Politically Incorrect News	http://www.pi-news.net/	mittel	6
Wahrheiten Blog	http://www.wahrheiten.org/	mittel	6
Globalklima Blog	http://globalklima.blogspot.de/	hoch	4
Scienceblog	http://scienceblogs.de/	hoch	12
SciLogsWissenslogs	http://www.scilogs.de/wblogs/	hoch	2
Summe			**113**

Anmerkung: [a]Blog war nicht mehr verfügbar ab 09/2013

war. Es konnten Werte zwischen 0,77 und 1,0 erzielt werden. Die Übereinstimmung bewegte sich zwischen 89 und 100 %. Für die BLOG-Stichprobe wurde die Validität getestet. Das bedeutet, dass die Reliabilität zwischen einer Forscherin und einer Codiererin gemessen wurde, wobei nur die Codiererin in dem nachfolgenden Codierprozess mit einbezogen wird (Rössler 2010, S. 197). Hierbei konnten Werte zwischen 0,61 und 0,86 erreicht werden. Die Übereinstimmung bewegte sich zwischen 70 und 90 %. Die berichteten Werte sind insgesamt, folgt man den Empfehlungen von Lombard et al. (2010), zufriedenstellend.[3]

Die Inhaltsanalyse wurde weitestgehend quantitativ durchgeführt. Bei der Aufmerksamkeitsanalyse wurden die Daten jedoch um explorativ und z. T. qualitativ gelagerte Analyseschritte ergänzt und zwar in der Form, dass für die einzelnen Skandalphasen im Material nach markanten Ausprägungen und Darstellungsweisen gesucht wurden (in Anlehnung an Mayrings typisierende Strukturierung, Mayring 2015).[4]

10.3 Ergebnisse

Die Ergebnisse werden im Folgenden anhand der vorgestellten Forschungsfragen erläutert.

10.3.1 Aufmerksamkeit und Aufmerksamkeitsverläufe

Zur Beantwortung der ersten Untersuchungsfrage (FF1) wurde analysiert, wie oft PoM und BLOGS auf Climategate verweisen. Die jeweiligen Aufmerksamkeitsmuster wurden in die zuvor erwähnte Logik der medialen Darstellung von Skandalen überführt (Abb. 10.1).

Die Spezifikation der verschiedenen Skandal-Phasen erfolgte entlang von Schlüsselereignissen, die über den Zeitverlauf hinweg stattfanden. Diese Ereignisse wurden mittels der Analyse der Hauptthemen rekonstruiert. Ergänzend zu

---

[3]Lombard et al. (2002, S. 596) empfehlen bei konservativen Verfahren als Minimum einen Reliabilitätskoeffizienten von ≥ 0,75. In manchen Fällen wird sogar ein Koeffizient von ≥ 0,70 als geeignet erachtet (Wimmer und Dominick 2011, S. 174 f.; Neuendorf 2002, S. 145).

[4]An dieser Stelle sei den weiteren Codierern, Jonas Kaiser für die PoM-Stichprobe und Lea Borgmann für die BLOG-Stichprobe, für ihre Mitarbeit gedankt.

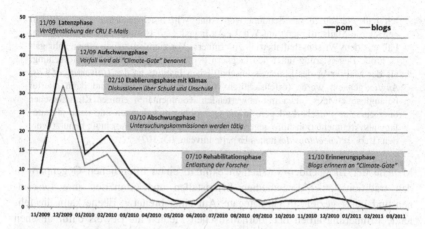

Abb. 10.1 Skandalphasen anhand von Aufmerksamkeitsverläufen Pom und Blogs. (Quelle: Eigene Darstellung)

der quantitativen Analyse der Aufmerksamkeit im Zeitverlauf, wurden die aufmerksamkeitsstarken Zeitpunkte näher inspiziert. Dazu wurden die publizierten Beiträge typisierend-strukturierend analysiert, d. h. das Material wurde auf markante Darstellungen hin untersucht. In der Latenzphase von Climategate im November 2009 zeigt sich, dass die Blogs den Skandal aufgedeckt haben. Sie beachteten das Thema etwas früher und in größerem Maße als die Pom. In der Aufschwungphase, in der Climategate als Skandal benannt wurde, stieg die Aufmerksamkeit für das Thema sowohl in den Pom als auch den Blogs erheblich an. Im weiteren Verlauf des Skandals gleichen sich die Aufmerksamkeitsverläufe an. Dennoch gibt es eine interessante Ausnahme: im November und Dezember 2010, also ein Jahr nach dem Beginn von Climategate, re-thematisieren die Blogs das Ereignis, d. h. in der Blogosphäre wird Erinnerungsarbeit geleistet:

> Phil Jones hat wieder zugenommen. Er muss auch keine Medikamente mehr nehmen, er sieht wieder fast so gesund aus wie vor einem guten Jahr. Überhaupt glaubt er, dass das Schlimmste hinter ihm liegt. Das kann man zum ersten Jahrestag von „Climategate" nicht etwa in BILD lesen, sondern in einem Artikel des *nature*-Herausgebers David Adams, der aus diesem Anlass ein Interview mit dem britischen Klimaforscher geführt hatte (Blog *kulturblogs.de*, niedriges Expertenniveau, ID: 53).

Bloggende kritisierten die fehlende Erinnerungsarbeit in deutschen Massenmedien. Sie stellen sogar Analogien zu anderen, ähnlichen Fällen her, um an den Climategate-Skandal erinnern:

Ich habe gerade in die Sendung von Anne Will hineingeschaut – es geht um gehackte e-Mails, die jetzt auf WikiLeaks liegen. (…) Um mal an einen ähnlichen Fall aus dem Wissenschaftsbetrieb zu erinnern: Vor ziemlich genau einem Jahr gab es große Begeisterung unter den Gegnern der wissenschaftlichen Klimaforschung, als der Mailserver des klimawissenschaftlichen Instituts an der *University of East Anglia* gehackt wurde (offensichtlich von „Klimaskeptikern") und dann allerlei belanglose e-Mails, etwa mit abwertenden Kommentaren einiger Klimaforscher über einzelne Forscherkollegen, in die Öffentlichkeit gelangten und dann monatelang als Argumentationshilfe gegen die Ergebnisse der Klimaforschung benutzt wurden (BLOG *scienceblogs.de,* hohes Expertenniveau, ID: 102).

Manche der Bloggenden versuchten explizit, einen öffentlichen Gegenpart zu den traditionellen Massenmedien herzustellen und erinnerten ihre Leserinnen und Leser gezielt an Climategate. Auf einer breiteren Ebene kann die fehlende Erinnerungsarbeit der journalistischen Medien als Beweis dafür gesehen werden, dass Climategate, folgt man der Logik gesellschaftlicher und medialer Erinnerungskarrieren, bereits ein Jahr später an Relevanz verloren zu haben scheint (Trümper 2018, S. 84–87). Die Frage, ob das Ereignis seitens des Journalismus nachhaltig erinnert wird, ihm also zu einem späteren Zeitpunkt wieder Relevanz attestiert wird, oder ob es gänzlich dem medialen Vergessen anheimfällt, kann diese Studie nicht beantworten.

10.3.2 Verweise auf wissenschaftliche Quellen

Die zweite Forschungsfrage (FF2) konzentriert sich auf die Quellenarbeit, also darauf, wie der Skandal in Blogs und professionellen journalistischen Online-Medien u. a. durch Recherche und die daraus entstehenden inhaltlichen Verweise aufbereitet wurde. Zu diesem Zweck wurde zunächst analysiert, wie häufig die Artikel in den BLOGS – im Vergleich zu jenen in den POM – auf thematisch relevante Quellen (IPCC-Bericht, wissenschaftliche Zeitschriften und andere wissenschaftliche Quellen) und Akteure (IPCC-Mitglieder und andere Wissenschaftlerinnen und Wissenschaftler) verweisen. Abb. 10.2 zeigt auf, dass die Unterschiede zwischen POM und BLOGS nicht so beachtlich sind wie erwartet. Betrachtet man, wie häufig auf wissenschaftliche Zeitschriften oder den IPCC-Bericht verwiesen wird, so liegen die BLOGS vor den POM. Hingegen werden wissenschaftliche Akteure wie bspw. Phil Jones und Michael Mann sowie IPCC-Mitglieder seitens der POM häufiger zitiert.

Wird zusätzlich der Expertisegrad der BLOGS berücksichtigt, so fällt auf, dass Laien-Bloggende deutlich häufiger wissenschaftliche Quellen zitieren, insbesondere

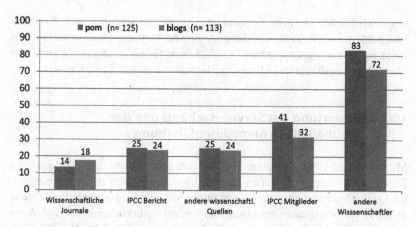

Abb. 10.2 Verweise auf wissenschaftliche Quellen und Akteure in Pom und Blogs (in %).
(Quelle: Eigene Darstellung)

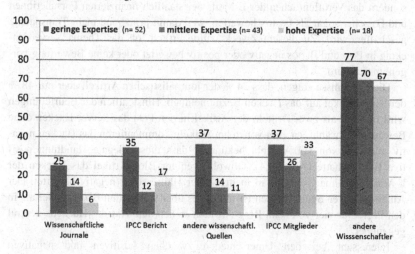

Abb. 10.3 Verweise auf wissenschaftliche Quellen und Akteure in Blogs nach Expertise
(in %). (Quelle: Eigene Darstellung)

wissenschaftliche Zeitschriften sowie den IPCC-Bericht (Abb. 10.3). Bloggende
mit einem hohen Expertenlevel verweisen demgegenüber nur selten auf wissenschaftliche Zeitschriften. Dieser Befund überrascht, wenn man bedenkt, dass die
Experten-Bloggende oft Wissenschaftlerinnen und Wissenschaftler sind oder
Naturwissenschaften studiert haben und somit vertraut sind mit dem Zitieren

wissenschaftlicher Quellen. Es kann gemutmaßt werden, dass sich Experten-Bloggende selbst als Quelle und damit als eine Art Meinungsführer sehen und Verweise auf andere wissenschaftliche Quellen nicht für notwendig halten (vgl. zum Thema Meinungsführer und Klimawandel Lörcher in diesem Band, Kap. 4).

10.3.3 Bewertung des Server-Hackings und der mutmaßlichen Klimadatenfälschung

Mit der dritten Forschungsfrage ging die Annahme einher, dass Bloggende im Zuge von Climategate das Server-Hacking häufiger bewerten als die professionellen Online-Journalistinnen und -Journalisten, die eher eine neutrale Betrachtung dieses Normenverstoßes vornehmen oder ihn auf zurückhaltende Art und Weise bewerten, obwohl diese Handlung, objektiv gesehen, illegal ist. Von Bloggenden wurde erwartet, dass sie sich nicht nur häufiger zum Server-Hacking äußern, sondern das Veröffentlichen der E-Mails der staatlich finanzierten Forscherinnen und Forscher sogar als positiv bewerten, weil damit prinzipiell mehr Transparenz geschaffen wird. Zu diesem Zweck wurde erfasst, ob das Thema Server-Hacking in PoM und Blogs negativ oder positiv bewertet oder keine Bewertung vorgenommen wird.

Die Ergebnisse zeigen, dass 74 % der journalistischen Artikel, aber nur 48 % der Blog-Artikel auf das Hacken Bezug nehmen. Hinsichtlich der Beurteilungen wird in mehr als zwei Dritteln der Artikel in den PoM das Server-Hacken ohne Bewertung erwähnt, ca. drei von zehn Artikeln kommentieren das Hacken negativ und drei von 100 Artikeln bekunden, dass diese illegale Handlung positive Effekte hatte (Abb. 10.4). Obwohl weniger Blog-Artikel das Hacken der E-Mails erwähnen, wird es in mehr als der Hälfte sogar negativ bewertet. Der Anteil positiver Beurteilungen ist mit etwas über 9 % in den Blogs höher als in den PoM. Nur vier von zehn Blog-Artikeln stehen dem Akt des Hackens neutral gegenüber.

Interessant bei den Unterschieden zwischen positiven und negativen Beurteilungen ist, dass die negativen Einschätzungen allgemein ausführlicher ausfallen als die positiven. Die folgenden zwei Beispiele sind dafür typisch:

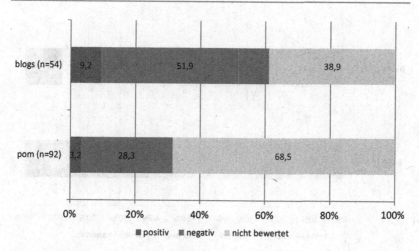

Abb. 10.4 Bewertungen des Server-Hackings in Pom und Blogs (in Prozent). (Quelle: Eigene Darstellung)

Negative Bewertung

Jetzt nässen sich buchstäblich Tausende ein vor Freude, lesen da alles raus was sie gerade wollen und verbreiten die gestohlenen, privaten Emails munter weiter, anscheinend nicht eine Sekunde nachdenkend ob man sowas macht. Bei Real Climate geht man phantastisch damit um, obwohl Hundertschaften an Kommentatoren ankommen und Erklärungen für Sachen verlangen, die in der Kommunikation anderer Leute stehen. Stellt euch das doch mal vor! Was für Leute sind das, die 1) Gestohlene Mails lesen die sie nichts angehen, 2) Diese Mails weiterverbreiten, 3) Die Dreistigkeit haben dann noch Erklärungen für Zitate aus diesen Mails zu verlangen, 4) Die Mails als Beweis der Nichtexistenz wissenschaftlicher Fakten zu halten (Blog *scienceblogs.de,* hohes Expertenniveau, ID: 94).

Positive Bewertung

Aus diesen e-Mails lies (sic!) sich recht gut nachvollziehen, wie Klimaforscher, wohl genauso wie ihre Kollegen anderer Disziplinen, mit Kollegen umgehen, die andere Ansichten vertreten, wie sie versuchen, deren Ansichten zu unterdrücken und eigene Schwächen zu vertuschen (Blog *kulturblogs.de,* niedriges Expertenniveau, ID: 53).

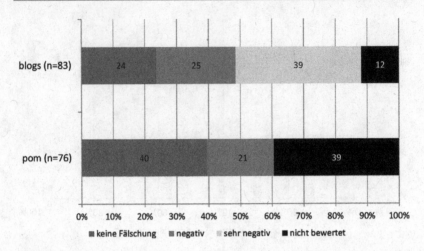

Abb. 10.5 Bewertung der mutmaßlichen Klimadatenfälschung in Pom und Blogs (in %). (Quelle: Eigene Darstellung)

In der vierten Forschungsfrage (FF4) stand die mutmaßliche Fälschung von Klimadaten im Mittelpunkt sowie deren Bewertung seitens der Pom und der Blogs. Hierzu wurde unterschieden, ob der Akt der Datenfälschung – sofern genannt – sehr negativ oder negativ bewertet wird oder diesbezüglich keine Bewertung erfolgt. Darüber hinaus würde erfasst, ob explizit erwähnt wird, dass keine Fälschung von Klimadaten stattgefunden hat.

Die mutmaßliche Fälschung wird in 61 % der Artikel in den Pom und in 74 % der Blog-Beiträge erwähnt. Dabei bewerten die Pom die mutmaßliche Fälschung gar nicht (39 %) oder konstatieren, dass es keine Fälschung gab (40 %). Nur 21 % der journalistischen Artikel bewerten das vermutete unredliche Verhalten der Wissenschaftlerinnen und Wissenschaftler negativ (Abb. 10.5). Im Gegensatz dazu nehmen circa zwei Drittel der Beiträge in den Blogs, die sich zu der mutmaßlichen Fälschung von Klimadaten äußern, diesbezüglich eine negative (25 %) oder sogar eine sehr negative (40 %) Bewertung vor. Somit ist auch in Bezug auf den vermuteten Betrug in der Klimaforschung eine deutlich kritisch-bewertende Haltung in den Blogs und eine neutralere in den Pom festzustellen.

Die folgenden Beispiele sind typisch für negative Bewertungen:

Negative Bewertung

Was nicht passt, wird passend gemacht. So könnte man eine E-Mail zusammenfassen, die ein britischer Klimaforscher einem Kollegen sandte. Demnach hat er
einen „Trick" angewandt, um in einer Grafik zur Temperaturentwicklung der letzten Jahrzehnte den aktuell geringeren Anstieg der Werte „zu verstecken". In anderen
elektronischen Nachrichten wird über Kollegen hergezogen und Klimaskeptiker, die
den Anteil des Menschen an der Erderwärmung herunterspielen oder leugnen, als
„Idioten" bezeichnet (Pom, tagesspiegel.de, ID: 116).

Sehr negative Bewertung

Diese Personen lasen aber niemals darüber, wie die Temperaturaufzeichnungen in
den Datenbanken „künstlich angepasst wurden, um den realen Temperaturen näher
zu kommen", oder dass „hunderte, wenn nicht tausende an fingierten [Tempera-
turmess-]Stationen" irgendwie in die Datenbank kamen, oder wie der verzweifelte
Programmierer sich auf Kraftausdrücke zurückzog, bevor er dann doch eingestand,
wichtige Daten der Wetterstationen einfach erfunden zu haben, da es nicht möglich gewesen war zu erklären, welche Daten von welcher Quelle stammten (Blog,
propagandafront.de, niedrige Expertise, ID: 60).

Die Unterscheidung nach dem Grad der Blog-Expertise zeigt, dass in keinem
Beitrag seitens Blogs mit hoher wissenschaftlicher Expertise das mutmaßlich
unredliche Verhalten der Wissenschaftlerinnen und Wissenschaftler negativ oder
sehr negativ bewertet wird. Weiter zeigt sich, dass etwa 80 % der Beiträge von
Blog-Autorinnen und -Autoren mit mittlerer wissenschaftlicher Expertise das
Verhalten der Wissenschaftlerinnen und Wissenschaftler als negativ (34 %) oder
sehr negativ (44 %) beurteilten. Gleichzeitig verneinen aber auch 19 % der Beiträge aus dieser Gruppe die mutmaßliche Datenfälschung. Blog-Autorinnen
und -Autoren mit niedriger wissenschaftlicher Expertise hingegen bewerten die
mutmaßliche Datenfälschung mehrheitlich als negativ (24 %) und sehr negativ (46 %). Gleichwohl wird aber auch in etwa fünf von zehn Artikeln keine
Bewertung vorgenommen (20 %) (Abb. 10.6).

Daraus lässt sich ableiten, dass vor allem unter den Laien-Bloggenden eine
Art Unsicherheit darüber vorzuherrschen scheint, ob sich die Klimawissenschaftlerinnen und -wissenschaftler tatsächlich betrügerisch verhalten haben oder nicht.
Demgegenüber ist unter Experten-Bloggenden offenkundig die Meinung vor-
herrschend, dass sich die Klimawissenschaftlerinnen und -wissenschaftler nicht
der Datenfälschung schuldig gemacht haben.

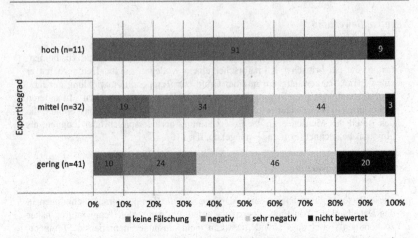

Abb. 10.6 Bewertung der mutmaßlichen Klimadatenfälschung in Blogs nach Expertise (in %). (Quelle: Eigene Darstellung)

10.3.4 Bewertung der Glaubwürdigkeit der Klimaforschung

Die fünfte und letzte Forschungsfrage (FF5) bezieht sich auf die Glaubwürdigkeit der Klimaforschung im Allgemeinen und wie diese seitens der Pom und Blogs bewertet wurde. Dies ist insofern interessant, als die Glaubwürdigkeit der Klimaforschung unter dem Climategate-Skandal, jedenfalls in den USA, gelitten hat (vgl. Leiserowitz et al. 2010). Wenn in einem Beitrag die generelle Glaubwürdigkeit der Klimaforschung angezweifelt oder ein Glaubwürdigkeitsverlust erwähnt wurde, so wurde dies als „unglaubwürdig" codiert. „Glaubwürdig" wurde codiert, wenn der Beitrag beispielsweise aussagte, dass die Klimaforschung wegen des Skandals zwar einiges an Glaubwürdigkeit eingebüßt habe, aber dennoch das grundsätzliche Vertrauen in sie nicht erschüttert sei. Erwähnten Beiträge sowohl den Glaubwürdigkeitsverlust als auch den Erhalt der Glaubwürdigkeit, so wurde dies als „ausgewogen" codiert. Der Code „nicht bewertet" wurde vergeben, wenn das Thema Glaubwürdigkeit weder erwähnt noch eine Beurteilung vorgenommen wurde.

Insgesamt wird die Glaubwürdigkeit der Klimaforschung in den Blogs häufiger mit dem Climategate-Skandal in Verbindung gebracht als in den Pom. Etwa zwei Drittel der journalistischen Artikel, aber 85 % der Blog-Beiträge stellen eine

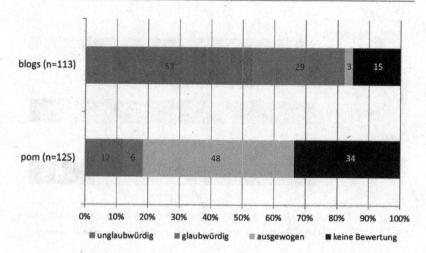

Abb. 10.7 Bewertung der Glaubwürdigkeit der Klimaforschung in Pᴏᴍ und Bʟᴏɢs (in %).
(Quelle: Eigene Darstellung)

bewertende Assoziation her (Abb. 10.7). Bei näherer Betrachtung der Ergebnisse
kann festgestellt werden, dass knapp die Hälfte der journalistischen Artikel eine
ausgeglichene Darstellung präsentiert. Es wird darin sowohl der Glaubwürdigkeitsverlust problematisiert, gleichzeitig aber auch angebracht, dass die Forscherinnen und Forscher von diesem Vorwurf freigesprochen worden sind und
die Klimaforschung nach wie vor glaubwürdig sei. Erneut spiegelt sich hierin
das bereits mehrfach angesprochene berufliche Selbstverständnis im deutschen
Journalismus wider, dem Publikum eine ausgeglichene und neutrale Berichterstattung präsentieren zu wollen.

Im Gegensatz dazu hob mehr als die Hälfte der Blog-Beiträge den Glaubwürdigkeitsverlust der Klimaforschung hervor. Andererseits vermerkte etwa ein
Drittel der Beiträge explizit, dass die Klimaforschung nach wie vor glaubwürdig
sei. Somit kann bilanziert werden, dass die Bʟᴏɢs eine eindeutigere Meinung in
der Diskussion über die Glaubwürdigkeit der Klimaforschung im Kontext von
Climategate vertreten haben, als die Pᴏᴍ.

Vergleicht man die Expertenniveaus der Bʟᴏɢs, so zeigt sich ein sehr ein-
deutiges Bild: Nahezu jeder Artikel eines bzw. einer Expertenbloggenden betont
die Glaubwürdigkeit der Klimaforschung. Im Segment der Bʟᴏɢs mit mittlerer
wissenschaftlicher Expertise vermelden etwa drei Viertel einen Glaubwürdigkeitsverlust. Bei den Laien-Bloggenden, die sich zu diesem Thema äußern,

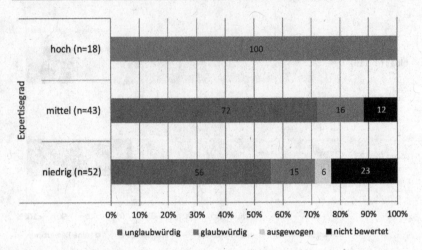

Abb. 10.8 Bewertung der Glaubwürdigkeit der Klimaforschung in BLOGS nach Expertise (in %). (Quelle: Eigene Darstellung)

bewertet rund die Hälfte der Beiträge die Klimawissenschaft als unglaubwürdig (56 %) (Abb. 10.8). Gleichzeitig ist bei den Laien-Bloggenden aber auch ein verhältnismäßig hoher Anteil an Beiträgen zu finden, die keine eindeutige Bewertung vornehmen (23 %). Dieser Befund könnte ein Hinweis für ein größeres Maß an Unsicherheit (und möglicherweise auch Skepsis) unter den Laien-Bloggenden sein, was die Klimaforschung anbelangt.

Insgesamt bleibt mit Blick auf die letzte Forschungsfrage zum potenziellen Glaubwürdigkeitsverlust der Klimaforschung festzuhalten, dass die Bloggenden ohne Expertenstatus eine kritischere Sichtweise auf die Klimaforschung anregen, indem sie den Climategate-Fall häufiger mit dem Thema Glaubwürdigkeit in Verbindung bringen. Demgegenüber erweisen sich die Expertenbloggenden als deutlich unkritischer. Offen bleibt an dieser Stelle, womit die Art dieser Kritiklosigkeit zusammenhängt. Zu vermuten ist, dass sich dies durch ein höheres Wissen zur Entstehung von klimawissenschaftlicher Evidenz begründet.

10.4 Fazit und Ausblick

Ziel dieser Studie war es, die Rolle von Blogs – im Vergleich zu professionellen journalistischen Online-Medien – während der öffentlichen Debatte in Bezug auf den wissenschaftlichen Climategate-Skandal in Deutschland zu untersuchen.

Die Frage war, ob Blogs dazu beitragen, eine pluralistischere Öffentlichkeit zu diesem Thema herzustellen und Aspekte der Kritik und Kontrolle vermehrt resp. vielfältiger zu diskutieren, als es allein die journalistischen Online-Beiträge vermögen.

Die Ergebnisse der Analyse zeigen, dass sich die Aufmerksamkeit für Climategate seitens Blogs und seitens professioneller Online-Medien stark ähnelt. So wurden etwa die gleichen Phasen, die typisch für die Medienberichterstattung über Skandale sind, identifiziert – mit einem wichtigen Unterschied: Die Aufmerksamkeit der Blogs zeichnete sich durch einen kleinen Hochpunkt ein Jahr nach Climategate aus. Eine nähere Untersuchung des Materials zeigt, dass Bloggende ein Jahr später an den Skandal erinnerten. So gesehen fungierten sie als Agenten kollektiver Erinnerung – eine Rolle, die insbesondere Journalistinnen und Journalisten zugeschrieben wird (Trümper 2018; Zelizer & Tenenboim-Weinblatt 2014; Trümper & Neverla 2013).

Darüber hinaus nutzten Bloggende ähnliche Praktiken wie die Journalistinnen und Journalisten, was man insbesondere anhand der Häufigkeiten der Verweise auf wissenschaftliche Quellen und Akteure sehen konnte. Obwohl Bloggende nicht an die Normen journalistischer Praktiken und Routinen gebunden sind, zuverlässige und glaubwürdige Inhalte her- und bereitzustellen, scheinen sie dennoch journalistische Berichterstattungspraktiken zu übernehmen, indem sie auf wissenschaftliche Quellen und Akteure verweisen. Insbesondere Bloggende mit einem niedrigen Expertenniveau bezogen Verweise auf wissenschaftliche Quellen mit ein.

Bezüglich der Bewertungen von Climategate sind hingegen deutliche Unterschiede zwischen Blogs und journalistischen Online-Medien zu verzeichnen. So hat diese Studie gezeigt, dass professionelle Journalistinnen und Journalisten in einer neutralen und ausgeglichenen Art und Weise berichten, während Bloggerinnen und Blogger deutliche Beurteilungen abgeben. Bloggende mit niedrigen Expertenniveaus zeigen sich hinsichtlich des Verhaltens von Klimawissenschaftlerinnen und -wissenschaftlern sowie der allgemeinen Glaubwürdigkeit der Klimaforschung in hohem Maße verunsichert. Im Gegensatz dazu negierten alle Experten-Blog-Artikel die Annahme, dass Klimaforscherinnen und Klimaforscher Daten gefälscht haben. Die Blogosphäre nahm also zumindest teilweise eine kritischere und skeptischere Sicht auf Climategate ein als professionelle Nachrichtenseiten in Deutschland. Dies kann auch bedingt sein durch einen generell stärker vertretenen Skeptizismus im Internet im Vergleich zum journalistischen Diskurs über den Klimawandel. Dieses Ergebnis sollte jedoch auch vor dem Hintergrund des Rollenselbstverständnisses sowie der gegenwärtigen (ökonomischen) Herausforderungen für den (Wissenschafts-)Journalismus betrachtet werden. In Zeiten allgegenwärtiger Online-Informationen über wissenschaftliche Themen sowie Möglichkeiten zur Laien-Beteiligung müssen Journalistinnen und Journalisten ihr Privileg, Wissenschaftsinformationen zu verteilen und zu erklären, stärker reflektieren. Dabei ist zu durchdenken, welche Bedeutung den Aufgaben der Kritik, Kontrolle und Transparenz von wissenschaftlichen Institutionen und Ergebnissen zukünftig zukommt. Es sind Fragen wie folgende, auf die (Wissenschafts-) Journalistinnen und Journalisten Antworten suchen sollten: „Is science journalism doing its job properly?" (Peters & Heinrichs 2008, S. 247), „What can journalists do to uncover scientific misconduct?" (Aldhous 2012) oder – wie der US-amerikanische Forscher und Journalist Jay Rosen fragt – „Should science journalists be the revealers of the rotten in pursuit of heroic takedowns, or should they embrace steadier virtues?" (zitiert nach Chambers & Sumner 2012). Einige mögliche Antworten lieferten deutsche Wissenschaftsjournalistinnen und -journalisten bereits im Jahr 2010 im Kontext der Wissenschafts-Pressekonferenz (WPK). Seinerzeit kritisierte etwa Nicole Heißmann, Redakteurin im Ressort Wissenschaft, Medizin und Technik beim *Stern,* dass Wissenschaftsjournalistinnen und -journalisten reflexhaft großen Namen wie *Harvard, Charité* oder *Nature* vertrauen würden: „Weniger Respekt vor Promis täte auch uns gut" (WPK 2010). Und der freie Wissenschaftsjournalist Volker Stollorz, der u. a. für *GeoWissen, Die Zeit* und die *Frankfurter Allgemeine Sonntagszeitung* tätig ist, bilanzierte: „Wissenschaftsjournalisten sollten aufhören, PR für die Wissenschaft zu betreiben, weil da draußen im Internet inzwischen Millionen Fact-Checker leben" (ebd.).

Möglicherweise wird es in erster Linie die Zusammenarbeit zwischen Journalistinnen und Journalisten und ihrem Publikum sein, eine – im besten Sinne – konstruktive Kollaboration, die letztlich zu mehr Transparenz und damit zu einer breiteren Partizipation in der Wissenschaftskommunikation beiträgt. Eine solche Entwicklung gilt es in künftigen Untersuchungen zum Wandel der Wissenschaftskommunikation unter dem Vorzeichen der Digitalisierung noch weiter zu beobachten und zu analysieren.

Abschließend sei noch erwähnt, dass die in diesem Beitrag vorgestellten Ergebnisse und deren Interpretation auf einer Kombination von quantitativen und qualitativen Analyseschritten basieren, deren Limitationen bezüglich der Generalisierung der Befunde nicht unbeachtet bleiben dürfen. Dennoch hat diese Studie deutlich gemacht, dass die zusätzlich durchgeführte qualitative Herangehensweise für zukünftige Studien, die sich mit Glaubwürdigkeitsverlusten und Skeptizismus im Hinblick auf ethisch und sozial hochrelevante Wissenschaftsthemen, die häufig – wie im Fall der Klimaforschung – online diskutiert werden, gewinnbringend sein könnte.

Literatur

Aldhous, P. (2012). What can journalists do to uncover scientific misconduct?, 1–18. http://www.peteraldhous.com/CAR/Aldhous_misconduct_UKCSJ2012.pdf. Zugegriffen: 06. März 2017.

Bell, A. (2012). Insights on the Future of Science Journalism: Has blogging changed science writing? *Journal of Science Communication* 11(1), CO2.

Bauer, M.W. & Gregory, J. (2007). From Journalism to Corporate Communication in Postwar Britain. In M. W. Bauer & M. Bucchi (Hrsg.), *Science, Journalism and Society: Science Communication Between News and Public Relations* (S. 33–52). London: Routledge.

Blöbaum, B. (2008). Wissenschaftsjournalisten in Deutschland: Profil, Tätigkeiten und Rollenverständnis. In H. Hettwer, M. Lehmkuhl, H. Wormer & F. Zotta (Hrsg.), *Wissens Welten. Wissenschaftsjournalismus in Theorie und Praxis* (S. 245–256). Gütersloh: Bertelsmann Stiftung.

Bodmer, W. (1985). *The Public Understanding of Science*. London: Royal Society.

Bowman, S. & Willis, C. (2003). We media: How audiences are shaping the future. http://www.hypergene.net/wemedia/download/we_media.pdf. Zugegriffen: 06. März 2017.

Brooker, C. (2009). Climate change: this is the worst scientific scandal of our generation. http://www.telegraph.co.uk/comment/columnists/christopherbooker/6679082/Climate-change-this-is-the-worst-scientific-scandal-of-our-generation.html. Zugegriffen: 06. März 2017.

Brumfiel, G. (2009). Supplanting the old media? *Nature* 458, 274–277.

Bruns, A. (2006). The practice of news blogging. In A. Bruns & J. Jacobs (Hrsg.), *Uses of blogs* (S. 11–22). New York: Peter Lang.

Burkhardt, S. (2006). *Medienskandale. Zur moralischen Sprengkraft öffentlicher Diskurse.* Köln: Halem.

Burkhardt, S. (2011). Skandal, medialisierter Skandal, Medienskandal: Eine Typologie öffentlicher Empörung. In C. Petersen & K. Bulkow (Hrsg.), *Skandale – Strukturen und Strategien öffentlicher Aufmerksamkeitserzeugung* (S. 132–155). Wiesbaden: VS Verlag für Sozialwissenschaften.

Chambers, C. & Sumner, P. (2012). Science journalism through the looking glass. http://www.theguardian.com/science/blog/2012/jul/11/how-improve-science-journalism. Zugegriffen: 06. März 2017.

Colson, V. (2011). Science blogs as competing channels for the dissemination of science news. *Journalism* 12(7), 889–902.

Delingpole, J. (2009). Climategate: the final nail in the coffin of 'Anthropogenic Global Warming'?. http://an-m.net/Hackers%20AGW.pdf. Zugegriffen: 06. März 2017.

Durant, J. (1999). Participatory technology assessment and the democratic model of the public understanding of science. *Science and Public Policy* 26(5), 313–319.

Eilders, C. Geißler, S. Hallermayer, M. Noghero, M. & Schnurr, J.-M. (2010). Zivilgesellschaftliche Konstruktionen politischer Realität. Eine vergleichende Analyse zu Themen und Nachrichtenfaktoren in politischen Weblogs und professionellem Journalismus. *Medien & Kommunikationswissenschaft* 58(1), 63–82.

Engesser, S. & Brüggemann, M. (2015). Mapping the minds of the mediators: The cognitive frames of climate journalists from five countries. *Public understanding of science* 25(7), 825–841.

Fahy, D. & Nisbet, M. C. (2011). The science journalist online: Shifting roles and emerging practices. *Journalism* 12(7), 778–793.

Gillmor, D. (2004). *We the media: Grassroots journalism by the people, for the people.* Sebastopol, CA: O'Reilly Media.

Grundmann, R. (2012). The legacy of climategate: revitalizing or undermining climate science and policy? *WIREs Clim Change* 3, 281–288.

Hellsten, I. & Vasileiadou E. (2015). The creation of the climategate hype in blogs and newspapers: mixed methods approach. *Internet Research* 25(4), 589–609.

Holliman, R. (2011). Advocacy in the tail: Exploring the implications of 'climategate' for science journalism and public debate in the digital age. *Journalism* 12(7), 832–846.

Irwin, A. (2001). Constructing the scientific citizen: science and democracy in the biosciences. *Public Understanding of Science* 10(1), 1–18.

Jansen, C. & Maier, J. (2012). Die Causa zu Guttenberg im Spiel der Printmedien. Ergebnisse einer Inhaltsanalyse zur Berichterstattung führender deutscher Tageszeitungen über den Plagiatskandal. *Zeitschrift für Politikberatung* 5(1), 3–12.

Kepplinger, H. M. & Ehmig, S. C. (2004). Ist die funktionalistische Skandaltheorie empirisch haltbar? Ein Beitrag zur Interdependenz von Polititik und Medien im Umgang mit Missständen in der Gesellschaft. In K. Imhof, Roger Blum, H. Bonfadelli & O. Jarren (Hrsg.), *Mediengesellschaft. Strukturen, Merkmale, Entwicklungsdynamiken* (S. 363–375). Wiesbaden: VS Verlag für Sozialwissenschaften.

Kepplinger, H. M. (2009). *Publizistische Konflikte und Skandale.* Wiesbaden: VS Verlag für Sozialwissenschaften.

Kepplinger, H. M. (2012). *Die Mechanismen der Skandalisierung: zu Guttenberg, Kachelmann, Sarrazin & Co.: warum einige öffentlich untergehen – und andere nicht.* München: Olzog.

Kim, D. (2012). Interacting is believing? Examining bottom-Up credibility of blogs among politically interested Internet users. *Journal of Computer-Mediated Communication* 17(4), 422–435.

Koteyko, N. Jaspal, R. & Nerlich, B. (2013). Climate change and 'climategate' in online reader comments: a mixed methods study. *The Geographic Journal* 179(1), 74–86.

Leggewie, C. & Welzer, H. (2009). *Das Ende der Welt, wie wir sie kannten. Klima, Zukunft und die Chancen der Demokratie.* Frankfurt am Main: Fischer.

Lehmkuhl, M. (2012). The Recent Public Understanding of Science Movement in Germany. In B. Schiele, M. Claessens & S. Shi (Hrsg.), *Science Communication in the World: Practices, Theories and Trends* (S. 125–138). Dordrecht: Springer.

Leiserowitz, A. A. Maibach, E. W. Roser-Renouf, C. Smith, N. & Dawson, E. (2010). *Climategate, Public Opinion, and the Loss of Trust.* Working Paper Subject to revision.

Lombard, M. Snyder-Duch, J. & Bracken, C. C. (2010). Practical Resources for Assessing and Reporting Intercoder Reliability in Content Analysis Research Projects. http://matthewlombard.com/reliability/index_print.html. Zugegriffen: 06. März 2017.

Lombard, M. Snyder-Duch, J. & Bracken, C. C. (2002). Content analysis in mass communication research: An assessment and reporting of intercoder reliability. *Human Communication Research* 28(4), 587–604.

Maier, J. (2003). Der CDU-Parteispendenskandal. Medienberichterstattung und Bevölkerungsreaktion. *Publizistik* 48(2), 135–155.

Maier, M. & Taddicken, M. (2013). Audience Perspectives on Science Communication (Editorial). *Journal of Media Psychology* 25(1), 1–2.

Maurer, M. (2011). Wie Journalisten mit Ungewissheit umgehen: Eine Untersuchung am Beispiel der Berichterstattung über die Folgen des Klimawandels. *Medien und Kommunikationswissenschaft* 59(1), 60–74.

Mayring, P. (2015). *Qualitative Inhaltsanalyse. Grundlagen und Techniken.* 12., überarb. Aufl. Weinheim: Beltz.

Mejlgaard, N. & Stares, S. (2010). Participation and competence as joint components in a cross-national analysis of scientific citizenship. *Public Understanding of Science* 19(5), 545–561.

Meraz, S. (2009). Is There an Elite Hold? Traditional Media to Social Media Agenda Setting Influence in Blog Networks. *Journal of Computer-Mediated Communication* 14(3), 682–707.

Meyers, E. A. (2012). 'Blogs give regular people the chance to talk back': Rethinking 'professional' media hierarchies in new media. *New Media & Society* 14(6), 1022–1038.

Miller, J. D. (1998). The measurement of civic scientific literacy. *Public Understanding of Science* 7(3), 203–223.

Neuendorf, Kimberly A. (2002). *The content analyses guidebook.* Thousand Oaks (u. a.): Sage Publ.

Peters, H. P. & Heinrichs, H. (2008). Legitimizing climate policy: The 'risk construct' of global climate change in the German mass media. *International Journal of Sustainability Communication* 3, 14–36.

Rensberger, B. (2009). Science journalism: Too close for comfort. *Nature* 459, 1055–1056.

Rössler, P. (2010). *Inhaltsanalyse.* Stuttgart: UTB.

Popper K. R. (1959). *The logic of scientific discovery.* London: Hutchinson.

Schäfer, M. S. (2011). Sources, Characteristics and Effects of Mass Media Communication on Science: A Review of the Literature, Current Trends and Areas for Future Research. *Sociology Compass* 5/6, 399–412.

Scheloske, M. (2012). Bloggende Wissenschaftler – Pioniere der Wissenschaftskommunikation 2.0. In B. Dernbach, C. Kleinert & H. Münder (Hrsg.), *Handbuch Wissenschaftskommunikation* (S. 267–274). Wiesbaden: VS Verlag für Sozialwissenschaften.

Shanahan, M.-C. (2011). Science blogs as boundary layers: Creating and understanding new writer and reader interactions through science blogging. *Journalism* 12(7), 903–919.

Taddicken, M. (2013). Climate Change From the User's Perspective. The Impact of Mass Media and Internet Use and Individual and Moderating Variables on Knowledge and Attitudes. *Journal of MediaPsychology* 25(1), 39–52.

Trench, B. (2009). Science reporting in the electronic embrace of the internet. In R. Holliman, L. Whitelegg, E. Scanlon, S. Smidt, J. Thomas (Hrsg.), *Investigating Science Communication in the Information Age. Implications for public engagement and popular media* (S. 166–180). Oxford: Oxford University Press.

Thompson, J. B. (2000). *Political Scandal. Power and Visibility in the Media Age.* Cambridge: Polity.

Trümper, S. (2018). *Nachhaltige Erinnerung im Journalismus. Konzept und Fallstudie zur Medienaufmerksamkeit für vergangene Flutkatastrophen.* Wiesbaden: Springer VS.

Trümper, S. & Neverla, I. (2013). Sustainable Memory. How Journalism Keeps the Attention for Past Disasters Alive. *SCM – Studies in Communication Media* 2(1), 1–37.

Wallsten, K. (2007). Agenda Setting and the Blogosphere: An Analysis of the Relationship between Mainstream Media and Political Blogs. *Review of Policy Research* 24(6), 567–587.

Weingart, P. (2001). *Die Stunde der Wahrheit? Zum Verhältnis der Wissenschaft zu Politik, Wirtschaft und Medien in der Wissensgesellschaft.* Weilerswist: Velbrück.

Weingart, P. (2002). The moment of truth for science. *EMBO Rep.* 3(8), 703–706.

Weischenberg, S. Malik, M. & Scholl, A. (2006). Journalismus in Deutschland 2005. Zentrale Befunde der aktuellen Repräsentativbefragung deutscher Journalisten. *Media Perspektiven* 7, 346–361.

Wimmer, R. D. & Dominick, J. R. (2011). *Mass Media Research: An Introduction.* 9. internat. Aufl. Boston (u. a.): Wadsworth, Cengage Learning.

WPK (2010). Sind Wissenschaftsjournalisten zu zahm?. http://www.wpk.org/upload/bilder/initiativen/2010/wissenswerte/Statements%20Sind%20Wissenschaftsjournalisten%20zu%20zahm.pdf. Zugegriffen: 06. März 2017.

Zelizer, B. & Tenenboim-Weinblatt, K (Hrsg.) (2014). *Journalism and Memory.* London: Palgrave Macmillan.

Printed in the United States
By Bookmasters